冲压模具设计实用手册

高效模具卷

陈炎嗣　主编

化学工业出版社

·北京·

本手册基于科学性、先进性和实用性特点，兼顾理论基础和设计实践两个方面，根据设计人员在冲压模具设计过程中的需要，系统地介绍了冲压模具中常见高效模具的设计标准、原则及设计步骤与方法，并列举了大量先进实用、全面可靠的结构范例。

主要内容包括：复合模、聚氨酯橡胶模的设计方法；多工位级进模的应用条件、设计方法和要点；冲压用材料等。对于不同类型的冲模，每章均介绍了新颖的典型结构，有些图例为首次发表。

本手册可为从事冲压模具设计的工程技术人员提供帮助，也可供高校相关专业的师生查阅参考。

图书在版编目（CIP）数据

冲压模具设计实用手册. 高效模具卷/陈炎嗣主编. 北京：化学工业出版社，2016.3（2023.2重印）

ISBN 978-7-122-26260-8

Ⅰ.①冲… Ⅱ.①陈… Ⅲ.①冲模-设计-手册 Ⅳ.①TG385.2-62

中国版本图书馆CIP数据核字（2016）第024879号

责任编辑：贾　娜　　文字编辑：谢蓉蓉

责任校对：宋　玮　　装帧设计：刘丽华

出版发行：化学工业出版社（北京市东城区青年湖南街13号　邮政编码100011）

印　　装：北京虎彩文化传播有限公司

787mm×1092mm　1/16　印张17½　字数415千字　2023年2月北京第1版第7次印刷

购书咨询：010-64518888　　售后服务：010-64518899

网　　址：http://www.cip.com.cn

凡购买本书，如有缺损质量问题，本社销售中心负责调换。

定　价：69.00元

序

模具是现代制造业中重要的工艺装备。各个行业直接或间接地与模具有关。模具的主要功能是直接生产出形状复杂、具有一定功能的制品或制件。模具的应用非常广泛，在汽车、电子、通信、仪器仪表、航空航天、交通运输、五金建材、医疗器械、军工、日用品、玩具、新能源、节能减排等行业产品中，60%～80%的零部件都依靠模具直接成形，不需再加工。用模具生产制件所达到的四高两低的特点，即高一致性、高精度、高复杂程度、高生产效率和低成本、低能耗是其他工艺装备难以胜任的。模具可用来支撑产品的开发和结构的调整，并促进产业的发展和升级。因此，模具在制造业中的地位越来越重要。

模具技术水平的高低，已成为衡量一个国家产品制造水平高低的重要标志，模具在很大程度上决定了产品的质量、生产效益和新产品开发能力。而模具的质量和水平是靠模具的合理设计和先进的加工技术制造出来的，但首先决定于模具结构设计的好坏，决定于模具设计者的设计水平。

冲压模具的设计是一项非常细致、艰辛而又极富创造性的技术工作，要求设计者具有丰富的专业理论知识并要经过长时间工作的磨炼及实践经验的积累。设计师要善于在工作中学习，把理论和实践很好地结合，并灵活应用实践中吸取到的许多好经验，做到参考而有创新、习旧而不照搬，坚持以实际需要为原则，开拓创造，才能设计出结构先进合理、使用维修方便、造价低、耐用并符合要求的各种模具。因此，设计出经济、实用、安全、可靠的模具结构是每一位模具设计师的职业追求和崇高目标。

冲压模具是模具中应用最为广泛的模具之一。怎样设计冲模？有什么指导性的资料？如何应用这些资料设计好冲模?《冲压模具设计实用手册》帮助冲模设计者回答了这三个问题。

《冲压模具设计实用手册》是冲模设计者日常工作必备实用的工具用书，手册内容注重体现实用、简明、精练、全面、先进的特点，没有深奥的理论和复杂的计算公式，层次清楚，陈述清晰，图文并茂，突出图表及典型图例，数据可靠，便于查阅应用。

为适应读者的不同需要，《冲压模具设计实用手册》分成两卷出版。《核心模具卷》主要内容包括：冲模设计基础、冲压工艺性、冲裁模、弯曲模、拉深模、成形模的设计和典型结构剖析。《高效模具卷》主要内容包括：复合模、聚氨酯橡胶模、多工位级进模、冲压用材料。

相信本手册的出版和应用将为提高我国模具人才的技术水平发挥作用。

上海交通大学塑性成形技术与装备研究院
洪慎章

前言

FOREWORD

冲压件大量生产时，应优先考虑采用高效冲模生产，这样可以满足生产的需要，而且成本可大大降低。

最常用的高效冲模有复合冲模、级进模、多工位传递模、自动弯曲机模具等。这些模具都离不开精密高效先进的冲压设备和品质优良的高规格原材料的配置。冲模、冲压设备、原材料，三者相互配合，构成冲压生产三要素，少了谁都不行。本手册重点介绍最常用的复合模、级进模的设计和应用。此外，还介绍了一种简易高效的聚氨酯橡胶模的设计和应用。冲压用材料也放在本手册中介绍。

复合模最大特点是在同一工位上能完成两个或两个以上不同冲压工序，因此对冲件的位置精度要求特别高时，尤其是片状件常优先考虑采用，但它受凸凹模最小壁厚的限制，所以广泛应用有一定困难。但作为高效精密冲模仍有较好的应用空间，尤其像中小件的落料拉深复合模应用很多，本手册中用了一定篇幅对复合模的设计要点、应用情况、结构设计进行了介绍。

级进模，尤其是多工位级进模，由于它是在单工序冲压模具基础上发展起来的多工序集成模具，对某些形状较为复杂的具有冲裁、弯曲、成形、拉深和攻螺纹等多工序的冲压件，可在一副多工位级进模上冲制完成。这种模具能采用自动化送料，可在高速（目前冲速已超过2000次/min）压力机上生产，并可实现无人冲压生产，模具采用合理结构，选用优质、高强度、高耐磨材料，先进的现代加工方法，能满足高精密、长寿命的需要，所以，多工位级进模已成为实现大生产、提高效率、降低成本的最佳选择。多工位级进模被誉为现代“高精密、高效率、长寿命”的三高模具。它是当代先进冲压模具的代表，因此深受人们重视，被我国模具行业指定为重点发展的“高精尖”模具之一。

多工位级进模结构比较复杂，模具制造精度要求高，在进行模具设计时要考虑和具备的专业知识和实际经验要求比较高，对模具设计师的要求也高。本手册针对这些情况，从工程应用角度出发，对多工位级进模基本工艺特点、工艺参数及工艺计算、排样设计、零部件设计、模具结构设计和典型图例分析等方面，进行了详细论述，读者从中可以得到帮助和指点。

聚氨酯橡胶模是利用聚氨酯橡胶的变形将压力机压力以单位压力形式传递到待冲压加工的坯料上，使坯料按预定的要求发生分离或变形的工艺。聚氨酯橡胶模结构简单，制造周期短，能用于冲裁、浅拉深、弯曲、成形、翻边等工序。成形的制件质量高，特别适合用于冲压厚0.01～0.5mm甚至更薄的板料零件，对于新品试制、批量不大（年产2.5万件内）和制模能力不高的情况下，采用聚氨酯橡胶做模具有很高的技术和经济价值。

本手册由陈炎嗣主编并负责全书的统稿工作。沈永娣、陈鹤皋、董华宁、陈炎裔、金龙建、聂兰启、汪义尧、卓昌明、里佐梁、王德华、朱汝道、陈贯一、袁人瑞、邵今亮、申敏、周安、孙敬、陈天恩、葛明辉、姜汏、吴梅芬、吴宝洋、张雪松、赵仲春、乔晓建、唐激扬、吴幼一、苑春龙、刘晓燕、温利荣、周杰、俞爱娣、周雪娟、陈利一、崔熙珉、袁咪咪、张明华、寇承香、藏学君、乔春英参加了资料的搜集、整理和部分编写工作。手册编写过程中，得到了有关专家的帮助和支持，在此表示衷心感谢！

希望本手册的出版对冲模设计师的工作有一定的指导和帮助。

本书涉及较多的专业知识，由于水平所限，书中难免有疏漏和不足之处，恳请读者批评指正。

编 者

2016年3月

目录

CONTENTS

第1章　复合模

1.1　复合模的特点、种类和选用…… 1
1.1.1　复合模的特点与种类 …… 1
1.1.2　复合模的选用 …… 4
1.2　复合模设计 …… 5
1.2.1　复合模冲压加工先后次序的安排 …… 5
1.2.2　复合模选择曲柄压力机与许用压力曲线的关系 …… 5
1.2.3　冲裁复合模中凸凹模最小壁厚 …… 6
1.2.4　复合模的推件装置与顶件装置 …… 7
1.2.5　复合模模架的选用 …… 12
1.2.6　设计复合模的注意事项 …… 13
1.3　复合模结构 …… 14
1.3.1　冲裁（冲孔、落料）复合模 …… 14
1.3.2　一模出多件的冲裁复合模 …… 20
1.3.3　非金属材料（云母及其他料）冲孔、落料复合模 …… 23
1.3.4　冲裁、弯曲复合模 …… 29
1.3.5　落料、拉深、切边复合模 …… 31
1.3.6　多工序集成复合模 …… 33

第2章　聚氨酯橡胶模

2.1　聚氨酯橡胶的性能与选用…… 42
2.1.1　聚氨酯橡胶的性能与特点 …… 42
2.1.2　聚氨酯橡胶的选用 …… 43
2.2　聚氨酯橡胶冲裁件精度与冲裁的工艺性 …… 45
2.2.1　聚氨酯橡胶冲裁原理 …… 45
2.2.2　聚氨酯橡胶冲裁的工艺性 …… 45
2.2.3　聚氨酯橡胶冲裁件的精度 …… 49
2.3　聚氨酯橡胶冲裁模主要零件的设计与有关参数的确定…… 49
2.3.1　凸模与凹模的设计 …… 49
2.3.2　容框（模框）的设计 …… 50
2.3.3　聚氨酯橡胶垫的设计 …… 51
2.3.4　压板（压边圈）的设计 …… 52
2.3.5　顶（推）杆的设计 …… 53
2.3.6　聚氨酯橡胶冲裁搭边值与冲裁力计算 …… 54
2.4　常用聚氨酯橡胶模具…… 55
2.4.1　聚氨酯橡胶冲裁模 …… 55
2.4.2　聚氨酯橡胶冲裁成形复合模 …… 58
2.4.3　聚氨酯橡胶冲裁模常见的故障及排除方法 …… 60
2.5　聚氨酯橡胶弯曲模结构设计注意点与成形方法 …… 62
2.5.1　聚氨酯橡胶弯曲模结构设计时应注意的问题 …… 62
2.5.2　各种弯曲件所用的橡胶容框结构与成形方法 …… 62

第3章　多工位级进模

3.1　多工位级进模的特点、功能与使用条件 …… 64
3.1.1　多工位级进模的性质 …… 64
3.1.2　多工位级进模的特点与功能 …… 64
3.1.3　多工位级进模使用的必要条件 …… 66
3.1.4　多工位级进模的合理应用 …… 67
3.1.5　多工位级进模和其他高效冲模使用特点比较 …… 68
3.2　多工位级进模的分类和基本结构组成 …… 70

3.2.1 多工位级进模的分类 …………… 70
3.2.2 多工位级进模基本结构的组成及特点 …………… 75
3.3 多工位级进模设计步骤和设计要点 … 77
3.3.1 多工位级进模设计步骤 …………… 77
3.3.2 多工位级进模的设计要点 …………… 77
3.4 多工位级进模排样图和冲压工序（工位）的设计 …………… 78
3.4.1 级进模排样的作用与重要性 …………… 78
3.4.2 级进模排样图设计原则和应考虑的因素 …………… 80
3.4.3 制件在带料上如何获取与工序件的携带方法 …………… 89
3.4.4 载体的种类与合理选用 …………… 90
3.4.5 工位数的多少与空工位的设置 …… 97
3.4.6 工序的先后安排 …………… 98
3.4.7 分段冲切设计——分段切除余料（废料）的连接方式 …………… 100
3.4.8 侧刃和导正销孔位置的安排 …………… 104
3.4.9 步距的确定与步距精度 …………… 105
3.4.10 定距定位方式的选择与设计 …… 107
3.5 带料连续拉深工艺计算和工序（排样）设计 …………… 113
3.5.1 连续拉深的特点和应用 …………… 113
3.5.2 带料工艺切口形式与带料宽度 B、步距（进距）A 的计算 …………… 115
3.5.3 带料拉深系数和相对拉深高度 …… 117
3.5.4 带料连续拉深工艺计算基本步骤 …………… 119
3.5.5 连续拉深的各次拉深直径的计算 …………… 125
3.5.6 连续拉深的各次拉深凸、凹模圆角半径的确定 …………… 125
3.5.7 连续拉深的各次拉深高度的计算 …………… 125
3.5.8 整带料连续拉深经验计算法应用 …………… 126
3.5.9 带料连续拉深工艺计算示例 …………… 127
3.6 多工位级进模的有关零部件与结构设计 …………… 132
3.6.1 凸模和凹模 …………… 132
3.6.2 卸料装置 …………… 134
3.6.3 导料、托料装置 …………… 147
3.6.4 顶出装置 …………… 155
3.6.5 限位装置 …………… 156
3.6.6 侧向冲压装置 …………… 157
3.6.7 倒冲机构 …………… 169
3.6.8 微调装置 …………… 172
3.6.9 安全检测保护装置 …………… 177
3.6.10 防止废料或制件上浮的对策 …… 179
3.6.11 防止废料或制件下堵的方法 …… 184
3.6.12 凹模表面废料或制件的清理方法 …………… 185
3.6.13 间歇切断机构 …………… 186
3.7 多工位级进模典型结构 …………… 191
3.7.1 模内带自动送料装置的卡片冲孔、落料级进模 …………… 191
3.7.2 冲裁、弯曲多工位级进模标准化典型结构 …………… 194
3.7.3 一出二小型接线片冲裁、弯曲、落料级进模 …………… 194
3.7.4 25工位导电片冲裁、压包、多向弯曲级进模 …………… 201
3.7.5 带自动攻螺纹连接支架多工位级进模 …………… 203
3.7.6 小型管壳整带料自动送料连续拉深模 …………… 207
3.7.7 端盖冲裁、拉深、成形多工位级进模 …………… 209
3.7.8 硬质合金多工位级进模（定、转子铁芯自动叠装硬质合金级进模） … 211

第4章 冲压用材料

4.1 冲压用料的合理选择 …………… 218
4.1.1 选择冲压材料应具备的基本条件 …………… 218
4.1.2 冲压用材料的质量要求 …………… 218
4.1.3 各类冲压加工对板材性能的要求 …………… 220
4.2 冲压常用材料的种类与钢产品标记代号 …………… 221
4.2.1 冲压常用材料的种类 …………… 221
4.2.2 钢产品标记代号 …………… 221
4.2.3 冷轧钢板和钢带的分类和代号 …… 223
4.3 冲压常用金属材料（板料、条料、带料）品种、用途与性能 …………… 224
4.4 冲压用材料的规格 …………… 230

4.4.1 冲压用料的一般规格 …………………… 230
4.4.2 钢板钢带常用规格与料厚偏差 …… 231
4.4.3 有色金属材料常用规格 …………… 237
4.4.4 常见冲压用非金属材料规格 ……… 240
4.5 冲压用料的质量计算 ………………… 241
4.5.1 材料理论质量的通用计算式 ……… 241
4.5.2 板（带）料尺寸计算速查 ………… 242
4.6 冲压材料的备料 ……………………… 245
4.6.1 条料的剪板机裁切备料 …………… 245
4.6.2 带料的圆盘滚剪机滚切备料 ……… 246
4.6.3 卷材的开卷校平纵向剪切备料 …… 247
4.7 冲压用新材料 ………………………… 247
4.7.1 高强度钢板 ………………………… 248
4.7.2 双相钢板 …………………………… 248
4.7.3 耐腐蚀钢板 ………………………… 249
4.7.4 涂层板 ……………………………… 249
4.7.5 复合板材 …………………………… 250
4.8 国内外常用冲压金属材料对照 ……… 251

附录

附录 A 标准公差数值与基孔制、基轴制优先、常用配合 …………………… 254
附录 B 冲压常用材料的性能…………………… 260
附录 C 模内攻牙（螺纹）机型号、规格与挤压螺纹底孔尺寸…………………… 264
附录 D 金属材料力学性能符号对照表 … 267

参考文献

第1章 复合模

1.1 复合模的特点、种类和选用

1.1.1 复合模的特点与种类

(1) 复合模的特点

复合模的特点与应用见表1-1。

表1-1 复合模的特点与应用

序号	名称	内容	说明
1	定义	压力机的一次行程中，在模具的同一工位上，材料无须进给移动，就能同时完成两个或两个以上冲压工序的模具，称为复合模	适合于制造形状较复杂、精度和表面质量要求高、产量比较大的制件 复合模作为高效、精密冲模在冲压生产中被广泛应用
2	使用优点	①生产效率高	由于它是多工序模具，一副模具能完成多个冲压工序，生产效率比采用单工序模显著地提高
		②冲件质量高	由于不同冲压工序均在同一工位上完成，不用重复定位，冲件内外形同轴度精度高，一般可达±0.02～±0.04mm，特别适合薄料冲裁。尺寸精度可达IT9～IT11级，高的可达IT8级，制件平直
		③生产成本低	比用单工序模生产，可节省模具数量、减少使用冲压设备，减少操作人员，降低了人工费用和管理成本
		④用料和对用料尺寸规格要求不严	由于没有二次送料问题，所以对条料的尺寸要求不严，一般不受条料形状尺寸限制，可以充分利用短料、边角余料。适宜冲制薄料、软料和脆性材料等
		⑤模具结构紧凑、要求压力机工作台面积较小	与级进模相比，冲模外形尺寸较小，冲模在压力机台面上所占面积小
3	使用缺点	①模具结构较复杂、成本高	比单工序模结构复杂。复合模具动作多，这就要求模具各部件在运动过程中互不干涉、平稳可靠、协调一致。因此，对复合模的制造精度要求较高、加工难度较大、制造周期相对较长，制造成本明显增加
		②凸凹模壁厚不能太薄	制件的内形与外形之间、内形与内形之间的尺寸应受到一定限制，尺寸不能太小，否则会使模具强度受到影响，使模具不能正常使用
		③带成形工序的复合模模具维修不方便	在修磨冲裁刃口时，成形模部分为了保持相对高度相应地要变动，刃磨不方便，比较麻烦

续表

序号	名　称	内　容	说　明
4	模具结构	主要工作零件——凸凹模	复合模中的凸凹模是一个既是落料凸模又是冲孔凹模的模具工作零件。凡是复合模，结构中必定有这个起核心作用的关键零件。凸凹模的外缘与产品制件外形相当，即作为凸模与冲模的凹模作用完成落料。而凸凹模的内孔与产品制件孔相当，作为凹模与模具中的冲孔凸模相互作用完成冲孔或拉深、弯曲
5	不宜应用提示	①凸凹模壁厚过小时强度不够	冲硬料或厚料时应慎重考虑，适宜冲料厚<4mm
		②多个工序集成组合应用时模具维修困难 ③复合工序多于4个时	由于冲裁部分常需刃磨而成形部分一般使用寿命长而不需经常维修时，应考虑多个工序集中一起的弊病，尽量采用少工序的复合组合。生产中最常用的为两个工序组合的复合模

(2) 复合模的种类

复合模的种类（称呼）常见的有下列几种分类。

① 按冲压工序性质分（见表1-2）。

表1-2　复合模按冲压工序性质分类

序号	名　称	特　点	说　明
1	冲裁复合模	同一工位上的冲压工序均属于冲裁性质	如落料冲孔复合模；切断冲孔复合模等
2	冲裁弯曲复合模	同一工位上有切断、弯曲或切断、弯曲、冲孔等冲压工序	如切断弯曲复合模；切断弯曲冲孔复合模等
3	冲裁成形复合模	同一工位上有冲裁和各种成形变形性质的冲压工序	如落料拉深复合模；落料拉深冲孔复合模；落料拉深冲孔翻边复合模；拉深切边复合模等

② 按工序组合方式分（见表1-3）。

表1-3　复合模多工序组合方式示例

工序组合方式	模具名称与模具结构简图	工序组合方式	模具名称与模具结构简图
落料、冲孔	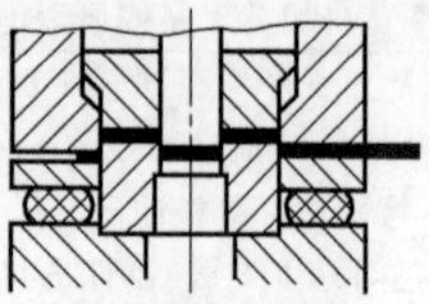 落料冲孔复合模	冲孔、切边	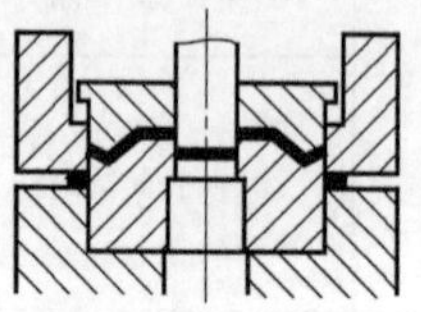 冲孔切边复合模
切断、弯曲	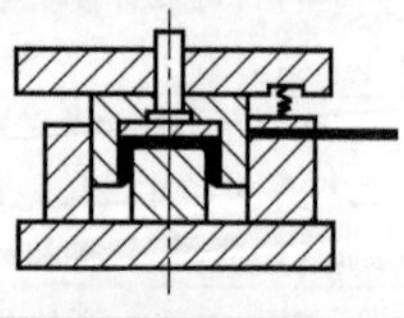 切断弯曲复合模	落料、拉深、冲孔	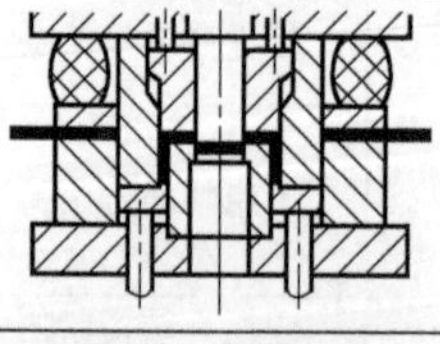 落料拉深冲孔复合模
切断、弯曲、冲孔	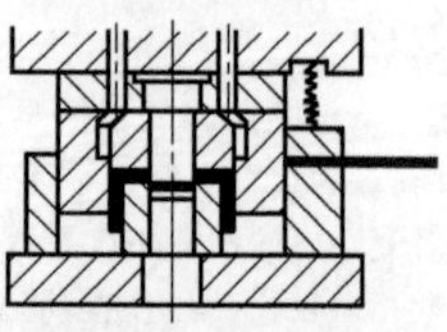 切断弯曲冲孔复合模	落料、拉深、冲孔、翻边	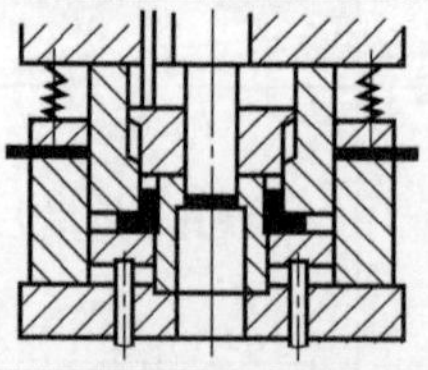 落料拉深冲孔翻边复合模
落料、拉深	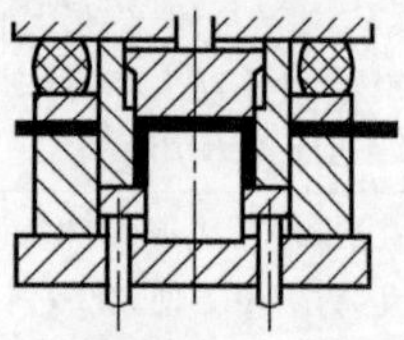 落料拉深复合模	冲孔、翻边	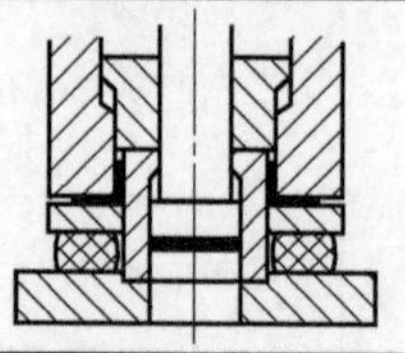 冲孔翻边复合模

续表

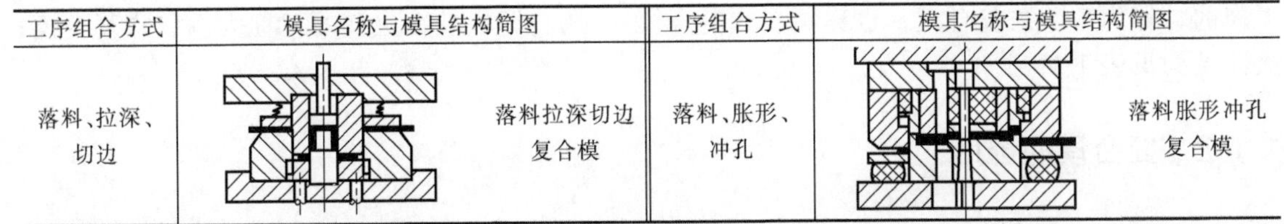

工序组合方式	模具名称与模具结构简图	工序组合方式	模具名称与模具结构简图
落料、拉深、切边	落料拉深切边复合模	落料、胀形、冲孔	落料胀形冲孔复合模

表 1-4　复合模的结构形式与特点

类型	图　例	特点与结构设计建议
正装式复合模	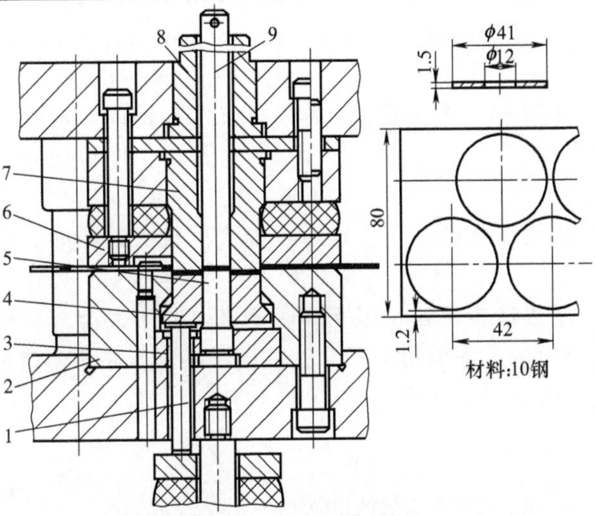 材料:10钢 1—顶件杆；2—落料凹模；3—冲孔凸模固定板；4—推件块；5—冲孔凸模；6—卸料板；7—凸凹模；8—模柄；9—推件杆	①正装复合模，模具结构紧凑，也较简单。落料凹模2被螺钉紧固后，冲孔凸模5通过凸模固定板3也被紧固，这样易保证同轴度。靠弹性卸料板6卸料。冲孔废料由推件杆9推出，上模通过模柄8固定在压力机滑块上 ②适合于薄料冲裁。在冲裁时制件部分材料及外部的余料均处于压紧状态下进行分离的，所以制件冲出来更平整，尺寸精度也高 ③操作不方便，不安全。制件和废料都是从分模面排除的，需要及时进行清除，并需二次清理。操作不如倒装复合模方便，且不太安全 ④有利于减小凸凹模的最小壁厚。废料不会在凸凹模孔内聚积，每次冲压后由打杆打出，可减少孔内废料的胀力 ⑤装凹模的面积较大，有利于复杂制件用拼镶结构 ⑥正装复合模需在下模座下增设弹顶装置，方可将制件从凹模中顶出
倒装式复合模	材料:Q235 厚:1.5mm 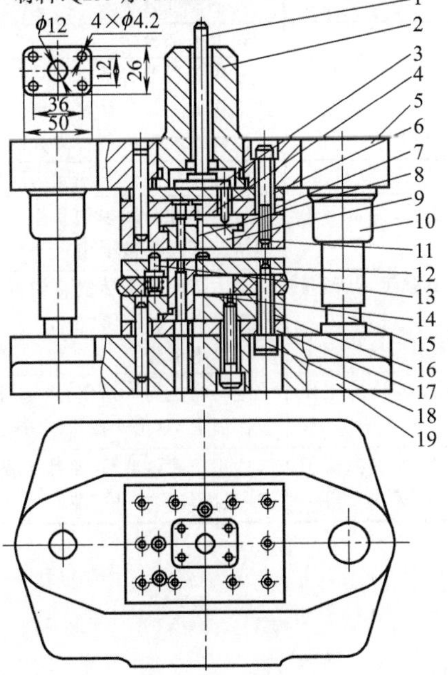 倒装复合模 1,4—推杆；2—模柄；3—推板；5—上模座；6,17—垫板；7—凸模固定板；8—冲孔凸模；9—推件板；10—导套；11—薄料凹模；12—卸料板；13—活动挡料销；14—凸凹模；15—导柱；16—凸凹模固定板；18—卸料螺钉；19—下模座	①倒装复合模的凹模是装在上模，其凸凹模安装在模具下模座上，倒装复合模冲孔的废料由下模部分直接漏下，而制件是从上模的凹模内由顶出器推出，使两者自然分开，无需二次清理，比较简便，因此操作方便安全。此外由于倒装复合模易于安装送料装置，生产效率较高，一般企业多采用倒装复合模结构 ②由于在冲裁时制件部分材料无压紧力，其制件的平整度略不如正装复合模。但对于一些薄料冲裁件在有更为平整要求的情况下，设计倒装复合模时，可在上模内增设足够的弹压力，如碟形弹簧等，均可达到满意的效果 ③废料在凸凹模孔内聚积，凸凹模要求有较大的壁厚，以增加强度 ④如凸凹模外形较大，可直接将凸凹模固定在下模座上，省去固定板

③ 按落料凹模在模具中安装位置不同分，复合模有正装式和倒装式两种。落料凹模装在下模的，称为正装式复合模（也称顺装式复合模）；落料凹模装在上模的，称为倒装式复合模，具体结构见表 1-4。

1.1.2 复合模的选用

(1) 选择复合模的原则

确定是否选用复合模，要考虑以下几个方面。

① 生产批量的大小　由于复合模结构比较复杂，且成本较高，所以小批量试制性生产，采用几副单工序模完成制件加工，往往要比一副复合模成本还低。故只有在大批量生产时适合使用复合模。

② 冲压件的精度　若冲压件的尺寸精度、同轴度、对称度等要求较高时，应考虑采用复合模。复合模冲压精度一般可达 IT9 级以下，高的可达 IT8 级，这是单工序模或级进模难以达到的。

③ 冲压件的形状　若冲压件的形状比较复杂，重新定位可能产生较大误差时，应采用复合模。

④ 复合工序数量　一般复合模工序数量应在四个以下，否则模具过于复杂，同时模具的强度、刚度、可靠性也随之下降。复合模的工序数量多了，往往由于某个工序不协调或磨损需维修而影响使用，造成停产时间长的现象应引起注意。

(2) 倒、正装复合模的比较（见表 1-5）

表 1-5　倒、正装复合模的比较

项目		倒装式复合模	正（顺）装式复合模
工作零件在模具中装配位置	凸模	在上模部分	在下模部分
	凹模	在上模部分	在下模部分
	凸凹模	在下模部分	在上模部分
出件方式		采有顶杆、推板自上模(凹模)内将冲件推出，下落至模具的工作面上(对于小件一般用压缩空气吹入存件器内)。故又称上出件复合模	采用弹顶器自下模(凹模)内将冲件顶出至模具的工作面上。故又称下出件复合模 出件不如倒装复合模方便
冲压件的平整度		不能达到平整要求	较好。对于薄料件能达到平整要求
废料的排除		废料在凸凹模内积聚到一定程度后，便从下模部分的漏料孔或排出槽排出	废料不在凸凹模内积聚。压力机回程时，废料即从凸凹模内被推出
凸凹模的强度和寿命		凸凹模承受的张力较大，为增加其强度，凸凹模的最小壁厚应严格控制 模具寿命较高	受力情况比倒装复合模好，但凸凹模的尺寸易磨损会促使间隙增大 模具寿命较差
生产操作		废料自漏料孔中排出，有利于清理模具的工作面，生产操作较安全	废料自上而下落下，和制件一起汇集于模具的工作面上，对生产操作不方便，不安全
适应范围		对冲件平整度要求不高，凸凹模强度足够，为了操作安全、方便和提高生产率，应尽量采用	适用于薄料冲裁，平整度要求较高、以及壁厚较小、强度较差的凸凹模

(3) 复合模正装与倒装的选择

① 倒装结构的采用

a. 复合模一般优先考虑采用倒装式结构。

b. 冲裁复合模常用倒装式结构。

c. 要求冲孔废料不要落在模具工作区域，使冲孔废料通过凸凹模孔向下漏出时。

d. 凹模外形尺寸较大时，上模能够布置下，应优先采用倒装结构。

② 正装结构的采用

a. 凸凹模壁厚较小时，为了保证凸凹模强度，应该采用正装结构。

b. 对制件平整度有较高要求时，当采用倒装复合模上模的推板内可以加上弹性装置时，也可对制件的平整度具有较好效果。在这种状况下，还是优先考虑采用正装结构。

1.2　复合模设计

1.2.1　复合模冲压加工先后次序的安排

复合模从冲压模具设计的方法与步骤上与单工序模设计相比差别不大，但因复合模在一副模具的同一工位要完成多个冲压性质不同的工序（分离、成形），因而形成了一些与单工序模在设计上的不同点或特点。首先，用复合模冲压加工，冲压工序的先后次序如何安排，才能保证制件的加工质量。下面几种情况来自实践总结，供参考。

① 设计冲孔、落料复合模时，为便于凸凹模刃口的刃磨，应使冲孔和落料工作同时进行。

② 设计冲裁、成形复合模时，为便于成形的顺利进行，应先安排工序或采取措施保证成形质量，一般应先安排落料再成形。

若还有其他冲裁加工且其冲裁部位在成形变形区域内，则应在成形部分完成或即将完成后再进行冲裁。

③ 设计落料、拉深、冲孔复合模时，应按先落料再拉深，最后冲孔的顺序进行。

④ 设计落料、局部成形、冲孔复合模时，由于板料局部成形主要是依靠该处的料厚变薄形成，当其局部成形不影响到制件外形，则可采取先局部成形，再落料、冲孔或局部成形与落料同时进行同步加工，最后再冲孔的加工步骤。

⑤ 设计成形类复合模时，应具体分析各工序相互间影响，按既有利于制件成形，保证产品质量，又要有利于模具的制造、修理和使用。

1.2.2　复合模选择曲柄压力机与许用压力曲线的关系

选用压力机总的原则是冲压力曲线不能超过曲柄压力机的许用（公称）压力曲线，否则设备将因超载而损坏。但由于复合模工作时，所用压力机的行程中有较大比例的工作行程，这样就容易造成超载。尤其对于落料、拉深复合模，由于落料在先，拉深在后，落料力一般较大，拉深力较小，而设备压力曲线的变化趋势则相反，所以极易产生超载，如图 1-1 所示为压力机压力曲线与冲压力的关系曲线。这就要求我们在选用压力机公称压力时，应当注意压力机的许用载荷曲线，使落料冲裁力与拉深力分别落在压力机的许用载荷曲线以内，而不能简单地将落料力与拉深力相加后去选择压力机。

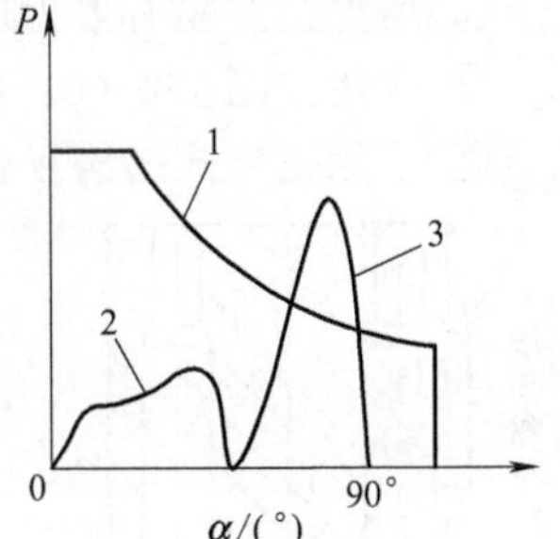

图 1-1　压力机压力曲线与冲压力的关系曲线

1—许用载荷曲线；2—拉深段的载荷曲线；3—冲裁段载荷曲线

其他工序的复合模具，在选择压力机时也应注意压力机的许用载荷曲线，特别是当模具工作行程较大时更应注意。

为选用方便，一般可按下式估算确定：

$$P_{压} \geqslant (1.25 \sim 2) P_{冲}$$

式中　$P_{压}$——压力机的公称压力，N；

$P_{冲}$——计算的冲压力，N。

式中系数在深拉深时取大值，浅拉深时取小值。

1.2.3 冲裁复合模中凸凹模最小壁厚

(1) 凸凹模最小壁厚（表 1-6）

凸凹模是复合冲裁模中的一个特殊的工作零件。其内形刃口起冲孔凹模作用，其外形刃口超落料凸模作用。

a. 设计关键是如何保证内孔与外形之间壁厚的强度。壁厚太薄，易发生开裂。

b. 对于不积累废料的凸凹模，其最小壁厚 a 为

冲裁硬材料时 $a \geqslant 1.5t$

冲裁软材料时 $a \geqslant t$

表 1-6 凸凹模最小壁厚 a 数值

mm

料厚	0.2	0.4	0.5	0.6	0.7	0.8	0.9	1.0	1.2	1.5	1.65
最小壁厚 a	1.2	1.4	1.6	1.8	2.0	2.3	2.5	2.7	3.2	3.8	4.0
最小直径 D	15						18			21	
料厚	1.8	2.0	2.1	2.5	2.75	3.0	3.5	4.0	4.5	5.0	5.5
最小壁厚 a	4.4	4.9	5.0	5.8	6.3	6.7	7.8	8.5	9.3	10	12
最小直径 D	21		25		28		32		35	40	45

注：制件材料为低碳钢时，凸凹模允许的最小壁厚为 $(2\sim3)t$，并且不小于 1.2mm；采用一定措施后，最小壁厚可小到 $1.2t$。

(2) 凸凹模设计的注意事项

① 复合冲裁模上的关键零件凸凹模，是直接使坯料成形的工作零件，凸凹模应满足如下两点要求：

a. 不能在冲压过程中断裂或破坏，所以应有足够的强度；

b. 为了防止硬度太高而脆裂，对其材料及热处理应有适当要求。

② 凸凹模内孔按一般冲孔凹模设计，外形按一般落料凸模设计。

③ 倒装式复合模中，凸凹模的最小壁厚由经验确定，也可查表 1-6；对于正装式复合模，由于凸凹模装在上模，内孔不积存废料，胀力较小，因此最小壁厚可比倒装式的小一些。

(3) 提高凸凹模和小凸模强度的方法

① 增加凸凹模有效刃口以下的壁厚，如图 1-2（a）所示。

② 采用如图 1-2（b）所示的增加凸凹模内形壁厚，且将废料反向顶出的方法。

③ 采用正装式结构复合模，减少凸凹模模孔废料的积存数目，减小推件力。

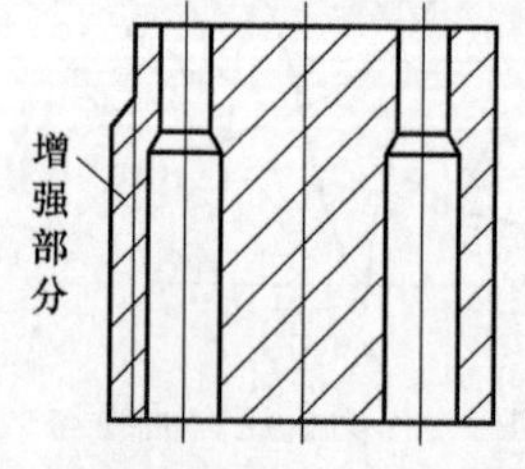

(a) 增加有效刃口尺寸以下壁厚

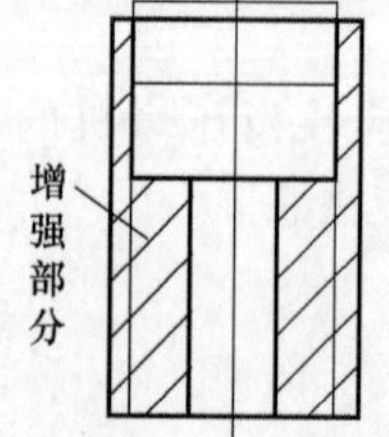

(b) 增加壁厚且使废料反向顶出

图 1-2 增强凸凹模壁厚的方法

④ 当凸凹模的壁厚较薄时，为防止胀裂，可取较大冲裁间隙来提高凸凹模强度（落料双面间隙可取料厚的 10%；冲孔凹模双面间隙可取料厚的 15%）。

⑤ 对于有积聚废料的凸凹模，冲孔刃口直接采用 1°锥度线切割加工，刃口无直边，可减少废料对凹模孔的胀力，确保冲孔废料顺利排出。

⑥ 采用阶梯冲裁，冲孔凸模比落料凹模低 1～2mm，凸凹模进入凹模后才冲孔，落料废料紧紧地包在凸凹模外面，相当于一个预应力圈，起到保护凸凹模的作用。

⑦ 对于复合模中的冲孔小凸模（一般指<ϕ2mm），采用尽量短和高强度材料来提高强度外，设计时利用配合性质的不同，即使凹模中的推板与凹模孔的配合间隙小于推板和小凸模的配合间隙，达到保护小凸模并提高小凸模强度和使用寿命。

⑧ 凸凹模、小凸模使用高强度、高韧性的模具钢制作，如 LD、LM1、65Nb 等。

1.2.4 复合模的推件装置与顶件装置

(1) 推件装置结构形式与特点

复合模的卸料装置形式与单工序模具相同。其内容与单工序模又有些不同，正装式复合模的冲孔废料嵌在上模的凸凹模内，必须通过推件装置（推件杆）将废料打下。推件装置的形式随制件的形状不同而不同，倒装式复合模工作时制件嵌在上模部分的凹模中。推件装置推件块须根据制件形状设计，复合模推件装置的结构形式与特点见表 1-7。

(2) 顶板的设计

为使推件力分布均匀，将打杆的一点力分为几点力，就需要顶板这样一个模具零件作为过渡。即顶板是打杆（推杆）与推杆间传递推力的板件。顶板通过推杆，将力均匀地传递到推件块上，使推件块平稳地将制件推下。

表 1-7 复合模推件装置的结构形式与特点

类型	序号	简　图	特　点
正装式复合模	1	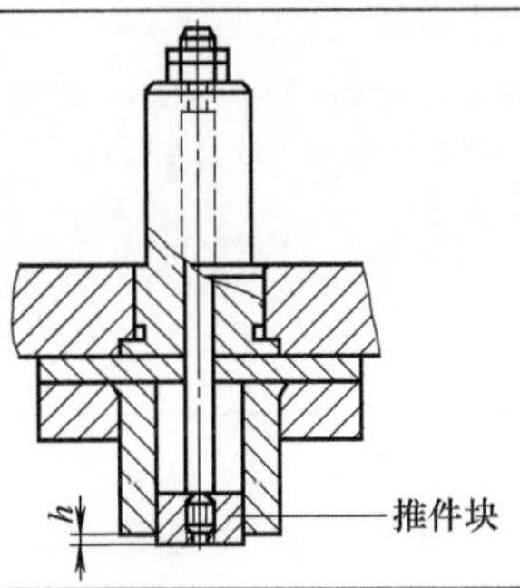 推件块 h	为在制件中心冲单孔的推件形式，图中推板（亦称推件块、推件板）直接固定在打杆上
	2	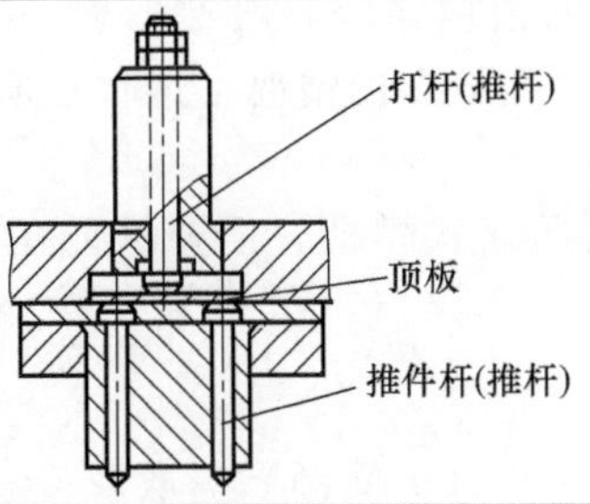 打杆(推杆) 顶板 推件杆(推杆)	是冲双孔（多孔）且孔距不大的情况下的推件形式，打杆推动顶板，顶板推动两根（多根）推件杆将冲孔废料推出
	3	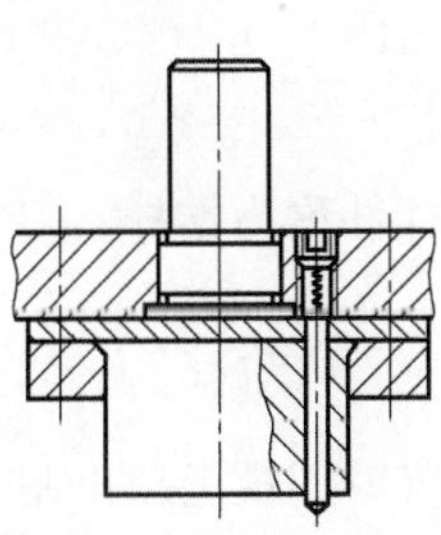	为制件孔的中心与模具中心相距较远时的推件形式，冲孔废料是由装在上模座内的推杆在弹簧力作用下推出的

续表

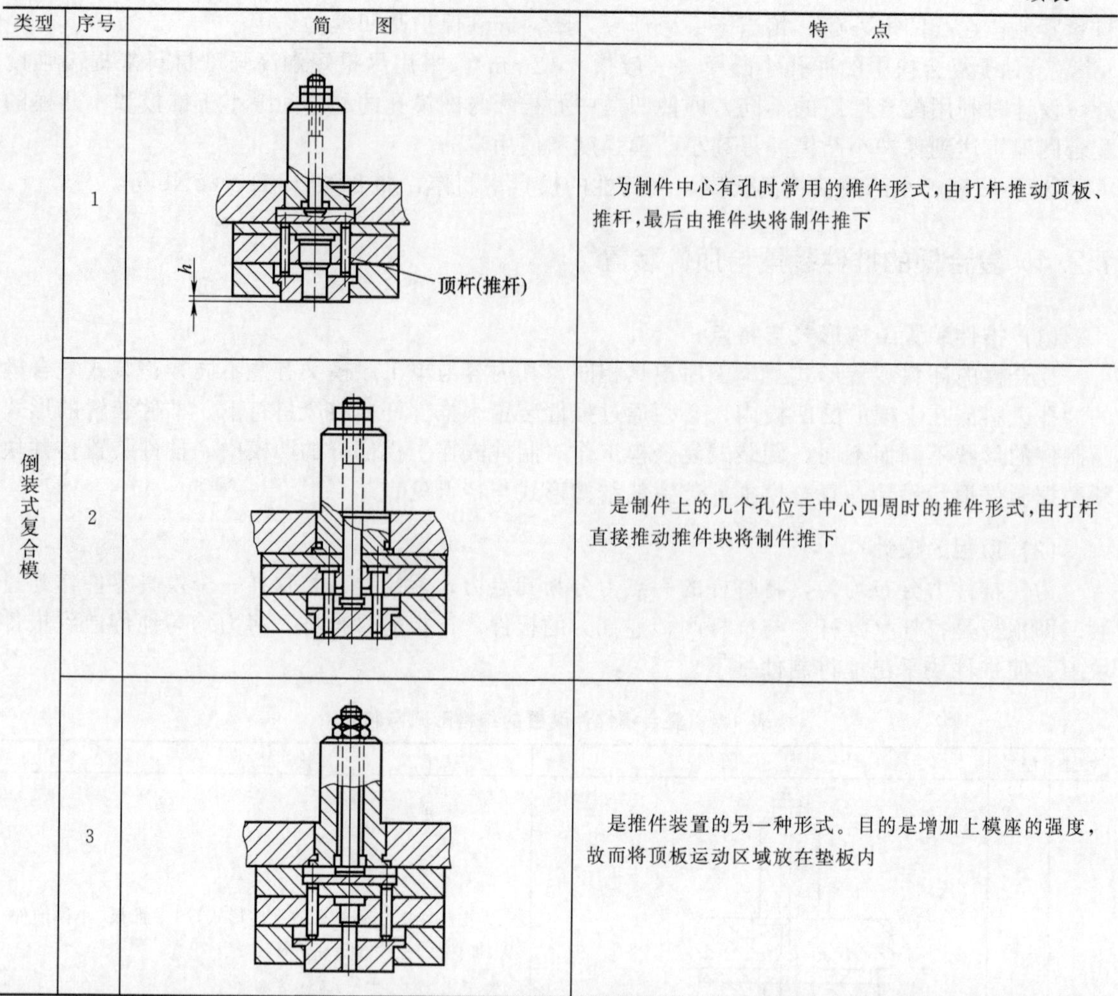

类型	序号	简图	特点
倒装式复合模	1	顶杆(推杆)；h	为制件中心有孔时常用的推件形式，由打杆推动顶板、推杆，最后由推件块将制件推下
	2		是制件上的几个孔位于中心四周时的推件形式，由打杆直接推动推件块将制件推下
	3		是推件装置的另一种形式。目的是增加上模座的强度，故而将顶板运动区域放在垫板内

注：装配后的模具，推件块应高出凹模平面，取 $h=0.2\sim0.5$mm。

顶板的形状按制件的形状来设计，既要推杆（着力点）少，又要能平稳地推下制件，且不能因顶板而过多地削弱模柄或上模座的强度。常用的顶板厚度一般不小于 4mm。选用时可采用表 1-8 尺寸规格。其中 A 型常用于正装复合模制件孔较多的情况，这时必须用凸缘模柄或旋入式模柄。

B、C、D 型常用于倒装及正装复合模，可采用压入式模柄，但要保证在模柄中开槽时不影响模柄的刚度和强度。否则，可采用带台式模柄。

(3) 顶杆

它是连接顶板与推件块之间传递力的圆杆件（见表 1-7 简图）一般取 2～4 件，长短必须加工一致，且有一定硬度，为保持运动灵活，与相配件之间有 0.1～0.3mm 单边间隙。

(4) 打杆（推杆）

穿过模柄孔，把压力机滑块横梁上的力传给顶板的杆件称为推杆。习惯称打杆。表 1-9 为机械行业标准 JB/T 7650.1—2008 带肩推杆。

(5) 顶件装置

顶件装置常用的力弹性结构，如从正装复合模中的落料凹模上顶出制件，或从有顶出装置的落料模中顶出制件，如图 1-3 所示，一般由顶件块、顶杆和装在下模座上的弹顶器组成。

表 1-8　顶板（JB/T 7650.4—2008）　　mm

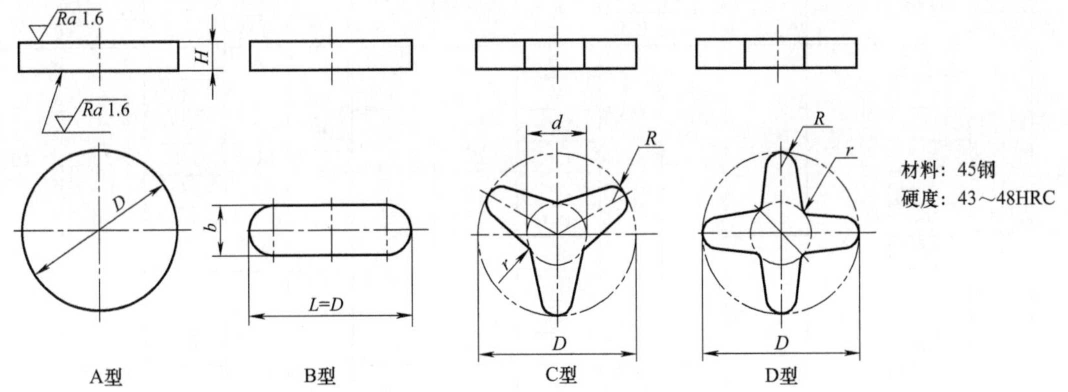

示例：D＝40mm 的 A 型顶板标记为

顶板 A40　JB/T 7650.4—2008

<table>
<tr><th>D</th><th>d</th><th>R</th><th>r</th><th>H</th><th>b</th></tr>
<tr><td>20</td><td>—</td><td>—</td><td>—</td><td rowspan="2">4</td><td rowspan="4">8</td></tr>
<tr><td>25</td><td>15</td><td rowspan="3">4</td><td rowspan="3">3</td></tr>
<tr><td>32</td><td>16</td><td rowspan="2">5</td></tr>
<tr><td>35</td><td>18</td></tr>
<tr><td>40</td><td>20</td><td rowspan="2">5</td><td rowspan="2">4</td><td rowspan="2">6</td><td rowspan="2">10</td></tr>
<tr><td>50</td><td rowspan="2">25</td></tr>
<tr><td>63</td><td rowspan="3">6</td><td rowspan="3">5</td><td rowspan="2">7</td><td rowspan="3">12</td></tr>
<tr><td>70</td><td rowspan="2">30</td></tr>
<tr><td>80</td><td rowspan="2">9</td></tr>
<tr><td>90</td><td>32</td><td rowspan="2">8</td><td rowspan="2">6</td><td rowspan="2">16</td></tr>
<tr><td>100</td><td>35</td><td rowspan="2">12</td></tr>
<tr><td>125</td><td>42</td><td>9</td><td>7</td><td>18</td></tr>
<tr><td>160</td><td>55</td><td>11</td><td>8</td><td>16</td><td>22</td></tr>
<tr><td>200</td><td>70</td><td>12</td><td>9</td><td>18</td><td>24</td></tr>
</table>

表 1-9　带肩推杆（JB/T 7650.1—2008）　　mm

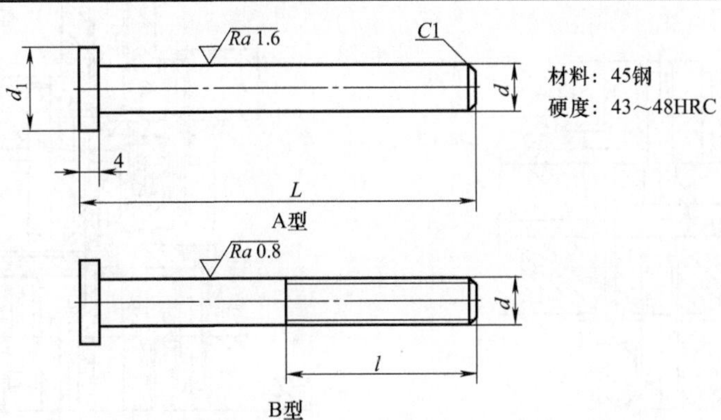

示例：直径 d＝8mm、长度 L＝90mm 的 A 型带肩推杆标记为

带肩推杆　A8×90　JB/T 7650.1—2008

续表

d A型	d B型	L	d_1	l
6	M6	40	8	—
		45		
		50		
		55		
		60		
		70		
		80		20
		90		
		100		
		110		
		120		
		130		
8	M8	50	10	—
		55		
		60		
		65		
		70		
		80		
		90		25
		100		
		110		
		120		
		130		
		140		
		150		
10	M10	60	13	—
		65		
		70		
		75		

d A型	d B型	L	d_1	l
10	M10	80	13	—
		90		
		100		30
		110		
		120		
		130		
		140		
		150		
		160		
		170		
12	M12	70	15	—
		75		
		80		
		85		
		90		
		100		
		110		
		120		
		130		35
		140		
		150		
		160		
		170		
		180		
		190		
16	M16	90	20	—
		100		
		110		
		120		40

d A型	d B型	L	d_1	l
16	M16	130	20	40
		140		
		150		
		160		
		180		
		200		
		220		
20	M20	110		—
		120		
		130		45
		140		
		150		
		160		
		180		
		200		
		220		
		240		
		260		
25	M25	120	30	—
		130		
		140		50
		150		
		160		
		180		
		200		
		220		
		240		
		260		
		280		

弹顶器一般是通用的，其弹性元件是橡胶或弹簧，顶件装置和推件装置的作用相同，所以配合参数同推件装置。

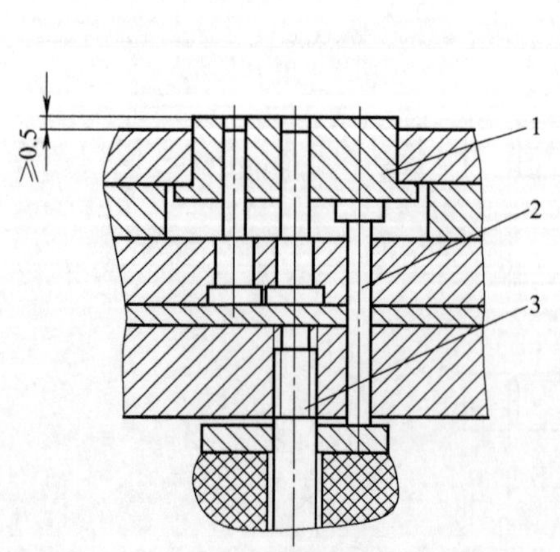

图 1-3　顶件装置

1—顶件块；2—顶杆；3—弹顶器

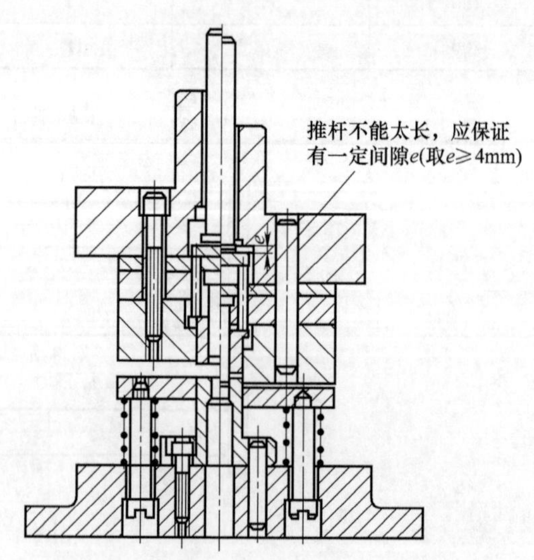

图 1-4　倒装复合模中推杆的长度要求

(6) 推(顶)件装置设计的注意事项

① 推杆应能使推件块有效地推下制件，但不可太长，避免在压力机滑块行程的下死点推板或推件块的上平面与模具其他零件接触而受力，合理的设计应保留有一定的间隙 e（图 1-4）。

② 推件装置要有足够的位移量，一般应在上模接近上死点之前就完成推件动作。打杆、顶板和推杆的配合见图 1-5。

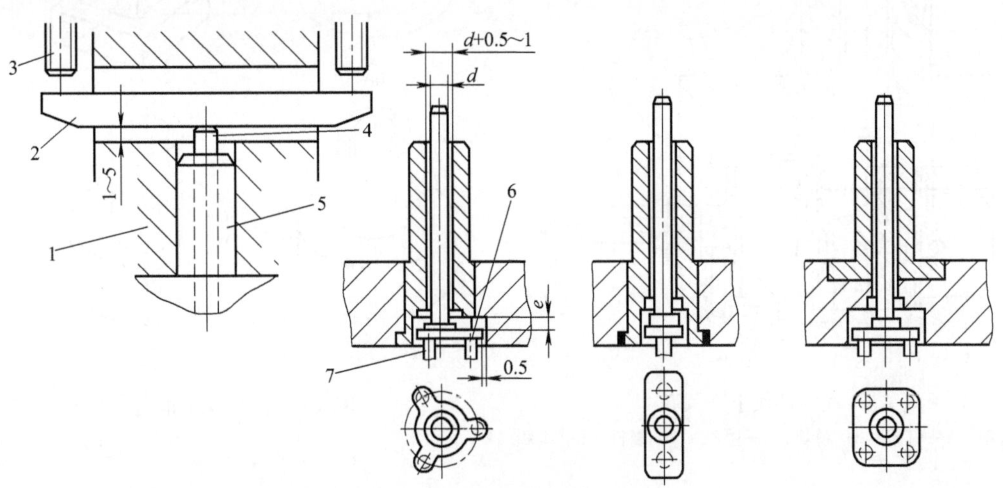

图 1-5 打杆、顶板和推杆的配合

当料厚 $t \leqslant 1.5\text{mm}$ 时，$e \geqslant 4\text{mm}$；当 $t > 1.5\text{mm}$ 时，$e = t + (3 \sim 4)\text{mm}$

1—压力机滑块；2—压力机横梁；3—可调打料螺钉；4—打杆；5—横柄；6—顶板；7—推杆

③ 有气源的车间，应尽量利用压缩空气将制件吹离模具工作区（见图 1-6）。如果推件块有足够位置，应安装弹簧顶销，以方便压缩空气从工件和推件块之间吹过，如图 1-7 所示。也可在推件块上开孔，见图 1-8：压缩空气一路从推件块中通过，使制件与推件块分离；另一路压缩空气将制件吹走。

因结构原因不能在推件块上安装弹簧顶销或开气孔时，可在推件块上开通气槽以利于压缩空气将制件与推件块分离（图 1 9）。

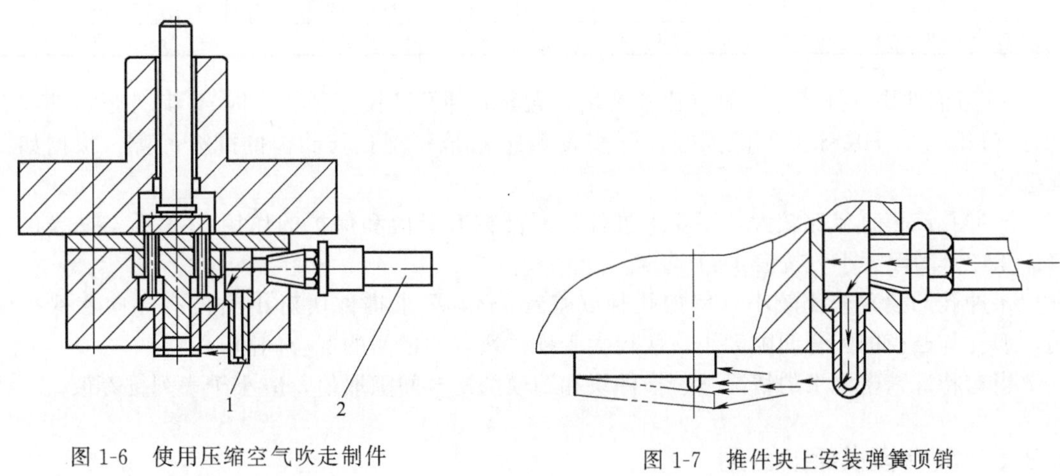

图 1-6 使用压缩空气吹走制件

1—喷嘴；2—气管

图 1-7 推件块上安装弹簧顶销

④ 推件块与落料凹模和冲孔凸模的配合要合理，不能两者同样要求过高，需注意如下几点。

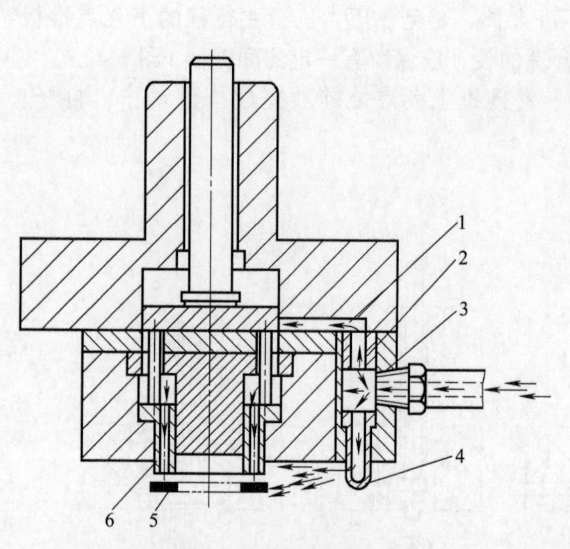

图 1-8 在推件块上开气孔

1—通气槽；2—气塞；3—模块；4—喷嘴；5—制件；6—推板

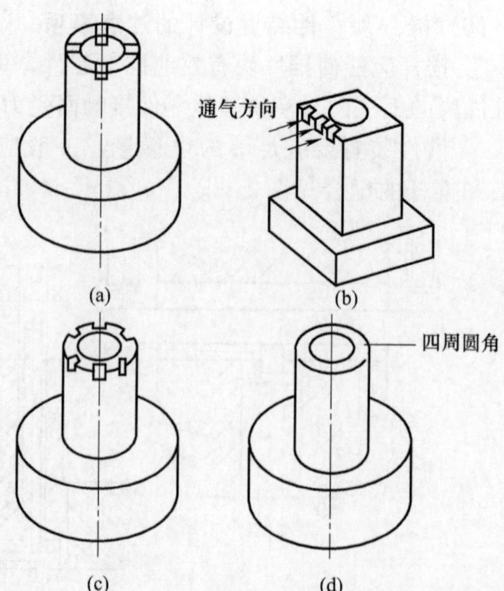

图 1-9 推件块上的通气槽

a. 当推件块以内孔导向时（一般冲孔凸模直径较大时可应用），其型孔与凸模的配合（H9/h6、H8/h6）间隙大小，可按表 1-10 选取；外形与凹模孔的配合（H7/h12）间隙大小，可按表 1-11 选取。

表 1-10 推件块与凸模或凹模的配合间隙推荐值 mm

尺 寸	双面间隙	尺 寸	双面间隙
≤30	<0.025	>80～180	<0.040
>30～80	<0.035	>180～315	<0.060

表 1-11 推件块、推件杆与凸模或凹模的配合间隙推荐值 mm

尺 寸	双面间隙	尺 寸	双面间隙
≤30	<0.10	>80～180	<0.20
>30～80	<0.15	>180～315	<0.25

b. 当推件块以外形导向时（比较常用，尤其是冲孔凸模直径较小时），其外形与凹模孔的配合（H9/h6、H8/h6）间隙大小，可按表 1-10 选取；型孔与凸模的配合间隙，根据如下情况选取。

• 冲孔凸模直径比较大，不要求推件块对凸模有导向和保护的作用，型孔与凸模的配合（H7/h12）间隙大小，按表 1-11 选取。

• 冲孔凸模直径比较小（例如孔径 $d<2$mm），要求推件块对小凸模有导向和保护的作用，型孔与凸模的配合间隙大小，取稍大于推件块与凹模间的配合间隙。

当有特殊精密要求的情况下，推件块和凹模的配合间隙取值，应小于表列推荐值。

1.2.5 复合模模架的选用

① 由于复合模为一模多工序加工，相互的配合间隙较多，为保证模具的高配合精度要求，选用的模架相应精度要高。滚珠式模架相对于滑动式模架具有导向精度高、寿命长的优点，应优先考虑采用。

钢板模座强度比铸铁模座更高，加工工艺性好，当冲制厚板料时应优先考虑。

四导柱比双导柱、中间两侧导柱和对角导柱比后侧导柱使用稳定性好，应优先考虑。

② 不论采用何种模架形式，模架的导柱和导套配合间隙均应小于模具的间隙，可根据凸、凹模间隙选择模架等级。若凸、凹模间隙小于0.03mm，可选用Ⅰ级精度滑动导向模架或0Ⅰ级精度滚动导向模架；若凸、凹模间隙大于0.03mm，则可选用Ⅱ级精度滑动导向模架或0Ⅱ级精度滚动导向模架。此外，对薄料和大中型冲压件在设计选用模架时，均应适当提高模架精度。

③ 对要求精度较高的复合模，也可采用球面浮动模柄，以减小压力机或模具安装时的误差对模具的不利影响。要特别注意，当采用浮动式模柄时，导柱不能离开导套，否则可能产生严重的设备和人身事故。

④ 当采用中间或对角导柱布置的模架时，应使两导柱直径不同，以防止上模相对下模错位180°而发生事故。

1.2.6 设计复合模的注意事项

在设计复合模时，除前面已有提到的注意事项外，还要特别注意以下几点。

① 复合模是在模具的同一个工位上完成两个或两个以上的加工工序，模具结构复杂，因此，应在上、下模之间设置导向装置。这样模具的安装、使用也方便。

② 若复合模中的工作零件与其固定板采用窝座定位方式配合时，其压入固定板的深度应不小于5mm，一般不超过10mm。

③ 复合模为倒装结构时，通常采用弹性卸料板卸料。当复合模为正装结构时，若卸料力不大，应采用弹性卸料装置。只有当卸料力较大，使用弹性卸料装置不能满足卸料力要求时，才采用刚性卸料装置。由于弹性卸料具有操作更换方便等优点，复合模应尽可能采用弹性卸料。

④ 当冲压毛坯为块料时，可以使用废料刀切断卸料。

⑤ 外形复杂的凸凹模，通常设计成直通形式，以方便线切割加工。此时可采用螺钉加销钉、铆接、低熔点合金浇注或环氧树脂粘接等固定方式固定凸凹模。

⑥ 凸凹模平面尺寸较大时，不论是采用倒装结构还是正装结构，均可省去固定板，将其直接固定在上（下）模座上。

⑦ 设计冲裁类复合模，如落料冲孔模时，为便于凸凹模的刃磨，应将其结构设计成落料与冲孔同时进行。

⑧ 设计成形类复合模时，应本着既有利于制件成形、又利于模具的制造和维修的原则，仔细分析各个工序的相互间的影响，避免出现干涉现象。

⑨ 设计冲裁与成形类复合模时，在保证成形质量的前提下，一般是先落料然后再成形；若还有其他冲裁加工并且冲裁部位在成形变形区域内，则应在成形完成或即将完成时安排冲裁。如设计落料拉深冲孔复合模时，就应该按先落料再拉深，最后冲孔的步骤进行。

⑩ 设计落料拉深复合模时，落料凹模刃口面应高出拉深凸模工作端面一个料厚t以上，通常取$t+(2\sim4)$mm，以便实现先落料后拉深的工作顺序。同时还要注意，落料凹模内的压力圈工作面，应高出落料凹模刃口面0.5mm，以保证落料前先压料，拉深后能将制件从落料凹模内推出。

⑪ 变薄拉深零件一般不考虑复合加工。厚度小于3mm的薄板拉深件比较适合复合工序，若对料厚大于3mm板料进行复合，增大了冲压工艺及模具设计难度。

⑫ 冲压非轴对称制件的复合模，其工作零件必须定位可靠，不允许有转动的可能。

⑬ 冲压高度尺寸较大的拉深件时，应注意压力机滑块在上止点位置时能否取出制件。一

般要求滑块行程应大于拉深件高度两倍以上。

⑭ 复合模的工作零件应选用加工性能较好、耐磨性好、淬透性高和热处理变形小等优点的材料，一般多采用合金工具钢，如 Cr12MoV、Cr12、CrWMn、9Mn2V、GCr15、Cr6WV 等。热处理要求通常凸模和凸凹模硬度为 58～60HRC，凹模硬度为 58～62HRC。

1.3 复合模结构

1.3.1 冲裁（冲孔、落料）复合模

(1) 信号用数字顺装复合模（图 1-10）

信号用数字（0～9）是用厚 0.2mm 的镍带冲成的，字条宽度为 0.4mm，要求平整、毛刺

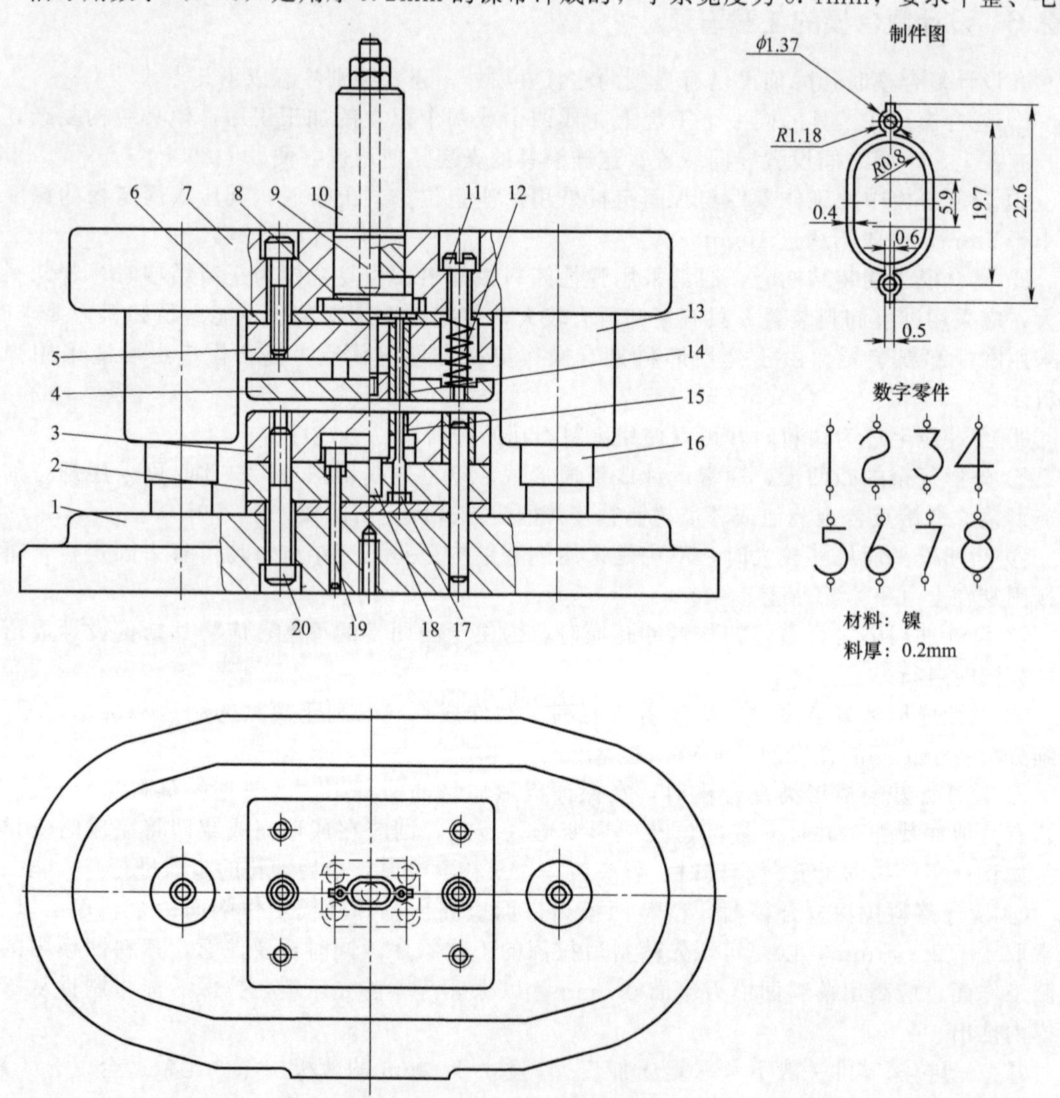

图 1-10　信号用数字顺装复合模

1—下模座；2—凸模固定板；3—落料凹模；4—卸料板；5—固定板；6—垫板；7—上模座；8—顶板（位于开槽的模柄内）；9—打杆；10—模柄；11,20—螺钉；12—弹簧；13—导套；14—凸凹模；15—顶件器；16—导柱；17,18—凸模；19—顶杆

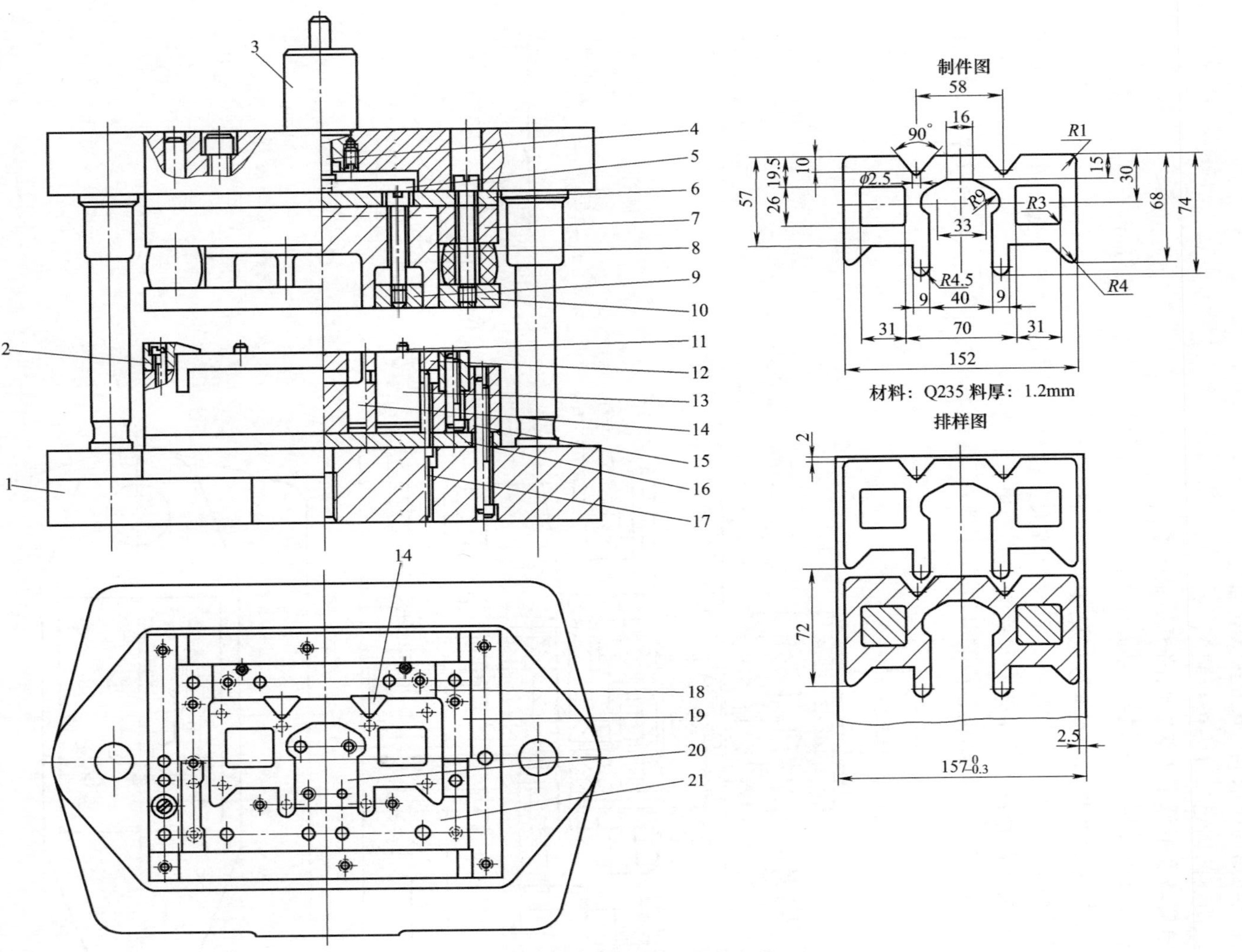

图 1-11 中型镶拼凹模顺装复合模

1—中间导柱标准模架；2—导料板；3—模柄；4—打杆；5,12—顶板；6—上垫板；7—上固定板；8—凸凹模；9—推板；10—卸料板；11—定位钉；13—凸模；14,18～21—凹模镶块；15—下固定板；16—下垫板；17—顶杆

小。本模具采用顺装式结构，以“0”字为例，对其他数字也适用。

为保证模具制造精度和使用寿命，采取以下措施。

① 凸凹模 14、顶件器 15 由线切割加工成一体，然后横向切开，保证其良好配合与同轴度。

② 固定板、卸料板、凹模三板叠合在一起进行线切割加工，保证形孔一致、同轴度好。

③ 冲裁初始间隙取≤0.01mm（双面）。

④ 凸凹模的固定板镀锡进行装配。

⑤ 模架精度不低于Ⅰ级，凸凹模尽量短些。

⑥ 使用行程可调的小行程压力机冲压生产。冲压过程中导套不脱开导柱。

(2) 中型镶拼凹模顺装复合模（图 1-11）

本模具冲制的零件外形较特殊，尺寸也较大，材料厚 1.2mm，比较薄，在要求外形平整和尺寸精度较高的情况下，采用顺装式复合模生产比较合理。

下模的凹模采用镶拼结构，由镶块 14（2 件）、拼块 18（1 件）、拼块 19（左右各 1 件）、

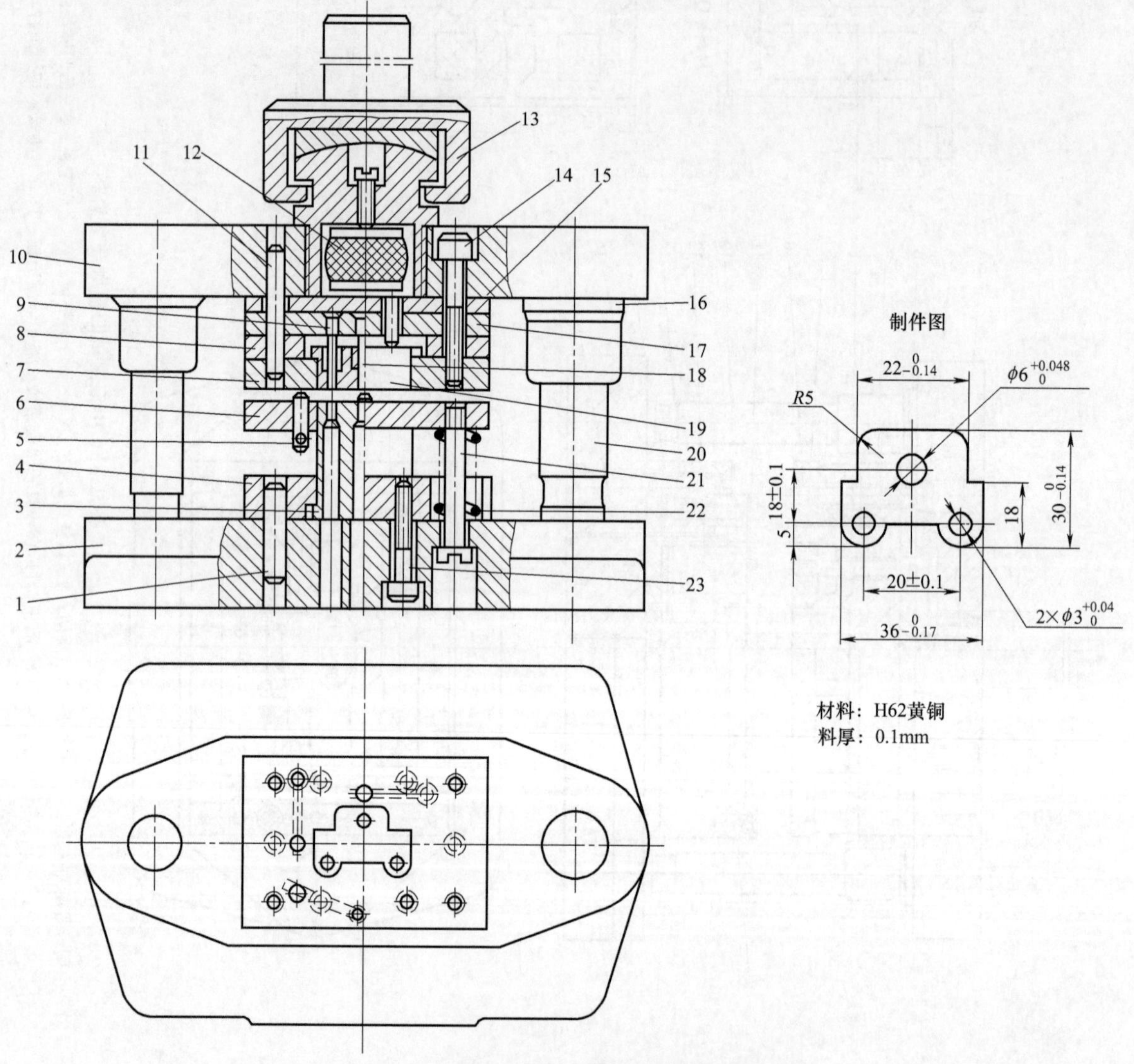

图 1-12 带浮动模柄弹性压推料的倒装复合模

1,11—圆柱销；2,10—上、下模座；3—凸凹模；4,17—固定板；5—活动挡料销；6—卸料板；7—凹模；8—衬板；9,18—冲孔凸模；12—弹压推料装置；13—浮动模柄（含球面垫圈、球面连接头）；14,23—螺钉；15—垫板；16—导套；19—推件器；20—导柱；21—卸料螺钉；22—弹簧

件 20（1 件）、件 21（1 件）共 7 件拼镶块组成，这样便于制造和热处理，解决了淬火变形，保证了模具制造质量，也节省了优质钢材。

上模的凸凹模 8 外形为直通式，方孔为盲孔，对凸凹模强度有利，但工艺性较差。若凸凹模的内外形全由线切割加工成尺寸精度也是可行的。

(3) 带浮动模柄弹压推料的倒装复合模（图 1-12）

本模具与常规倒装式复合模相比，有以下两点不同。

① 模柄为浮动式结构。模具的上下模对中精度全靠模架导柱导套配合精度，压力机动态精度影响较小。

② 上模的打料（推料）结构中设有弹压推料装置 12，使板料在冲压前，制件部分的料也是处于压紧状态下被冲下的，制件平整。在合理冲裁间隙的情况下，制件几乎没有毛刺。

本模具适合薄料、软料冲裁。

采用浮动模柄冲裁时，导柱不能离开导套，若离开则会产生严重的机床和人身事故。因此，本模具适宜在小行程的压力机上使用，最好使用偏心压力机。

(4) 无模柄带弹簧模架的倒装复合模（图 1-13）

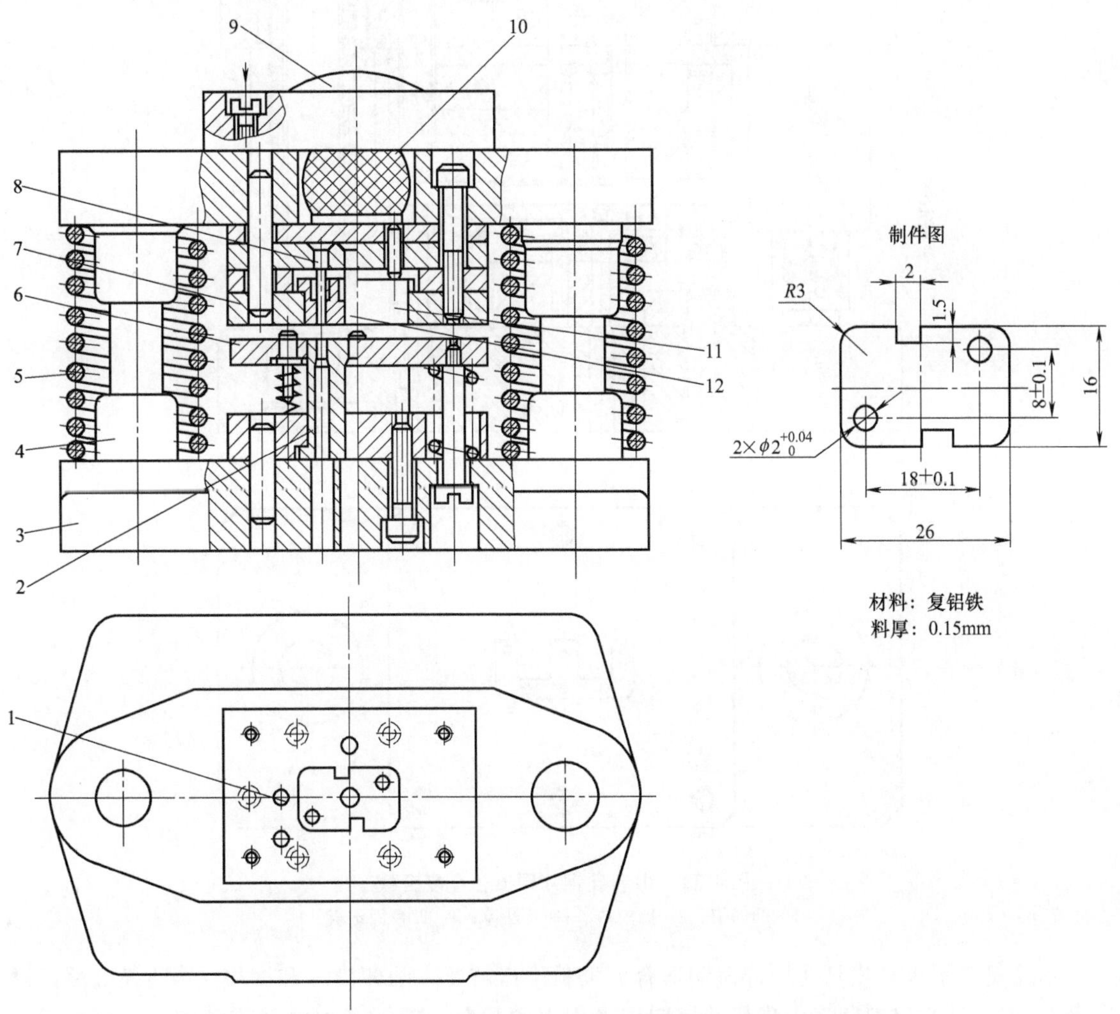

图 1-13　无模柄带弹簧模架的倒装复合模

1—挡料定位销；2—凸凹模；3—带导柱模架；4—限位圈；5—弹簧；6—卸料板；7—凹模；8,12—冲孔凸模；9—球形头；10—弹压推料装置；11—推件器

当压力机的行程为不可调节时，或没有偏心压力机的时候，一般情况下，不能使用带浮动模柄的模具。此时，可以使用无模柄带弹簧模架的模具。用于冲裁薄料、软料，冲裁间隙小的场合。

本模具在使用时，下模座被固定在压力机的工作台上，而上模座与压力机滑块不固定。模具自由状态下，上下模受模架导柱外的大弹簧 5 作用，总是处在开启状态。冲压时，料放在卸料板 6 上，由活动挡料销 1 定位挡料，压力机滑块下行，通过撞击上模座的球形头 9，带动上模下行，并完成复合冲裁工作。模具闭合高度由限位圈 4 控制。

（5）山形硅钢片硬质合金复合模（图 1-14）

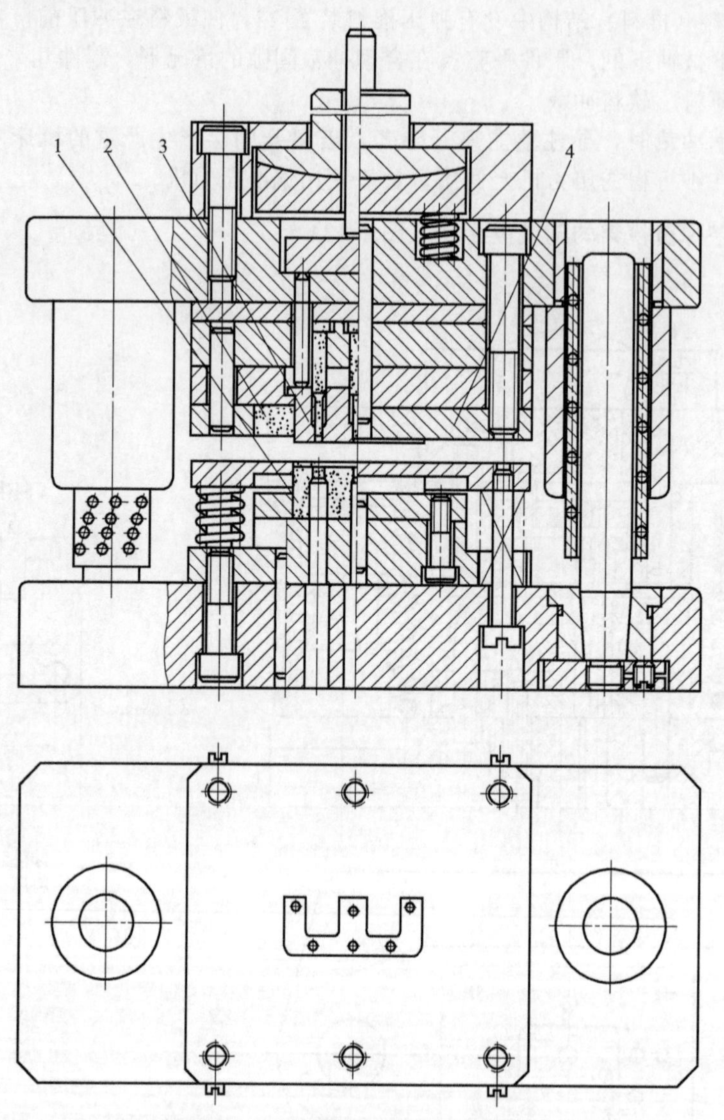

图 1-14　山形硅钢片硬质合金复合模

1—凸凹模；2—凹模；3—冲孔凸模；4—凹模固定板

本模具为了提高模具使用寿命和适合大批量生产需要，凸凹模 1 和凹模 2、凸模 3 采用硬质合金（YG15）材料制造；模架的导向副采用滚动导向；模柄采用浮动式结构，可在普通压力机上使用，冲制料厚一般＜3mm。

为适应硬质合金耐磨的特点，导柱采取镶套锥度紧固装配方式，更换时方便。

(6)“日”字形硅钢片冲孔切缝落料复合模（图 1-15）

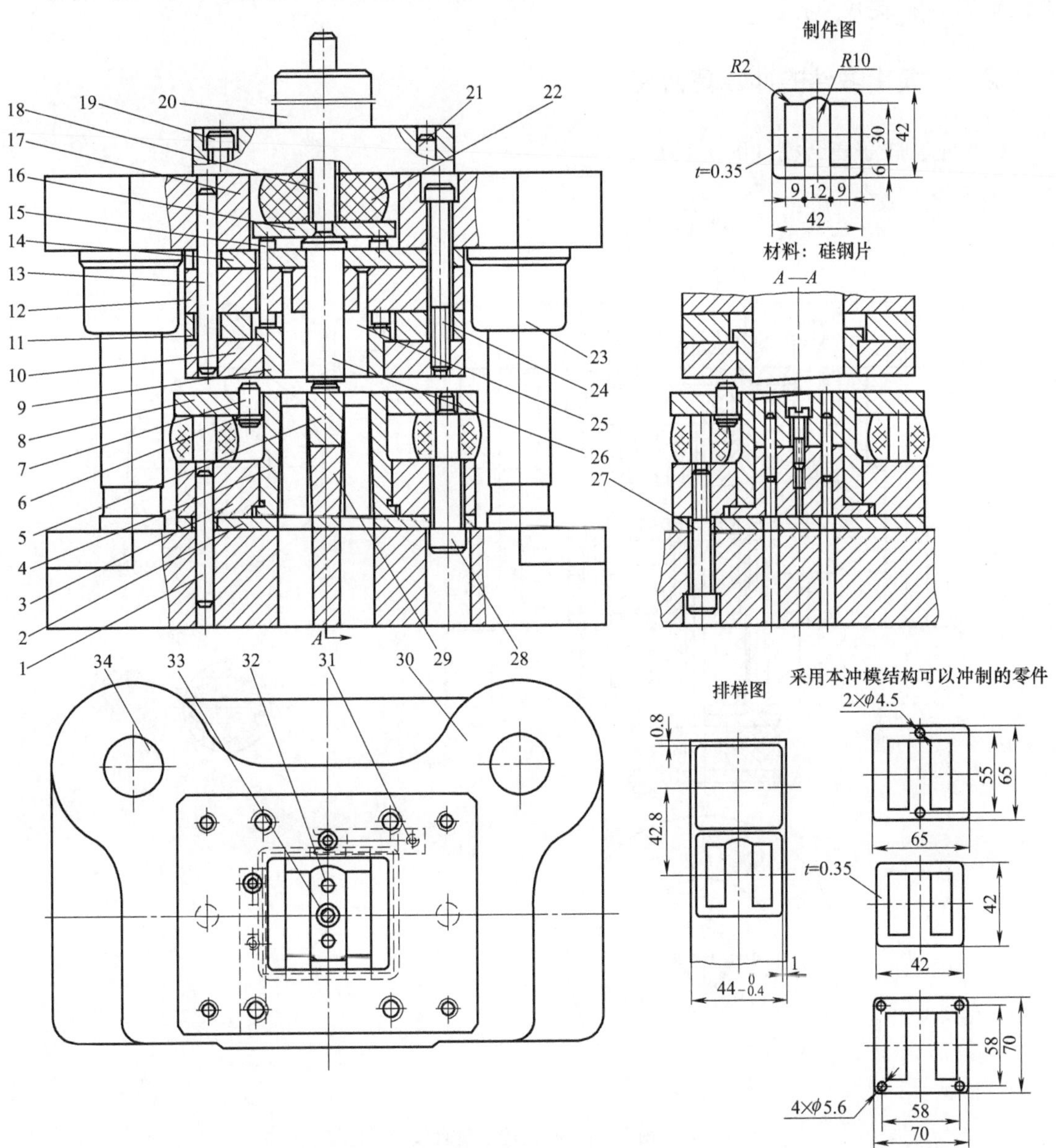

图 1-15　“日”字形硅钢片冲孔切缝落料倒装复合模

1,13,21,32—圆柱销；2,14—垫板；3—凸凹模固定板；4—凸凹模；5—凸模镶块；6—簧片；7—挡销；8—卸料板；9—推板；10—凹模；11—衬板；12—固定板；15—推杆；16—打板；17—上模座；18—打杆；19,24,27,31—螺钉；20—模柄；22—橡胶体；23—导套；25—凸模；26—切缝凸模；28—卸料螺钉；29—衬块；30—下模座；33—沉头螺钉；34—导柱

本模具结构特点是在“日”字形硅钢片中间 12mm 宽的一端切出 $R10$mm 圆弧线，要求只切开，不分离。为此，模具上设计了一个浮动凸模 26。此外，为便于凸凹模的制造，采用了镶拼结构，件号 4（凸凹模）由 4 个拼块组成。在保留一定直刃口的前提下，出料部分设计成一定斜度，使废料顺利排出。

冲裁时，切缝凸模 26 受强力橡胶体（可用聚氨酯橡胶）22 的压力，将比凹模 10 下平面凸出 0.8mm 的斜切削刃（见图 1-15 A—A 剖面）下压而在条料上切出缝。上模继续下行时，切缝凸模 26 将料紧紧压在凸模 5 上而停止前进，橡胶体 22 被压缩。同时，凸凹模 4 完成落料，而凸模 25 完成冲孔。

1.3.2 一模出多件的冲裁复合模

(1) 定、转子复合模（图 1-16）

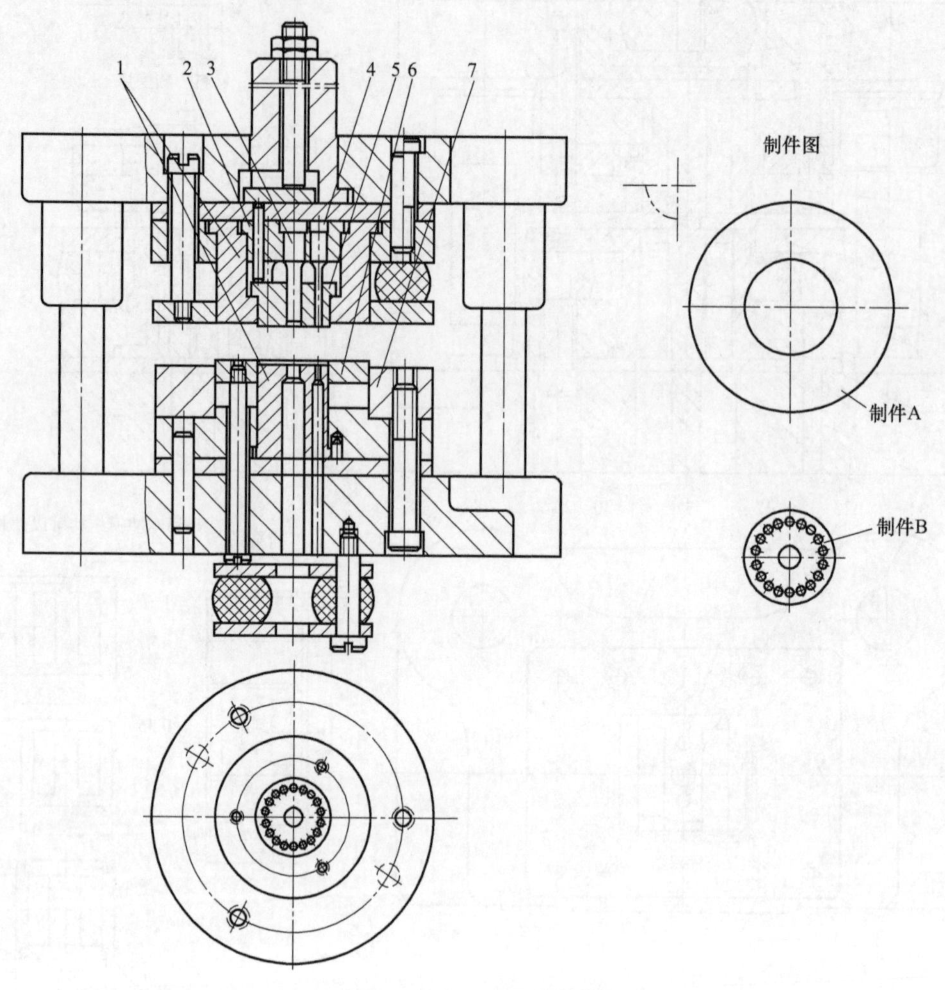

图 1-16 定、转子复合模

1—凸凹模；2—小固定板；3,4—冲孔凸模；5—推件器；6—推板；7—凹模

利用定子、转子需要同轴，且材料性质和厚度相同，在一副复合冲裁模上同时冲成制件 A 和制件 B，即冲出两个不同的制件。

本模具采用滑动导向对角导柱标准模架，由于一副模具冲一下出两个不同制件，故上下模均有凸凹模，落料凹模 7 与下模固定在一起，下模设有弹顶器和推板，上模设有打件机构，冲压后，制件分别从上下模中被卸下。冲孔废料由下模的凸凹模中下落。

(2) 硅钢片套裁复合模（图 1-17）

本模具为较大件小间隙套裁复合模。一模出两个制件 A，一个制件 B 的高效率模具。

凸、凹模采用镶拼结构，凸模镶块、凹模镶块分别嵌在上固定板 2 和下模座内，镶块之间相互卡牢，并用螺钉紧固，强度高。各镶块的材料为 Cr12MoV 或 W18Cr4V，淬火回火至 62～65HRC。

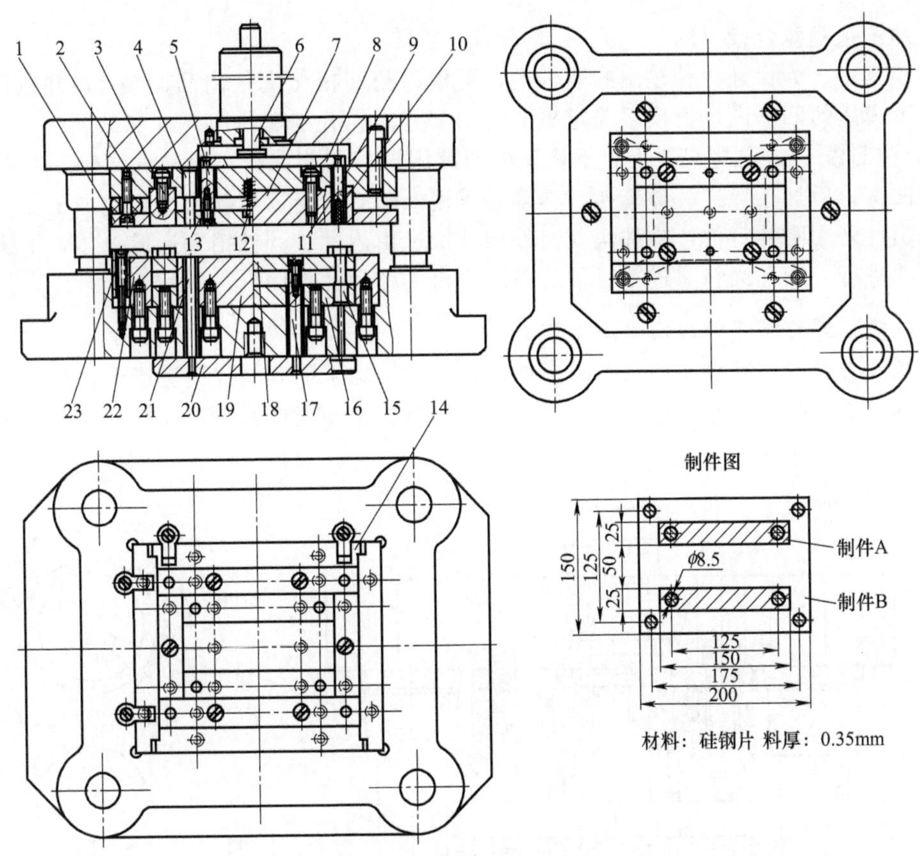

图 1-17　硅钢片套裁复合模

1—弹压卸料板；2—上固定板；3—凸模镶块（左右）；4—小凸模；5—连接杆；6—打杆；7—凸模镶块；8—连接板；9，21—顶料杆；10—弹料弹簧；11—凸模镶块（前后）；12—弹料钉；13—卸料板；14—凹模镶块（前后）；15—冲孔小凸模；16—固定板；17—顶杆；18—顶板；19—凹模镶块；20—下顶板；22—凹模镶块（左右）；23—定位块

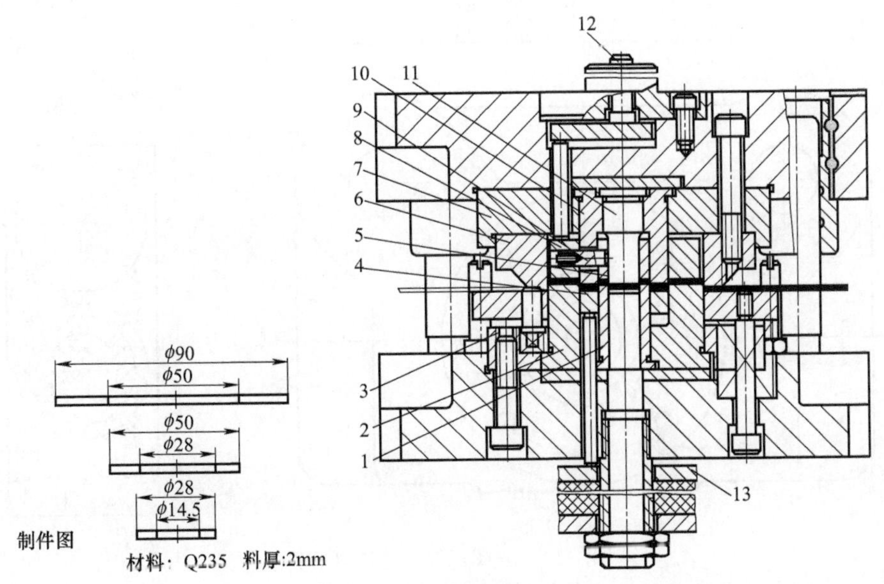

图 1-18　冲三垫圈复合模

1，2，10—凸凹模；3，7—固定板；4—弹顶器；5—推件块；6—凹模；7—固定板；8—内螺纹圆柱销；9—外推件块；11—凸模；12—上推件系统；13—下顶件系统

(3) 冲三垫圈复合模（图 1-18）

在本模具中，为保证三种垫圈的同轴度，下模以凸凹模 2 套住内凸凹模 1，并以固定板 3 固定镶在下模座的凹窝内。上模以固定板 7 的凹窝和内孔分别套住凹模 6 和凸凹模 1，而凸凹模 10 又套住凸模 11，这样只要上、下模座的凹窝同轴，则能保证三垫圈的同轴。制造时，先加工模座凹窝，后加工导柱、导套孔。本模具采用低熔点合金固定导套以简化加工。

上模出件采用刚性打件，推件块 5 与外推件块 9 由内螺纹圆柱销 8 连成一体，下模顶件系统由弹顶器进行，冲孔废料通过圆管漏落在压力机工作台孔下面。

(4) 一模三件套筒式复合模（图 1-19）

本模具一次可同时复合冲出三个圆形件，各凸凹模均采取套筒式钢套镶合，在凸凹模 2 的筒壁上开有三条长圆孔，并用连接销 16 将内外顶件块 3、4 连接起来，以便同时在下模弹顶器

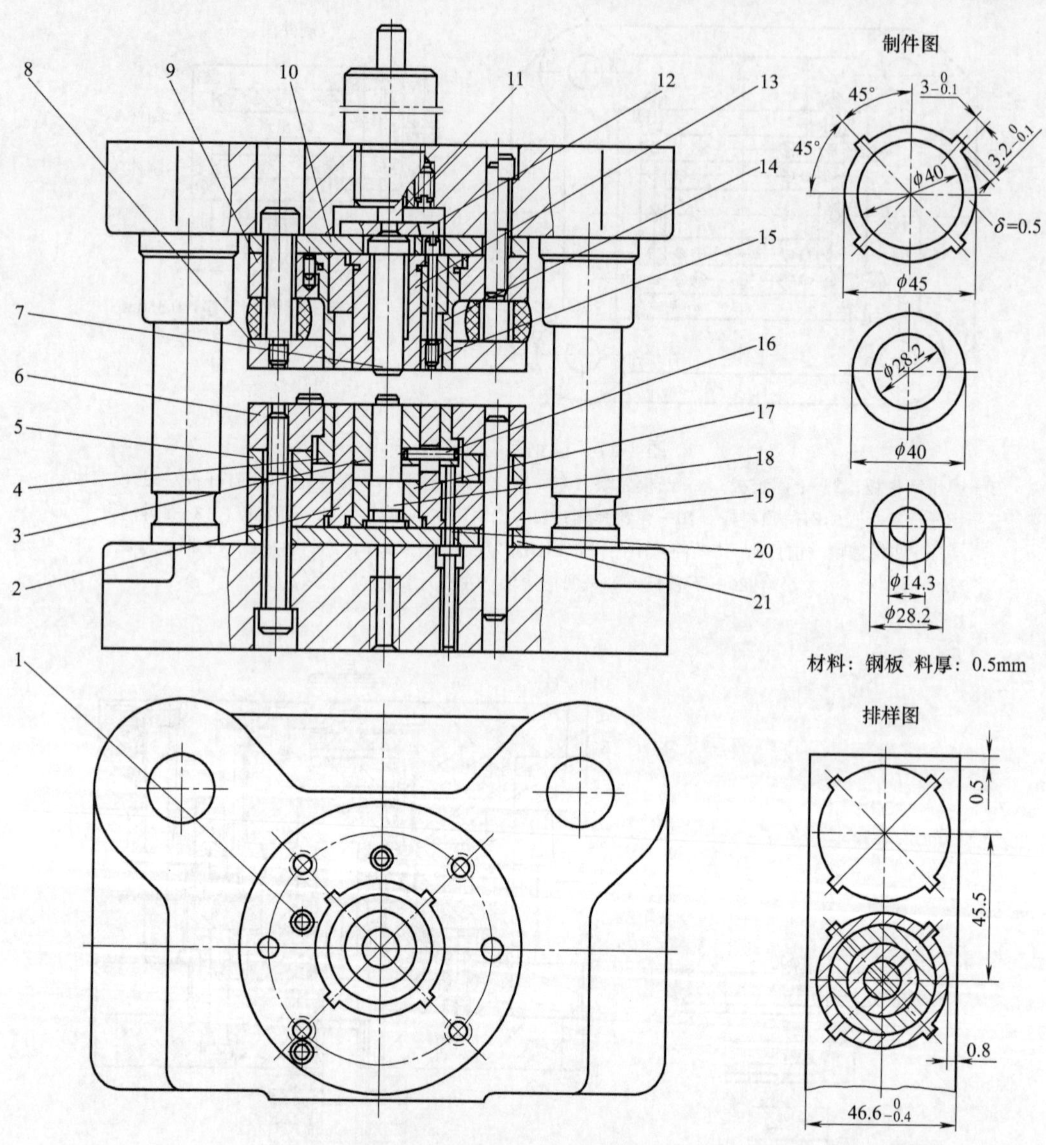

图 1-19 一模三件套筒式复合模

1—定位钉；2,13,14—凸凹模；3,4—内、外顶件块；5—衬板；6—凹模；7,11—打杆；8—卸料板；9—上固定板；10—上垫板；12—打板；15—打料板；16—连接销；17—衬套；18—冲孔凸模；19—下固定板；20—顶杆；21—下垫板

（未图示）的作用下将制件顶出。

凸凹模 14 为防转设有防转销止动。

1.3.3 非金属材料（云母及其他料）冲孔、落料复合模

(1) 脆性材料与毛毡等材料复合冲裁模、落料模（图 1-20）

图 1-20（a）结构为用于脆性大的材料，条料被压紧状态下进行冲裁，刃口尽可能做成尖的，使压力集中在不大面积上，以减少裂纹出现。

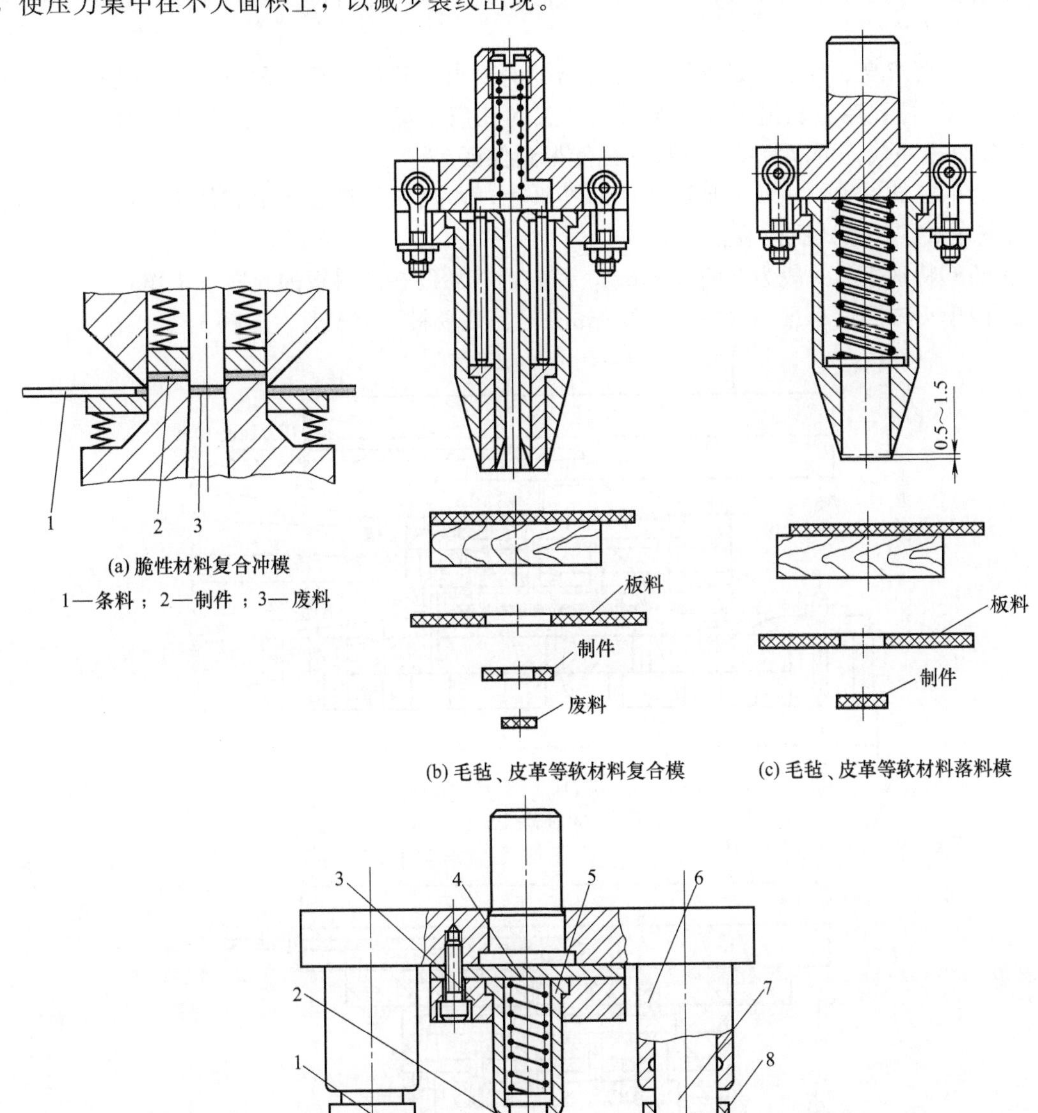

(a) 脆性材料复合冲模

1—条料；2—制件；3—废料

(b) 毛毡、皮革等软材料复合模

(c) 毛毡、皮革等软材料落料模

(d) 带有限位圈的落料模

1—垫块(木头或聚氨酯硬橡胶等)；2—推块；3—固定板；4—垫板；5—管形凸模；6—导套；7—导柱；8—限位圈

图 1-20 非金属材料冲孔落料冲裁模

图 1-20（b）、（c）模具结构为用于毛毡、皮革、塑料薄膜、橡胶板、石棉橡胶板、纸、棉布纺织品等材料的冲孔落料工作。在这些非金属材料上冲孔或落料常采用管形尖刃凸模冲裁。

为防止尖刃凸模冲裁时刃口变钝或崩裂，在被冲材料的下面垫以硬质木材、有色金属、聚氨酯橡胶或精制层压板。

(2) 印制板冲孔落料复合模（图 1-21）

这是一种新型结构的印制板冲裁模。其主要特点如下。

① 孔多、孔小、孔密度高。一般印制板的孔为 500 个左右，多的几千个；孔的直径大多数为 ϕ1mm 左右。

② 精度要求高。为了满足整机厂自动插件的要求，孔的位置必须准，有的孔口要求有一定的喇叭口；冲孔后不能出现铜箔起鼓、分层和孔周围泛白，孔与孔之间不允许有贯通裂纹等。用复合模冲裁，可以使尺寸一致的性能得到保证。

③ 为保证卸料力、压料力足够并使卸料平稳，冲裁和卸料过程中制件不发生变形，模具上设有液压式或气液式脱模装置。

④ 凸模特别短（一般为 25～29mm），而且凸模始终在卸料板的导向下工作。

⑤ 凹模刃口高度尽量小（一般为≤3mm），保证废料下落及时、通畅。

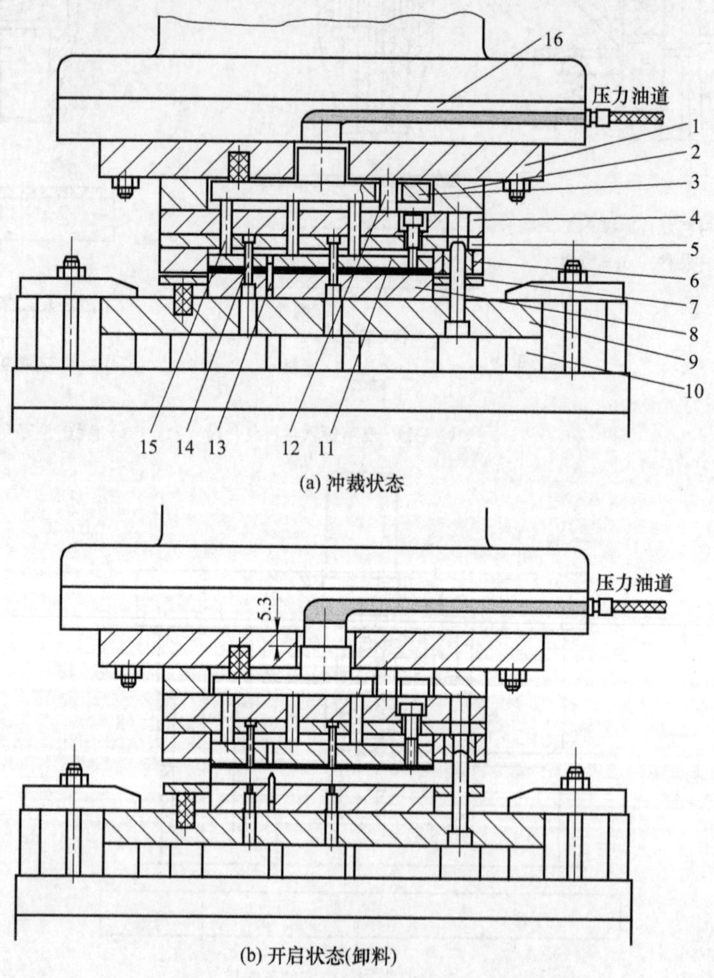

图 1-21 印制板冲孔落料复合模

1—上模座；2—推板框；3—推板；4—垫板；5—凸模固定板；6—凹模；7—卸料板；8—凸凹模；9—下模座；10—垫块；11—导向卸料板；12—支承柱；13—定位销；14—凸模；15—推杆；16—推件装置油缸

⑥ 印制板冲裁时要预热加温，冷却后要收缩，模具设计时要考虑到这种热胀冷缩的性能。

(3) 云母片复合模

① 真空电子器件中云母片零件的结构特点　如图 1-22 所示为部分经复合模冲裁而成的云母片零件。

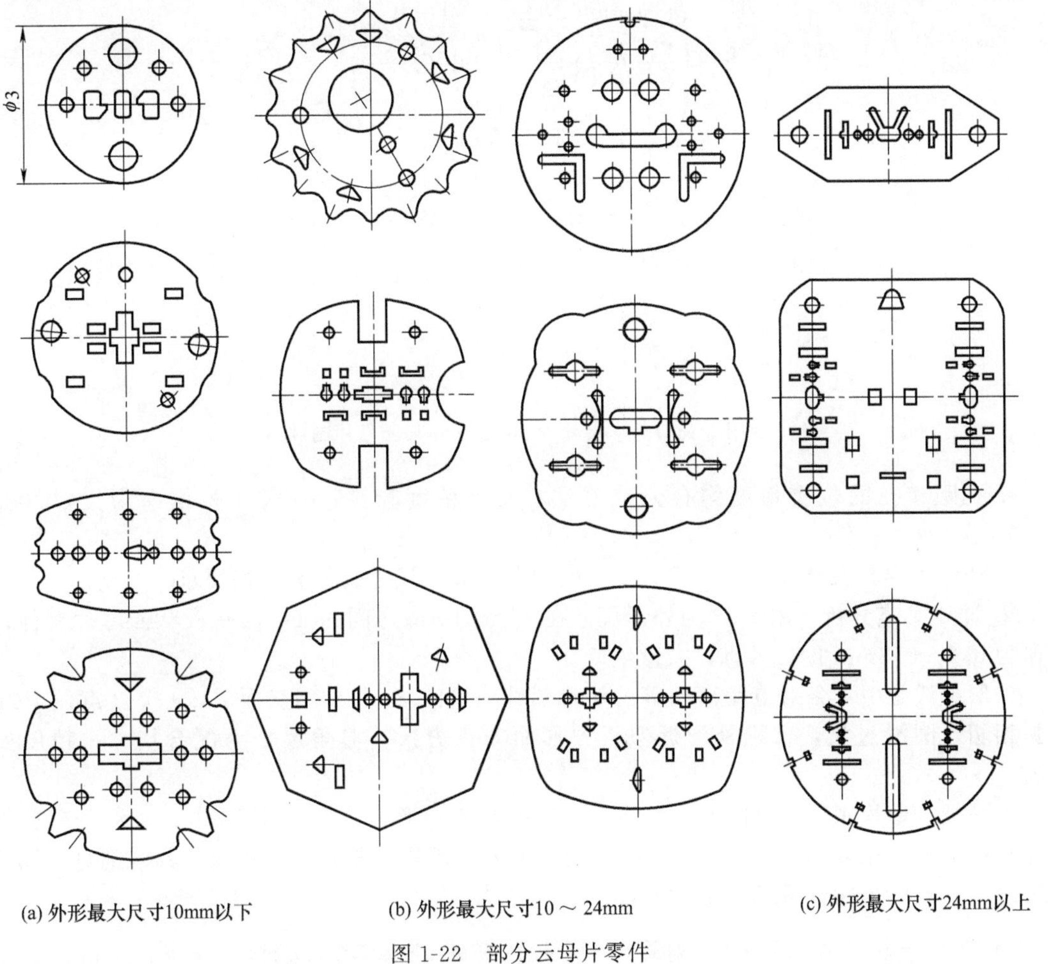

(a) 外形最大尺寸10mm以下　(b) 外形最大尺寸10 ~ 24mm　(c) 外形最大尺寸24mm以上

图 1-22　部分云母片零件

云母是天然矿物绝缘材料。在自然界中为结晶体，矿山中开采出的为外形不规则的块状物，因具有“劈开性”，很容易依平行面撕开，分劈成一定厚度和一定面积大小而外形不规则的薄片供生产使用。云母在真空电子器件、电容器等电子产品中应用较普遍，常用的厚度为 0.5mm 左右，薄的仅为 0.08mm。

如图 1-23 所示为外形尺寸为 16.47mm 的某云母片制件图，结合图 1-22 所示各种云母片零件，它们具有如下特点。

a. 形状复杂、外形特殊。外形多为非整圆或非整方。

b. 内孔多又小。图 1-22 中展示的每个云母片上有各种小孔分别为 9～38 个，不少为直径小于 ϕ1mm 的小孔。其中一个外形 ϕ3mm 直径的平面上有 9 个小孔，中间的 2 个还是异形孔，4 个小圆孔为 ϕ0.3mm±0.01mm，2 个大圆孔为 $\phi 0.51^{+0.02}_{0}$mm。

c. 内孔奇异不规则。不少为非圆形的异形孔。

d. 孔间距小，如图 1 23 的中心异形孔与靠近它的小圆孔 ϕ0.6mm 的孔中心距为1.5mm±0.01mm，孔边距仅为 0.45mm。

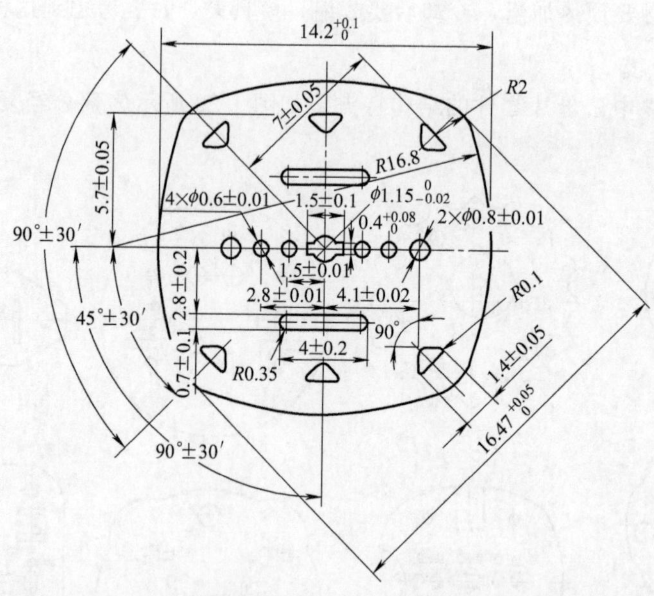

图 1-23　外形尺寸为 16.47mm 某云母片制件

e. 孔距和孔的位置精度均有公差要求，而且精度较高，一般孔距偏差为±(0.003～0.03)mm。

f. 外形和内孔在产品中均与相关零件成配合，装配尺寸公差有严格要求。

② 冲压工艺分析　图 1-23 为外形尺寸在 10～24mm 之间的某产品平板状云母片制件，片料厚为 0.2～0.3mm 的白云母，大量生产。

外形母线是由 4 条对应距离相等的对称弧线（R16.8mm）相交而成，4 个交点用 R2mm 圆弧相切，圆滑过渡，二维外形近似正方形而非正方形。对角尺寸为配合尺寸，精度要求较高。

该平板云母片制件中有圆形、长圆形、三角形和异形等小孔共计 15 个，对称分布在外形对称坐标轴上，孔多、孔小、孔中心距小而精度要求高等，都是加工难点。具体到每个尺寸精度和冲压工艺可行性分析见表 1-12 所示。

表 1-12　如图 1-23 所示尺寸精度与冲压工艺性分析

<table>
<tr><th>序号</th><th>项目</th><th colspan="2">尺寸及特征/mm</th><th>相当 IT 精度</th><th>冲压经济精度/mm</th><th>冲压工艺可行性分析</th></tr>
<tr><td rowspan="2">1</td><td rowspan="2">外形</td><td>配合尺寸</td><td>$16.47^{+0.05}_{0}$</td><td>～IT9(0.043)</td><td rowspan="2">0.1(～IT11)</td><td>要求高于冲压经济精度,有难度</td></tr>
<tr><td>非配合尺寸</td><td>$14.2^{+0.1}_{0}$</td><td>～IT11(0.110)</td><td>尚可</td></tr>
<tr><td rowspan="2">2</td><td rowspan="2">圆孔</td><td rowspan="2">配合尺寸</td><td>4×φ0.6±0.01</td><td><IT9(0.025)</td><td rowspan="2">0.05(<IT11)</td><td rowspan="2">有难度,要求高于冲压经济精度,孔太小,要注意凸模的强度</td></tr>
<tr><td>2×φ0.8±0.01</td><td><IT9(0.025)</td></tr>
<tr><td rowspan="3">3</td><td rowspan="3">中间异形孔</td><td rowspan="2">配合尺寸</td><td>$\phi1.15^{0}_{-0.02}$</td><td><IT9(0.025)</td><td>0.05(<IT11)</td><td rowspan="3">尚可,异形凸模和凹模孔的加工有难度</td></tr>
<tr><td>$0.4^{+0.08}_{0}$</td><td><IT12(0.10)</td><td>—</td></tr>
<tr><td>非配合尺寸</td><td>1.5±0.1</td><td><IT14(0.25)</td><td>—</td></tr>
<tr><td rowspan="2">4</td><td rowspan="2">长圆孔</td><td rowspan="2">非配合尺寸</td><td>4±0.02</td><td><IT15(0.48)</td><td>—</td><td>尚可</td></tr>
<tr><td>0.7±0.1</td><td><IT13(0.18)</td><td>—</td><td>—</td></tr>
<tr><td rowspan="2">5</td><td rowspan="2">三角形孔</td><td>配合尺寸</td><td>1.4±0.05</td><td><IT12(0.12)</td><td>0.05(<IT11)</td><td>尚可</td></tr>
<tr><td>尖角</td><td>R0.1</td><td>—</td><td>1.6</td><td>R 太小,接近尖角,容易出现裂纹</td></tr>
<tr><td rowspan="3">6</td><td rowspan="3">孔中心距</td><td rowspan="3">—</td><td>1.5±0.01</td><td><IT9(0.025)</td><td>普通精度±0.1
[～IT14(±0.125)]</td><td rowspan="3">要求高于普通精度和高级精度,有难度,只有通过提高模具制造精度来达到要求</td></tr>
<tr><td>2.8±0.01</td><td><IT9(0.025)</td><td>高级精度
±0.03(IT11)</td></tr>
<tr><td>4.1±0.02</td><td><IT10(0.048)</td><td>普通精度±0.1</td></tr>
</table>

续表

序号	项目	尺寸及特征/mm		相当IT精度	冲压经济精度/mm	冲压工艺可行性分析
7	位置尺寸		7±0.05	<IT12(0.15)	普通精度±0.1 高精度±0.03	要求高，有难度，可通过提高模具制造精度来达到要求
			5.7±0.05	<IT12(0.12)		
			2.8±0.02	IT8(0.04)		
			90°±30′			尚可

由表1-12分析可知，该制件在形状尺寸、精度、内R_{min}、最小孔d_{min}和其他结构尺寸限制等要素都是要求比较高的，个别尺寸精度甚至超出了冲压可达到的经济精度，其主要特征概括为：精密、多孔、超小、形状尺寸小间距和位置精度要求很高。这样的制件，采用单工序多副模具冲压或级进模冲压都是不可取或不可能的。

③ 模具结构与设计特点　模具结构总装配图如图1-24所示，它和常规复合模比较，有许多不同的特点。

a. 为便于卸料和提高总体精度，模具采用中间导柱导向，浮动模柄的倒装式复合模结构。导柱采用高精度H6/h5配合，导柱导套与模座的固定采用无机粘接工艺，进一步提高模架的加工工艺性与异向精度。

由于云母片坯料外形的不规则性，不能采用机械或自动送料，冲压只能靠人工送料。冲压时将云母坯料放在卸料板34上（由于下置的安全板4起防护作用，手不会进入上下模之间危险区）后，上模下行，凹模8先是将坯料压紧，上模继续下行，即能冲成制件（见图1-23），冲孔废料直接从下模的凸凹模7孔中落下；制件则在上模开启时通过上模中的打料系统由推板33将其推出，并在压缩空气的作用下吹入集料器内。

b. 为了提高凸模强度和刚度，凸模长度设计为10mm。所有凸模设计成直通式，铆接固定，便于加工。

c. 凹模、凸模固定板、凸凹模都很薄，厚度分别取6mm、4mm、6mm。平面相互平行，平面与轴心线之间垂直度误差要求≤0.01mm。

d. 凸凹模零件如图1-25所示，这是图1-24中凸凹模7的加工用图，它通过两个销孔$\phi 2^{+0.01}_{0}$mm和两个螺孔M2固定到固定板1上，为保证废料顺利下落，防止堵料胀裂模具，凸凹模内形孔设计成1∶100的锥度。常用CrWMn或Cr12MoV等材料，凸凹模加工经调质处理。

e. 根据云母片制件的大小和模具结构合理性的要求，将凸凹模和推板设计成平的（见图1-26）和带台的（见图1-27）两种。图1-26是图1-24的局部详图，凸凹模、推板外形完全一样，可以串在一起用线切割加工内外形，这种情况常用于凸凹模外形尺寸稍大（一般大于18mm）；对于云母片制件外形尺寸小于10mm时，为便于制造和结构的合理性，推板和凸凹模采用图1-27所示的带台结构。这两种结构对于冲制非云母的薄料制件有借鉴和推广价值。

f. 固定板12上装有通压缩空气气嘴，冲压时压缩空气管道接通气嘴，借助压力机主轴一端凸轮，通过它接触的一个活塞来控制压缩空气管道，定时地将压缩空气送入气嘴，吹走因冲压而残留在小凸模与推板间的云母屑末，对减小凸、凹模之间磨损，延长模具使用寿命和防止云母零件裂纹有重要作用，这也是云母片模具不同于其他冲模的一个特点。

g. 冲完的制件靠硬顶杆11、推板33推出。3个硬顶杆的长度应一致，硬度为43～48HRC。

h. 凸、凹模尺寸的确定原则上和冲制金属材料的模具一样。冲裁间隙取（5%～8%）t，t为云母片料厚。

i. 凸凹模、固定板、推板等的孔距偏差常取云母片制件公差的一半，保证模具精度高于制件要求精度。

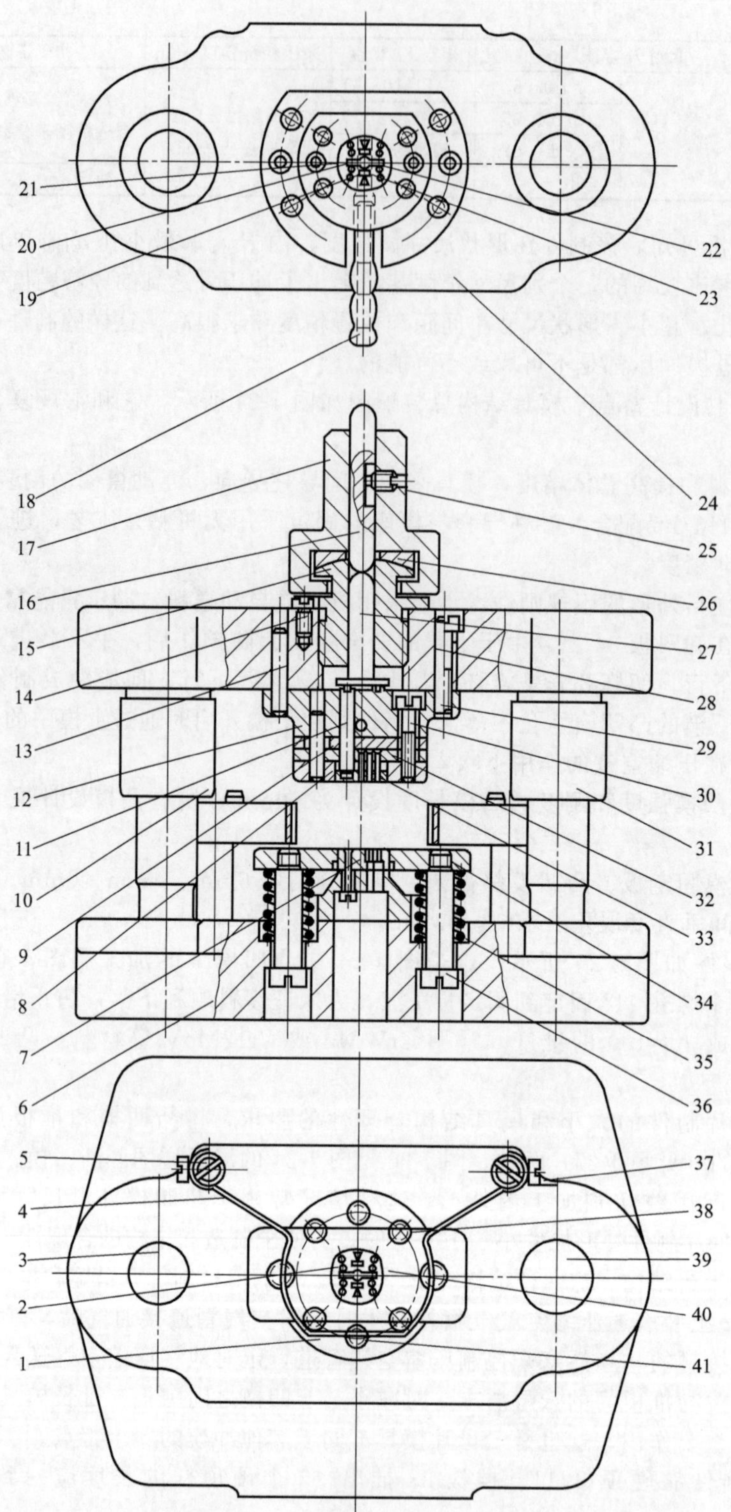

图 1-24 云母片倒装复合冲裁模

1,12—固定板；2,14,25,29,30,37,38—螺钉；3,39—导柱；4—安全板；5—螺柱；6—下模座；7—凸凹模；8—凹模；9—垫板；10,31—导套；11—顶杆；13,28,40,41—圆柱销；15—球接头；16—活动销；17—模柄；18—气嘴（通入压缩空气用）；19～23—冲孔小凸模；24—上模座；26—球面垫圈；27—打杆；32—固定板；33—推板；34—卸料板；35—弹簧（或用真空橡皮）；36—卸料螺钉

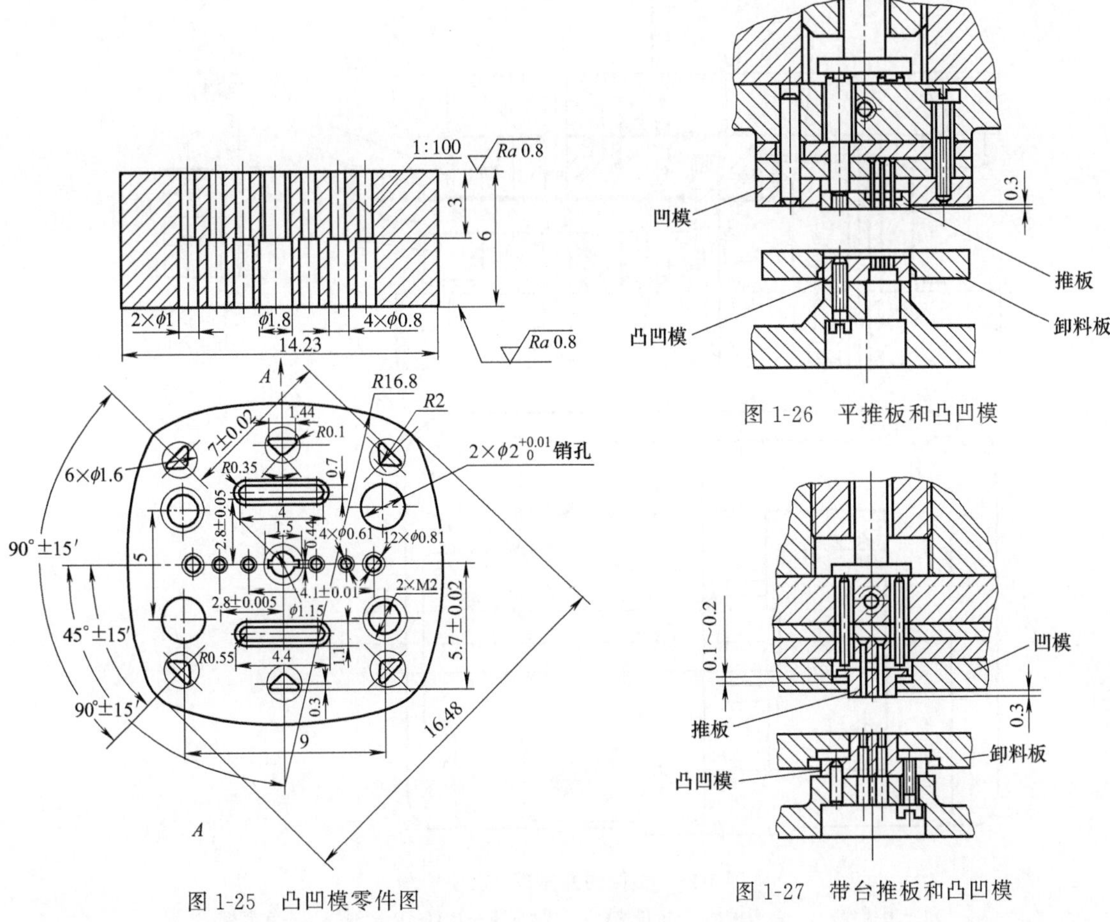

图 1-25 凸凹模零件图

图 1-26 平推板和凸凹模

图 1-27 带台推板和凸凹模

j. 为了提高模具使用寿命，缩短冲压行程和保持导柱导套不分离，云母片冲模规定在行程可调的偏心压力机上使用，或在钟表行业的门式压力机上使用，不能采用大行程的曲轴压力机。

k. 冲压过程中模具上不允许沾有油污之类不洁液体，如有需要可用酒精擦洗模具工作零件表面。

1.3.4 冲裁、弯曲复合模

(1) 垫圈切断、压弯、冲孔复合模（图 1-28）

这是一副“L”形垫圈复合模，包括切断、压弯、冲孔三个工序，对于冲压开始首个制件来说，虽是要经过两步完成，但实际上经过首次冲压后以后每冲一次即可完成一个合格的制件。

工作时，送料靠两个定位销 12 和定位块 3 控制，上模下行时，凸凹模 2 与卸料板 7 在压紧料的情况下与凹模 11 首先切断条料，接着开始压弯，在压弯过程中，凸模 10 又进行冲孔，冲孔后的废料可由压缩空气吹走（冲孔凹模孔可设计成通孔，反面扩大，并在侧面开斜槽等方法将废料排出模外）。

冲下的制件从下模中落下。

(2) 冲孔、弯曲复合模（图 1-29）

① 工作过程 板料由定料销 7 定位在下模上。上模下行时，先由弹簧 3 作用的压料板 5

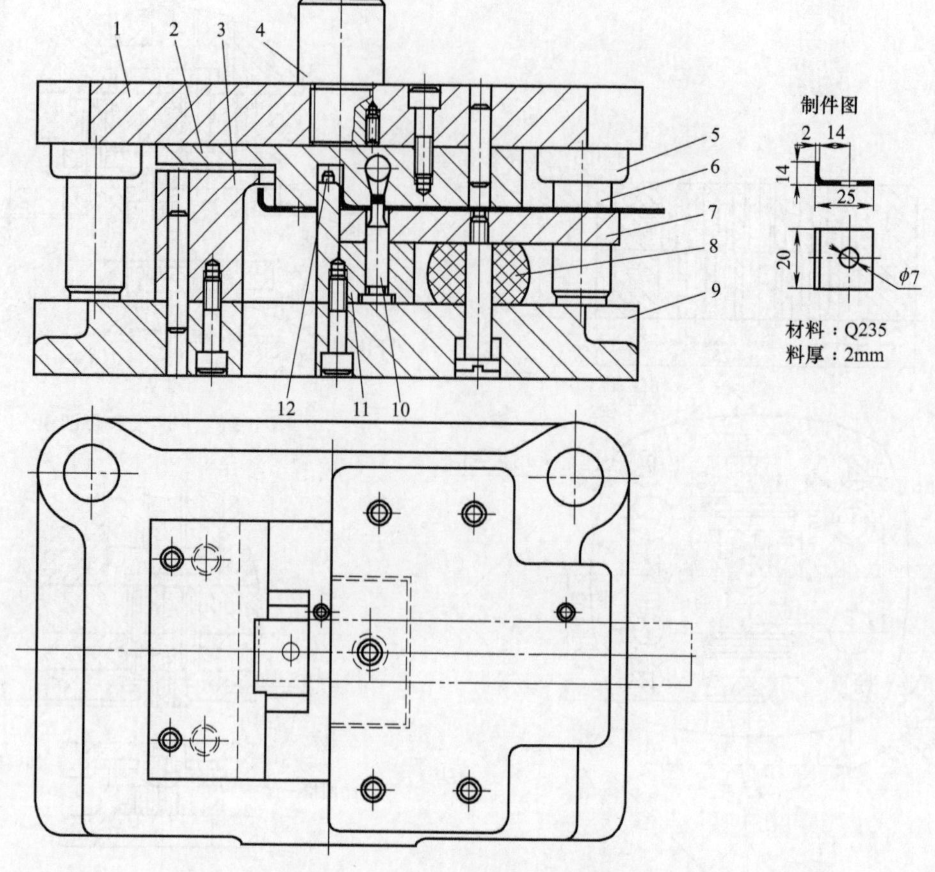

图 1-28　垫圈切断压弯冲孔复合模

1—上模座；2—凸凹模；3—定位块；4—模柄；5—导套；6—导柱；7—卸料板；8—卸料橡胶；9—下模座；10—凸模；11—凹模；12—定位销

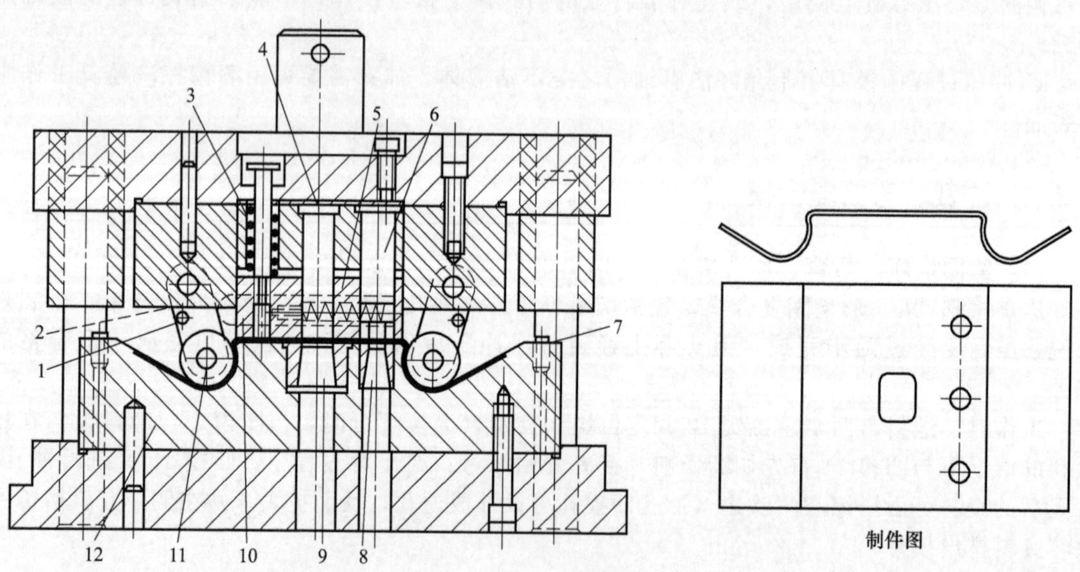

图 1-29　冲孔、弯曲复合模

1—挡销；2—左、右摆杆；3—弹簧；4—矩形凸模；5—压料板；6—小圆凸模；7—定料销；8—小圆孔凹模；9—矩形孔凹模；10—顶销；11—滚轮；12—弯曲凹模

将板料压在下模上。铰接在上模的两个滚轮 11 的摆杆压向板料两侧，由向内滑的滚轮 11 对板料弯曲成形，同时由矩形凸模 4 和三个小凸模 6 配合凹模 9 和 8 对制件冲孔。上模上行时，左、右摆杆 2 被由弹簧作用的顶销 10 向外顶，由挡销 1 挡在原始位置上。

② 模具结构特点

a. 采用铰接在上模两侧的向内单向摆滑的摆杆—滚轮压弯机构，在其随上模下行的过程中，完成零件两侧的复杂压弯动作，结构简单，运动可靠，零件成形质量有保证。

b. 将冲孔凹模嵌入弯曲凹模模体内，可以适应冲孔凹模与弯曲凹模磨损情况不一，因而修磨周期各异的客观需要，拆换也比较方便。

1.3.5 落料、拉深、切边复合模

(1) 带直边球形件落料、拉深、切边复合模（图 1-30）

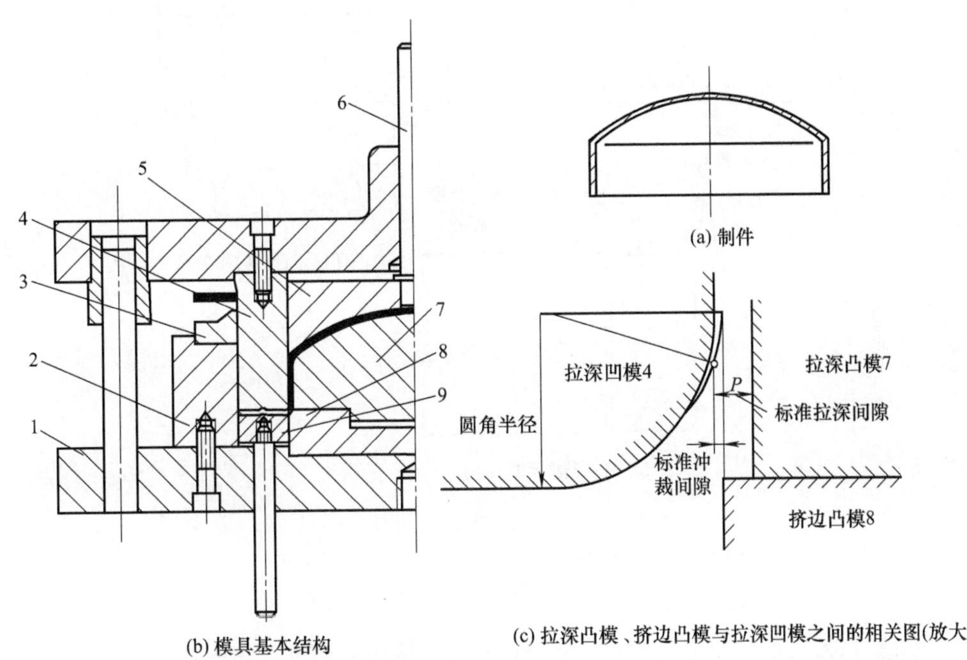

图 1-30 带直边球形件落料拉深切边复合模

1—有导向模架；2—固定板；3—落料凹模；4—落料凸模兼拉深凹模、挤边凹模；5—推件器；6—打杆；7—拉深凸模；8—挤边凸模；9—压边圈（带拉深筋）

该模具的基本结构原理与普通圆筒形件落料拉深模相同，只是增加了挤边凸模 8。拉深凸模 7、拉深凹模 4 和挤切凸模 8 之间的相互关系如图 1-30（c）所示。

该模具设计要点是：拉深凹模 4 的圆角部分与直壁部分不相切，而是相交于 P 点，P 点与拉深凸模 7 之间相差一个标准拉深间隙，而 P 点与挤边凸模 8 之间则相差一个标准冲裁间隙。另外，由于此制件的球形部分较浅而直壁部分较长，拉深筋只需要在球形拉深阶段起作用，在直壁拉深阶段，拉深筋的作用已不再需要，所以，在计算板坯尺寸时不需多留余量。

(2) 矩形盒拉深、切边复合模（图 1-31）

本模具结构与常规的敞开式拉深模十分相似，区别在于凸模 6，除起到拉深凸模作用外，还起到挤切废料作用。因此，凸模 6 实为拉深挤切凸模。

在本模具中，压边圈与挤切凸模成滑配合（H7/h6）。

拉深凸凹模单边间隙取 1.1t，实测为 0.54mm；挤切凸、凹模双边间隙 Z 可取 0.02～

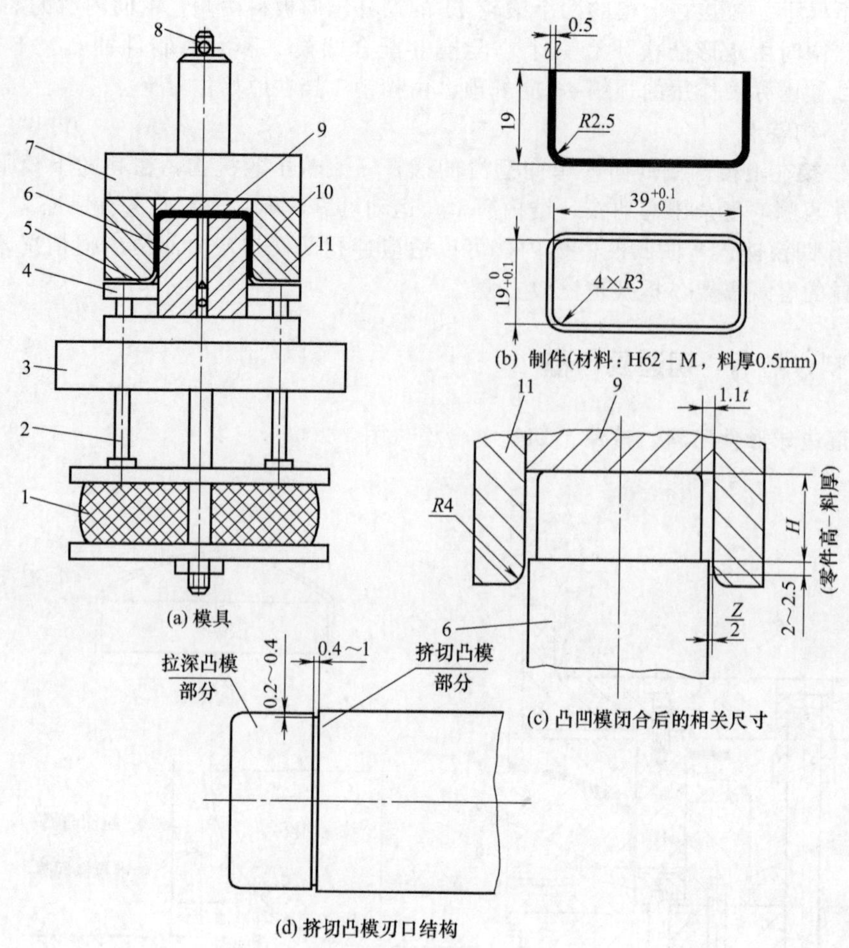

图 1-31 矩形盒拉深、切边复合模

1—弹顶器；2—卸料螺钉；3—下模座；4—卸料板兼压边圈；5—废料；6—凸模；7—上模座；8—打杆；9—推件板；10—制件；11—凹模

0.04mm，本模具设计取 0.03mm，实测为 0.04mm。挤切凸模进入凹模的深度为 2～2.5mm。

为了便于磨削挤切凸模的刃口，挤切凸模与拉深凸模相接部分可以采用如图 7-56（d）所示结构。

挤切凸模与拉深凸模可以是整体结构，也可以采用分体结构，视尺寸大小而定。但不管采用何种结构形式，拉深凸模与挤切凸模必须保持良好的同轴度，否则，会出现间隙不均，严重时可能会发生啃模。不但影响挤切质量，而且也影响模具的寿命。

(3) 腰圆盖拉深、冲孔、切边复合模（图 1-32）

本模具适用于拉深高度比较小的拉深件，在条料上经过一次冲压成形、切边后，无需进行车边等加工，故生产率高。

模具结构特点：拉深凸模 7 与切边凸模 8 工作部分外形尺寸之差为两个材料厚度。凹模 4 刃口部分需有圆角，当上模下行，凹模 4 与拉深凸模 7 将制件拉深成形后，与切边凸模 8 成无间隙配合冲裁，切断废料。下模由冲孔凹模镶套 5、拉深凸模 7 和切边凸模 8 组合而成，保证刃磨方便，顶板 3 起成形凹模和卸料作用。为防止制件留在下模，可将卸料板 6 上平面高出拉深凸模 7 上平面，并使卸料板 6 与切边凸模 8 成近无间隙配合，保证制件不落入卸料板 6 型孔内，为的是便于卸件。

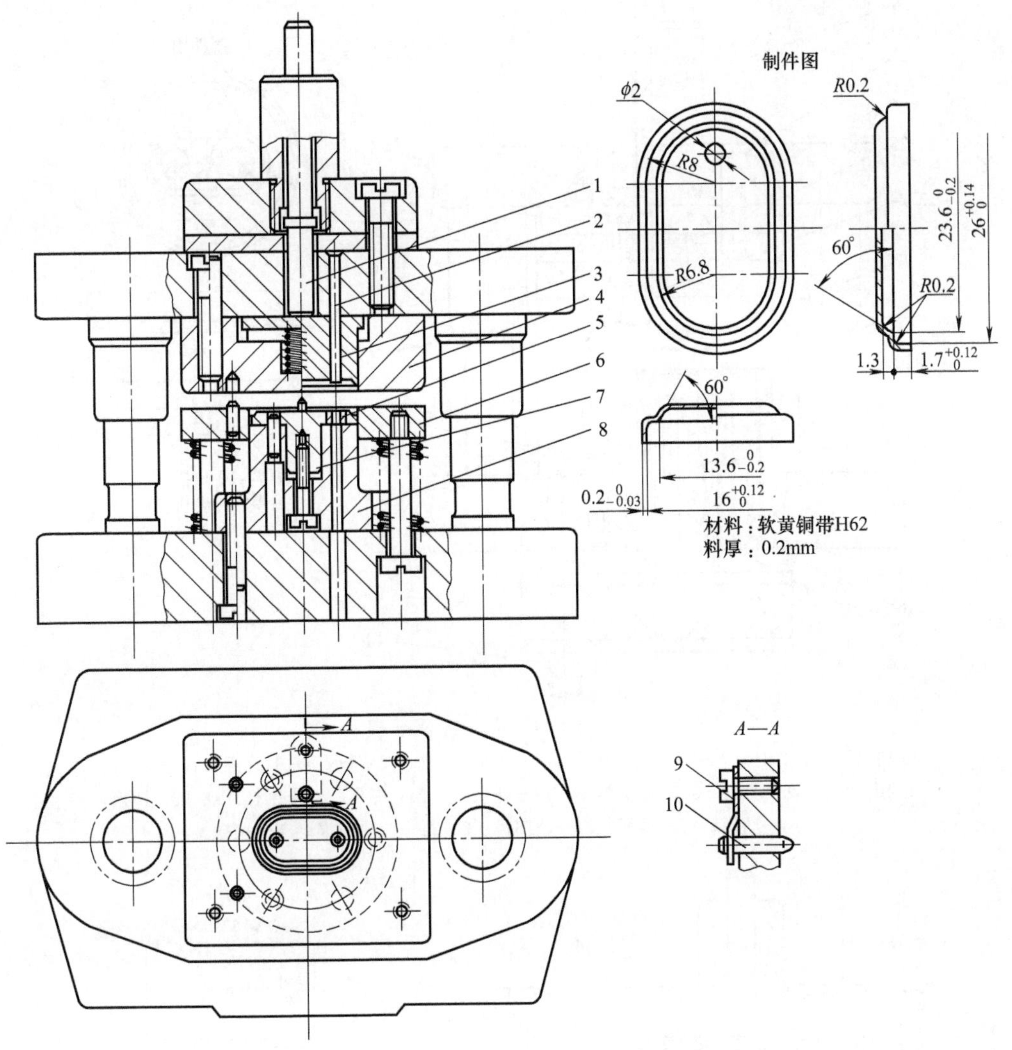

图 1-32　腰圆盖拉深、冲孔、切边复合模

1—打杆；2—冲孔凸模；3—顶板；4—凹模；5—冲孔凹模镶套；6—卸料板；7—拉深凸模；8—切边凸模；9—簧片；10—活动定位钉

1.3.6　多工序集成复合模

(1) 灯头落料、冲孔、拉深、成形、翻边复合模（图 1-33）

这是一副冲制荧光灯灯头的落料、拉深、冲孔、成形、四工序顺装复合模，它不但可大幅度地缩短生产周期，降低成本，且不需半成品多次进出模具，减少了不安全因素。但这副模具的主体需采用镶拼结构和电加工工艺保证其精度，模具装配也有一定的难度。图示落料的卸料结构未表示，可采用弹压卸料或利用排样前后无搭边。

(2) 托盘落料、拉深、冲孔、翻边、切边模

如图 1-34 所示为某柴油机零件托盘五工序复合模。

工作时，将条料送入卸料板 6 内，压力机滑块下行，凸凹模 7 与凹模 4 落下圆片。滑块再下行，凸凹模 7 与拉深凸模 17 开始进行拉深，与此同时，内凸模 20 与内凸凹模 16 冲出内孔并与拉深凸模 17 进行翻边，内外推件器 15 兼具压形凹模作用，完成拉深翻边成形过程。滑块继

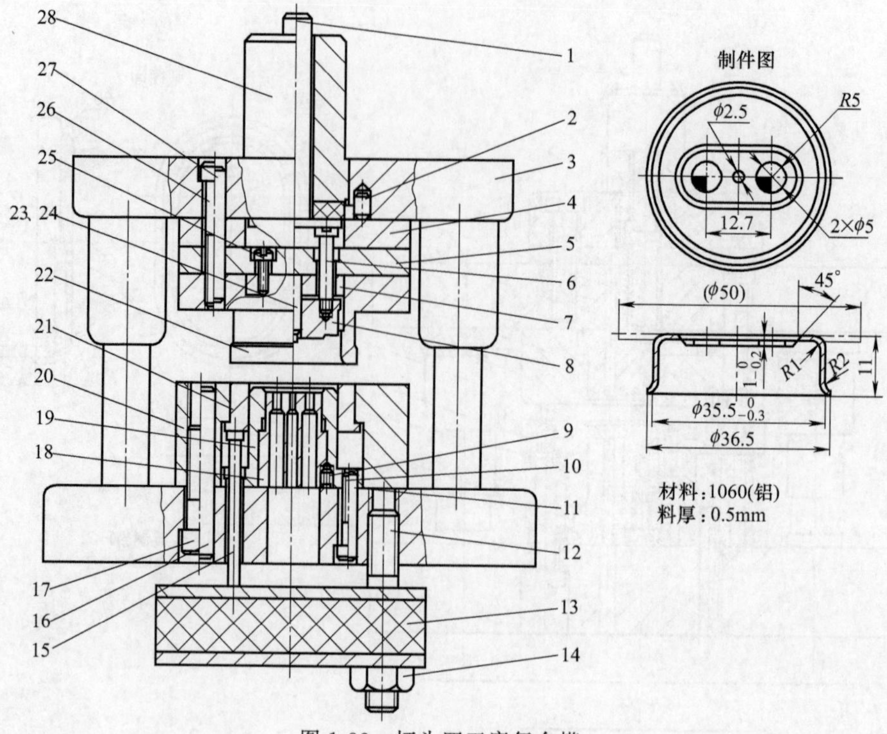

图 1-33　灯头四工序复合模

1—打杆；2,11,16,27—销钉；3—模架；4—垫板；5,7—固定板；6—打杆螺钉；8—推板；9,10,17,25,26—螺钉；12—双头螺栓；13—弹顶器；14—螺母；15—推杆；18,20—凹模；19—凸模；21—推板；22—凸凹模；23,24—冲孔凸模；28—模柄

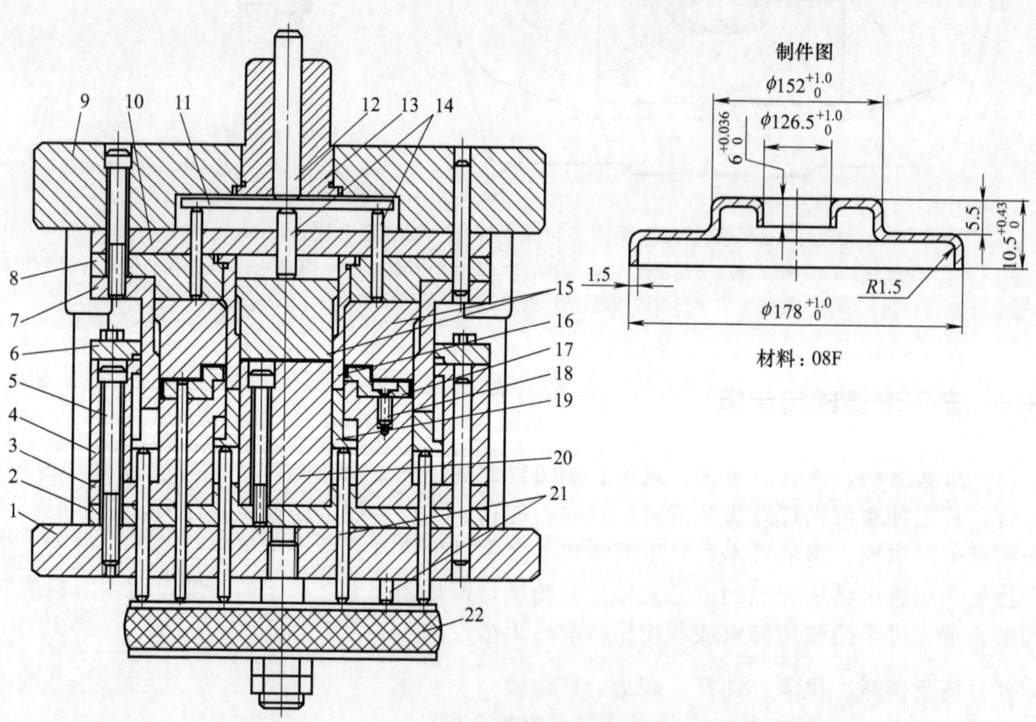

图 1-34　托盘五工序复合模

1—下模座；2—固定板；3—切边凸模；4—凹模；5,18—螺钉；6—卸料板；7—凸凹模；8—上固定板；9—上模座；10—垫板；11—推板；12—打杆；13—模柄；14—推杆；15—内外推件器；16—内凸凹模；17—拉深凸模；19—顶块；20—内凸模；21—顶杆；22—弹顶器

续下行，凸凹模7、内凸凹模16与切边凸模3将多余边料挤切掉，完成整个制件冲压加工。

滑块上行，制件和废料分别由打杆12、推板11、推杆14、内外推件器15、弹顶器22、顶杆21、顶块19等推出。

为了保证冲孔翻边等工序的正常进行，拉深凸模应低于落料凹模上平面1.5～2mm。件7与件3和件16与件3之间应留有0.02～0.04mm的双面间隙，保证挤切边质量。

本模具生产效率虽高，但刃口部分进入凹模较长，容易磨钝，模具制造和修理也较复杂。

(3) 调速器罩落料、拉深、冲孔、翻边复合模

如图1-35所示为轿车调速器罩落料、拉深、冲孔、翻边复合模。

本模具落料凸模兼拉深凸凹模3装于上模，落料凹模10装于下模，为顺装式模具结构。为简化翻边的制造过程和模具结构，将冲孔、翻边凸模6做成一体。冲孔、翻边在同一凸模6的作用力下和凸凹模12共同作用，实现一模两用，即先预冲孔后翻边，一先一后的完成冲孔翻边复合冲压工序。

本模具预冲孔直径为ϕ28.24mm的情况下，由于采用复合方法进行冲孔翻边，翻边部分孔口壁厚减薄为0.8mm，翻边高度比图样尺寸增加约0.6mm。因此，若翻边尺寸有严格要求，需要适当增大冲孔凸模直径。

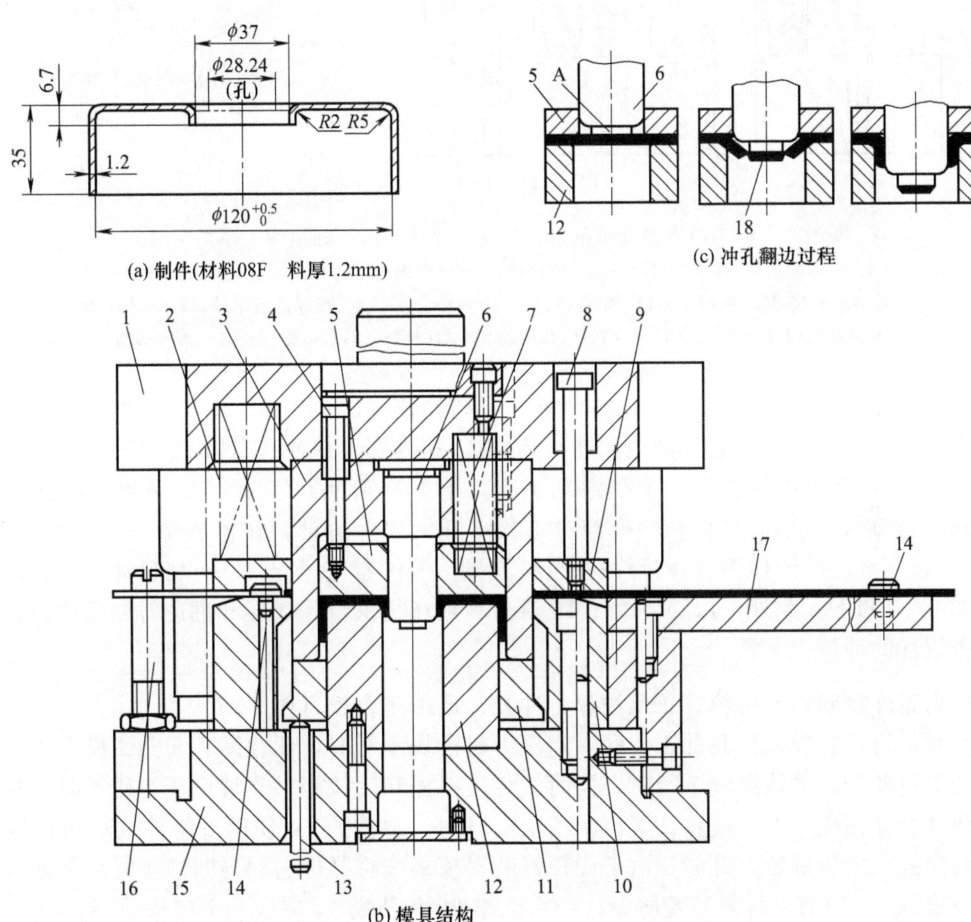

图1-35　调速器罩落料、拉深、冲孔、翻边复合模

1—上模座；2,7—弹簧；3,12—凸凹模；4,8—限位卸料螺钉；5,9—退料板；6—冲孔翻边凸模；10—凹模；11—压料板；13—托杆；14—挡料销；15—下模座；16—挡料螺栓；17—托料板；18—冲孔废料；A—冲孔翻边凸模的冲孔凸模部分

采用复合冲孔翻边，冲孔形成的喇叭孔状非常有利于翻边。在条件相同的情况下，用复合方法时，其凸模刃口磨刃次数比用分刃方法的凸模刃口刃磨次数少得多。因为前者的毛坯材料变形大，凸模刃口承受的冲击力减小，凸模磨损程度减轻，因而凸模寿命得以提高。此外由于冲孔的毛刺朝向凸模内侧，翻边后口部不易开裂，有利于提高翻边质量。

(4) 消声器隔板落料、拉深、冲孔、内外翻边复合模

如图 1-36 所示为汽车消声器隔板落料、拉深、冲孔、内外翻边四工序复合模。

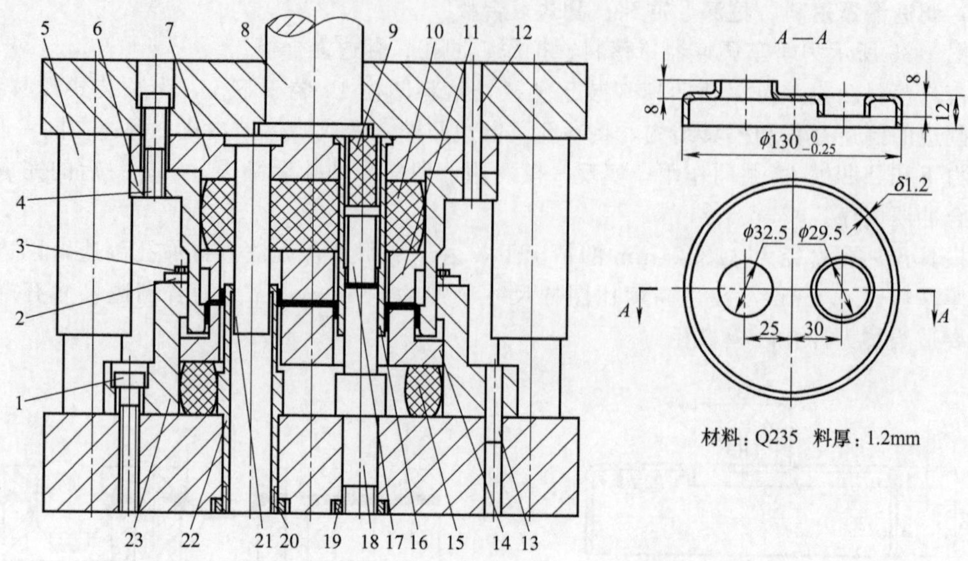

图 1-36 汽车消声器隔板落料、拉深、冲孔、内外翻边四工序复合模

1,3,4—螺钉；2—导料板兼固定卸料板；5—加长导套；6—凸凹模（落料凸模、拉深凹模）；7—固定板；8—模柄；9,10,15—橡胶垫；11—推件器；12,13—圆柱销；14—拉深凸模；16,22—冲孔凹模兼翻边凸模（凸凹模）；17—顶料杆；18,21—冲孔凸模；19,20—螺母；23—落料凹模

本模具的工作过程为：条料依靠导料板 2 和挡料钉（图中未表示）送进并定位。上模下行，件 6 对条料先落料，接着外翻边预冲孔凸模 21 和内翻边预冲孔凸模 18 冲孔，同时凸凹模 6 与拉深凸模 14 进行外缘拉深，上模继续下行，上下（正反）件 16、22 分别对 ϕ29.5mm、ϕ32.5mm 两孔进行翻边。最后，冲模经过下死点开始向上运动，在橡胶垫 9、15 的作用下，顶料杆 17 将下翻边凸凹模 16 内的预冲孔废料顶出，推件器 11 和凸模 14 将已冲制成的隔板零件从件 22、16 卸下。此外，橡胶垫 10、15 对落料毛坯提供拉深成形和翻边时的压边力，可有效地改善制件的冲压工艺性。

(5) 内直外锥碗形件落料、正反拉深、冲孔、压形复合模（图 1-37）

工作时，将条料放入模具的工作区，当压力机滑块下行时，压边圈 5 与凸凹模 8 将条料压紧后冲断落料部分，滑块继续下行时，同时进行正拉深和反拉深，当滑块至下死点时，拉深冲孔和压凸台全部完成，冲孔废料往下落。滑块上升时，在橡胶 21 作用下将外锥形筒体脱离凸凹模 8 的内腔，滑块继续上升时，由下弹顶器装置顶板 6 将制件送到与凹模 4 同一平面（零件脱离凸凹模 25），同时上打料装置将制件推出凸模 22 和凸模 23 完成一个工作循环。

结构设计要点如下。

① 为了保证外锥拉深时尽可能使毛坯处在压边范围之内，减少悬空状态才不容易起皱，模具结构图所注的 2.5mm 处不宜太大。

② 保证上推件板 24 在未工作前悬挂于凸模 22 内腔，以免未到落料冲裁前压着条料变形，

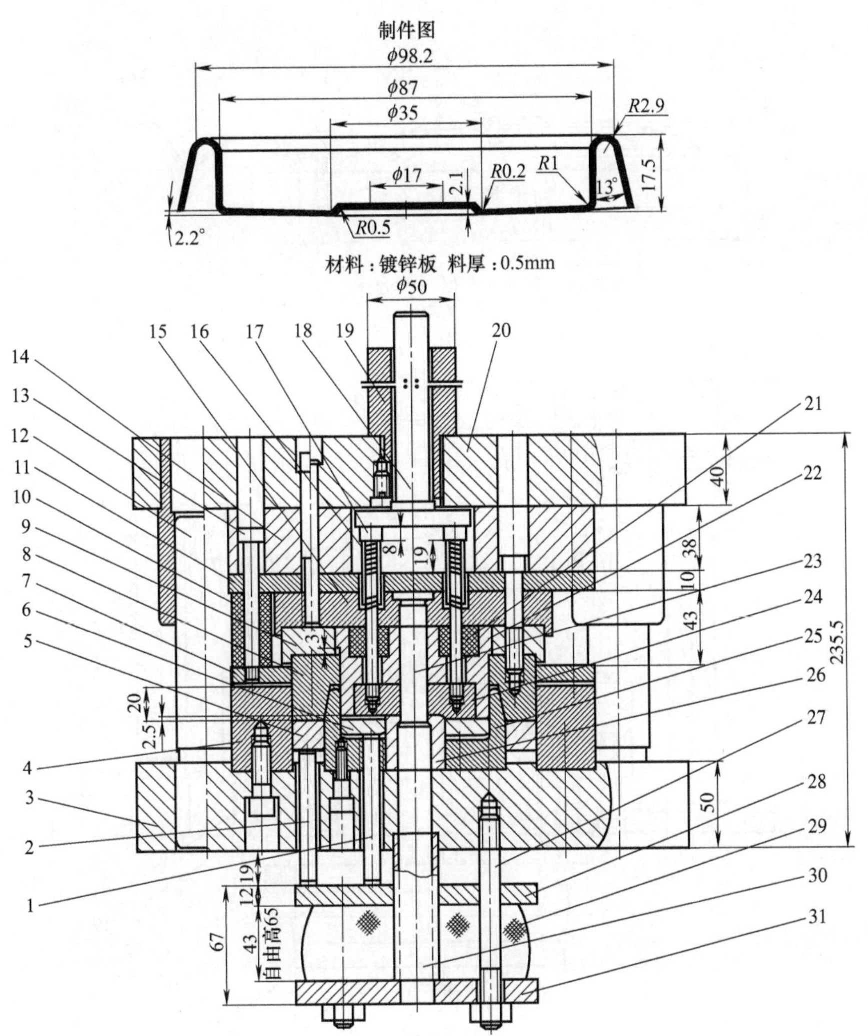

图 1-37　内直外锥碗形件复合模

1,2—推杆；3—下模座；4—凹模；5—压边圈；6—顶板；7—卸料板；8—凸凹模；9—凸凹模垫块；10,21,29—橡胶；11—上模垫板；12—导柱导套；13—卸料螺钉；14—垫块；15—凸模固定板；16—弹簧；17—连接杆；18—打杆；19—模柄；20—上模座；22,23—凸模；24—推件板；25—凸凹模；26—冲孔凹模；27—螺杆；28,31—托板；30—落料筒

同时，其横截面积应尽可能大些，避免打料机构推出制件时产生变形。

③ 凸模 22 未工作前由于橡胶 21 的作用已下移 3mm，此时其下平面与凸凹模 8 下平面之差不宜大于 2.5mm，否则易压变形条料。

(6) 锅盖落料、拉深、冲孔、切边复合模

如图 1-38 所示为 1Cr18Ni9Ti 不锈钢锅盖落料、拉深、冲孔、切边复合模。

本制件曾采用落料→正向拉深（浅球形）→反向拉深（外缘低锥形）→冲孔（ϕ16mm）→切边→卷边共 6 道工序，需 6 副模具。因工序多、生产效率低、成本高、且质量不稳定而改成用一副多工序集合复合模，经一次冲压完成落料、正反拉深、切边和冲孔工序，卷边工序单独完成。

经工艺分析，本制件形状虽较复杂，但正反两个方向的拉深都很浅，正向近似于浅球形拉深，反向则是低锥形拉深，都可以一次成形，而且落料、冲孔、切边这些工序是不同直径的同

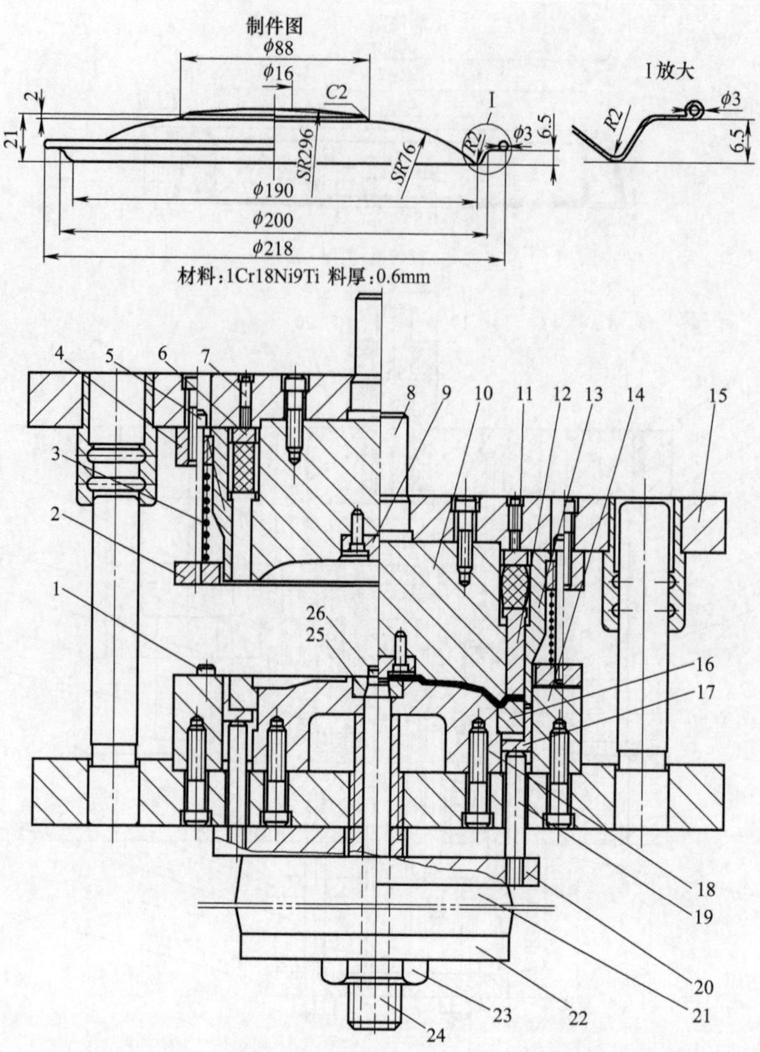

图 1-38 不锈钢锅盖落料、拉深、冲孔、切边复合模

1—导料销；2—卸料板；3—卸料弹簧；4—固定板；5—卸料螺钉；6—调整块；7—调整螺钉；8—模柄；9—冲孔凸模；10—拉深凸凹模；11,21—橡胶垫；12—上压边圈；13—落料切边凸凹模；14—落料凹模；15—中间滑动导向模架；16—下压边圈；17—废料推件板；18—拉深凸模；19—顶杆；20—顶杆固定板；22—下压板；23—螺母；24—空心螺杆；25—冲孔凹模；26—挡料钉

心圆，可以采用复合模，在一次冲压过程中顺利完成。

模具结构图一半为开启状态，另一半画成闭合状态。

当模具闭合时，落料切边凸凹模 13 与落料凹模 14 闭合，首先把坯料从条料上冲裁下来，同时上压边圈 12、落料切边凸凹模 13、下压边圈 16 和废料推件板 17 一起把坯料压紧。上模继续下行，正拉深开始，上述四个零件起压边圈的作用。由于上橡胶垫 11 强大的弹力，随着上模继续下行迫使下压边圈 16 向下运动（下橡胶垫 21 的弹力必须小于上橡胶垫 11），当它被拉深凸模 18 的凸台挡住时，上压边圈 12 被迫上行，反向拉深也开始。同时，下压边圈 16 与落料切边凸凹模 13 产生剪切运动，完成切边工序。上模继续下行，使拉深凸凹模 10 与拉深凸模 18 紧紧贴合，同时，冲孔凸模 9 与冲孔凹模 25 产生剪切运动完成冲孔工序，行程结束，正反拉深也都完成。冲孔废料由空心螺杆中的空心孔排出，在上模上行时，条料废料由弹压卸料板 2 卸下，废料推件板 17 和下压边圈 16 在下橡胶垫 21 和顶杆 19 的作用下，把切边废料和制件顶出模面取出，一次冲压的全过程即完成。

(7) 盖落料、拉深、压花、成形复合模

如图 1-39 所示为用厚 1.5mm 08F 钢板制造的盖落料、拉深、压花、成形复合模。

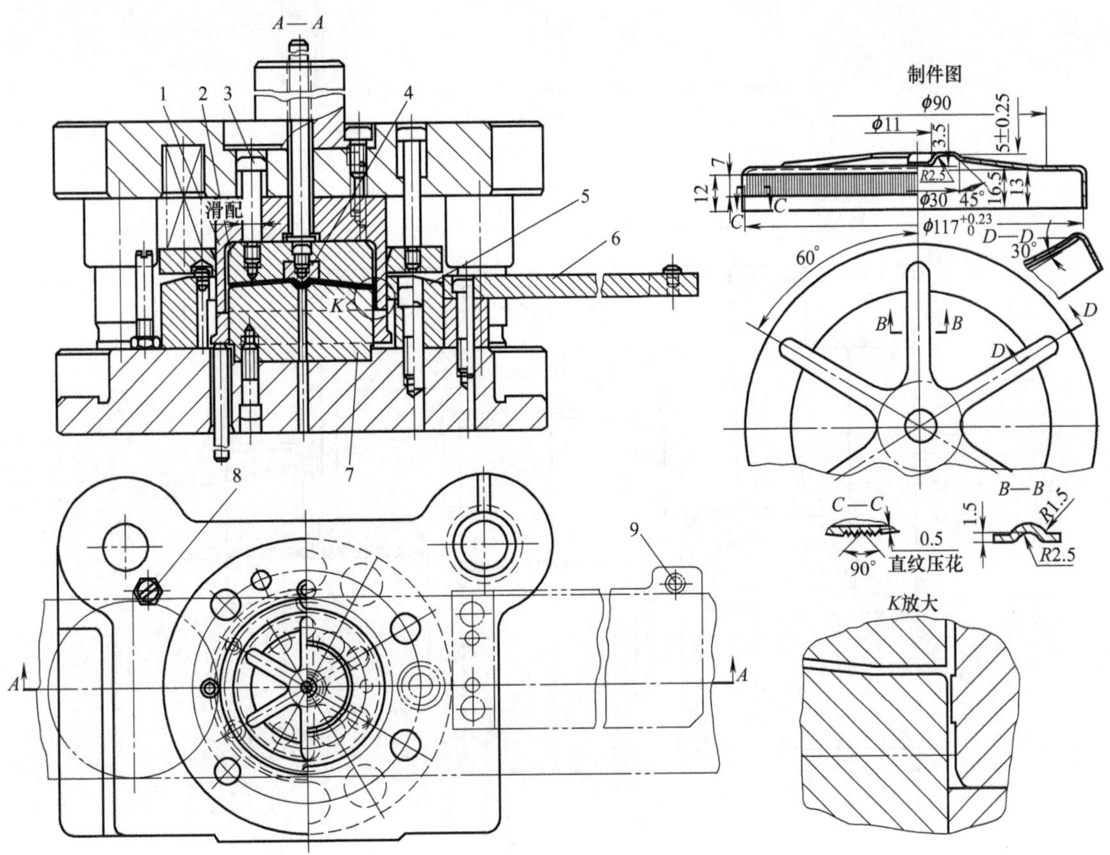

图 1-39 盖落料、拉深、压花、成形复合模

1—凸凹模；2—顶出器；3—卸料螺钉；4—压筋凸模；5—落料凹模；6—承料板；7—凸模；8,9—挡钉

本模具在一次行程中就能完成落料、拉深、压花和成形，故生产率很高。

主要特点如下。

① 为便于制造和维修，在顶出器 2 上镶入压筋凸模 4。

② 为了避免顶出器 2 在退件时碰撞凸凹模 1 上的齿纹，顶出器 2 需用卸料螺钉 3 导向。

③ 条料的送进靠挡钉 8、9 导向。

(8) 落料、拉深、侧冲孔复合模

如图 1-40 所示为侧壁带一小孔的无凸缘件落料、拉深、侧冲孔复合模。

本模具的主要工作零件由完成落料、拉深的上、下凸凹模以及完成侧冲孔的侧滑块机构和下凸凹模组成：

① 下凸凹模是作为拉深凸模和侧冲孔的凹模来工作的，上凸凹模的侧壁上留有通过侧凸模的条形孔。

② 侧滑块机构实际上就是一个快速换模机构，由侧滑柱 3、复位弹簧 7、侧凸模 5、螺塞 4 组成。当侧凸模 5 出现折断或其他损坏后，模具通过压力机滑块开启，然后拧出侧滑柱

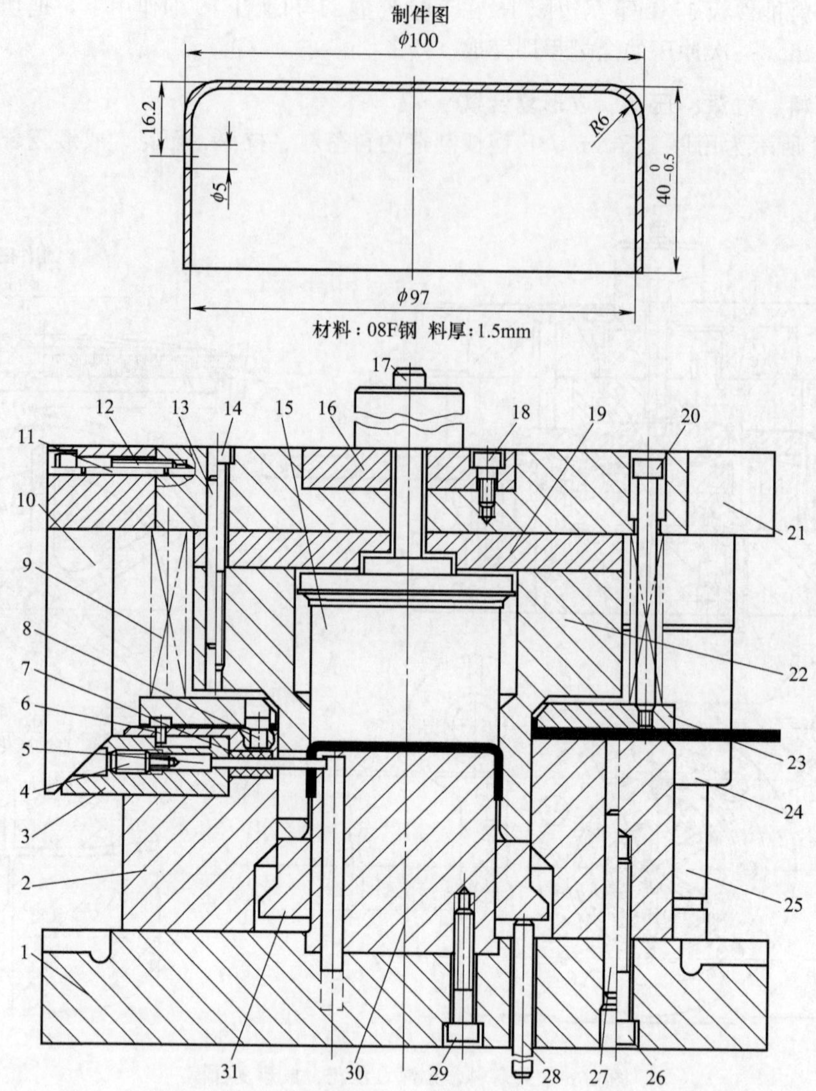

图 1-40 无凸缘件落料、拉深、侧冲孔复合模

1—下模座；2—落料凹模；3—侧滑柱；4—螺塞；5—侧凸模；6—限位销；7—复位弹簧；8—挡料销；9—卸料弹簧；10—斜楔；11,13,27—销钉；12,14,18,26,29—螺钉；15—顶出器；16—模柄；17—打杆；19—垫板；20—卸料螺钉；21—上模座；22—上凸凹模；23—弹性卸料板；24—导套；25—导柱；28—托杆；30—下凸凹模；31—压料板

3 中的螺塞，再用细长螺钉拧进侧凸模 5 的螺纹里，这样就可以轻松取出已损坏的侧凸模 5，安装新的侧凸模，过程与此相反。这样实现了模具不离开压力机就可以更换侧凸模 5 的工作。

③ 为了保证模具工作过程顺利进行，不出现相互干涉，模具结构设计时应满足以下几点。

a. 开始侧冲孔时冲孔部分的拉深已经完成。

b. 冲孔凸模在向右运动时不能和上凸凹模的运动发生干涉。

c. 回程时要保证冲孔凸模先从凸凹模中退出。

d. 斜楔和侧滑柱的斜角既要保证侧凸模的行程又要保证侧滑柱运动流畅。

如图 1-40 所示为模具工作的闭合状态。工作过程如下：首先压力机的滑块带动由件 9～24 组成的上模向下运动，弹性卸料板 23 首先接触到放在落料凹模 2 上的被加工坯料，卸料弹簧

9被继续压缩，弹性卸料板23压紧坯料，由于下凸凹模30的上端面低于落料凹模2的上端面约一个料厚，上模再下行即上凸凹模22向下运动约一个料厚完成落料。上凸凹模22继续向下运动开始拉深，拉深时由压力机气垫通过托杆28和压料板31进行压边，随着拉深的进行，当上模下行到上凸凹模22侧壁上的条形孔的最低点，低于侧凸模5的刃口最低点时，斜楔10与侧滑柱3的斜面接触，侧滑柱3带动侧凸模5开始在落料凹模2的导向孔里向右运动，当侧凸模5穿过上凸凹模22侧壁上的条形孔时，侧冲孔开始，拉深完毕或仍在进行，直到上下模完全合模落料、冲孔、拉深均完成。

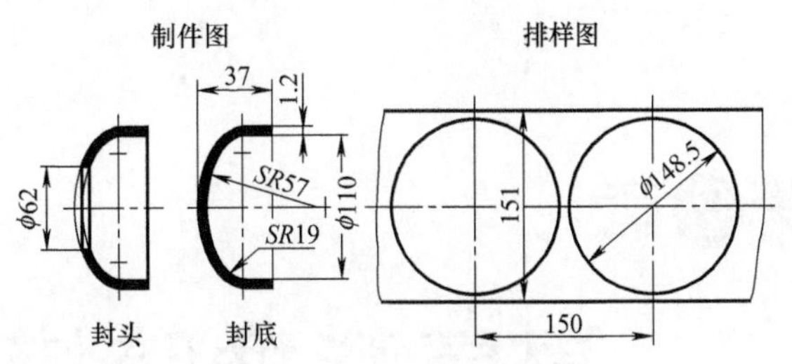

(9) 一模两用复合模（图1-41）

① 工作过程　将151mm宽的条料放到落料凹模11上（此时件17比件12上平面高1～2mm），由定位螺钉（安装在落料凹模12上）定位，启动压力机，滑块带着上模下行，首先凸凹模Ⅱ和推板17压住材料下行，当件2的刃口进入落料凹模12之内1.2mm后，便完成了落料工序。滑块继续下行，ϕ148.5mm的圆形坯料被凸凹模16推入件2的凹模之内，开始拉深工序，直到卸料板10与凸模7圆弧面平齐时，拉深工序结束，封底零件即已冲制完成。此时，废料切刀已将落料废料切开。若滑块继续下行1.2～1.4mm，便完成了冲孔工序，封底零件便被改制成封头零件。若专冲封底零件，则滑块行程必须调短1.2～1.4mm。这只要调整压力机的实际工作行程，便实现了一模多用的设计目的。当滑块回程向上时，顶料块13在橡皮的作用下，将冲孔废料顶回到制件孔内，然后被卸料板10将制件连同冲孔废料一起推出模外，一个工作循环结束。再移动条料前进一个步距，把制件连同废料一起推入收集箱中，开始下一个工作循环。

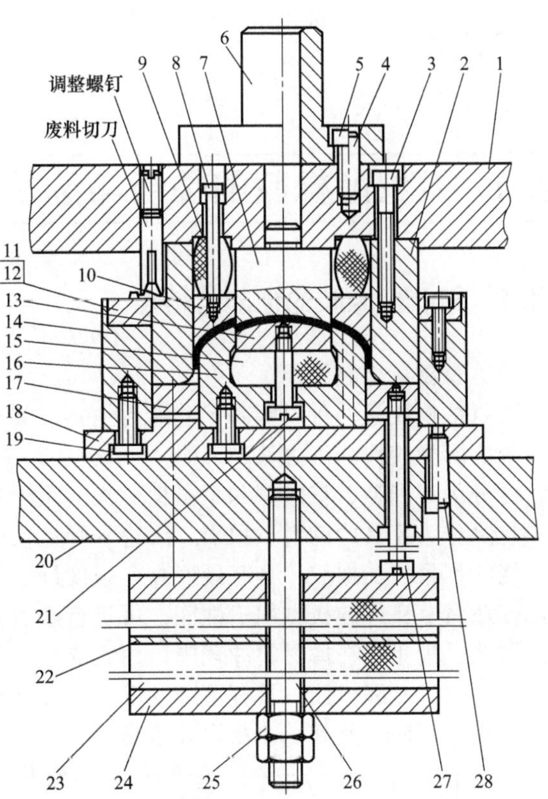

图1-41　一模两用落料、拉深、冲孔复合模

1—上模座；2—凸凹模Ⅱ；3,5,19—内六角螺钉；4,28—锥销；6—模柄；7—凸模；8—卸料螺钉；9,15,23—橡胶；10—卸料板；11,12—落料凹模；13—顶料块；14—凹模基座；16—凸凹模Ⅰ；17—推板；18—下模垫板；20—下模座；21—顶料螺钉；22—推料隔板；24—推料衬板；25—螺母；26—双头螺柱；27—推料螺钉

② 模具结构　本模具由三部分组成，即模架部分、工作部分和推、顶件装置。图示上模座1、下模座20、模柄6以及呈对角分布的导柱、导套组成模架部分；落料凹模12、凹模座基14、下模垫板18、凸凹模2和16、凸模7组成工作部分；顶料推件装置则由卸料板10、顶料块13、推板17以及推、卸料螺钉等组成。模具总体结构紧凑，操作方便，一模多用，适用于中小批量生产。

第2章 聚氨酯橡胶模

2.1 聚氨酯橡胶的性能与选用

2.1.1 聚氨酯橡胶的性能与特点

(1) 聚氨酯橡胶性能

聚氨酯橡胶是一种以氨基甲酸酯为主链，其性能介于橡胶与塑料之间的弹性体。

聚氨酯橡胶按加工方法的不同，可分为浇注型、热塑型和混炼型三类。按主要原料的不同，可分为聚酯型、聚醚型和聚氨型三类。用于冲压模具中的一般是浇注型的聚酯型聚氨酯橡胶。它除作为模具的卸料、顶出、压边等弹性元件使用外，还可以作为模具的工作零件使用。

浇注型聚氨酯橡胶，具有硬度高、强度好、高弹性、高耐磨性、耐油、耐老化及抗撕裂等性能，还具有良好的机械加工性能，可进行车、铣、磨、钳等机械加工，有着“流体钢”的别称。因此，近年来在薄材料冲裁中，用它取代工具钢制作凸、凹模，使用效果良好。

不同的聚氨酯橡胶，具有不同的性能。在冲模中，由于聚氨酯材料所起作用不同，对其性能要求也不相同。例如，冲裁模要求邵氏硬度为95A，冲压过程中的压缩量不大于10%；成形模及作为弹性元件要求的邵氏硬度为70～80A，压缩量为30%～35%。

各种聚氨酯橡胶的性能曲线（压缩量与单位压力的关系）如图2-1所示。

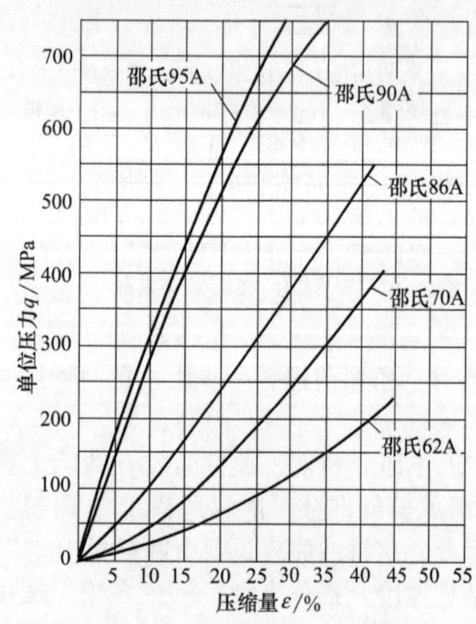

图2-1 聚氨酯橡胶性能曲线

(2) 聚氨酯橡胶（模具）的特点

① 硬度高，比常用的天然橡胶能产生较高的单位压力与剪切力，且具有一定的弹性，此外，耐冲击强度较高。

硬度范围大，调整不同的配方，可以获得不同的硬度，根据不同工艺要求，有着广泛选择的可能性，也可以用于冲裁工艺。

② 耐磨，耐磨程度为天然橡胶的5～10倍。

③ 耐油、耐老化及抗撕裂性能较好。耐矿物油的能力优于丁腈胶，耐油性为天然胶的5～6倍。用于模具中的使用寿命远远超过天然橡胶。

④ 强度高，强度为丁腈橡胶的1～4倍，天然橡

胶的6～8倍。在压缩量较大的情况下，引起的永久变形量较小，因此，用聚氨酯橡胶作为各种成形的凸模或凹模以及弹性元件，比天然橡胶好许多。

⑤ 聚氨酯橡胶模具结构简单、制造容易、生产周期短，成本低。

用这种模具对制件可进行表面无损伤成形，因而加工精度易保证，质量好，模具在使用过程中易维修。

⑥ 切削性能较好。较硬的聚氨酯橡胶可以同金属材料一样地进行各种机械加工（如锯、车、铣、磨、钳等），便于加工成各种形状的模具零件。

⑦ 用途广泛。利用聚氨酯橡胶制作模具，不仅可以完成冲裁、拉深、弯曲、成形等钢模所能完成的冲压工作，而且能够完成用传统钢模难以完成或无法完成的管状零件上的成形（如凸肚等）冲压工作。

⑧ 需要比钢模较大的冲裁力，冲裁时搭边较大（约为3～5mm）才行，生产率不高。

⑨ 适合多品种、小批量和制模能力低的场合，常见的用于冲压料厚0.01～0.5mm的薄料零件。目前可冲裁的材料与厚度见表2-1。

表2-1 聚氨酯橡胶冲裁模可冲裁的材料与厚度

材 料	厚度 t/mm	材 料	厚度 t/mm
铝合金、纯铜、黄铜(σ_b＜250MPa)	≤3	铝箔	0.01～0.05
铝合金、黄铜、青铜、低碳钢(250＜σ_b＜500MPa)	1.5～2		

⑩ 不适合用于质地较脆的（如硅钢片、云母片等）和质地松软的长纤维组织材料（如马粪纸、石棉板等）冲裁加工。

2.1.2 聚氨酯橡胶的选用

不同的冲压工序要求聚氨酯橡胶的性能也不一样，例如分离工序（包括落料、冲孔、剪裁、切口、修边等）要求聚氨酯橡胶具有较大的硬度（一般应在HS80A以上），以便能在模具刃口附近产生较大的压力提高剪切质量，但不要求聚氨酯橡胶有大的变形。变形工序（包括拉深、弯曲、胀形等）则要求聚氨酯橡胶不仅能够传递较大的压力，而且要有足够大的变形，一般要求聚氨酯橡胶的硬度低，变形性能（工作时的最大允许变形量）要好一些。而这些性能的要求，对一般聚氨酯橡胶来说并不矛盾。

各种冲压工序对聚氨酯橡胶性能的要求见表2-2～表2-4。

表2-2 不同冲压工序对聚氨酯橡胶性能的要求

工序名称	模具简图	对聚氨酯橡胶性能要求		
		拉伸强度 σ_b/MPa	伸长率 δ/%	硬度 HS/A
切断、落料和冲孔		20～30	≥300	80～95
弯曲成形		≥30	≥500	＞70

续表

工序名称	模具简图	对聚氨酯橡胶性能要求		
		拉伸强度 σ_b/MPa	伸长率 δ/%	硬度 HS/A
凹模拉深		≥30	≥500	<50
凸模拉深（带活动压边圈）		>40	≤700	≤60
凸模拉深（不带活动压边圈）		>40	600～650	≤50
空间零件成形		>10	≤600	≤50
复杂零件的局部连续成形		≥30	≥500	>60

表 2-3 不同毛坯材料对聚氨酯橡胶的硬度要求

工 序 名 称	毛 坯 材 料		硬度 HS/A
	σ_b/MPa	料厚 t/mm	
落料、冲孔	≤300 ≤450	≤1.5 ≤0.8	75～85 85～90
简单弯曲	≤300 ≤450	≤1.5 ≤1.0	80～85 80～85
落料、冲孔和成形复合	≤300 ≤450	≤1.5 ≤0.8	85～99 85～90
拉深或胀形	≤300 =300 ≈300 ≈450	≤0.5 0.5～0.8 0.8～1.2 ≤0.5	40～55 50～70 79～80 70～80

表 2-4 聚氨酯橡胶冲模零件的硬度

工艺方法	模具零件名称	硬度 HS/A	备 注
冲裁	凹模 顶件器、卸料器	95 70～90	
弯曲	型腔式凹模 模框式凹模 顶件器	90～95 80 70～80	
闸压	凹模	70	

续表

工艺方法	模具零件名称	硬度 HS/A	备注
滚弯	滚弯垫板 滚轴	70～80 70～80	
拉深	型腔式凹模 模框式凹模 凸模 压边圈	79 70 70 70～80	深拉深 浅拉深 浅拉深
翻边	衬垫	95 90	浅翻边 深翻边
	压边圈	90～95	
胀形	凸模	80	
局部成形	上模	90～95	

2.2 聚氨酯橡胶冲裁件精度与冲裁的工艺性

2.2.1 聚氨酯橡胶冲裁原理

聚氨酯橡胶是一种弹性体，在冲裁过程中处于密封状态，受力后具有液态的静压性，即聚氨酯橡胶各方向所受的单位压力相等。据此性质，当压力机滑块下行时，凸凹模、压边圈开始压紧被冲材料［见图 2-2（a）］，紧接着橡胶受到凸凹模、压边圈和推杆的压力，橡胶迫使被冲材料沿凸凹模内外轮廓周边发生弯曲拉伸现象，并在凸凹模刃口处产生压痕［见图 2-2（b）］，当被冲材料受到橡胶剪切力超过其本身抗剪强度时，材料在凸凹模刃口处便产生裂纹，紧接着便分离［见图 2-2（c）］。从图中知，整个冲裁过程中，制件始终处于平整状态。

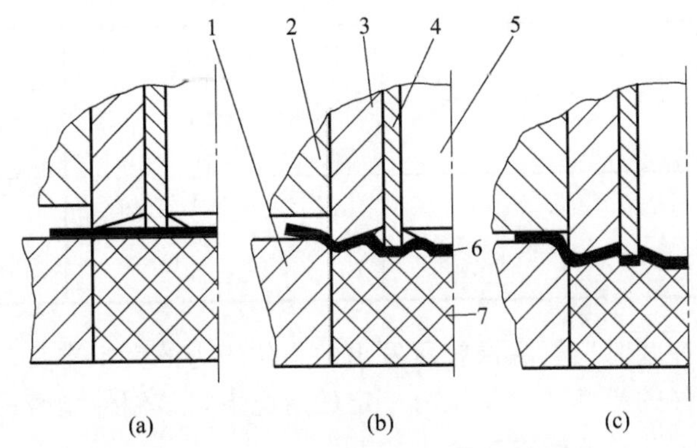

图 2-2 聚氨酯橡胶冲裁过程

1—容框；2—压料板；3—压边圈；4—凸凹模；5—推杆；6—制件；7—橡胶

2.2.2 聚氨酯橡胶冲裁的工艺性

聚氨酯橡胶冲裁件的工艺性主要指以下几点。

① 材料厚度一般以小于 0.3mm 为宜。这时凸、凹模之间间隙小，钢模制造困难，冲出的制件容易产生毛刺，且不平整。而采用聚氨酯橡胶冲模不但无毛刺，而且制件平整。

② 制件材料一般为黑色金属和有色金属，如碳钢、不锈钢、合金钢、纯铜、黄铜、各种青铜、铝及铝合金等；非金属材料如塑料薄膜。

③ 冲孔最小孔径与材料力学性能和材料厚度有关，如图 2-3 所示或从表 2-5 中查得。

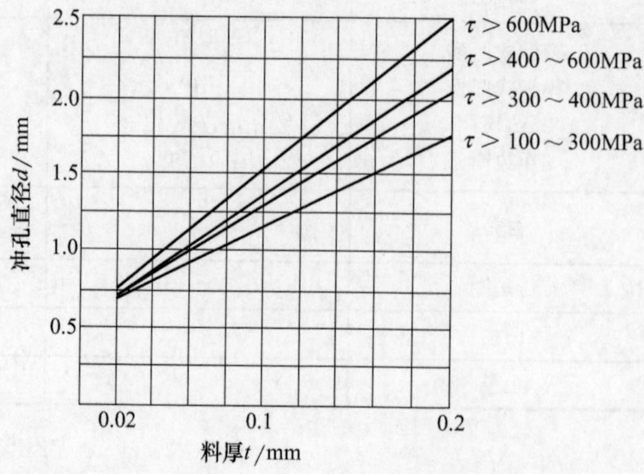

图 2-3　最小冲孔直径与材料剪切强度和料厚的关系

表 2-5　最小冲孔尺寸

材料种类	剪切强度 τ/MPa	板料厚度 t/mm	最小孔径 d/mm
黄铜(H62)	420	≤0.05 ≤0.10 ≤0.20	1～1.4 2～3 4～6
纯铜	260	≤0.05 ≤0.10 ≤0.20 ≤0.50	0.8～1 1.2～2 2.4～4 6～10
铝 1070A、1060	100	≤0.05 ≤0.10 ≤0.20	0.8～1 1～1.6 2～3
锡磷青铜	500	≤0.05 ≤0.10 ≤0.20 ≤0.50	1.3～2 2.4～4 4.8～8 12～20
钢(10、20)	—	≤0.05 ≤0.10 ≤0.20	1～1.4 2～3 4～6

最小冲孔尺寸还与冲裁时聚氨酯橡胶所发出的单位压力的大小有关，当模具的结构、所用的聚氨酯橡胶硬度、制件的料厚和单位压力一定的情况下，该制件能否采用聚氨酯橡胶冲裁模冲制，主要取决于制件上孔径或槽宽的大小。

表 2-6 列出两种材料采用聚氨酯橡胶冲裁模时最小冲孔尺寸的实验值。

表 2-6　最小冲孔尺寸（实验值）

mm

聚氨酯橡胶单位压力 p /MPa	冲压材料厚度							
	0.05～0.20		0.30～0.50		0.50～0.60		0.90～1.2	
	QBe2	1Cr18Ni9Ti	QBe2	1Cr18Ni9Ti	QBe2	1Cr18Ni9Ti	QBe2	1Cr18Ni9Ti
50	1.5～4.5	2.5～7.5	8.0～13.5	11.5～19.5	16.0～21.5	23.0～31.5	24.0～31.5	35.0～46.0
100	0.75～2.5	1.0～3.5	4.0～7.0	6.0～10.0	8.0～11.0	12.0～16.0	12.0～16.0	17.5～23.0
1000	0.15～0.5	0.2～0.7	0.8～1.5	1.2～2.0	1.5～2.0	2.5～3.0	2.5～3.0	3.5～4.0

最小冲孔尺寸亦可用下式求得：

$$d=\frac{4\tau t}{p}$$

式中　d——圆孔直径或方孔边长、长方孔短边长，mm；

τ——材料抗剪强度，MPa；

t——材料厚度，mm；

p——聚氨酯橡胶在封闭状态下的最大单位压力，MPa。

④ 利用聚氨酯橡胶凹模能够进行冲裁的条件见表 2-7。

表 2-7　利用聚氨酯橡胶凹模的冲裁条件

项　目	图　例	条　件
平头凹槽	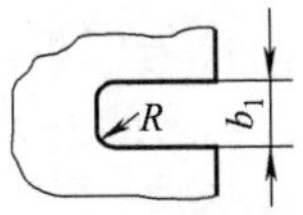 R, b_1	$b_1\geqslant 3L$ $R\geqslant 0.25L$
圆头凹槽	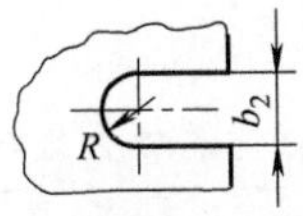 R, b_2	$b_2\geqslant 2L$ $R\geqslant 0.5b_2$
角槽	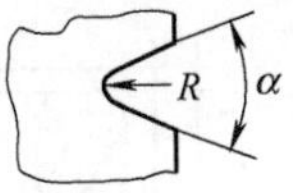 R, α	$R\geqslant 3.5\times 10^{-7}(180-\alpha)^3 L$
平头凸耳	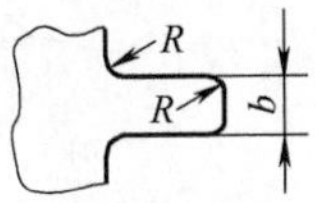 R, R, b	$b\geqslant 1.2L$ $R\geqslant 0.25L$
角凸耳	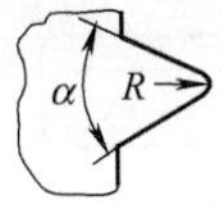 α, R	$R\geqslant 1.6\times 10^{-5}$ $(180-\alpha)^2 L$
孔： 圆孔 方孔 三角孔	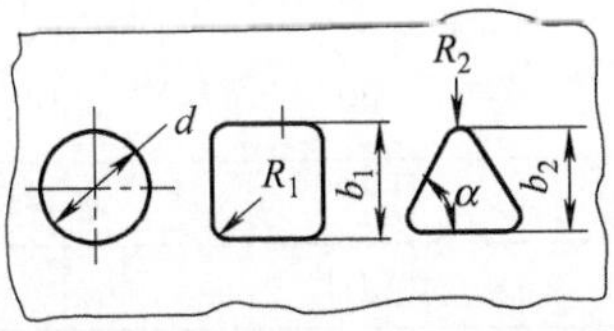 d, R_1, b_1, R_2, α, b_2	$d\geqslant 2L$；$b_1\geqslant 3L$ $R_1\geqslant 0.25L$；$b_2\geqslant 3.2L$ $R_2\geqslant 3.5\times 10^{-7}$ $(180-\alpha)^3 L$

注：$L=\frac{\sigma_b t}{p}$（mm），式中，p 为聚氨酯橡胶单位压力，MPa；σ_b 为材料抗拉强度，MPa；t 为板料厚度，mm。

⑤ 用聚氨酯橡胶冲裁能够得到的最小圆角半径见表 2-8。

表 2-8　利用聚氨酯橡胶冲裁可得到的最小圆角半径

角度 α/(°)	零件外形		零件内形	
	$\delta>12\%$	$\delta<10\%$	$\delta>12\%$	$\delta<10\%$
150	0	0	0	0
120	0	0	0	0.5
90	0	0	0.5	1.0
60	0	0.5	0.8	1.5
45	0.5	0.8	1.0	2.0
30	0.8	1.0	1.5	3.0

注：δ—材料的相对伸长率。

⑥ 垫圈零件冲裁有如下具体情况。

a. 当 $(D-d)/2\leqslant 10t$ 时（D 为外径；d 为内径），只有在下列条件下才能够得到预定精度，即：

当材料的厚度 $t=(0.1\sim0.5)$mm 时，要求

$$11\geqslant\frac{2d}{D-d}\geqslant4$$

当材料的厚度 $t=(0.5\sim3.0)$mm 时，要求

$$13\geqslant\frac{2d}{D-d}\geqslant5$$

b. 当环宽 $(D-d)/2>10t$ 时，在 $2d/(D-d)$ 的任意比值下均能得到预定精度。

假若所得零件的内、外径与预定精度差别不大，则可以通过加大聚氨酯橡胶的单位压力来改善，其办法是提高聚氨酯橡胶的硬度或减低凸凹模与压板之间的高度来达到。

⑦ 当冲裁长度大于 $10t$ 而宽度小于 $5t$ 的局部突出的凸耳时，若凸耳两边搭边不一致，会发生零件向一侧偏斜而造成零件得不到预定精度的情况。

⑧ 聚氨酯橡胶冲裁件的最小允许尺寸见表 2-9。

表 2-9 聚氨酯橡胶冲裁件的最小允许尺寸 mm

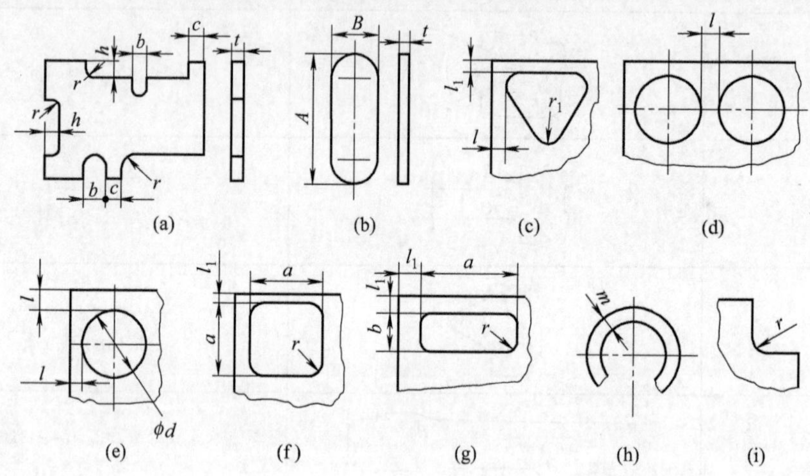

零件形状	符号	坯料材料	
		高塑性	低塑性
		2A12M、5A21M、T2、T3、T4 等	2A12C、Q233、10 钢、12Cr18Ni10Ti 等
零件宽度	B	$5t$	$3t$
零件外形局部宽度	c	$(3\sim4)t$	$2t$
从圆孔或三角形边到边缘距离	l	$4t$	$3t$
从孔或正方形槽到边框距离	l_1	$(5\sim6)t$	$4t$
尺寸差别不大的两孔间距	l_2	$(4\sim5)t$	$(3\sim4)t$
圆环宽	m	$(4\sim5)t$	$(3\sim4)t$
方孔和零件边框过渡处的圆角半径	r	$(0.5\sim1.0)t$	$(0.5\sim1.0)t$
三角形孔圆角半径	r_1	$(1.0\sim1.5)t$	$(1.0\sim1.5)t$
孔或槽宽	b	材料 $\sigma_b\leqslant250$MPa 时，$b\geqslant t$	材料 $\sigma_b>250$MPa 时，$b\geqslant(1.5\sim2.0)t$
聚氨酯橡胶复合模凸凹模的厚度	H	$H=\frac{2t}{p}\sigma_b$	p—聚氨酯橡胶的单位压力，MPa t—料厚，mm σ_b—凸凹模材料的强度极限，MPa

2.2.3　聚氨酯橡胶冲裁件的精度

由试验结果可知，当尺寸大、材料薄、低塑性的冲裁件冲裁精度高。冲裁件切口表面粗糙度与材料的塑性有关，塑性差和塑性很好的材料断面质量差，中等塑性的材料的断面质量最好。随着聚氨酯橡胶的硬度增加，冲裁件的断面质量也会相应提高。几种材料的试验结果精度等级情况列于表 2-10。

表 2-10　冲裁件的精度等级

材料牌号	2A12M					5A21M、T2、T3、T4				
材料厚度/mm	0.2	0.5	1.0	1.5	2.0	0.2	0.5	1.0	1.5	2.0
零件与凸模或凹模尺寸的差值/mm	$\Delta=(0.10\sim0.15)t$					$\Delta=(0.15\sim0.25)t$				
	0.02～0.03	0.05～0.07	0.10～0.15	0.15～0.22	0.20～0.30	0.03～0.05	0.07～0.12	0.15～0.25	0.22～0.38	0.30～0.50
零件尺寸/mm	精度等级 IT									
1～3	8～10	11～13	12～14	14	14～15	10～11	12～14	14	14～15	15～16
3～6	8～10	11	12～14	12～14	14	10～11	11～13	12～14	14～15	14～15
6～10	7～9	10～11	11～13	12～14	12～14	8～10	11～13	12～14	14～15	14～15
10～18	7～9	10～11	11～13	12	12～14	8～10	11～13	12～14	12～14	14～15
18～30	6～8	10	11～13	12	12～14	7～10	10～11	12	12～14	14
30～50	6～8	8～10	10～11	11～13	12～14	7～10	10～11	11～13	12～14	12～14
50～80	6～7	8～10	10～11	11～13	12	6～9	10～11	11～13	13	12～14
80～120	5～6	7～9	10～11	11	11～13	6～8	10	11～13	11～13	12～14
120～180	5～6	7～9	10	10～11	11～13	6～8	8～10	10～11	11～13	12
180～260	5～6	7～9	10	10～11	11	6	8～10	10～11	11～13	11～13
260～360	5	6～8	8～10	10～11	10～11	5～6	7～9	10～11	11～13	11～13
360～500	5	6～8	8～10	10	10～11	5～6	7～9	10～11	11～13	11～13

注：Δ—零件的外径或孔径与模具凸模或凹模尺寸的差值，mm；t—料厚，mm。

2.3　聚氨酯橡胶冲裁模主要零件的设计与有关参数的确定

2.3.1　凸模与凹模的设计

实验表明，用聚氨酯橡胶冲裁模冲裁所得的制件，其落料件的外形尺寸比相应的模具的外形尺寸稍大，而冲孔件孔的尺寸比相应模具孔的尺寸稍小。因此，从严格要求，聚氨酯橡胶冲裁模中钢质凸、凹模尺寸的确定与普通钢模应略有不同。但从实际情况分析，其差值不大［约为 $(0.1\sim0.25)t$］，要求不高时一般可忽略不计，因此，凸、凹模的尺寸可以按表 2-11 计算确定。

表 2-11　凸模和凸凹模刃口尺寸计算

类　别	计　算　公　式
以聚氨酯橡胶作凹模时，落料凸模尺寸的计算	$D_p=(D_{max}-X\Delta)_{-\delta_p}^{0}$
以聚氨酯橡胶作凸模时，冲孔凹模尺寸的计算	$d_d=(d_{min}+X\Delta)_{0}^{+\delta_d}$

注：D_p—凸模基本尺寸，d_d—凹模基本尺寸；D_{max}—制件最大极限尺寸；d_{min}—孔的最小极限尺寸；Δ—制件的公差；X—系数，取 0.5～0.6；δ_p、δ_d—凸、凹模制造偏差。

凸模与凸凹模刃口必须锋利，周边表面粗糙度 Ra 在 0.8μm 以下，端面表面粗糙度 Ra 在 0.4μm 以下，可用碳素工具钢 T8A、T10A 或合金工具钢 CrWMn 等材料制造，淬火后硬度为 60～64HRC。

2.3.2 容框（模框）的设计

(1) 容框的结构

容框也称模框。在它里面安放有聚氨酯橡胶垫，在工作过程中，它要承受由于聚氨酯橡胶受压后所引起的胀力，是受力较大的模具零件。因此，容框必须具有足够的强度与刚度，通常可按强度条件进行校核。

容框按结构形式分为固定式［图 2-4（a）、(b)］和活动式［图 2-4（c）］两类。

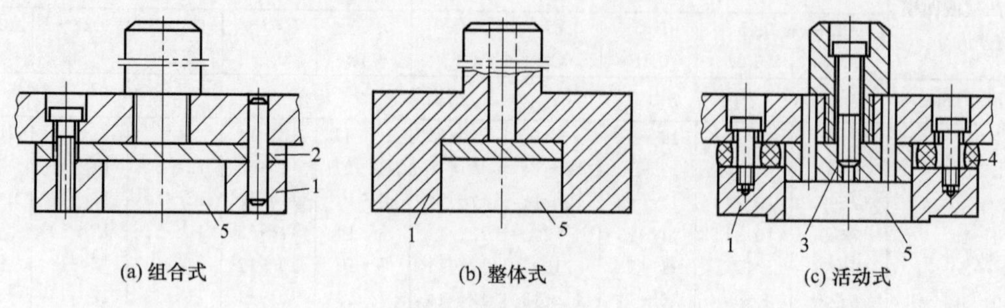

(a) 组合式　(b) 整体式　(c) 活动式

图 2-4　容框的结构形式

1—容框；2—垫板；3—导向压块；4—聚氨酯橡胶或普通橡胶；5—内置聚氨酯橡胶

固定式容框又可分成整体式和组合式两种。整体容框一般不带模架用于尺寸较小的上装式模具中。组合式容框加工比较方便，多用于较大的模具中。

活动式容框的通用性也比较强，多用于配套式组合聚氨酯橡胶模具中。

(2) 容框的几何尺寸与压板的关系

容框的几何尺寸确定见表 2-12。

表 2-12　容框的几何尺寸

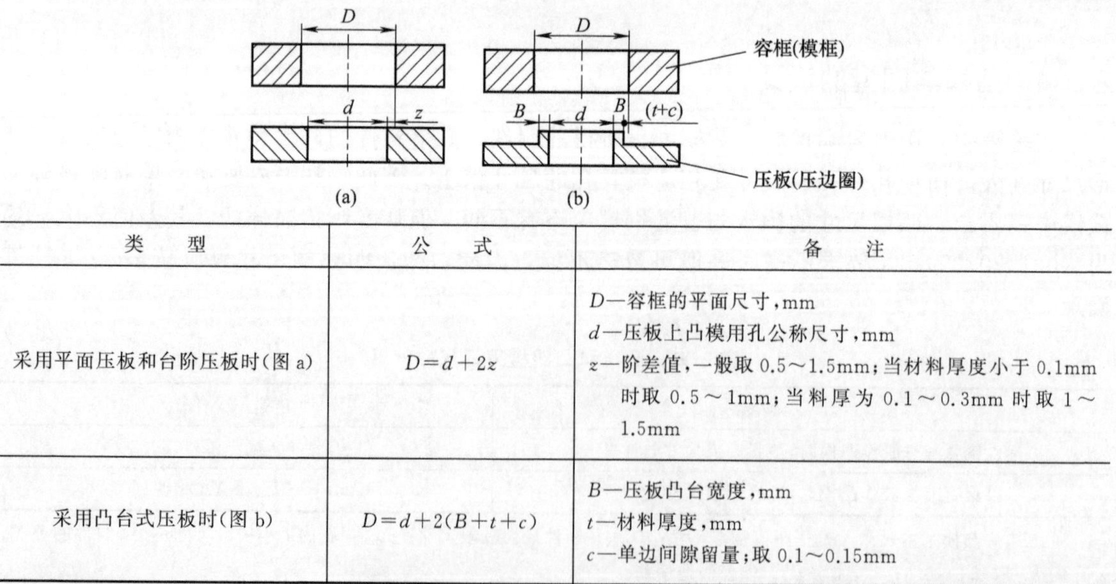

类　型	公　式	备　注
采用平面压板和台阶压板时(图 a)	$D=d+2z$	D—容框的平面尺寸，mm d—压板上凸模用孔公称尺寸，mm z—阶差值，一般取 0.5～1.5mm；当材料厚度小于 0.1mm 时取 0.5～1mm；当料厚为 0.1～0.3mm 时取 1～1.5mm
采用凸台式压板时(图 b)	$D=d+2(B+t+c)$	B—压板凸台宽度，mm t—材料厚度，mm c—单边间隙留量；取 0.1～0.15mm

采用凸台式压板冲裁时，凸台将迫使条料进入容框，材料的起皱现象比较严重。因此，可将容框内形尺寸做得略小于压板凸台外形尺寸，容框带有锐利的刃口，凸台外缘设有圆弧面，冲压时先将坯料在此冲断，其余材料不会起皱（见图2-5）。采用这种结构只能用活动式压板，绝不能使用固定式压板。

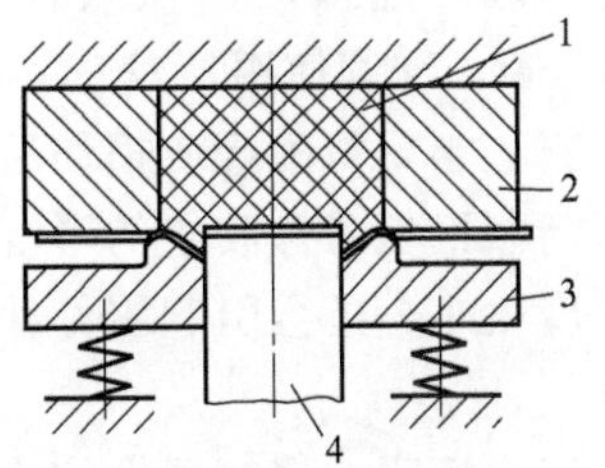

图2-5　采用凸台式压板的冲裁
1—聚氨酯橡胶；2—容框；3—凸台式压板；4—钢凸模

容框的平面几何形状，对简单形状制件可做成与制件的形状相似；对一些外形复杂的制件，由于加工困难和会出现尖角影响容框的强度，就没有必要做成相似形。在一般情况下，可以将容框内腔平面尺寸简化成较简单形状，例如圆形和矩形。

为了避免应力集中而导致容框破裂，在容框内部的转角处均留有较大的圆角。

容框工作型腔的深度取决于橡胶垫的厚度，一般可取25～35mm，若容框内装有顶出垫板时，还要加上垫板的厚度。活动式容框的厚度，还要考虑到芯柱有足够的导向配合长度（取6～12mm）。

活动容框与聚氨酯橡胶垫之间留有0.2～0.3mm的双边间隙值。

卸载时，聚氨酯橡胶的工作表面，应位于活动式容框口内2～3mm处，这是为了增大容框口部与压板之间对材料的预压力，以便收到更好的密封效果。固定式容框的端面与聚氨酯橡胶一起磨平。

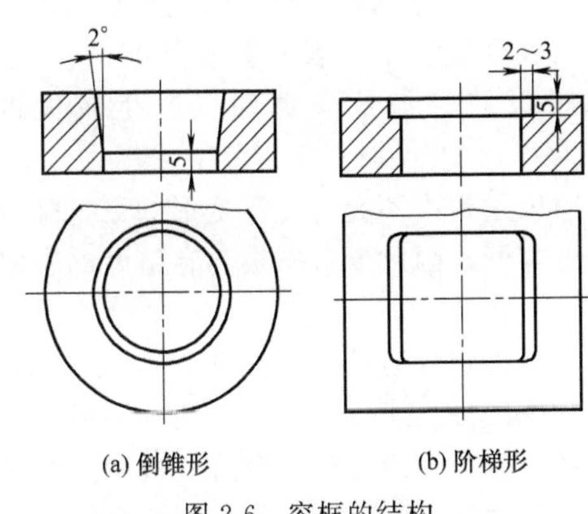

图2-6　容框的结构

为了防止聚氨酯橡胶在冲压过程中从容框中窜出，容框四周可做成2°的倒锥度或者做成阶梯形，如图2-6所示。

容框壁主要承受拉应力，其壁厚可按强度校核定，也可按经验定。当制件厚度小于0.5mm，且聚氨酯橡胶单位压力不太大时，壁厚一般可取35～45mm。对单位压力很大的容框要加预应力圈。

(3) 容框的材料

当单位压力不大时，可选用普通碳素结构钢，若单位压力较大，则应选择优质高强度合金结构钢（如30CrMnSiA等材料）。容框加工后必须进行调质处理。

2.3.3　聚氨酯橡胶垫的设计

聚氨酯橡胶是一种质地致密的、体积不可压缩的材料，在密封状态下，聚氨酯橡胶只要很小的变形就能获得很大的力量。用于制造冲裁模具时，聚氨酯橡胶的硬度应大于邵氏硬度80A，冲裁薄料时，一般取邵氏硬度90～95A为最好。其压缩变形量一般不超过25%～30%。

为了使聚氨酯橡胶能够产生均匀的和足够高的单位压力，并能有较高的使用寿命，必须严格控制聚氨酯橡胶垫整体或局部的变形量，因此，应尽量使聚氨酯橡胶垫在密封状态下均匀受压。

聚氨酯橡胶垫的平面形状和公称尺寸与模框内形尺寸一致，当采用固定式结构时，它与容框内腔成过盈配合，其过盈量一般取0.2～0.4mm。

聚氨酯橡胶垫的寿命：当单位压力在70～80MPa时，其寿命可达5万～6万次。实践的经验，聚氨酯橡胶一次表面破坏可冲制 2000～5000 件，接着磨去裂痕（每次磨量 0.3～0.5mm），继续使用，其总寿命也可达 4 万～8 万次。为了修磨方便，聚氨酯橡胶垫与容框端面平齐，当聚氨酯橡胶损伤后与容框一起磨平，其表面粗糙度 Ra 不大于 1.25μm。

新制聚氨酯橡胶垫的厚度不应小于 25mm，当厚度太小时，修磨量太少、寿命低，另外由于厚度太小，还会引起零件冲裁时单位压力增大的现象，从而导致设备能量损耗或使容框容易损坏。

实践证明，聚氨酯橡胶垫的硬度高，所得的冲裁件断口清晰，冲裁较软的材料更为明显。一般说来，用于冲裁的聚氨酯橡胶，应具有下列性能。

① 邵氏硬度 80～95A；

② 断裂强度 $\sigma_b=45$MPa；

③ 永久变形 6%～10%；

④ 耐挠曲 18 万次无裂纹；

⑤ 耐油、耐老化性能好。

2.3.4 压板（压边圈）的设计

压板也叫压边圈，它在聚氨酯橡胶冲裁模中的作用是压料、控制和调节橡胶的变形程度、调整单位压力和卸料作用。

在冲压过程中压板应能传递足够大的压力，并且使其集中作用在与聚氨酯橡胶垫接触的部分。还要保证压板与聚氨酯橡胶垫接触部分的单位压力与其他部分基本一致，这就要求压板下面的顶件橡胶（或弹簧）要有足够的硬度，要求压板的密封效果更好以产生较大的压力。

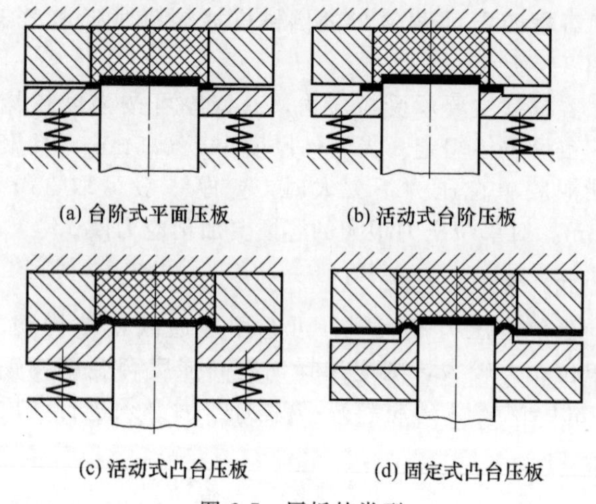

(a) 台阶式平面压板　(b) 活动式台阶压板

(c) 活动式凸台压板　(d) 固定式凸台压板

图 2-7　压板的类型

冲压过程中不允许受压变形的聚氨酯橡胶突出容框，因此要求压板要有很好的密封效果。

压板主要分活动式［图 2-7（a）、（b）、（c）］和固定式［图 2-7（d）］两种。活动式压板又可分为平面压板、台阶压板和凸台式压板三种类型；固定式压板都是凸台式压板［见图 2-7（d）］。

平面压板制造容易，坯料定位性能好，而且起皱小。但对聚氨酯橡胶的密封效果较差，一般用于单位压力较小（60MPa 以下）的制件。装配时，压板的上表面和容框的下表面一定要平行，否则对极薄的材料将起不到压料效果。平面压板的结构设计与普通冲模的弹压卸料板相同。

台阶压板使顶件橡胶（或弹簧）的压力集中在台阶面上，封闭效果得到了改善，能承受较大的聚氨酯橡胶垫的压力，而不使聚氨酯橡胶从压板和容框间溢出而破坏。通常用于单位压力为 60～100MPa 的模具中。

当冲裁需要单位压力更大的零件时，要求压板的密封效果更好，可采用凸台式压板。其中，固定式凸台压板的密封效果最佳，但是使用时要严格控制压入深度，以免使容框内压力过大造成事故。活动式凸台压板由于下面顶件橡胶的缓冲作用，稍微减慢了容框内聚氨酯橡胶单位压力的增长速度，因此要安全一些，但压入深度也不可过大。

台阶压板的结构设计可参考表 2-13。

表 2-13　台阶压板的结构设计

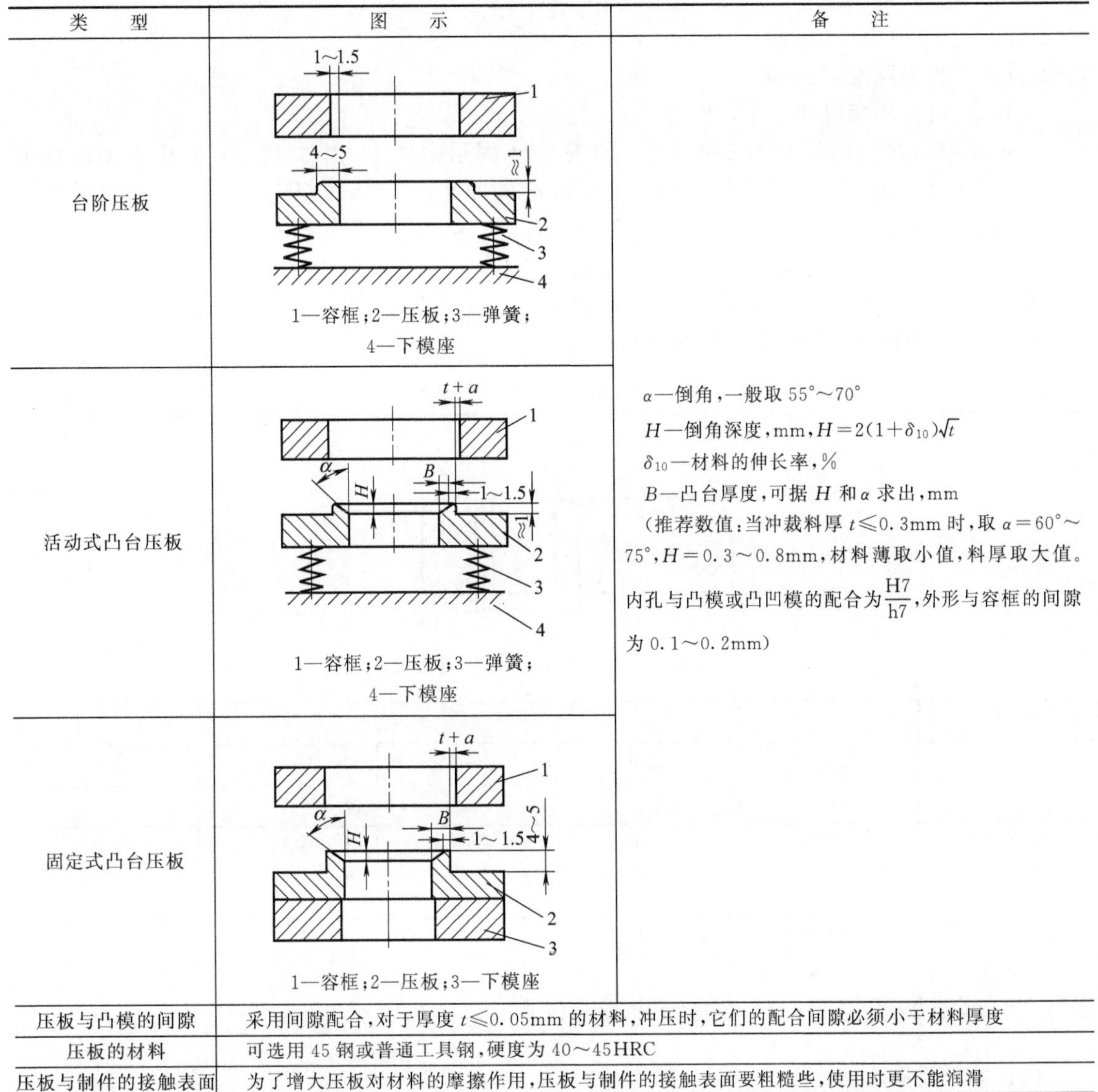

类　型	图　示	备　注
台阶压板	1—容框；2—压板；3—弹簧；4—下模座	α—倒角，一般取 55°～70° H—倒角深度，mm，$H=2(1+\delta_{10})\sqrt{t}$ δ_{10}—材料的伸长率，% B—凸台厚度，可据 H 和 α 求出，mm （推荐数值：当冲裁料厚 $t\leqslant0.3$mm 时，取 $\alpha=60°$～75°，$H=0.3$～0.8mm，材料薄取小值，料厚取大值。内孔与凸模或凸凹模的配合为 $\frac{H7}{h7}$，外形与容框的间隙为 0.1～0.2mm）
活动式凸台压板	1—容框；2—压板；3—弹簧；4—下模座	
固定式凸台压板	1—容框；2—压板；3—下模座	
压板与凸模的间隙	采用间隙配合，对于厚度 $t\leqslant0.05$mm 的材料，冲压时，它们的配合间隙必须小于材料厚度	
压板的材料	可选用 45 钢或普通工具钢，硬度为 40～45HRC	
压板与制件的接触表面	为了增大压板对材料的摩擦作用，压板与制件的接触表面要粗糙些，使用时更不能润滑	

压板的外形取决于制件的外形，如制件比较规则的情况下（如圆形和矩形），一般取每边比制件大 2～2.5mm；若制件不规则，为制造方便，压板外形仍取圆形或矩形，型孔与边缘最小处为 2～2.5mm。

2.3.5　顶（推）杆的设计

顶杆不仅能顶出废料，而且可以控制聚氨酯橡胶的变形程度并改变其作用力的方向，增加刃口处的剪切力。顶杆的安装通常有下列两种形式。

① 固定式顶杆　冲裁过程中顶杆不移动，废料在上模回升后，由退料机构顶出。这种结构多用于板料比较薄而软（料厚为 0.01～0.05mm），以及孔多，形状复杂的情况。

② 活动式顶杆　冲裁时顶杆与弹簧一起下降，当上模回升后，顶杆又在弹簧的作用下回到原来的位置，并将废料顶出。

无论是固定式顶杆还是活动式顶杆，均必须控制聚氨酯橡胶的压入深度。聚氨酯橡胶的压入深度 H 与顶杆头部的几何形状有关，可按表 2-14 确定。表中的 H 值也可用下式确定，即

$$H=3(1+\delta)\sqrt{t}$$

式中 t——材料厚度，mm；

δ——材料的相对伸长率，%。

顶杆端部形状按孔大小分三种形式，即表 2-14 图示中件 1、2、3 所示：其中 1 型顶杆用于 $d>5$mm 的冲孔；2 型顶杆用于 $d=2.5\sim5$mm 的冲孔；3 型顶杆用于 $d<2.5$mm 的冲孔。

锥形顶杆头部必须有球面圆弧 r，以免将材料中心戳破。

顶杆在顶出状态时，其高出凸凹模平面的尺寸为：$H+(0.2\sim0.3)$mm。

顶杆一般采用 45 钢制成，淬硬 40～45HRC，与凸凹模成 H8/h8 或 H9/h9 配合，对于料厚小于 0.1mm 的材料可选 H8/h7 或 H7/h6 配合。

表 2-14 顶杆头部的几何参数

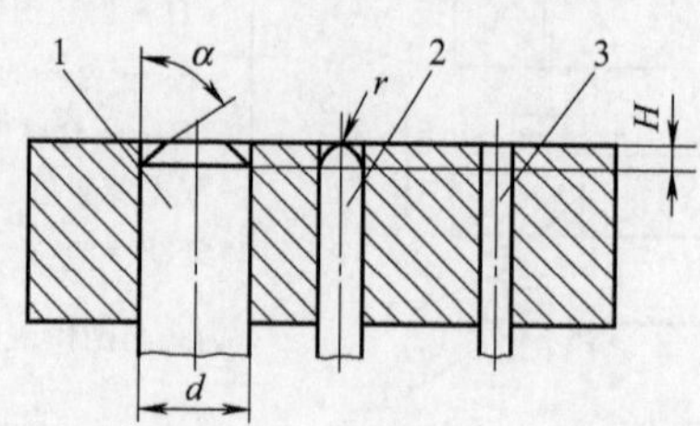

1—锥台形顶杆；2—锥形顶杆；3—平头顶杆

材料厚度 t/mm	α/(°)	δ/% <10	10～20	20～30	>30
		H/mm			
<0.1	55～65	0.66	0.72	1.17	1.5
0.1～0.3	60～70	1.20	1.30	2.10	2.80
0.3～0.35	65～75	1.56	1.70	2.80	3.60

注：H—聚氨酯橡胶的压入深度，mm，α—锥角，(°)。

2.3.6 聚氨酯橡胶冲裁搭边值与冲裁力计算

(1) 冲裁用搭边值

聚氨酯橡胶冲裁用于薄料冲时，搭边值一般取 3～5mm，制件尺寸大，形状复杂的取大值，反之取小值。

(2) 聚氨酯橡胶冲裁力

用聚氨酯橡胶冲裁所需力为

$$P=KFq$$

式中 F——橡胶的平面面积，mm^2；

K——安全系数，取 $K=1.2\sim1.6$；

q——聚氨酯橡胶单位压力，MPa。

单位压力 q 与制件材料厚度 t、抗剪强度 τ 和最小孔径 d 有关，q 值的计算为

$$q=\frac{4\tau t}{d}$$

2.4 常用聚氨酯橡胶模具

2.4.1 聚氨酯橡胶冲裁模

(1) 简单落料模（图 2-8）

本模具的上模由压边圈 3 和模柄 1 通过螺纹将凸模 2 固定，下模由容框 5 焊接在下模座 7 上，容框内装入橡胶凹模 4，顶杆 6 使橡胶更换方便。

(2) 简易复合模（图 2-9）

本模具用于冲制垫圈，上模由凸凹模 5、推件杆 4、打杆 1、压边圈 3 及模柄 2 组成。下模由聚氨酯橡胶 6、容框 7、顶杆 8 及下模座 9 组成，橡胶 6 相当于冲孔凸模和落料凹模。

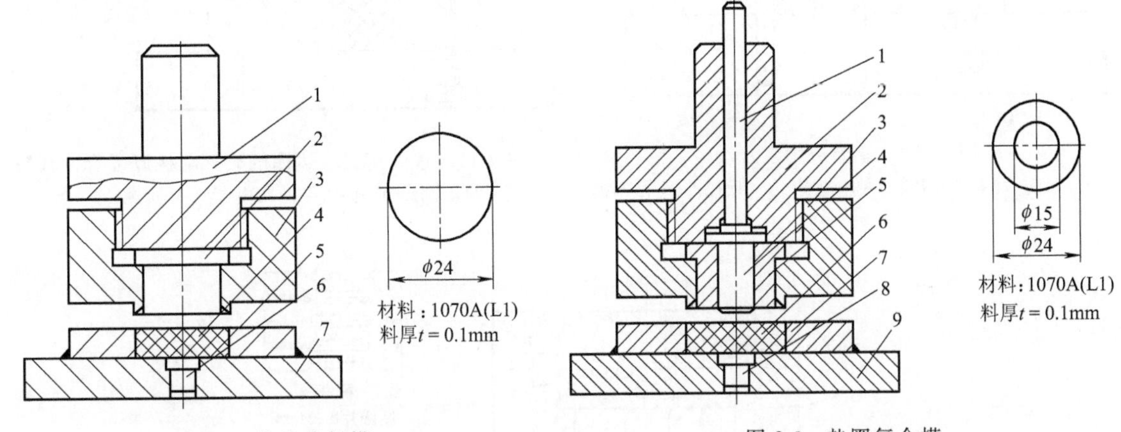

图 2-8　垫片落料模

1—模柄；2—凸模；3—压边圈（压板）；4—聚氨酯橡胶；5—容框；6—顶杆；7—下模座

图 2-9　垫圈复合模

1—打杆；2—模柄；3—压边圈（压板）；4—推件杆；5—凸凹模；6—聚氨酯橡胶；7—容框；8—顶杆；9—下模座

(3) 垫圈通用复合模（图 2-10）

采用本模具，当制件尺寸改变时，只需更换凸凹模 5、顶杆 4、衬套 1、橡胶垫 2 和压边圈 3，便可适应一定尺寸范围内的垫圈冲裁需要。不仅如此，还可以在同一副模具上冲裁厚度不同的材料。这种通用性，正是本模具的一个特点，在实际生产中带来了很高的效益。

(4) 带固定式压边圈的聚氨酯橡胶复合冲裁模（图 2-11）

工作时，坯料放入下模里，上模下行，压边圈 4 与凸凹模 3 一起进入容框 5 挤压橡胶，从而有效地防止材料滑移。由于凸凹模、压边圈和顶杆 2 的端面有一定的阶梯差 h，故当凸凹模压入聚氨酯橡胶达到一定深度后，制件便与坯料分离。冲裁后，制件留在下模的橡胶表面，而废料则在上模回升时，通过顶杆 2 和打板 1 推出模外。

本模具适用于冲裁外形比较复杂的薄件。不同的材料和厚度，要求的 h 值也不同，一般取 $h=(3\sim6)t$，可在试模时作些修正。

(5) 带活动式压料板的聚氨酯橡胶复合冲裁模（图 2-12）

本模具主要特点是压料板 2 是弹性活动的，在非工作状态下，压料板与凸凹模 1 的端面有 1～1.5mm 的阶梯差。工作时，压料板端面凸台不进入容框 3 的型孔。为了保证模具有良好的冲裁效果，压料板、容框和聚氨酯橡胶垫之间要求有一定的尺寸关系（见图 2-12）。

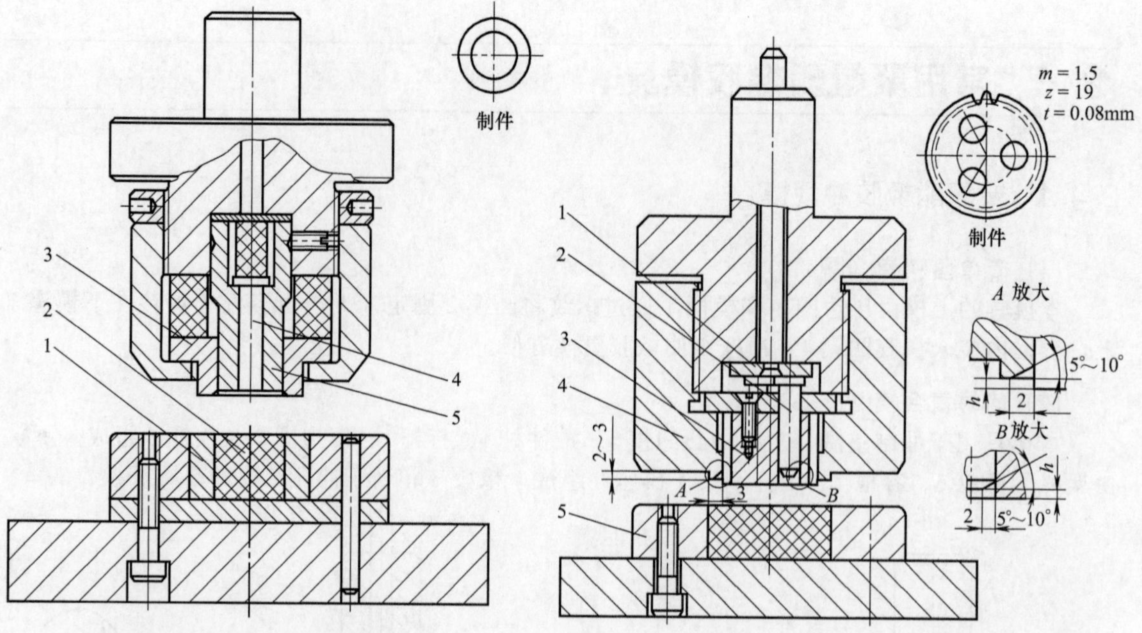

图 2-10 垫圈通用复合模

1—衬套；2—橡胶垫；3—压边圈；4—顶杆；5—凸凹模

图 2-11 带固定式压边圈的聚氨酯橡胶复合冲裁模

1—打板；2—顶杆；3—凸凹模；4—压边圈；5—容框

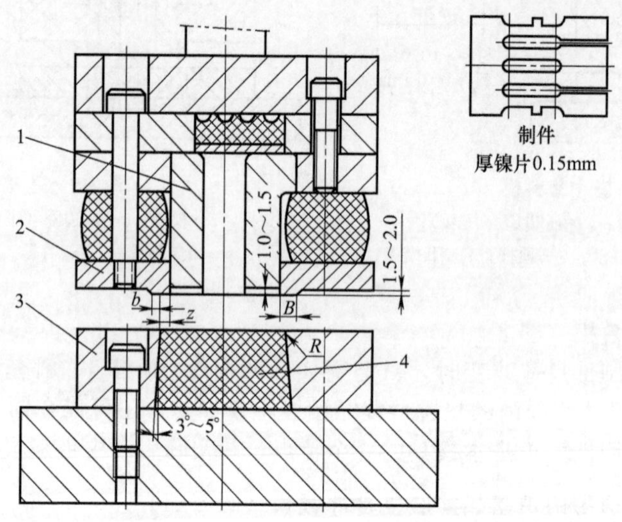

图 2-12 带活动式压料板的聚氨酯橡胶复合冲裁模

1—凸凹模；2—压料板；3—容框；4—聚氨酯橡胶垫

凸凹模与容框型孔的单边间隙 $Z=0.5\sim1.5$mm；压料板有效压料宽度 $b\geqslant12t$（t 为制件材料厚度）；凸台宽度 $B=b+z$；容框口圆角 $R=0.1\sim0.2$mm。

下模的聚氨酯橡胶垫与容框采用 3°～5°的斜度固定，这比压入固定法有较好的稳定性，工作时橡胶也不会发生反胶现象。

(6) 一模出三件复合模（图 2-13）

本模具为倒装式结构。凸凹模 4 孔内的废料采用刚性顶杆 3、顶板 2、下顶杆 1，由下模通过机械撞击顶出。冲一下一模出三件。

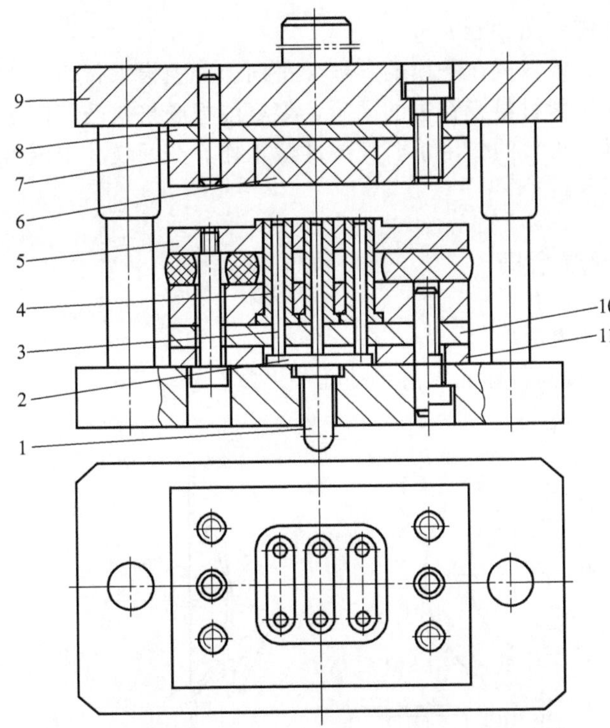

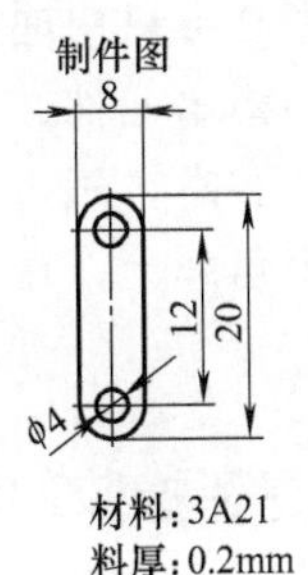

图 2-13　一模出三件复合模

1,3—顶杆；2—顶板；4—凸凹模；5—压板；6—聚氨酯橡胶垫；7—容框；8—垫板；9—滑动导向模架；10—下垫板；11—衬板

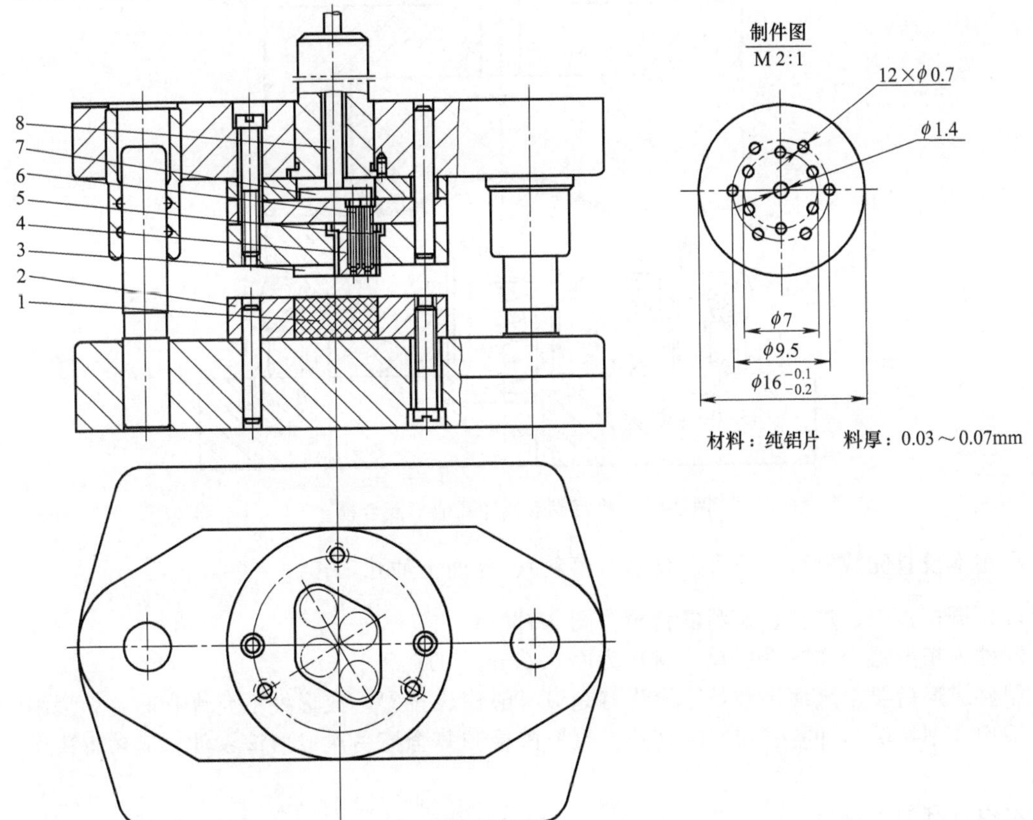

图 2-14　铝箔片一模出四件复合模

1—聚氨酯橡胶垫；2—容框；3—压边圈；4—凸凹模（4 件）；5—顶杆（48 件）；6—顶杆（4 件）；7—打板；8—打杆

(7) 铝箔片一模出四件复合模（图 2-14）

本模具一模出四件。工作时，条料放在下模的容框 2 平面上，上模下行，压边圈 3 和凸凹模 4 压入容框 2 时，压边圈 3 在压紧材料废料边的同时，聚氨酯橡胶挤入凸凹模 4 上的孔及压边圈 3 下端倒角部分，在凸凹模 4 刃口的作用下，完成冲裁工作。凸凹模孔中废料由刚性顶退料机构顶出。

2.4.2 聚氨酯橡胶冲裁成形复合模

(1) 薄料球面罩落料冲孔成形复合模

如图 2-15 所示为 0.15mm 厚黄铜料球面罩落料冲孔成形复合模。

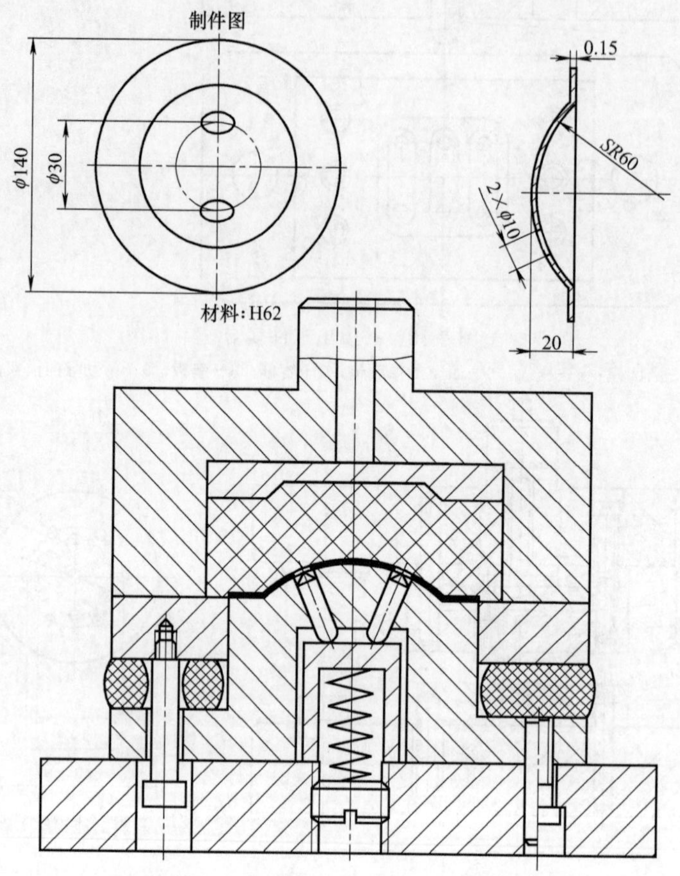

图 2-15 球面罩落料冲孔成形复合模

利用本模具完成制件的成形、切边（落料）、球面上冲孔工作。

(2) 振模拉深、冲孔、落料复合模（图 2-16）

制件为扬声器中喇叭形振模，材料为厚 0.05mm 的铝箔。

制件成形后要求表面平整，不允许有划痕、皱褶、拉裂，成形处不允许有凹坑、塌陷等缺陷。采用一副拉深、冲孔、落料（切边）聚氨酯橡胶复合模一次成形该零件，成功解决了上述难题。

本模具有如下特点。

① 考虑到安装、调整及导向精度高的特点，上、下模采用导柱模架导向。

② 为了消除压力机导向误差对模具导向精度的影响，采用了浮动模柄。

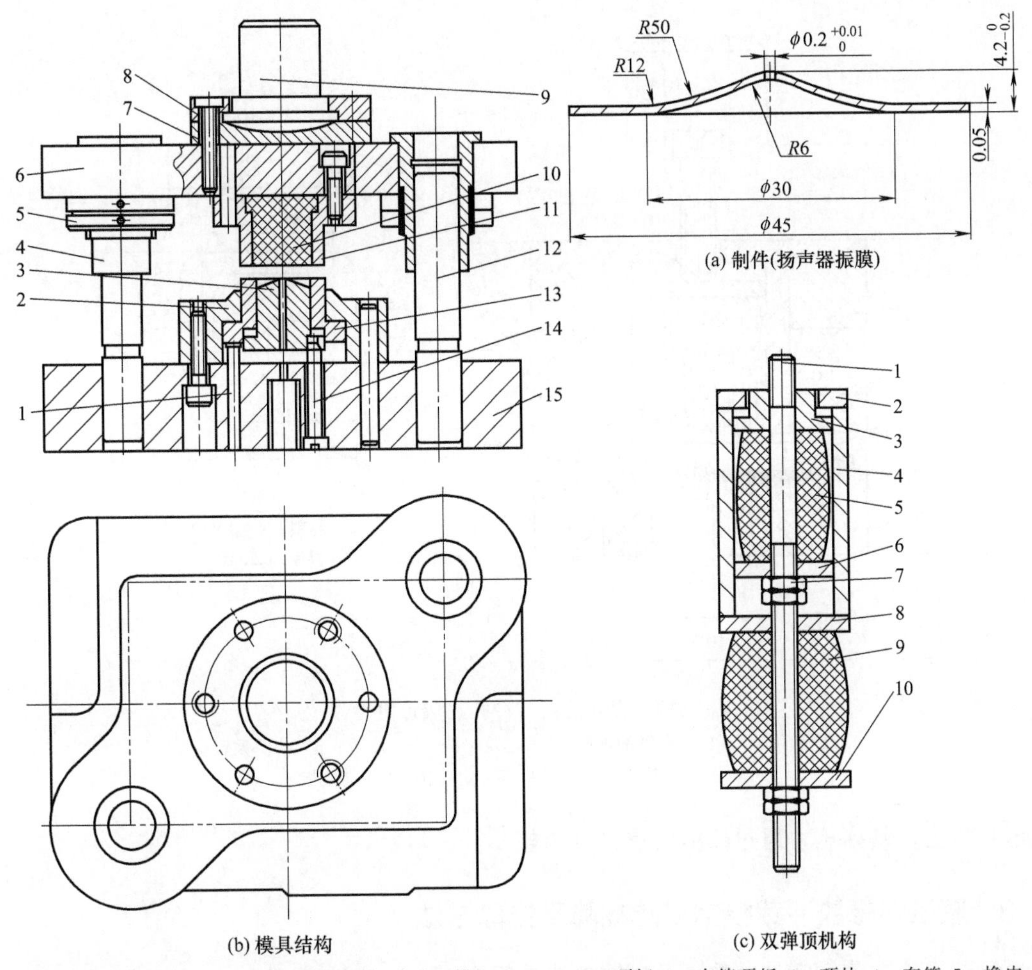

(b) 模具结构

1—顶杆；2—落料凹模；3—凸凹模(拉深凸模、冲孔凹模)；4—导套；5—螺圈；6—上模座；7—垫板；8—压板；9—模柄；10—聚氨酯橡胶(拉深凹模、冲孔凸模)；11—落料(切边)凸模；12—导柱；13—顶出器；14—顶杆螺钉；15—下模座

(c) 双弹顶机构

1—顶杆；2—套筒顶板；3—顶块；4—套筒；5—橡皮；6—垫板；7—螺母；8—套筒底板；9—橡皮；10—垫板

图 2-16　振膜拉深冲孔落料复合模

③ 为了控制压料、拉深、冲孔、落料、顶出的先后次序，采用了双弹顶机构［见图 10-16 (c)］。3 根顶杆 1 作用在图 10-16（c）的套筒顶板 2 上，图 10-16（b）上的 3 根顶杆螺钉 14 作用在图 10-16（c）的顶块 3 上。

④ 为了使制件成形后表面平整、无划痕、皱褶、拉裂、凹坑、塌陷等缺陷及为了降低冲孔凸凹模的制造难度，用聚氨酯橡胶 10 作为凸凹模。

⑤ 为了防止合模后导柱的上端面和压力机滑块下端面干涉及浮动模柄的安装方便，在上模座上加了垫板和压板。

工作时，在开模状态下，将铝箔条料送入顶出器 13 的上端面定位。上模下行，切边凸模 11 的下端面在压紧铝箔条料的同时，由于双弹顶机构上的弹顶预紧力不同，顶杆 1 上的预紧力小于顶杆螺钉 14 上的预紧力，故可控制先拉深成形，再冲孔，最后落料。

成形结束后，上模上行，在双弹顶机构的作用下，顶杆 1 推顶出器 13，使制件与废料分离，顶杆螺钉 14 推凸凹模 3，将制件推出。

(3) 铝盖落料、冲孔、成形复合模（图 2-17）

本模具采用正装式结构，上模中推件块 7 的力量借助中间聚氨酯橡胶 10，经顶杆（图中

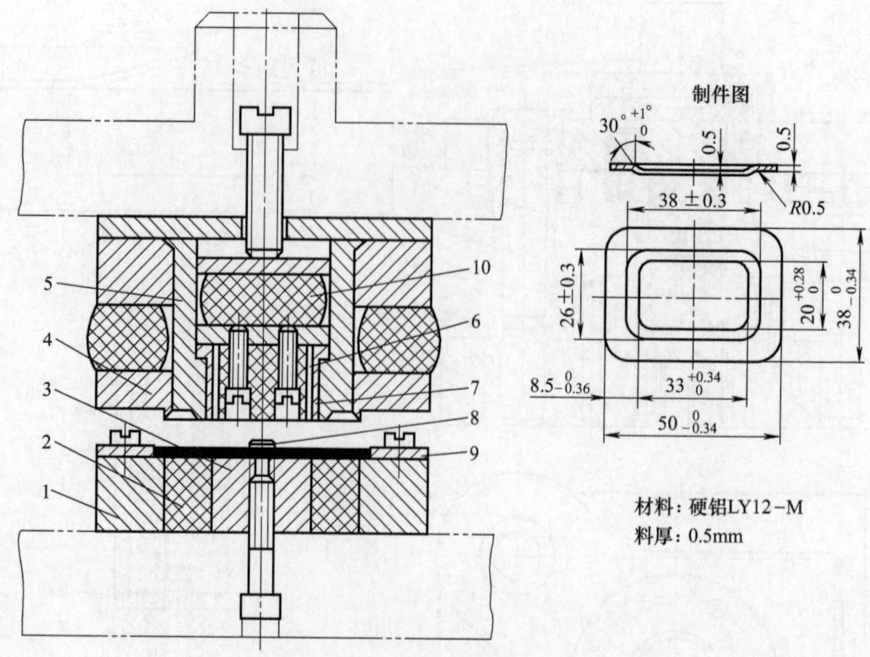

图 2-17 铝盖落料、冲孔、成形复合模

1—容框；2,10—聚氨酯橡胶；3—芯块；4—凸台压板；5—凸凹模；6—压料橡胶；7—推件块；8—定位销；9—定位板

未表示）给力，其弹压力通过模柄内螺钉可调整。

2.4.3 聚氨酯橡胶冲裁模常见的故障及排除方法

聚氨酯橡胶冲裁模常见的故障及排除方法见表 2-15。

表 2-15 聚氨酯橡胶冲裁模常见的故障及排除方法

故障类型	产生原因	排除方法
模具试冲之后，坯料上只有较深的波浪形印痕，制件未与废料分离	①单位压力不够，未满足分离条件 ②凸模压入橡胶的深度不够 ③压板压力不够 ④顶杆弹力太大，阻碍了聚氨酯橡胶进入孔的深度 ⑤顶杆倒角深度太小，角度也小 ⑥压板端面不平，冲压材料滑移 ⑦聚氨酯橡胶硬度太低，刃口处的剪切力小 ⑧刃口不锋利	①提高单位压力 ②调节压力机滑块，增大凸模压入橡胶的深度 ③增加压面弹顶橡胶的顶压量或更换成较硬的橡胶 ④减小顶杆后面的弹顶器的弹力 ⑤增加顶杆倒角深度及增大角度 ⑥采用凸台形压板，并使端面平整 ⑦换硬度较高的聚氨酯橡胶 ⑧修磨刃口，改善表面粗糙度
制件周边大部分已与材料分离，而局部有搭连现象，内孔有吊料现象	①材料局部搭边量太小 ②压料板端面不平或压料力不均匀，冲压时材料有局部滑移现象，为浅拉深状 ③压板与凸模配合过松，工作时不稳定，有压偏现象 ④孔内顶杆无倒角，局部断裂后材料滑移 ⑤顶杆无限位或限位深度太大 ⑥顶杆或压板端面摩擦力太小 ⑦凸模外缘与模框型孔的间隙不均匀 ⑧橡胶垫硬度不均，有软点、气孔等缺陷	①增大材料的搭边量 ②修磨压料板端面或调整压料橡胶位置，保证压料力均匀 ③更换新的压板，保证配合精度 H9/h9，对极薄材料配合间隙应小于料厚 ④换平压板、平头顶杆为带倒角的凸台压板和顶杆 ⑤设置顶杆限位机构 ⑥压板和顶杆工作部分打毛或开设沟纹槽 ⑦调整容框的位置或修磨型孔，使间隙均匀 ⑧更换成合格的橡胶

续表

故障类型	产生原因	排除方法
制件上的大孔及外形均已分离，只有小孔狭槽等局部未分离	①单位压边不够，橡胶进入凸凹模孔或槽里的深度不够 ②局部顶杆的倒角角度太小，深度不够，平顶杆到凸凹模端面的差距太小，有效压入深度不够 ③小孔到大孔或外形边缘的距离太近，聚氨酯橡胶容易进入大孔，难以进入小孔 ④小孔顶杆弹力太大，阻碍聚氨酯橡胶的进入 ⑤凸凹模孔壁粗糙，刃口不锋利 ⑥制件上孔或槽的尺寸太小，超出了橡胶冲裁的工艺要求 ⑦顶杆与凹模中有废料卡住，不能移动	①调节压力机滑块行程，继续增加冲压深度 ②修磨顶杆端面，增大倒角度数和深度，增大平顶杆的聚氨酯橡胶压入深度 ③减小大孔顶杆的倒角深度，调整各处聚氨酯橡胶的压入量 ④调节弹顶器的弹力，减小顶杆的弹压力 ⑤研磨凹模孔壁，表面粗糙度 Ra 低于 0.32～0.62μm ⑥改变模具结构或采用常规冲模 ⑦清理废料，减少顶杆与凹模的间隙
极薄的软材料（如铝、锡箔等）冲压后外形及孔周围有卷边现象	①材料附着在聚氨酯橡胶上一起变形，冲裁完毕后，胶料收缩复原，就带动制件周边卷起 ②压板和顶杆倒角深度太大，造成胶料变形过大 ③压板和顶杆与凸凹模的配合太松，有摆动现象 ④聚氨酯橡胶硬度太低	①严格控制聚氨酯橡胶的变形程度，增大单位压力，使在最小变形程度下把零件冲出 ②减小压板和顶杆的倒角深度 ③压板和顶杆与凸凹模配合间隙减小或变活动为压板为固定式压板 ④采用硬度大的聚氨酯橡胶 HS≥90A
垫圈类零件套冲时，两零件之间废料与较大零件内形粘连	①大、小零件之间的间距太小，不满冲裁要求 ②废料顶芯部几何形状不合适 ③平头顶芯，摩擦力太小	①当间距 $m\leqslant 2H$ 时，不宜套冲 ②修理环形项芯内、外倒角及深度，使外缘的容胶量大于内缘 ③改为带内、外倒角的顶芯（杆）
制件有毛刺	①矩形孔的角部有毛刺 ②凸模刃口不锋利或有凹坑 ③聚氨酯橡胶硬度低 ④容框与聚氨酯橡胶垫配合太松 ⑤材料塑性太低 ⑥顶杆或压板弹力太小 ⑦聚氨酯橡胶垫产生撕裂	①矩形孔或外凸部分的拐角处应带有小圆角 ②修磨凸凹模刃口 ③更换成硬度大的聚氨酯橡胶 ④更换聚氨酯橡胶垫，与模框成过盈配合 ⑤在允许的情况下更换材料，或换成常规冲模 ⑥增大顶杆或压板的弹顶力 ⑦换成新的聚氨酯橡胶垫或磨去裂纹再用
聚氨酯橡胶垫产生切痕和脱圈现象，寿命很低	①平面压板弹力小，容框与凸模间隙过大 ②凸模压入聚氨酯橡胶的深度太大 ③聚氨酯橡胶垫的厚度太小 ④顶杆和凸台压板倒角深度太大	①更换压板下的弹顶橡胶，增大预压量，更换容框，保证与凸模的间隙合理 ②调节压力机滑块行程，减小凸模的压入深度 ③增大聚氨酯橡胶的厚度 ④减小顶杆和压板倒角处的深度
制件黏附在聚氨酯橡胶表面	①对于既薄又软的材料，冲裁后制件与聚氨酯橡胶产生了真空吸附现象 ②由于制件上的夹角处的毛刺与聚氨酯橡胶嵌合	①把聚氨酯橡胶垫表面做成较大的圆弧凸球面，冲裁后制件可随球面自动脱出聚氨酯橡胶表面 ②改进制件的工艺性

2.5 聚氨酯橡胶弯曲模结构设计注意点与成形方法

2.5.1 聚氨酯橡胶弯曲模结构设计时应注意的问题

① 严格控制聚氨酯橡胶变形量。聚氨酯橡胶的寿命决定于其整体或局部的变形量，变形量过大，会显著降低聚氨酯橡胶的寿命。应严格控制聚氨酯橡胶在工作时总的变形程度不超过1/3，而且尽量使各处变形均匀。在实际生产中，对某些零件往往需加成形棒或成形块，甚至把聚氨酯表面加工成需要的型槽。

② 正确选用聚氨酯橡胶硬度。硬度值大小应根据变形区大小和坯料材料性能选取。一般说来，变形区集中、坯料材料强度高时需要的单位压力大，应选择硬度较高的聚氨酯橡胶（硬度为 HS70A 以上）；反之，变形区域大、坯料材料强度低时需要的单位压力较小，可选择较软的聚氨酯橡胶（硬度为 HS60～70A 左右即可）。

③ 合理选择模具形式。对于形状简单的 V 形件和弧形件，单位压力要求比较集中，可选用敞开式模具；对于形状复杂，变形区分散的弯曲件，为了达到全部成形的目的，应采用封闭式模具。

2.5.2 各种弯曲件所用的橡胶容框结构与成形方法

根据弯曲件的形状不同，采用聚氨酯橡胶弯曲模，其模具容框与成形方法参见表 2-16。

表 2-16 各种弯曲件所用橡胶容框结构与成形方法

名称	零件形状	容框结构	橡胶硬度 HS	成形方法
V 形零件			70～80A	敞开成形
弧形零件	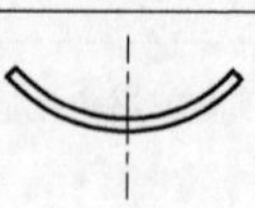			
小型变曲率零件	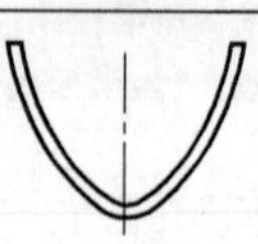			
圆底 U 形零件	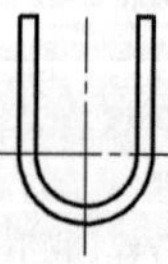			
U 形零件	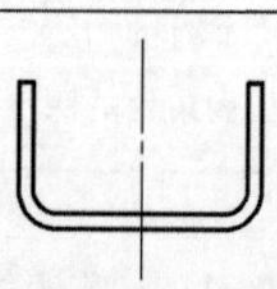	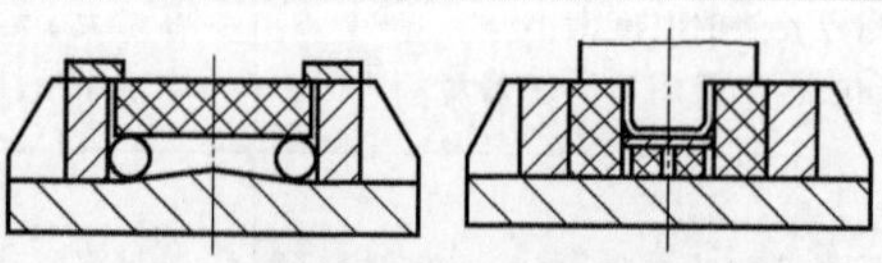	80A	封闭成形
带凸缘 U 形零件	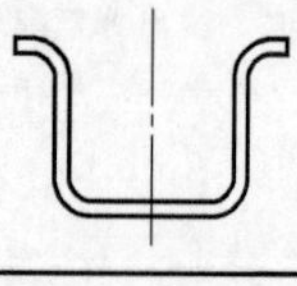	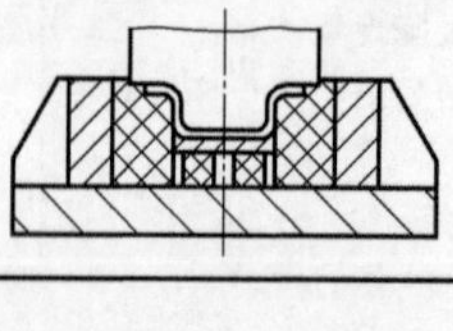	80A	封闭成形

续表

名称	零件形状	容框结构	橡胶硬度 HS	成形方法
闭斜角 U 形零件	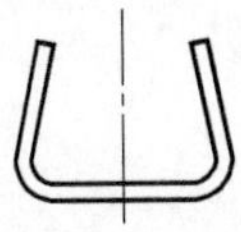	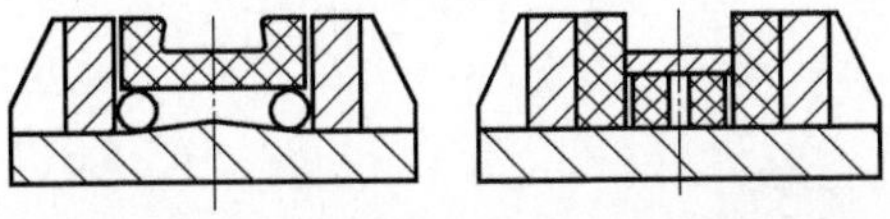	80A	封闭成形
环形零件	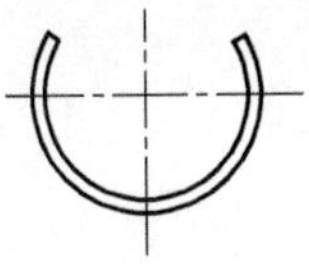	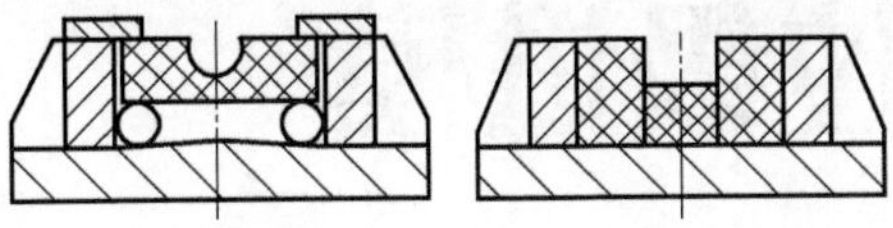	60～70A	封闭成形
大型变曲率零件	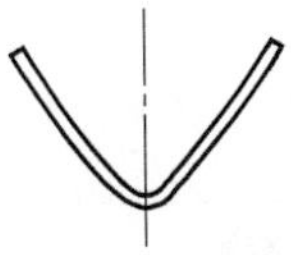	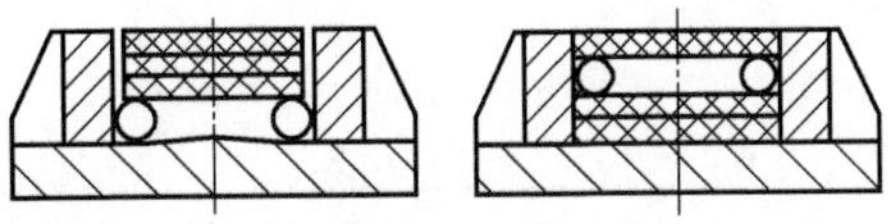	70～80A	三次闸压成形
曲率中心异侧零件	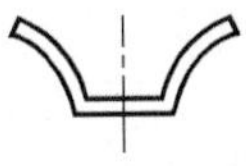	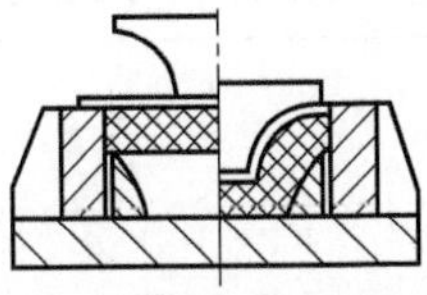	70～80A	封闭成形

第3章 多工位级进模

3.1 多工位级进模的特点、功能与使用条件

3.1.1 多工位级进模的性质

级进模（也叫跳步模、连续模）属于冷冲模，是指在带料或条料的送料方向上具有两个以上的工位，并在压力机的一次行程中，在不同的工位上完成两道或两道以上冲压工序的冲模。

由于级进模由多个工位组成，因此又叫多工位级进模。各工位按顺序关联完成不同的加工，在压力机的一次行程中完成一系列例如冲裁、弯曲、拉深、成形、攻螺纹等不同冲压加工。一般来说，无论冲压零件的形状怎样复杂，冲压工序怎样多，均可用一副多工位级进模冲制完成。对于批量非常大的、料厚较薄的中、小型冲压件，特别适宜采用精密的多工位级进模加工。

级进模能采用自动化送料，可在高速压力机上工作，目前冲速已达 2500 次/min。当模具复杂的工作部分通过分解简化并采用超硬材料制造，模具上配置安全监测装置可实现模具长寿命和无人操作。操作安全、生产率高、工序集成度之多、功能之广、寿命之长（高达 2 亿多冲次）、精度高（模具制造精度达 2μm）是其他模具无法与之相比的。现代多工位级进模被称为“高精密、高效率、高寿命”三高模具的典型代表。

多工位级进模在各类冷冲模中所占比例日益增加，目前约占 27%，其应用程序被认为衡量一个国家工业技术水平的重要标志之一。

3.1.2 多工位级进模的特点与功能

(1) 级进模是连续冲压的多工序高效冲模

在一副模具内可以完成冲裁（冲孔、冲窄槽、切边、落料）、弯曲、成形（压包、压筋、翻边、翻孔、镦压、叠压、压铆）、拉深和攻螺纹等多种性质的冲压工序。对一些看似比较复杂和难以冲压加工的中小型件，批量大采取“化繁为简”的方法用级进模可冲制出来。经冲压生产出来的可以是大批量需要的单个零件，也可以是成批的组件，如触头与支座的组件、各种微型电动机、电器及仪表的铁芯叠片组件等。所以级进模是集各种冲压工序于一体、功能最多的高效模具，它只需用一台压力机，而用单工序模则需用多副模具、多台压力机完成同类零件的加工。

(2) 生产率高

① 一副级进模内可以完成多种性质的冲压工序。压力机每次冲程可获取一个制件或工序

件，因此具有比复合模更高的劳动生产率。

② 排样采用多排，一次冲压可以出多件。

③ 采用高速连续冲压（常用700～800次/min，纯冲裁1000～1500次/min，带弯曲冲压400～600次/min，小型件连续拉深<150次/min）。每分钟冲次比普通冲压高出十多倍，生产率大大提高。

(3) 可以实现自动化冲压生产

级进模利用带料或卷料，经开卷机→矫平机→弛张式控制器→送料器→压力机和模具→制件收集器→废料切断或收卷等，在调整好的情况下，可实现自动送料、自动出件、自动叠片等功能，一旦冲压过程异常，由于模具上装有安全保护装置，设备会自动停机，故能实现冲压自动化生产。

(4) 模具寿命长

采用级进模冲压时，工序可以分散，不必集中在一个工位；同时将制件的复杂外形或内形也可以分解，不必集中在一个工位冲成，因此可以解决复合模“最小壁厚”的问题，若模具强度不足，可设空工位，从而简化凸模和凹模刃口形状，也便于采用超硬材料制造，提高了模具强度和刚度，寿命大大提高（据有关资料报导国内研制的集成电路144只脚引线框架多工位级进模一次刀磨寿命400万～500万次，模具总寿命4亿冲次以上）。

(5) 操作安全

多工位级进模属自动化冲模，多使用卷料、带料，采用自动送料，在加工中不需要手工操作，因此生产过程非常安全。当使用条料生产时，一般是用手工送料，但操作者的手不需进入冲压危险区，所以操作同样很安全。

(6) 模具综合技术含量高

① 复杂高效多工位级进模从设计到制造都离不开CAD/CAM支持，离不开高精密先进制模设备的支持。

② 多工位级进模中所包含的冲压工序和冲压性质是其他冲模中最多的一种；冲压原理与冲压技术、实践与理论相结合，全面应用所包含的范围最广。它是技术密集型模具的重要代表。

③ 模具新材料、超硬材料（硬质合金）、新工艺、精密加工等新技术，集中体现在级进模中应用最多。

④ 模具结构比较复杂，机、电、气、液压、润滑等技术常有应用。

⑤ 对于模具的设计与制造（特别是模具装配）须有多年丰富实践经验的冲模设计师和模具高级工才能胜任这个任务。

(7) 冲件（单个或一串）**在载体上“弃留”方便**

① 级进模的冲压全过程，在未完成成品件前的坯件始终留在载体上，不与带料分离（区别于多工位传递模）。冲压过程中，所有工位上的冲裁，那些被冲掉下的部分，都是无用的工艺或设计废料，而留在载体（带料）的部分被送到模具的下一个工位上继续被冲压，完成后面的冲压工序。各工位上的冲压工序虽然独立进行，但坯件始终与载体连在一起，直到最后那个工位需要落料时，成品制件才被分离载体，冲落离开模具（大多数从凹模孔中下落；也有冲落后制件又被顶入到带料的原位，在后面的工位再顶出脱离带料）。

② 一些由于使用或装配的需要，冲件需规则排列并仍需留在载体上，则最后工位不设落料工序，制件先不切除下来，此时被冲成的制件留在载体上被卷成盘料待用，在自动装配过程中才予以分离。

③ 有的单元体组件要求每冲 10 个或 20 个不等的制件为一个单元并需留在载体上时，则在模具上需设置特殊的切断装置，此时，每当冲压 10 次或 20 次，切断装置便工作一次，将料切断，落下来的“一小段”长条便是每一条具有 10 个或 20 个独立制件的单元体组件。如集成电路引线框、半导体晶体管引线框等。空调器散热片（翅片）更多地采用宽的薄带料，在特殊的级进模上经多排、多个工位冲压后通过纵向剖切、横向切断实现其大量生产并满足了产品的不同需求。

(8) 对冲压用料规格和送料精度要求较高

① 在级进模上使用的冲压材料多为具有一定宽度的长带料。料宽误差大、料长太短直接影响级进模的连续自动化正常生产，尤其是在高速自动无人操作的情况下，对料宽、料厚、料长、料的力学性能及材料的几何形状等均有严格要求。

② 送料方式为间歇、按“步距”直线连续送进。送料过程中“步距”精度决定冲件的精度与质量。对于高精度的级进模，步距精度要求控制在$\pm x\mu m$之内［如$\pm(1.5\sim3)\mu m$等］。

(9) 结构复杂、技术性高、模具设计制造难度大、加工周期长、成本高、维修较麻烦

① 多工位级进模的结构随冲件的复杂程度而定，设计模具结构时要考虑的内容比其他冲模都多；模具的制造随着工位数的增加，相应要加工的模具零件也增多，其中工作零件的精加工都要采用高精度先进设备（例如数控坐标磨、光学曲线磨、慢走丝线切割机床等），不仅加工周期长，而且工时费比普通加工高许多，所以成本高。

② 多工位级进模的维护与刃磨较单工序模麻烦，尤其是带弯曲、成形的多工位级进模，在刃磨冲裁部分的凸、凹模刃口时，需要满足如弯曲、成形等其他工位的凸模与凹模之间的高度。如果该级进模还有其他复杂的冲压机构，如斜楔、侧冲等，其维护将更为困难。对于一些复杂的级进模，有的刃口可能不处于同一平面，甚至还有不处于同一方向的，在刃磨时需拆卸才可进行。

(10) 多工位级进模适合大批量中小型定型产品薄料零件的生产

3.1.3 多工位级进模使用的必要条件

(1) 必须有一副合格的多工位级进模

所谓合格，应该是具有一定精度、一定功能并能实现稳定、连续、正常生产。现在有许多模具都是委托专业模具厂制造的。用户在接受该模具时，必须严格检查该模具是否达到正常使用要求。模具结构、冲压工艺方案设计、试冲样件方面等有无缺陷和不足；在履行合同的有关技术条款中，有无未尽事宜，或属于用户事先未提及的事，到了事后才提出而引起不必要的纠纷或麻烦等。模具交付使用时，必须经过试冲合格验收通过。

(2) 必须有会调整、维修、保养、刃磨修理的技术能力

多工位级进模在使用过程中，刃口磨损或局部可能出现故障，这是常见的事。例如小凸模的折断，冲压过程中发现毛刺过大，刃口变钝了，凸、凹模镶件要更换或进行修理等。

多工位级进模的刃磨与一般模具不同，它不是简单地将某个凸模或凹模磨去多少就完事。对于那些有弯曲、拉深成形的多工位级进模，在刃磨冲裁凸、凹模刃口时，还要相应地修正或考虑到对其他部分相对高度的影响，使刃磨或修理后的各凸、凹模之间仍保持原设计应有的原始差量。对于这种刃磨和修理，必须要求修理人员，具有较高的专业理论和实践技能（维修人员在拆卸模具前要了解模具的结构原理和凸、凹模相互间尺寸关系等）。用户也应为之配置供刃磨、维修使用的精密磨削加工和检测用的必备设备。

(3) 必须拥有能满足多工位级进模连续冲压生产要求的冲压设备

这种冲压设备与普通压力机相比，要求精度、刚度更好一些、功率（一般在压力机公称压力的 60%～80%下进行工作）、冲次、台面尺寸更大一些，制动系统可靠稳定。还应具备行程可调（一般都使用行程可调的偏心压力机）等功能，便于级进模的调试。

用多工位级进模进行冲压生产时，选取压力机的行程是不大的，一般以保证冲压能顺利进行和送料能正常为原则。因此，不同的级进模，由于制件的不同，所取行程大小虽不完全相同，但总的来说都是一个较小的范围。多工位级进模取小行程冲压，可以保持模架的导柱、导套工作过程始终不脱开，这样有利于保证冲压精度。而采用较小行程对实现高速冲压，也是十分合理的。

冲压设备还应附有高精度的自动送料装置和安全保护装置，这在自动冲压无人看管的情况下，保持连续安全工作才有保障。

(4) 必须有稳定的高质量的适合多工位级进模生产的冲压用料

用多工位级进模冲压生产，属于高效率大生产，所以对冲压用料要求是比较严的。冲压过程中，不能因为料有质量问题而影响生产。

所谓提供的料要稳定、高质量，主要指材料的牌号、力学性能，每批料都应一致，符合该材料所规定的技术条件，软硬符合使用要求，料的厚薄和宽度尺寸应在规定公差范围内，表面状态良好。

多工位级进模冲压用材料，大多是长的带料，常用分条机裁切成一定宽度，要求料宽的直线性好，绝不允许有“镰刀”弯之类缺陷存在，否则将直接影响送料，正常生产条件下，带料的长度必须有保证。原则上越长越有利于自动化不停机生产。

即使是在试模，哪怕是试模用的料冲下的件不一定都用得上，或当作废品处理掉，也要严格地按正常生产用料用于试模。这一点投入是很有必要的。在实际工作中，往往不太重视试模用合格材料而临时凑合，随意捡一块料用来试模，当试不出合格制件时就只在模具上找原因，当然试模的主要目的是找模具存在哪些问题，需要改进，以求达到功能优良。但试模用料不合适，模具再好，照样冲不出合格制件，这对于拉深或弯曲成形等工序最为突出，许多实际例子告诉我们，在带有弯曲、成形和拉深的级进模中，同一副模具，由于使用的料质量不同，冲出的制件质量就截然不同，这就证明冲压用料的重要性。使用多工位级进模，冲压用料必须达到规定的使用要求，不能使用不合格的料。

(5) 制件应具备适合多工位级进模冲制的条件

① 制件的产量比较大，一般为大量生产。

② 制件精度适中，一般为大于 IT10 级，近年来随着模具加工技术的进步，多工位级进模的制造精度明显有了提高，从而使制件精度大为提高，有的达 IT8 级以内。

③ 用单工序模不经济，用复合模又难以冲压加工的情况下，只能用多工位级进模。

④ 用单工序模不便定位和冲压加工，只能采用多工位级进模生产某些小而复杂的微型或超小型件。

⑤ 同一产品上的两个冲压零件，其某些尺寸间有相互关系，甚至有一定的配合关系，在材质、料厚完全相同的情况下，如果用两套模具分别冲制，不仅浪费原材料，而且还不能保证配合精度，若将两个零件合并在一副多工位级进模上同时冲裁，可大大提高材料利用率，并能很好地保证零件配合精度。

3.1.4 多工位级进模的合理应用

尽管多工位级进模有许多特点，被誉为当代先进模具的典型代表，但由于制造周期相对长些、成本相对高的原因，应用时必须慎重考虑，合理采用多工位级进模，应符合如下情况。

① 大批量生产　制件应该是定型产品，而且需要量确实比较大。一般不少于5万件。

② 不适合采用单工序模冲制　如某些形状异常复杂的制件，如空调翅片、接线端子等。

需要多次冲压才能完成制件的形状和尺寸要求，若采用单工序冲压是无法定位和冲压的，而只能采用多工位级进模在一副模具内连续完成多个工序的冲压，才能获得所需制件。

③ 不适合采用复合模冲制　如某些形状特殊的制件，例如集成电路引线框、电表铁芯、微型电动机定、转子片等，使用复合模是无法设计与制造模具的，而应用多工位级进模能圆满解决问题。

④ 制件的精度要求适中　用多工位级进模加工的制件精度，一般为IT10级以下，比用复合模加工低些。

⑤ 冲压用的材料长短、厚薄比较适宜，多工位级进模用的冲件材料，一般都是条料，料不能太短，以致冲压过程中换料次数太多，生产效率上不去。料太薄，送料导向定位困难；料太厚，无法矫直，且太厚的料长度一般较短，不适合用于级进模，自动送料也困难。

⑥ 制件的形状与尺寸大小适当　当制件的料厚大于5mm，外形尺寸大于250mm时，不仅冲压力大，而且模具的结构尺寸大，故不适宜采用级进模。

⑦ 模具大小与压力机的合理匹配　多工位级进模的外形尺寸一般较大，模具的总尺寸和冲压力适用于生产车间现有的压力机大小，必须和压力机的相关参数匹配。

3.1.5 多工位级进模和其他高效冲模使用特点比较

多工位级进模、多工位传递模、自动弯曲机模具和复合冲模被称为高效冲模。

多工位级进模具和其他三种模具的使用特点比较见表3-1。

表3-1　四种高效模具的使用特点比较

序号	项目	复合模	多工位级进模	多工位传递模	自动弯曲机模具
1	对冲压材料外形的总体要求	不太严，除条料外，小件也可以用边角料，但对生产率会降低	要求严格，应采用较长的条料、卷料或带料，料宽一致性要很好	不太严，但仍需用长的条料、卷料、保持自动送料	要求严，采用较长的卷料、带料
	①材料性质	金属或非金属料	金属材料	金属材料	金属材料
	②料宽	不严	较严（不能有镰刀弯）或严格控制	不严	严
	③料厚	0.04～4mm	0.1～6mm	0.2～3mm	0.04～2.5mm
	④料长	不严格（自动送料时应越长越好）	越长越好（料与料之间不应有接头）	长一点比较好	丝径ϕ0.8～6mm，丝料、带料越长越好
2	材料利用率	较高	不高	一般较高	高
3	制件形状尺寸	外形尺寸一般＜300mm，若有大型压力机，制件外形尺寸可以放宽	＜250mm	受机床工位中心距限制，落料直径（或长度）一般为1/2机床工位中心距尺寸	受机床型号规格不同而异。常用料宽5～60mm，送料长度＜240mm，弯成环形件直径＜32mm

续表

序号	项目	复合模	多工位级进模	多工位传递模	自动弯曲机模具
4	制件尺寸精度	高（最高可达IT6～IT9级），一般为IT10～IT12级，形位公差可以达到很高要求	中高（一般为IT10～IT13级）	中（一般为IT10～IT14级）	中（一般为IT10～IT14级）
5	制件平整度	因压料较好，制件平整，且有较好的剪切断面	不平整，高质量要求需校平	冲裁件不平整，有穹弯现象	丝料或带料经弯曲机矫正机构矫正后切断比较平直
6	高速化的可能性与对冲压设备的要求	困难 可采用普通压力机	可能 可采用高速压力机，冲速高达400次/min以上。冲速高，行程小，冲速与行程成反比例。配有自动送料装置实现高速自动化	难 采用多工位压力机或普通压力机经改装成多工位压力机。有机械手送料机构	尚可 采用立式或卧式万能弯曲自动机，带有丝料、带料矫直器
7	生产率	冲压后制件被顶到模具工作面上，必须用手工或机械排除，生产效率较低，若小件顶出后用压缩空气吹，生产率高一些	工位间为自动送料，可以自动排除冲件，生产效率高。当采用高速冲时，每分钟的冲次比其他模具均高时，生产率为最高	工位间具有自动送料、机械手传送坯件，自动排除制件，废料吸除等，并有模具自动润滑，生产效率高。但生产率不如高速冲	冲裁、成形部分模具调整好后完全在自动控制下生产，生产效率高
8	冲压特征 ①冲压工序的组合程度	低 （压力机在一次行程内在模具的一个工位上可完成两道工序，多时四道工序，工序太多了，模具强度和模具寿命都受影响）	高 （压力机在一次行程内，在一副模具的多个工位上同时可以完成多道冲压工序，原则上工序多少不受限制）	较高 （压力机在一次行程内，在固定的几个工位上模具完成相应冲压工序，即工序数会受压力机工位数的限制）	较高 （卧式弯曲机或立式弯曲机均通过滑块带动模具分布在不同位置完成送料→停料→冲裁→弯曲成形→卸料等冲压工序。工序数原则上受滑块多少的影响）
	②适用生产批量与特点	中等批量以上 适合薄料、贵重材料需提高材料利用率、产量比较大	适合中小件、大批量生产	适合壳类小型拉深件、大批量生产	适合小型簧片、弯曲件，大批量生产
	③最佳工序种类	冲裁、落料、拉深	冲裁、弯曲、成形	拉深	弯曲成形
	④翻转和变更冲压方向	不能	翻转不能，变更冲压方向可能	可能	不能
	⑤增加工位数的可能性	有限度	可能	有空工位的情况下增加可能	不能
	⑥复杂的弯曲加工	不能	原则上可以，但应有一定限度，否则模具十分复杂	应有一定限度	可能
9	送料与完成工序的方式	手送或采用自动送料，冲次不高。在压力机的一次行程内、在同一个工位同时完成两道以上的工序，制件一次分离	手送料或采用自动送料。工序件跟随条料、带料送机。在压力机的一次行程内，在一副模具的多个工位同时完成多道工序的加工	坯料切离后由机械手夹持自动送料。工序件（半成品）在多工位压力机各工位分别完成各工序	自动送料、制件经冲裁、切割、压弯成形工序后分离

续表

序号	项目	复合模	多工位级进模	多工位传递模	自动弯曲机模具
10	模具制造成本(造价)	中等 结构复杂、制造难度大、价格高	高 结构复杂、制造和调试难度大,价格与工位数成正比例上升 冲裁简单形状零件比复合模低	较高	中等 由于制件复杂需要配置专用凸轮等特殊件时,模具价格上涨
11	模具制造难易程度	较难	困难	不难	不难
12	模具硬质合金料的应用	较难用	可以	可以	不多用 有的用钢结硬质合金
13	模具安装调整与操作	比级进模更容易,操作简单	安装、操作简单,调整难些	多工位分别安装,模具较简单,调整稍难	调整稍难,操作简单
14	模具修理、维护	难 (一般都要将模具从压力机上卸下后拆开才可进行)	比较困难 (个别小凸模的更换由于结构设计维修更换方便,使模具修理变得方便)	容易 (多工位每副模具为独立结构,便于维修、保养)	容易
15	模具寿命	较低	高	最高	高
16	应用的广泛程度	多 (对压力机无特别要求,工序的复合数不能太多,2个工序复合用得最多)	多 (除高速冲压件,对压力机的要求不太严,但行程最好都是可调式)	少 (受没有多工位压力机和适用性的限制)	少 (受没有弯曲机和适用性的限制)

3.2 多工位级进模的分类和基本结构组成

3.2.1 多工位级进模的分类

(1) 按冲压工序性质分

① 纯冲裁多工位级进模　纯冲裁多工位级进模,简称冲裁级进模。此类模具的各工位均为冲裁工序。它是多工位级进模中最基本的一种类型,根据其制件获取的方式不同,有冲落式级进模和切断式级进模之分。冲落式级进模在完成冲孔等工位最后为落料,如冲孔、落料级进模;切断式级进模在完成冲孔、冲裁等工位最后为切断,如冲孔、冲裁废料(多余的结构或工艺废料)、切断级进模。

② 冲裁弯曲多工位级进模　此类模具有冲裁、弯曲工序,以弯曲工序为主的多工位级进模,如冲废料、压弯、落料级进模;冲废料、多次压弯、落料(或切断)级进模。

③ 冲裁拉深多工位级进模　此类模具有冲裁、拉深工序,以拉深工序为主的多工位级进模,简称连续拉深模。如整带料连续拉深、落料级进模,简称整带料连续拉深模;有切缝(口)、多次拉深、整形、落料级进模,简称有切缝(口)连续拉深模。

④ 冲裁成形多工位级进模　此类模具有冲裁、成形等工序，以成形工序为主的多工位级进模。如冲孔、翻边（孔）、落料级进模；压形、冲孔、落料级进模等。

⑤ 多种冲压工序集成在一起的多工位级进模　此类模具为由冲裁、弯曲、拉深、成形等多种冲压工序集成在一起的多工位级进模。如冲裁、弯曲、成形级进模；冲裁、拉深、成形级进模；冲裁、拉深、弯曲级进模；冲裁、拉深、弯曲、成形级进模。

总之，由于冲裁是级进模的基本冲压内容，级进模又是冷冲模中的一种，所以根据多工位级进模中常见的冲裁、弯曲、拉深、成形等，相应的各种级进模分类见图 3-1 和表 3-2。

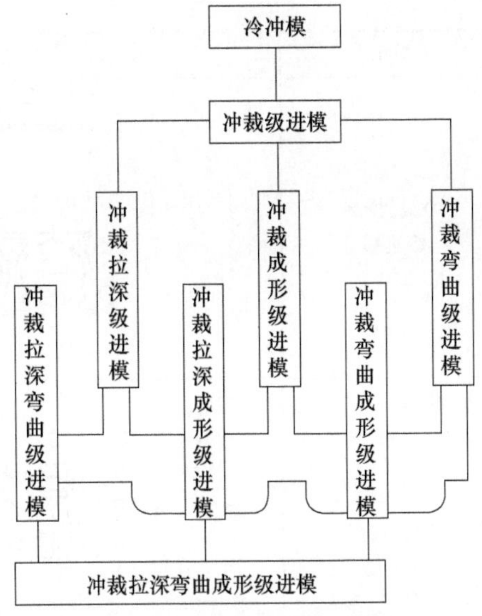

图 3-1　多工位级进模按冲压工序性质分类的图示

此外，根据用级进模冲压的制件特征，最具代表性的为平板件、弯曲件、拉深件以及冲压工序性质的组合不同来分类，如图 3-2 所示，相应有 22 种不同冲压工序的级进模。

(2) 按冲裁方法不同分

根据级进模的排样和冲裁切除废料的方法不同，可分为封闭形孔多工位级进模和分段冲切多工位级进模两种，都比较常见。

表 3-2　级进模的基本类型

类型		工序排样图示例
冲裁级进模	冲孔落料级进模	③ ② ① 落料 落料 冲孔
	切边剪断级进模	⑤ ④ ③ ② ① 剪断 切边 导正 冲孔
冲裁、弯曲级进模		② ① 弯曲 切断 弯曲 冲孔

续表

类型	工序排样图示例
冲裁、拉深级进模	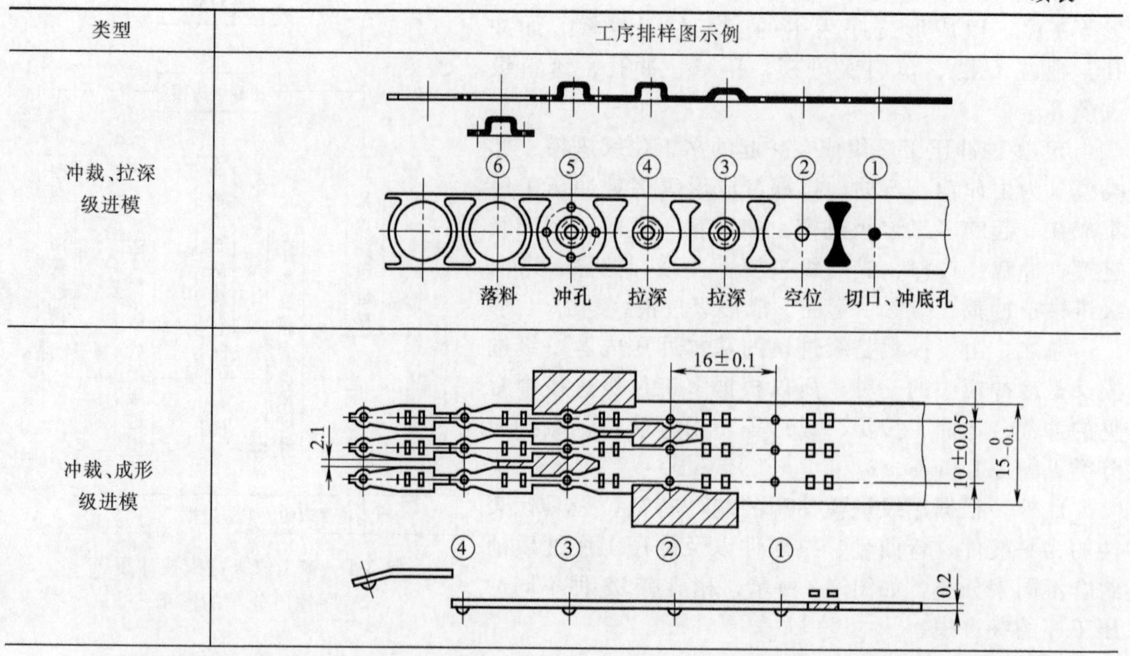
冲裁、成形级进模	
还有冲裁、弯曲、拉深级进模；冲裁、弯曲、成形级进模；冲裁、拉深、成形级进模和冲裁、弯曲、拉深、成形级进模等	

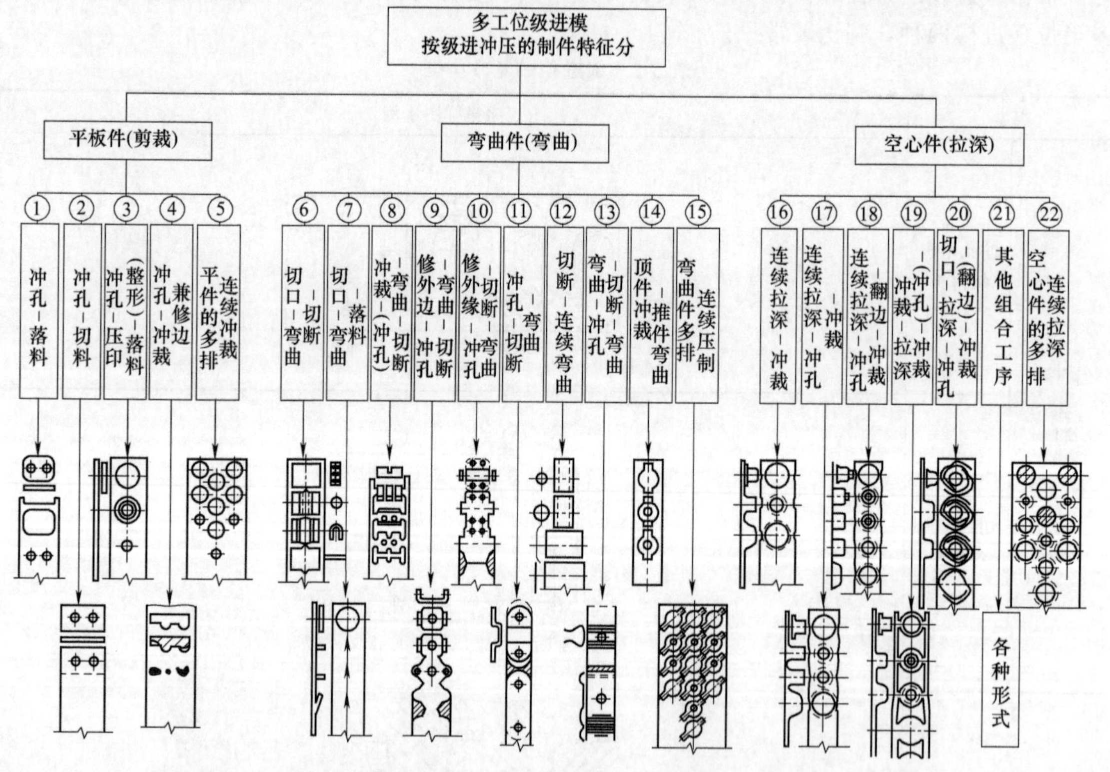

图 3-2　多工位级进模按级进模冲压制件特征不同和冲压工序不同组合分类

① 封闭形孔多工位级进模　此类模具的全部工作形孔（侧刃孔除外）与制件上的形孔及制件外形（对于弯曲件指制件展开外形）完全一样。制件上的不同形孔分别安排在适当的工位上，材料沿各工位经过连续冲压，往往在最后工位为落料，即冲下来的是所要求的制件或作后

续用的工序件。用这种排样方法设计的级进模称为封闭形孔多工位级进模。

如图 3-3（a）所示为弯曲件，展开如图 3-3（b）所示，若用级进模只冲出如图 3-3（b）所示形状，作为后续弯曲用工序件，则排样如图 3-3（c）所示。为采用封闭形孔级进模冲压，设有三个工位，工位①为侧刃定距，因冲压工艺需要而设，即由侧刃冲切条（带）料一侧边窄条，用来保证每次送料步距不变；工位②为冲孔（长孔 12mm×3mm 和两个圆孔 ϕ2mm）；工位③为落料。工位②、③冲制过程的模具形孔与制件上的形孔及制件外形完全相同。

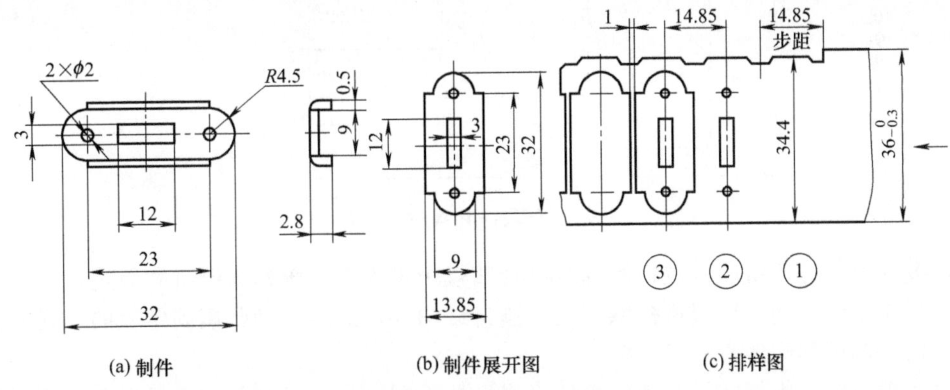

图 3-3　封闭形孔级进模冲压

封闭形孔级进模冲制后的零件毛刺面（冲孔和落料）是不在一个平面上的，如作为工序件，后面用于压弯成形，毛刺面不能做到保留在弯曲件的内侧，这样不仅零件外形压制不美观，弯曲部位还有可能出现边缘裂纹。该模具使用中，切除的废料与制件容易混合；冲压结束后，需要分选处理．故此类模具一般适用于制件较简单、冲压工序较少、工位不多的场合。

② 分段冲切多工位级进模　对较为复杂制件的异形孔或外形，通过排样设计，将其分解成若干简单形孔，与制件中其他形孔一起分设在不同工位，采取分段冲切多余废料的方法，最后得到所需的制件。

分段冲切废料级进模的工位数，相对于封闭形孔级进模，增加许多。材料利用率有所降低，比较适用于制件复杂，冲压工序较多场合，目前，许多大批量的电器产品中接插用小零件，都采用分段冲切废料级进模生产。且采用自动送料，生产率高，其工位数少则十几个，多达几十个，故有多工位级进模之称。

还用如图 3-3（a）所示制件来说明，当采用分段冲切废料级进模冲压的排样方法，如图 3-4所示，设有 8 个工位。工位①冲导正销孔，这是为导正销定距而设的工艺孔；工位②导正销导正定距，冲 2×ϕ2mm 孔；工位③空位；工位④冲切两端局部废料；工位⑤冲两制件间的分开槽废料；工位⑥制件两边弯曲；工位⑦冲长孔 12mm×3mm；工位⑧冲切两头载体，分离制件。

（3）按模具的主要结构形式分

多工位级进模的结构形式涉及的范围很广，这里主要围绕凹模，包括卸料板、凸模固定板的结构变化以及模具的总体布局进行分类。

① 整体结构式（三板式）级进模　整体结构式又称独立式。级进模的凹模板、凸模固定板、卸料板，统称三大板件，均采用整体结构，即各自用一块整板，因此便有三板式级进模之称。其特点为工位数不论多少，各工位都在同一块凹模上完成。它使模具结构简单紧凑，设计制造装配比较方便，成本也低，工位不多的纯冲裁级进模比较常用。但对大一些的级进模不便于加工，也难以提高加工精度，故适用于一般精度要求的场合，模具板件外形尺寸不能太大。

② 镶拼式级进模　镶拼式级进模常根据凹模的镶拼结构不同又可分为镶套嵌入式级进模、

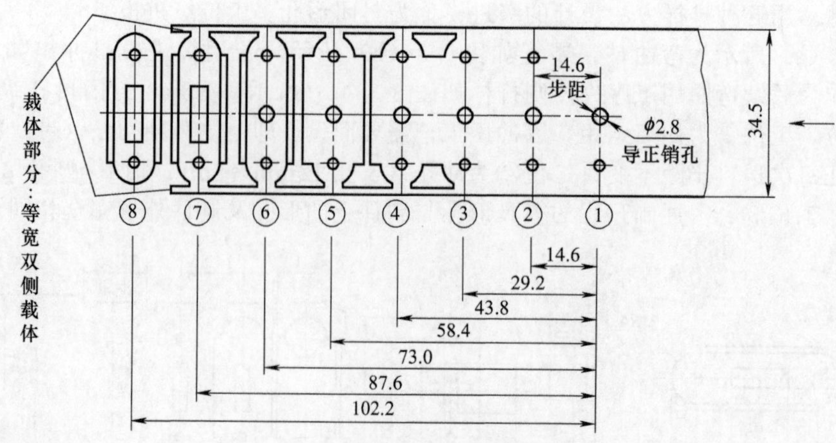

图 3-4　分段冲切级进模冲压

拼合形孔级进模、分段拼合级进模和综合拼合凹模级进模等，统称为镶拼式级进模。

在实际应用中，同一副级进模除凹模有镶拼结构外，卸料板和凸模固定板的形孔有的也采用镶拼结构。都可称为镶拼式级进模。

镶拼式级进模，根据凹模或卸料板的工作形孔不同，一些小圆孔和小异形孔，为了便于加工、刃磨、修理和更换，在整体凹模中或凹模固定板中采用镶套嵌入结构；一些异形孔，也为了便于加工，采用拼合结构，此结构可以变复杂内形加工为简单外形加工，使形孔更易实现精加工，从而提高加工精度，同时可以实现易损件维修和互换，还有利于装配调整，实现模具的高精度、长寿命，对于大型、复杂、精密、长寿命要求的多工位级进模常常被优先考虑采用。当然，镶拼结构级进模的装配调试要求比较高，制造成本比整体结构级进模也要高。

③ 分段组装式级进模　分段组装式级进模是按排样冲压工序特点，将相同或相近冲压工序的工位组成一个独立的分级进模单元，然后将它固定到总模架上，成为一副完整的工序集成度很高的多工位级进模。有的工位其工序比较特殊，常常需要保养修理，设计成子模具装于多工位级进模总模架上构成一副完整的模具供使用。

分段组装式级进模也称为模块式级进模、积木式级进模。其最大特点是简化了制模难度；故在大型、多工序、多工位、加工较困难的多工位级进模中比较常用。

(4) 按被冲压的制件名称分

如空调翅片多工位级进模、28L 集成电路引线框级进模、传真机左右支架级进模、温控器簧片多工位级进模、电脑机箱挡板级进模、端子接片多工位级进模、压缩机继电器支架级进模等，这些名称目前用得最多。

(5) 按被冲压的制件名称和模具工作零件所采用特殊材料分

如电池极板硬质合金级进模、极片钢结合金级进模、电动机定转子铁芯自动叠铆硬质合金级进模等。

(6) 按工位数和制件名称分

如 32 工位电刷支架精密级进模、25 工位簧片级进模、50 工位刷片级进模、50 工位电子连接器精密级进模等。

(7) 按模具使用特征分

如钩式送料连续拉深级进模、带自动挡料销级进模、带定长切断装置的级进模、自动送料冲孔分段冲级进模、挡盖件一出二级进模、多个制件混排级进模等。

还可以按不同特点进行分类和命名，这里便不一一列举了。

3.2.2 多工位级进模基本结构的组成及特点

(1) 级进模的基本结构组成

多工位级进模的结构随着制件的形状和要求不同而变化，但基本结构所包含的内容是相同的。如图 3-5 所示，这是一副比较典型的三板式级进模。凹模、卸料板和凸模固定板均为整体式结构。按冲压工序性质区分，该模具为纯冲裁级进模；按冲裁方法不同区分，为封闭形孔级进模。工位数为 5 个，采用侧刃与侧刃挡块实现 X 向定距定位，侧面即 Y 向由侧面导料板导向，人工送料从右往左冲压方式生产。

图 3-5 排样图中，工位①侧刃冲切带料一边窄料作定距用；工位②、③、④均为冲孔，其中 10×ϕ1.2mm 小圆孔，分布在由 R4.85mm 半径组成的圆周内，孔壁理论值为 0.493mm，考虑到分开交叉冲对模具制造和提高模具强度有利，将该小圆孔在工位②、③各冲 4 个，工位④冲 Y 轴上的 2 个，并冲中心方孔 4mm×4mm；为得到 3mm 和 4mm 宽的“十”字内引线，

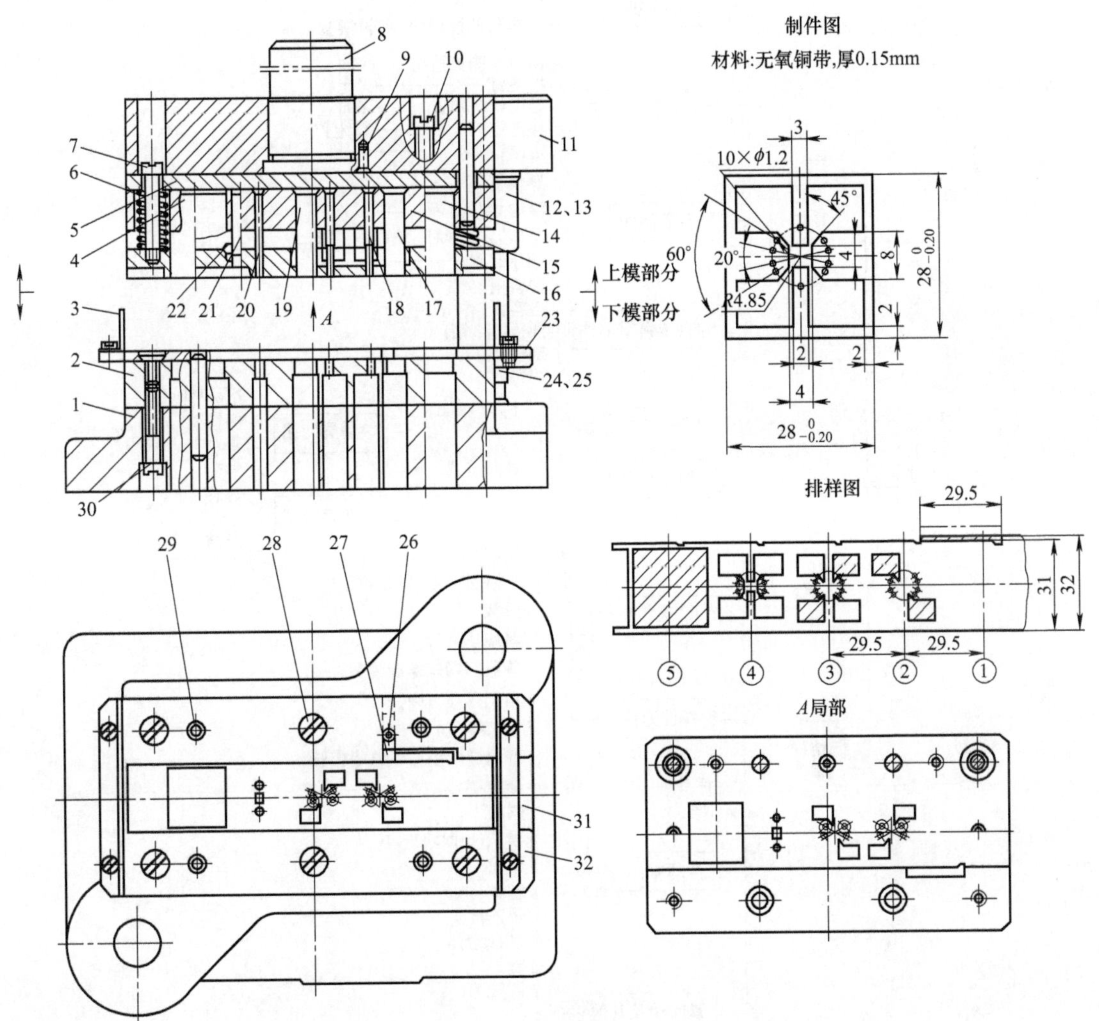

图 3-5 引线框级进模

1—下模座；2—凹模；3—安全挡板；4—落料凸模；5—垫板；6—弹簧；7—圆柱头卸料螺钉；8—模柄；9,26,29—圆柱销；10,28,30—螺钉；11—上模座；12,13—导套；14—侧刃；15—凸模固定板；16—卸料板；17～20—凸模；21—小导柱；22—小导套；23,32—侧面导料板；24,25—导柱；27—侧刃挡块；31—承料板

通过工位②③，采取对角布置冲切 4 个有一角为 45°的方孔（此处实为制件的结构废料），同时，工位④的中心冲方孔 4mm×4mm，这样制件的内形结构达到了要求；工位⑤落料，外形尺寸为 $28_{-0.20}^{\ 0}$ mm×$28_{-0.20}^{\ 0}$ mm。

级进模是冷冲模中的一种，它也是由上、下模两部分组成，并包含了组成模具的两大基本零件，即工艺零件和结构零件。

上模部分为上模座至卸料板下平面之间的那部分（即图 3-5 的件 4～件 22），该部分与压力机滑块固定一起，随压力机滑块上下往复实现其冲压运动。

下模部分为凹模上平面以下至下模座之间的那部分（即图 3-5 的件 1、2、3 和件 23～32），也就是一般与压力机工作台相固定的部分。

工艺零件主要指凸模、凹模等直接决定制件尺寸的工作零件；侧刃、挡料钉、导正销等为定距定位零件；导料板、导料杆、浮顶杆、侧压装置等为导料用零部件；卸料板、压料板等为卸料压料零件。结构零件主要指模架、导向装置、支承安装固定板件、紧固件、弹性元件以及

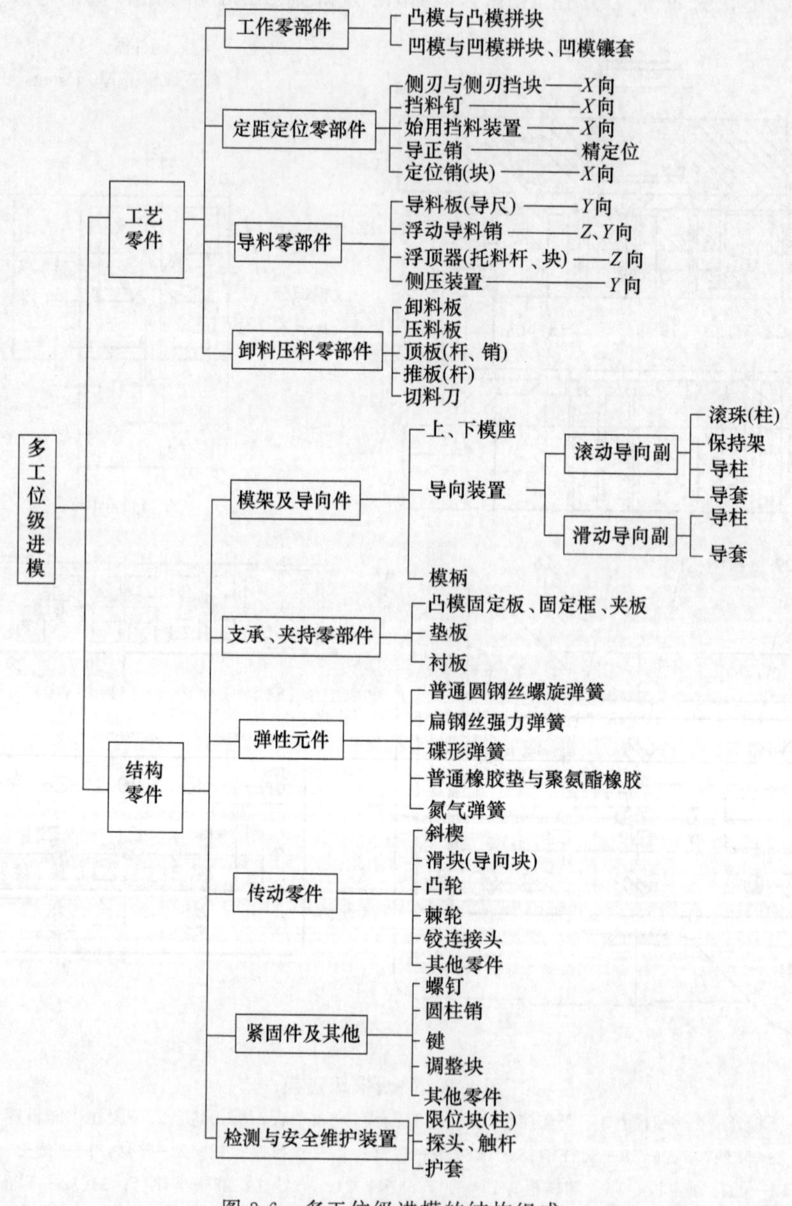

图 3-6　多工位级进模的结构组成

传动件、监测安全保护等零件或装置。

其余部分的零部件，由于每一副多工位级进模的功能需要不同而有差异。一副完整的多工位级进模，所组成的零部件包括的内容详见图 3-6。

(2) 级进模的结构特点

与单工序模和复合模相比，多工位级进模的结构有以下特点。

① 构成级进模的零件数量多，结构复杂。

② 模具制造与装配难度大，精度要求高，步距控制精确，且要求刃磨、维修方便。如有些电机定转子多工位级进模，工作零件制造精度达 2μm，步距精度达 2～4μm，总寿命达 1 亿次以上。

③ 刚性大。如有的级进模上下模座厚度比一般的要求加厚 5～10mm，板件选用优质材料并经热处理。

④ 对有关模具零件的材料与热处理要求高。

⑤ 一般应采用导向机构，有时还采用辅助导向机构。

⑥ 卸料板具有特殊功能和要求。当卸料板对小凸模起导向保护作用时，不仅卸料板、凹模、凸模固定板间应设有导向装置，而且要求卸料板的步距和型孔尺寸加工精度高于凹模。卸料板常用合金工具钢并经热处理淬硬加工而成。

⑦ 自动化程度高，常设有自动送料、安全检测等机构，以便实现高效自动化生产。

3.3 多工位级进模设计步骤和设计要点

3.3.1 多工位级进模设计步骤

多工位级进模的结构一般都比较复杂，精度要求高，造价当然也高，设计制造周期也长，因此在设计模具时，必须十分仔细，全面考虑每一个环节，特别是一些模具有几个方向的运动，机构复杂，且其体积又有一定限制，不仅给设计工作带来很多困难，还要善于处理设计工作中的各种矛盾，把模具设计合理。

有关多工位级进模的设计步骤，没有固定的模式，如图 3-7 所示为其设计与制造的简明流程图。

3.3.2 多工位级进模的设计要点

设计多工位级进模时，设计师应注意如下设计要点。

① 要合理地进行工序安排。

② 要合理地确定工位数及留有空工位。

③ 要重视排样图的设计和正确绘制排样图。

④ 要设计完善的导料和浮顶装置。

⑤ 要设计出可靠而稳定的卸料机构。根据不同冲压性质，做到卸料板能满足多个功能的要求。

⑥ 要设计出精确的定距结构。

⑦ 凸、凹模的结构设计要合理。

⑧ 要有可靠的安全监测机构。

⑨ 要在满足使用和一定寿命的前提下，注意模具结构设计的工艺性，用料经济，加工维

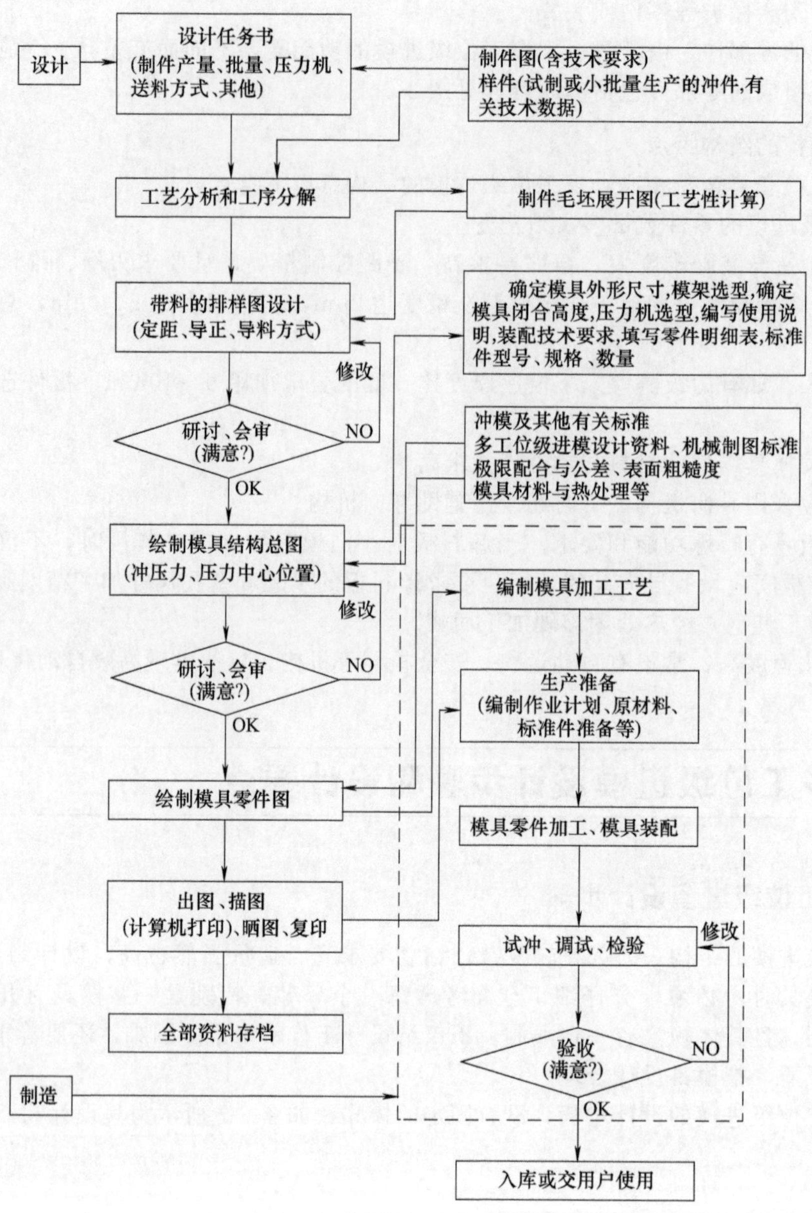

图 3-7　多工位级进模的设计与制造简明流程图

修方便，降低模具的制造成本。

⑩ 更多地采用模具标准件和典型组合。

3.4 多工位级进模排样图和冲压工序（工位）的设计

3.4.1 级进模排样的作用与重要性

(1) 级进模排样的作用

级进模的排样是指一个或多个制件在条料或带料上分几个工位冲制的布置方法。排样的优化程度不同，材料的利用率、制件的尺寸精度、生产率、模具结构与制造复杂程度、模具使用寿命长短以及冲压件生产成本都受影响。所以排样作为级进模设计的重要步骤，不仅必不可少，而且作用很大。它是多工位级进模设计时的设计基础和重要组成部分，也是多工位级进模设计时的重要依据。排样在先，模具结构设计在后，这个顺序不可颠倒。

当排样图确定之后，也就确定了：①制件的冲压工艺方案；②制件的冲制顺序；③模具的工位数；④各工位的冲压工序性质；⑤材料的利用率；⑥载体类型；⑦工序件携带方式；⑧步距大小；⑨步距定位方式；⑩条料宽度；⑪导料与送料方式；⑫模具基本结构等许多重要内容。所以，排样设计是一项综合性、技术性很强的设计工作。下面用如图 3-8（a）所示片状制件和纯冲裁排样图 3-8（c）为例，作些分析介绍，所了解到的内容见表 3-3。

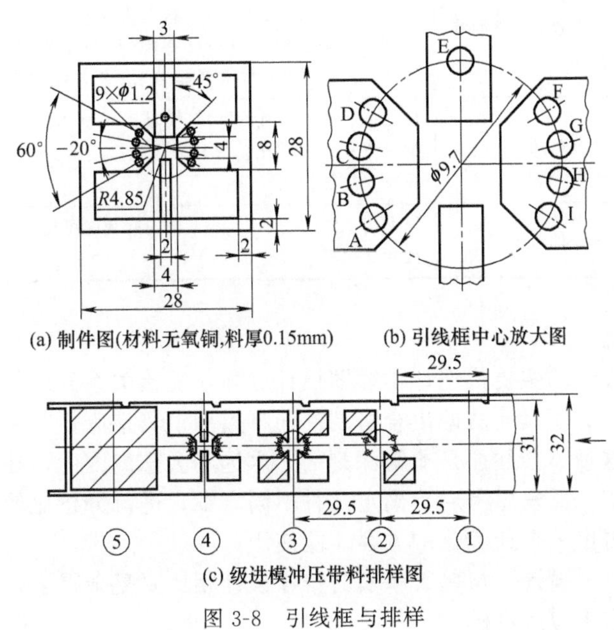

(a) 制件图(材料无氧铜,料厚0.15mm)　(b) 引线框中心放大图

(c) 级进模冲压带料排样图

图 3-8　引线框与排样

表 3-3　从排样图 3-8（c）中可以了解到的有关要素

序号	要　素	说　明
1	制件的冲压工艺和制件在模具中冲制顺序	制件上的各部分，哪些被先冲，哪些被后冲。如图 3-8(a)所示，制件为片状方形件，内有 4 条悬臂，悬臂的端部在直径 φ9.7mm 圆周上分布 9 个(A～I 孔)φ1.2mm 小孔，各有 4 个小孔在两条悬臂上，孔边距仅为 0.493mm，孔边距很小。悬臂间距离也只有 0.5mm，尺寸小，外形较为复杂。针对制件的这些特点，采用级进模冲压生产较为合理，并且用多个工位错开冲的排样方式来实现制件的加工过程。前几个工位分别冲小圆孔和制件内形废料，最后工位冲方的外形，完成落料，得到制件。在图中用阴影线表示各工位的冲压内容和部位
2	模具上共有几个工位	共有 5 个工位。图示用①～⑤表示
3	模具的每个工位工序性质是什么	工位①为侧刃冲条料侧边料，实现定距，工位②和③为冲左、右两条悬臂上各有 4 个小圆孔和悬臂外废料。工位②冲 A、C、F、H 孔，工位③冲 B、D、G、I 孔；工位④冲中间 4mm×4mm 方形废料和冲另一条悬臂上的一个小圆孔 E；工位⑤为落料
4	冲压一次能出几件	制件的排样排列形式是单排，冲压一次出一件
5	制作的排样方式	排样的类别有：直排、斜排、对排、混合排和冲搭边(废料)等。如图 3-8(c)所示为直排
6	排样的载体形式与送料方向的设定	图 3-8(c)为双侧载体。送料方向按图示箭头指向为由右向左送进

续表

序号	要素	说明
7	导料方式、浮顶器和导正销的设置	根据图示情况,采用导料板导向送料,不用设置浮顶器和导正销
8	材料利用率的高低	不同的排样,经计算都可以了解到该排样的材料利用率。图3-8(c)的材料利用率,若只算一个步距内,只考虑搭边和侧刃切去的部分是废料,则材料利用率 $\eta=28\times28/(29.5\times32)\times100\%=83\%$
9	工位间步距大小	相邻两工位之间距离的基本尺寸即为步距,步距 $A=29.5$mm。在同一副模具中此值都相同
10	步距的定位方式	图3-8(c)采用侧刃和侧刃挡块定距定位。取侧刃宽度等于步距尺寸
11	冲压用材料的宽度、厚度、供料形式及有关要求	图3-8(c)采用带料生产,料宽为32mm,这些是排样时确定的。材料性质和料厚是在制件图中已有规定,为便于供料,在排样图中应有说明。图3-8(c)排样的材料和料厚为无氧铜,厚0.15mm。材料比较薄
12	模具基本结构的组成与特点	根据图3-8(c)所示排样,模具采用整体凹模、弹压卸料、侧刃定距、人工送料方式进行冲压。模具采用典型结构,滑动导向对角标准模架,模具上设有安全保护板
13	排样图的画法及所标注的尺寸	采用二维图表示,每个工位的冲裁区可用阴影或涂色表示,料宽、步距等尺寸必须标注

(2) 排样的重要性

排样是模具结构设计的主要依据,排样图设计好坏,直接关系到模具设计。排样图设计有错误,会导致制造出来的模具无法冲出合格制件而将整副模具报废,对于初次实践多工位级进模设计的人员来说,这种体会往往是非常深刻的,永远不会忘。因此,在进行多工位级进模排样设计时,一定要仔细、反复思考后,确定几种不同方案,进行分析比较,向有经验的模具工作者学习,多研讨,得出一个最优化的方案才能使用。

多工位级进模的排样设计,与单工序模的排样设计相比要复杂得多,重要得多。可以说没有排样图就无法设计多工位级进模。

在一副级进模里,因冲的制件不同,各工位就有不同的冲压工序,如冲切、一次压弯、二次压弯、再次压弯、压包、压筋等,每个工位的冲压性质都须遵守一定的规则,合理分布,违背了就冲不出合格制件,所以必须要求具有丰富实践经验和较高冲压理论知识的设计人员,才能设计好排样。排样的设计过程中,还要善于与模具制造和模具用户随时交流,保持紧密合作,吸取有益建议。这样,即使是一副工位数较多、排样又较为复杂的级进模,但由于考虑周密,各工位安排合理,使冲压过程保持稳定,通畅无阻,模具的制造、操作使用与维修都很方便,这样的排样设计就是最成功的。

3.4.2 级进模排样图设计原则和应考虑的因素

(1) 级进模排样图设计原则

多工位级进模排样不同,则材料利用率、制件精度、生产率、模具制造的难易程度、模具使用寿命等也不同。级进模排样是与制件冲压方向、变形次数及相应的变形程度密切相关的。而变形次数与相应的变形往往是在确定排样与变形方向同时综合分析来确定的,确定时还要考虑模具制造的可能性与工艺性。因此,设计排样图时应遵循下列原则:

① 要保证产品零件的精度和使用要求及后续工序冲压的需要。

② 合理确定工位数,工位数为分解的各单工序之和。但有时为了提高凹模强度或便于安装凸模,在排样图上设置空工位,在空工位上不对条料进行冲压加工。工位数确定原则是:在

不影响凹模强度原则下，工位数选得越少越好，这样可以减少累积误差，使冲出的制件精度高。

③ 在设计排样图时，要尽可能考虑材料的利用率，尽量按少、无废料排样，以便降低制件成本，提高经济效益。

多排或双排排样比单排排样要节省材料，但模具制造困难，给操作也带来不便。

④ 合理确定冲裁位置，防止凹模型孔距离太近而影响其强度。型孔距离太远又会增大模具外形，既浪费材料又显得笨重，而且还会降低冲裁精度。

⑤ 为保证条料送进步距的精度，必须设置导正孔，其数量及位置应合理，尽可能设置在废料上，这样可增大导正直径，使工作更为可靠。

⑥ 有冲孔与落料工序时，冲孔在前，有时可以将已冲孔作导正孔。若制件上没有孔，则可在第一工位上设置工艺孔，以作导正孔用。

⑦ 制件上的孔位置精度要求高时，在不影响凹模强度前提下，尽量在同一工位中冲出，以便保证制件质量。

⑧ 当工序较多时，如有冲孔、切口、切槽、弯曲、成形、切料等工序时，一般将分离工序安排在前，如冲孔、切口、切槽，接着安排弯曲、拉深等成形工序。对精度要求较高的拉深件和弯曲件，应在成形工序后再安排整形工序，最后安排切断或落料工序。

⑨ 冲制不同形状及尺寸的多孔工序时，尽量把大孔和小孔分开安排在不同工位，以便修磨时能确保孔距精度。

⑩ 为提高凹模强度及便于模具加工与制造，在冲裁形状复杂的制件时，可用分段切除方法，即简化模具结构，将其分解为简单型孔分步进行冲裁。

⑪ 多工位级进模中弯曲件排样与外形尺寸及变形程度有一定关系，一般以制件的宽度方向作为条料的送进方向。当宽度尺寸较小，长度尺寸较大，工位数较多时，这种排样的条料可减轻送料的不稳定。在冲孔落料时较为明显。这样模具也不显得狭长，操作也比较方便。

(2) 排样图设计时应考虑的因素

根据级进模排样图设计原则，还应全面细致地考虑一些因素，使排样力求最合理，其主要内容见表 3-4。

表 3-4　排样时应考虑的因素

类　别	考虑的因素	类　别	考虑的因素
冲压工艺与冲压生产	①生产批量和生产能力 ②送料方式与送料通畅、无阻碍 ③制件的形状尺寸难点与加工精度 ④材料的利用率 ⑤各工位冲压工序材料的变形和分离的合理性 ⑥载体形式 ⑦毛刺方向	模具结构与加工工艺	①冲压力的平衡(压力中心位置) ②定距方式和定距定位位置的正确安排 ③凹模应有足够强度 ④实用性与加工工艺简便 ⑤废料和制件的顺利排出 ⑥凸、凹模的维修、快换和使用寿命 ⑦具有侧向冲压时，冲压的运动方向
被加工材料	① 材料的力学性能与状态 ② 供料方式与供料条件 ③ 材料的碾压纹向		

① 生产批量和生产能力　生产批量主要指制件的产量是多少，批量不同，考虑排样时的依据就不同。批量大，一般采用双排或多排，模具比较复杂，在模具上设法提高生产率。根据生产能力的许可，还可以采用带自动化的高速冲压设备生产，使生产效率进一步得到提高。批量小，就可以采用单排，模具也简单，可以使用一般的压力机。

生产能力主要指用户拥有压力机的数量、型号、规格（公称压力、每分钟冲次、闭合高度、装模尺寸等主要数据）、自动化程度、精度以及操作、维修人员技术水平等。这些具体条件，用户应主动提供给模具制造单位。即使没有，排样设计时，也要了解用户的生产能力现状，供排样时确定方案参考。

② 送料方式与送料通畅、无阻碍　级进模的送料方式目前主要有两种，即人工送料和自动送料。都要考虑稳定、通畅、无阻碍。

人工送料一般用于较简单的、小批量生产、工位数较少的级进模，常在普通压力机上冲制时使用，常用侧刃定距。设计排样时，要考虑侧刃的位置和条料的一侧冲切去窄条的大小。

自动送料可以在普通压力机上使用，但主要是在高速冲压时使用。所用的模具多为多工位级进模。送料机构一般为压力机的配套装置，也有装在模具上的。利用它将条料实现自动送料，其送进距离即步距是可调的，但送料精度有限，需要导正销精确定位。排样时要确定供导正销导正用的孔与孔位的布置，设计模具时，要设计相应的导正定位装置。

采用自动送料如果遇到太薄太软的材料时，在模具上应考虑用条状式抬料器（托料块）代替柱式抬料器，抬料器有几个，设在排样的何处应有具体安排。

送料过程中绝不允许有任何障碍影响条料或带料的正常运行，做到畅通无阻。否则，便无法实现稳定的自动化生产。

影响送料通畅的因素很多，例如带有弯曲、拉深、成形的制件。条料在送进过程中经各个工位冲压后，条料上的坯件由平面状逐渐变成了立体状，这是影响送料通畅的主要原因，为此常采用浮料器，使带料浮离凹模平面一定高度，在送进过程中，实现自动送料。使用浮料器往往在一副模具里设置多个，要求多个的尺寸大小加工成完全一致，导料槽应位于同一水平面，如果有一个尺寸上有些不一致，会出现新的送料障碍。

还有下模部分的凹模，有的工位由于不同的工作需要，出现工作区高低不平，不在同一平面上时，将给送料通畅带来新的问题，排样时必须注意各种问题产生的可能，保证送料通畅。

③ 制件的形状、尺寸难点与加工精度

不同制件都有一些特点、难点的地方，排样时对制件的形状、尺寸难点和精度等应作分析，要研究透，抓住制件的主要特点，如一些形状异常复杂，相互间精度要求高的地方，应采取必要措施，合理分配到一个工位或几个工位中冲压，确保冲压的全过程顺利进行，获得合格的制件。

④ 材料的利用率

材料的利用率高低是直接影响制件成本的主要因素之一。而多工位级进模的材料利用率又是比较低的。所以提高材料利用率，实质上就是降低制件的成本，这对大批量生产来说，提高材料利用率、降低制件成本非常重要。

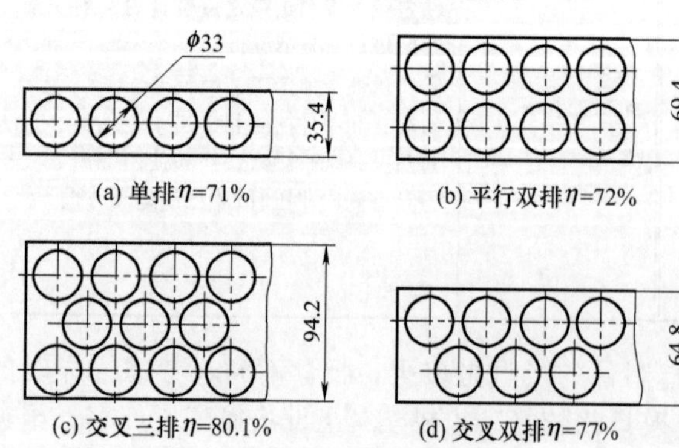

(a) 单排η=71%　(b) 平行双排η=72%　(c) 交叉三排η=80.1%　(d) 交叉双排η=77%

图 3-9　从排样方法看材料利用率

对于排样来说，提高材料利用率，就是充分利用原材料，减少废料的损失。无废料冲压是最理想的，材料的利用率达100%。对于多工位级进模而言，由于制件的原因，无废料冲压是很少见到的。最好的办法是从排样的方法上寻找出路，采用双排、多排等可以提高材料的利用率。如图 3-9 所示，排样方法不同，材料的利用率便有高低。四种排样中单排的材料利用率最低；双排次之；三排材料利用率最高。这里只是按图 3-9 的情况说明，实际上制件形状变化难定，应对具体问题作具体分析。

⑤ 各工位冲压工序材料变形和分离的合理性　每个工位冲压工序材料的变形和分离合理与否，都是与最终能否冲出合格制件和能否进行正常冲压生产联系在一起的。排样时应根据不同冲压工序从材料的变形和分离合理性方面多多考虑。有关提示见本节（3）专题介绍。

⑥ 载体形式　载体在多工位级进模中主要用于运载坯件不断送进，实现连续冲压。因此要求它必须具有足够的强度和刚度，送料过程中不能变形。

目前常用的载体有：边料载体、双侧载体、单侧载体和中间载体等。载体的应用比较灵活，但主要根据制件的几何形状、尺寸精度、排样的排列方式确定最佳方案。

⑦ 毛刺方向　有的制件有毛刺方向要求，在排样时，不论是双排还是多排，要保证各排冲出的制件毛刺方向一致。不允许在一副模具里，冲出的制件毛刺方向有正有反。如图3-10所示是双排排样，但图3-10（a）中的一个制件是相对于另一个制件翻转了一下后排样的，结果使冲下的两个制件毛刺方向相反；图3-10（b）中的一个制件是相对于另一个制件在同一平面内旋转了180°后排样的，结果使冲下的两个制件毛刺方向相同。

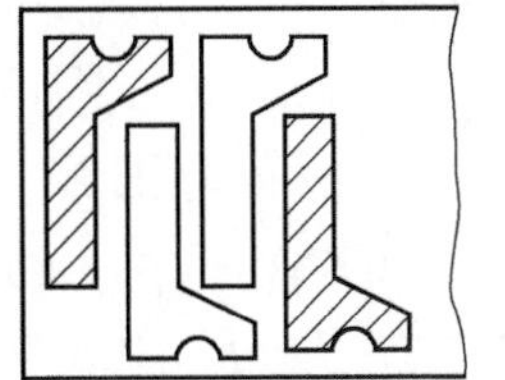

(a) 两件毛刺方向相反

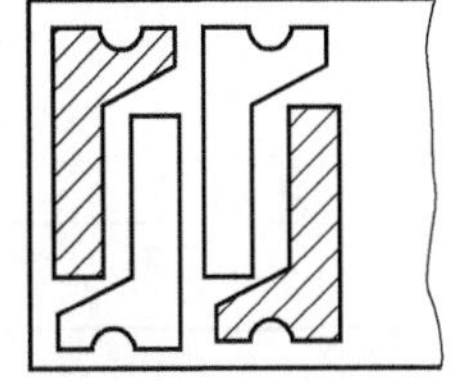

(b) 两件毛刺方向相同

图3-10　同是双排排样、毛刺方向有正有反

对于弯曲件，在排样时，应尽可能使毛刺面处于弯曲件的内侧，毛刺方向朝向凸模，使弯曲部位不会出现裂纹，对保证弯曲件质量有好处。

⑧ 被加工材料　级进模对被加工材料有严格要求。

a. 材料的力学性能与状态　材料的力学性能与状态不同，对充分满足冲压工艺的要求影响很大，尤其对复杂的弯曲变形、多次拉深等冲压加工，材料不合适，就冲不出合格件，换合适的材料，便见效了，就能顺利地冲出合格的制件。因此，排样时必须掌握制件的牌号、力学性能、料厚偏差范围、料宽、料的表面质量和材料的软硬状态等技术状况。这对排样的工序合理分配有指导意义。

冲压用材料的牌号等技术条件明确后，在以后的模具试冲或正常生产中，就应当严格按规定用料。

b. 供料方式与供料条件　多工位级进模适合进行连续、自动、高速冲压。因此，最适宜用料是成卷的薄而长的带料，简称卷料或带料。这种料一般由物流部门根据用户需要，通过高精度的分条机裁成一定宽度范围的带料，成卷包装送到用户手里。

排样用什么样的料，主要指料宽（材料牌号和料厚产品制件图有规定），一般由排样设计确定后提出来。供料应该满足这个要求。如果供料没有条件满足需要，即要改变排样设计方案，此时采用剪板机裁切的条料，这种条料一般不是太长，对自动送料就有困难，而且短料送料也阻碍生产率的提高，所以多工位级进模，最好是使用长卷料。为了保证送料通畅，料宽尺寸必须控制在一定精度范围内，而且不允许有扭曲、凹凸不平等缺陷存在。

c. 材料的碾压纹向　材料的纹向与弯曲件的弯曲线方向有密切关系。当材料纹向与弯曲线方向垂直时，弯曲处的圆角半径可以小一些，压弯后的制件质量好而稳定；当材料纹向与弯曲线方向平行时，对有些材料或弯曲半径很小时，弯曲部分圆角处会出现裂纹，严重时开裂。因此，在设计带有弯曲的排样时，最好使弯曲线与材料纹向保持垂直。

有些制件往往多个方向需弯曲，此时将制件的弯曲线与材料纹向倾斜一个α角度，一般取$\alpha=30°\sim60°$，即采用斜排样能获得较为满意的制件，如图3-11所示，图中的$\alpha=45°$。

如果不便于斜排样，弯曲处的圆角半径又较小时，建议产品设计更改，加大弯曲圆角

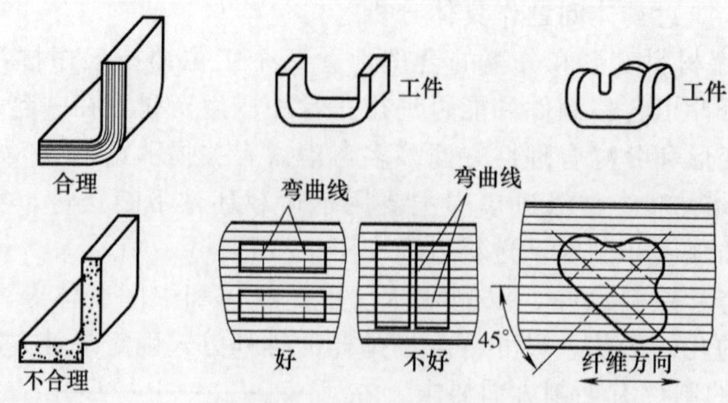

图 3-11 材料纹向与弯曲线之间关系

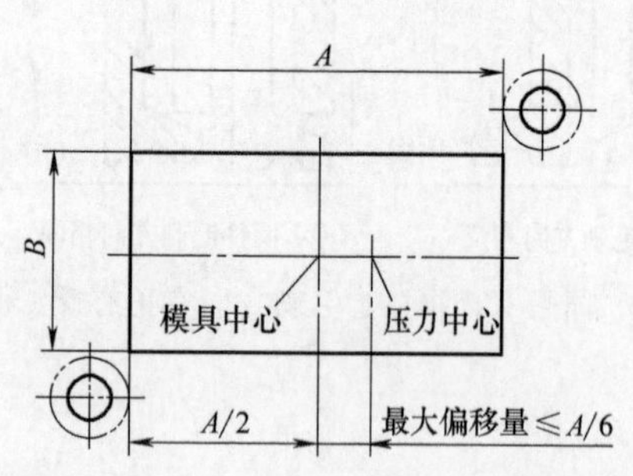

图 3-12 压力中心与模具中心的关系

半径。

⑨ 冲压力的平衡　排样时，应注意冲压加工的压力中心与模具中心尽可能一致，即最好在同一点上。但实际情况不可能完全相吻合，往往有偏差。

一般情况下，模具中心与冲压压力中心的偏移越小越好，最大偏移不超过 $A/6$（或 $B/6$），式中 A、B 分别为凹模板长、宽尺寸，见图 3-12。

有些排样有侧向冲压的需要，冲压过程中必然产生侧向冲压力。产生侧向力的部位、方向、大小与对整个冲压过程的影响，要有充分估计，必要时采取措施，设法抵消侧向力，保持冲压稳定。

⑩ 步距的定位方法与正确设置定位　对于多工位级进模，采用人工送料还是自动送料，在冲压的全过程都是连续地进行的，但经仔细观察，送料好比人走路一样，是一步一步地向前进的，而且每走一步的距离大小，即步距（也是工位之间距离，又称进距），对于每一副级进模来说，排样一旦被定下来以后，步距就是一个固定的常数，不能随意改变。每一次送料，就是送进一个步距。如有误差，将直接影响制件精度。

为了送料准确，步距定位要可靠，才能保证多工位级进模正常生产和制件质量。因此，排样时必须考虑采用何种结构形式，能满足不同冲压速度和不同精度要求的步距定位。

目前常用的步距定位方法有挡料销（钉）、侧刃与侧刃挡块（简称侧刃）、自动送料机构、导正销等，其形式多种多样。一般情况下，高速冲压的级进模用自动送料机构送料时，采用导正销定距；手工送料时或冲压速度不高的自动送料，则多用侧刃粗定位、导正销精确定距。对于制件精度要求不高、工位数较少的级进模，侧刃、挡料销作为唯一定距结构，也常常被使用。

为保证带料送进的步距精度，第一工位安排冲导正孔，第二工位设置导正销，在其后的各工位上优先在易窜动的工位上设置必要的导正销。

导正销孔一般在载体上单独设置，也可以利用制件本身的孔。

但导正销孔、导正销、导正销与导正销间中心距实际尺寸的加工精度高低，直接影响到定位精度。如果没有精密加工保证，精确定位也无法圆满。因此，如何合理应用定距定位方法，不但应根据不同要求确定，还要考虑模具加工制造设备工艺水平的实际状况。

挡料销、侧刃与侧刃挡块、自动送料机构使用时，常规情况下，只作为粗定位；级进模的精确定位，都是采用导正销与其他粗定位方式配合使用才得以实现。

⑪ 凸、凹模应有足够强度　由于制件的特殊形状，制件的局部对凸、凹模来说，可能就是最薄弱的地方，或者是难加工之处。为了提高凸、凹模强度，同时也便于加工，当凸、凹模因磨损或损坏可以修理，将制件的局部设计在几个工位上分段冲成，排样要适应这种需要而变化。如图 3-13 所示，将一异形孔分段为三次冲成。这样每次冲的形孔都比较简单。若异形孔

一次冲成，则在尖角处很容易损坏。

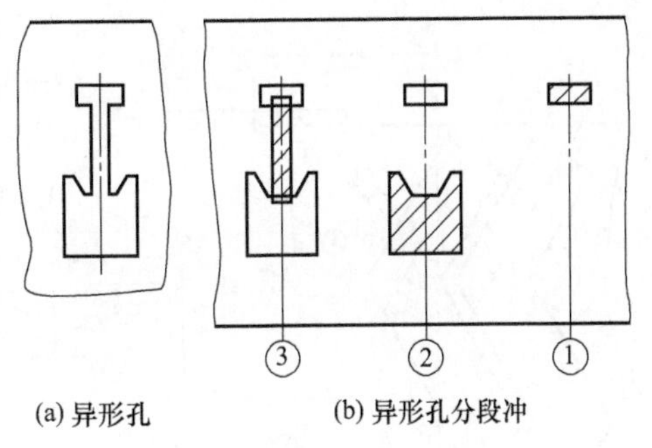

图 3-13　制件异形孔分段冲之一

图 3-14 是两个不同凹模孔形的设计，按左边的设计，异形孔一次冲成，对凸模和凹模来说，形状均较为复杂，加工比较困难，如将该孔进行分解，分解后的孔形如该图的右边，即①为先冲异形孔的中间窄长孔，②为后冲异形孔的两头孔，使每个工位上的冲裁形孔变为简单，对提高凹模强度十分有利。还可以从图中阴影线部分看到，前工位的腰圆孔与后工位的孔是相互交叉延伸的，这样有利于提高分段冲孔质量，也便于凹模的制造。

当工位间步距较小时，前后工位均属冲裁，影响到凹模刃口间足够壁厚时（如料厚 $t<1\text{mm}$，壁厚 $<2\text{mm}$），应考虑排样错开，加大刃口间壁厚。也可以通过设置空工位来提高凹模强度。

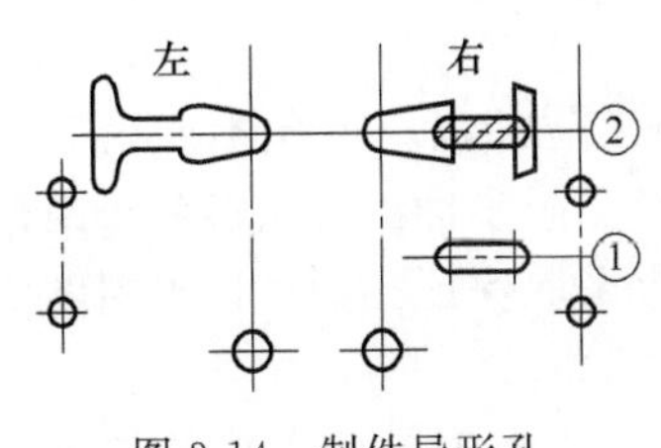

图 3-14　制件异形孔分段冲之二

⑫ 实用性与加工制造工艺简便　从总体上要求排样简明实用，工位数能少就少，该多一个的便不要省了，使每个工位所完成的冲压工序力求简单易行。有些成形工位为了适应材料变形时合理流动，须增加工艺孔，应在排样时考虑。排样没有考虑到的，亦要想着在模具上留出位置，供可能出现问题而需要增加工艺孔时，有改动模具局部结构的余地。

排样上的冲裁工位、成形工位等，均要做到使模具的加工制造工艺简单、方便，避免复杂特殊形孔出现。对待复杂形孔，为便于模具加工，可分解为若干个简单形孔，分步进行冲裁。

⑬ 废料和制件的排出　冲压过程中大量冲切下的废料或制件，从模具里排出，应考虑各自分开并顺利排出，不能堵塞在模具里，又不能让废料与制件混在一起、排出后再进行分类。排样必须考虑和压力机规格（台面尺寸、漏料孔大小）相适应。

⑭ 凸、凹模的维修、快换和使用寿命　分段冲凸、凹模的形状是否适应长寿命需要；冲孔多的情况，冲孔小凸模太密了是否给更换带来不便；冲孔小凸模分散一些，有利于模具安装固定，但会增加工位数，增加凹模面积是否允许等应酌情考虑。

⑮ 具有侧向冲压时，需注意冲压的运动方向　多工位级进模经常出现侧向冲裁、侧向弯曲、侧向抽芯等冲压情况，应尽力将侧向运动方向通过垂直于条料送进方向实现，并将侧向冲压机构放在条料送进方向的两侧，排样设计时，需考虑侧向冲压位置安置空间，必要时设空工位解决。

(3) 排样中冲压工位材料分离或变形的合理性

① 纯冲裁工序

a. 各工序的先后应根据冲压复杂程度而定，一般以有利于下道工序的进行为准，以保证冲件的精度要求和制件几何形状的正确。如冲孔落料件，多为先冲孔，再逐步完成外形的冲裁，尺寸和形状要求高的轮廓应布置在较后的工位上冲切。

b. 对于纯冲裁窄而长的细长件，如表针；材料薄而形状特殊的片形件，如半导体和集成电路引线框等，采取冲切废料的排样方法比较合理。

c. 细小凸模或异形凸模的尖角在首次冲裁时，应避免出现残孔或只冲出一很小局部（指刚换上新料，开始冲料头时，如排样考虑不周，容易出现残孔或冲下某一局部，料头送过之后，下面便不会有这种现象发生），应考虑冲下全孔。防止冲压受偏载荷损坏模具。如图 3-15 所示排样，侧刃位置安排离 AB 连线大于一个步距处（图中为步距 $A+0.3\text{mm}$），这样冲制第一个制件时，A、B 两点处凸模尖角部分不会接触材料而受力；如果侧刃位置安排离 AB 连续

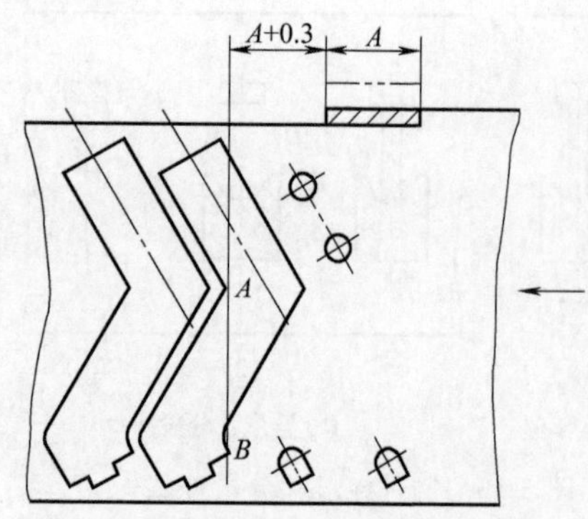

图 3-15 避免冲残孔或冲局部的排样

小于一个步距处，则 A 处在第一次冲裁时，有一块小的三角形废料留在凹模上，而刃口处冲下一小块小三角形废料，从凹模孔中下落。这种情况，刃口极易变钝，影响模具寿命。

第一次送料时，冲孔小凸模不得切于材料边缘，否则由于冲裁力不正而使凸模容易折断。从排样中能看出，这一问题已注意到了。

d. 对复杂形状的凸模，宁可多增加一个或几个冲裁工位，也要使凸模形状简单，以便使凸、凹模容易加工并保证凸、凹模的强度。

e. 对于孔边距很小的冲件，为防止落料时引起离冲件边缘很近的孔产生变形，可将孔旁外缘废料以冲孔方式先于内孔冲出，即冲外缘工位在前，冲内孔工位在后。

f. 冲件上孔的数量较多，且孔的位置太近时，可分布在不同工位冲出，但孔不能因后续成形工序的影响而变形。对相对位置精度有较高要求的多孔，应考虑同步冲出，以避免步距误差影响精度要求。因模具强度的限制不能同步冲出时，后续冲孔应采取保证孔相对位置精度要求的措施。复杂的形孔，可分解为若干简单形孔分步冲出。

g. 分段型切除余料排样中的带料，因冲切加工其强度逐渐变弱，在安排各工位的加工内容时，要考虑带料宽度方向的导向。

h. 应保证带料载体与工序件连接处的足够强度与刚度。当冲件上有大小孔或窄筋时，应先冲小孔，后冲大孔。

i. 凹模上冲切轮廓之间的距离即最小凹模壁厚不应太小了，一般取为 $2.5t$，最小要 >2mm。

j. 当级进成形工位数不是很多，制件的精度要求较高时，可采用压回条料的技术，即将凸模切入料厚的20%～35%后，模具中的顶出机构将被切制件反向压入条料内（不能将制件完全脱离带料后再压入），再送到下一工位加工。

② 弯曲、成形工序

a. 对于冲裁弯曲类的制件，需将其展开，展开外形之外部分应先冲切掉。压弯时应遵循先弯外面后弯内面进行排样。同时，最小弯曲半径应符合规定，太小的弯曲半径，排样时加整形工序满足要求。

b. 弯曲成形部分邻近孔，避免变形的条件，应符合弯曲工艺要求。

c. 对于浅的压筋、镦形加工，考虑材料的流动对邻近孔的影响，这时应先进行镦形、压筋、再冲孔。如图 3-16 所示为先压镦形压凸，然后在压凸处冲出四个小孔，最后为落料。A 为步距；B 为料宽；t 为料厚。

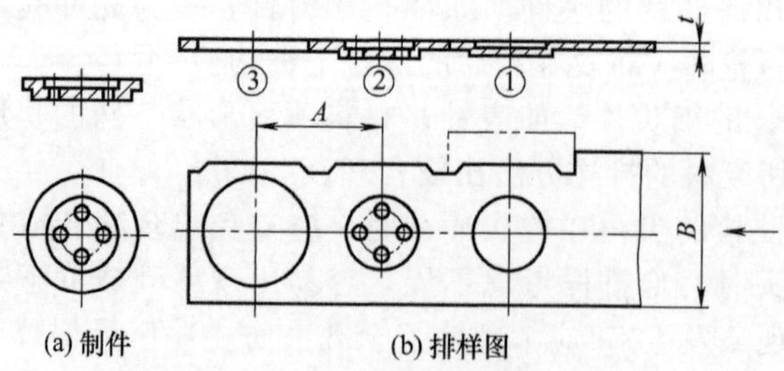

图 3-16 成形与冲裁工序的安排

①—镦形；②—冲孔；③—落料

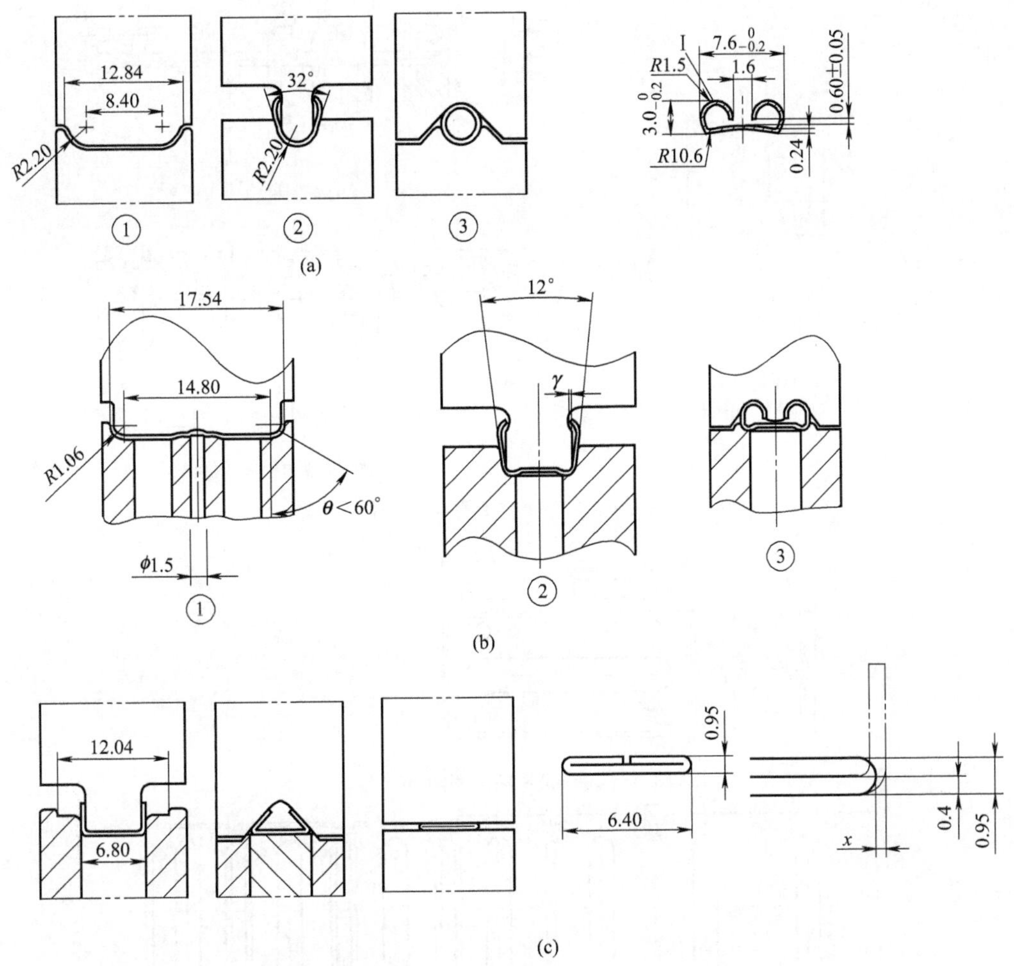

图 3-17　闭口型弯曲方法示例（尺寸为某特定制件，这里仅作参考）

d. 冲件的成形方向应尽量是向上或向下，要有利于模具的设计和制造，有利于送料的顺畅。若有不同于压力机滑块冲程方向的冲压成形动作，可采用斜滑块、杠杆和摆块等机构来转换成形方向。对闭口型弯曲件，可采用斜口凸模弯曲（图 3-17）。

e. 对弯曲和拉深成形件，每一工位变形程度不宜过大，变形程度较大的冲压件可分几次成形。这样既有利于质量的保证，又有利于模具的调试修整。对于精度要求较高的制件，应设置整形等精整工位。

f. 为避免 U 形件弯曲变形区材料的拉伸，可考虑先弯成 45°，再弯成 90°。

g. 需注意弯曲力的平衡，避免弯曲时载体变形和侧向滑动。对小件可两件组合成对称件弯曲，然后再分开。当遇有上下两个不同的弯曲方向，且又不是对称弯曲，为保证这种弯曲制件在带料上的稳定性，可在弯曲部位的对面设计出载体，并在载体上冲出导正孔，当导正销导入载体导正孔时，能对材料的弯曲受力进行平衡。弯曲成形后，再切除多余部分的连接带，如图 3-18 所示。图中副载体上未设供导正销用导正孔，理想情况下应该设置较好。

h. 遇有带压筋的成形件，压筋一般安排在冲孔前；在凸包的中间有孔时，可先冲一小孔，压凸后再冲到要求的孔径，这样有利于材料的流动。

i. 局部成形会引起条料的收缩，使周围的孔变形，因此不应安排在条料边缘区或工序件外形处，局部成形区周围的孔应在成形后再冲（图 3-19）。

③ 拉深工序

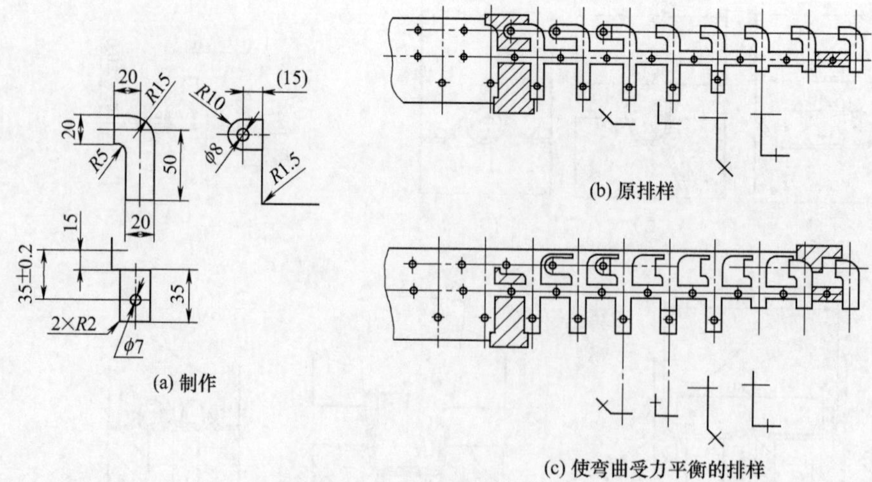

图 3-18　弯曲受力平衡的排样

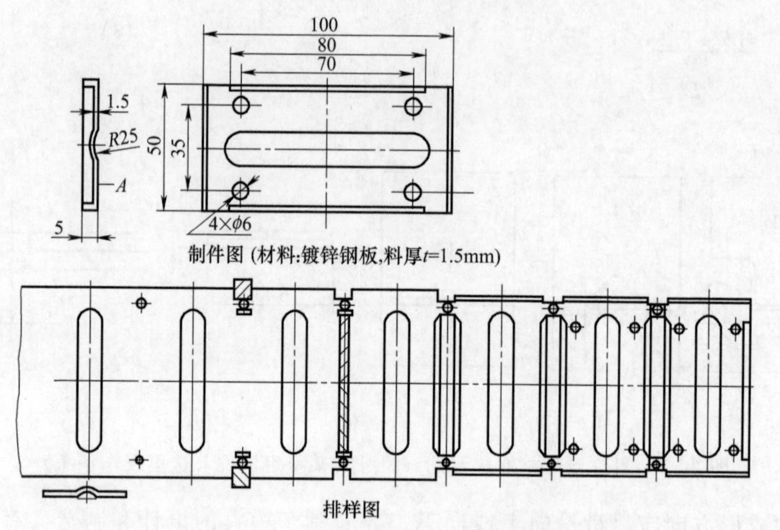

图 3-19　有局部成形工序的排样图

a. 对于有拉深又有弯曲和其他工序的制件，应当先进行拉深，再安排其他工序。这是由于拉深过程中必然有材料的流动，若先安排其他工序，拉深时将使已定型的部位产生变形。

b. 在连续拉深排样图设计时，可应用拉深前切口、切槽等技术，以使材料方便变形。

c. 凡属于多次拉深的多工位级进模，由于连续冲压的原因，其拉深工序的安排和拉深系数的选取应以安全稳定为原则，具体地说，如果经过计算在三次拉深与四次拉深之间，应用四次拉深，以保证连续冲压的合格率。必要时还应当有整形工序，以保证冲压件的质量。

d. 为了便于连续拉深模在试模过程中调整拉深次数和各次拉深系数的分配，应适当安排几个空位工位，作为预备工位。

e. 拉深件底部带有较大孔时，可在拉深前先冲较小的预备孔，以改善材料的拉深性，拉深后再将孔冲至要求的尺寸。

f. 拉深过程中筒形件高度在逐步增加，使各工序件高度不一致，引起了载体变形，影响拉深件质量，对此，可在每次拉深后设置一空位工位，减小带料的倾斜角度，改善拉深件质量（图 3-20）。

g. 连续拉深应遵守材料拉深变形程度由大变小的原则，合理分配。圆角半径过小的（$R \leqslant 4t$ 时，t 为料厚），要考虑设置整形工位。

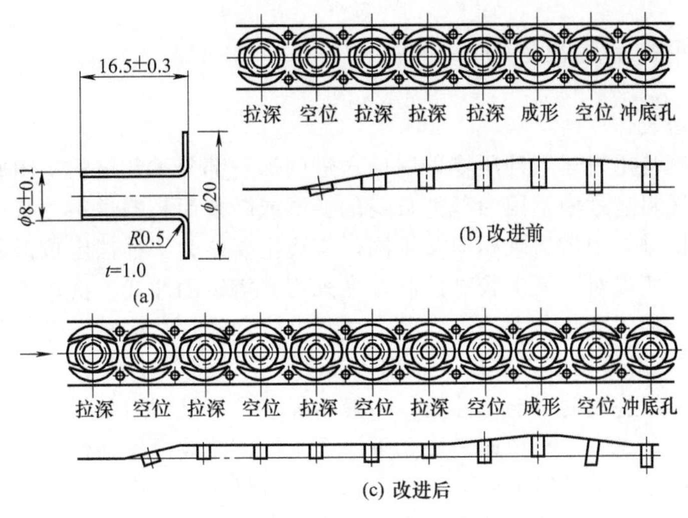

图 3-20 增加空位工位改善拉深件质量

3.4.3 制件在带料上如何获取与工序件的携带方法

(1) 制件在带料上获取的方法

① 冲落制件留载体 条料（工序件）经模具上一个工位一个工位冲压以后，成品制件在最后工位从载体上冲落下来，载体仍保持原样。此种情况，常用在制件比较简单、工位较少，制件材料相对厚而短、批量不很大的情况。

② 切载体留制件 当采用自动送料装置时，级进模最后工位条料排样上的残留载体，将成为多余的产物（即废料），处理不好，将影响正常操作。设置专用废料卷绕装置，将废料卷绕成一定大小后卸除，也是可行的一种方法，但使用较麻烦。有一种比较简便、经济、实用的方法，即采用切载体留制件的方法。此法多应用于中间载体排样的级进模上，最后工位切除载体，制件留在凹模表面后，由压缩空气吹走。

③ 切载体也切制件 这种方式是制件和载体冲切后均采用漏料方法下落，为了避免制件与废料下落时混淆，在下模座里要设有制件料斗或漏料通道，将它们分别排出。此法在大批量、自动冲压生产中应用普遍。

④ 留载体也留制件 这种方式常常由于后步工序（指本模具之外的加工）的需要，条料上的制件虽经多工位级进模冲压完成后，但仍留在载体上，如小电流接线端子（要求每十个或几十个制件为一个单元，冲切成一长条，如半导体和集成电路引线框架等）。

(2) 工序件的携带方法

排样中未冲压成的成品件，均可称为工序件或坯件，它在条料（带料）上的携带方法，排样设计时必须确定。目前常见的方法有两种，即落料后又被压回到原条料内和通过载体传递。

① 工序件落料后又被压回到原条料内 这种方法主要在料厚 $t>0.5$mm，并且主要用在其后为最后工位或后工位数已不多的一般就要进行压弯成形等场合。它是在落料工位的凹模内加有反向压力装置，使工序件落料后重新被压入条料内，并用条料作为载体传递到下一工位成形。

② 通过某种载体进行工序间传递 利用冲切废料的方法使制件和载体通过必要的“桥”连接在一起，冲切废料的目的是使制件成形部分与条料分离。制件的成形是在载体的传递过程中在有关工位上进行的，制件成形结束后，利用最后的工位，一般将其从条料上分离出来。

本方法在多工位级进模中用得比较广泛。

3.4.4 载体的种类与合理选用

(1) 载体与搭边及作用

载体在排样中就是用来运载冲压零件向前送进的那一部分工艺材料。因此它必须具有足够强度和刚度，保证送料过程中不因为载体自身的变形或断裂而影响送料，甚至损坏模具。

载体和普通冲模排样中搭边既相似又不同，搭边主要是为了补偿定位误差使冲裁后的制件外形完整而设置的，所以对于要求较高的制件常采用有搭边的冲裁。搭边值大小以保证冲出合格制件为原则，它与冲件形状、大小、料厚、送料方式和模具结构特点等有关。普通冲裁的排样有“无废料排样”，就是无搭边排样。而载体在多工位级进模中是绝对不可缺少的，没有载体便不能进行多工位级进模的自动化冲压。一般情况下，都是利用条料的载体和连在其上的冲件，浮离凹模平面一定高度，平稳地送进到每一个工位，完成冲压动作。载体形式的确定，在多工位级进模的排样设计中是很重要的一个内容，它对材料利用率高低影响最大，还关系到能否保证正常生产和保证制件的冲制精度，影响到模具复杂程度和制造难度等。

由于多工位级进模在排样设计时，常常将用于精定位的导正销孔设置在载体上，同时为了保证载体的强度，载体的宽度尺寸远比普通冲压搭边值要大得多，有的大 2～4 倍。这样材料的利用率相对低一些，因此在排样设计时，应在不影响载体强度的前提下，尽量减小载体的尺寸，提高材料的利用率，合理确定载体形式。

(2) 载体的基本类型与特点

根据制件的形状、变形性质和料厚等不同情况，可选用的载体，基本类型有三种，即双侧载体、单侧载体、中间载体。

① 双侧载体　双侧载体又称双载体。指在条料两侧分别留出一定宽度的材料用于运载工序件，工序件连接在两侧载体的中间，此种载体的外形保持很完整，导正销定位孔常放在两侧载体上。载体的强度和送料稳定性最好，所以是最为理想的载体，故又称标准载体，不足之处是材料的利用率较低。

双侧载体可分为等宽双侧载体、不等宽双侧载体和边料载体。

a. 等宽双侧载体　如图 3-21 所示。一般用于材料较薄，步距定位精度和制件精度要求较高的多工位级进模冲压。

b. 不等宽双侧载体　如图 3-22 所示。两侧载体有宽有窄，宽的一侧为主载体，导正销孔常安排在这上面，条料的送进主要靠主载体一侧，窄的一侧为副载体，在冲压过程中的后面工位，这部分载体常要被冲切掉，目的是便于后面的侧向冲压或压弯成形加工。因此，不等宽双侧载体，在冲切除副载体之前，应将主要的冲裁工序进行完，这样才能保证制件的加工精度。

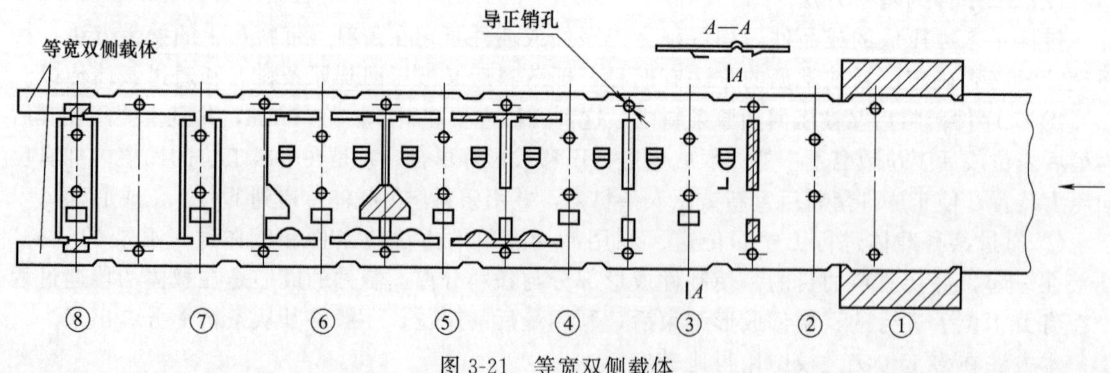

图 3-21　等宽双侧载体

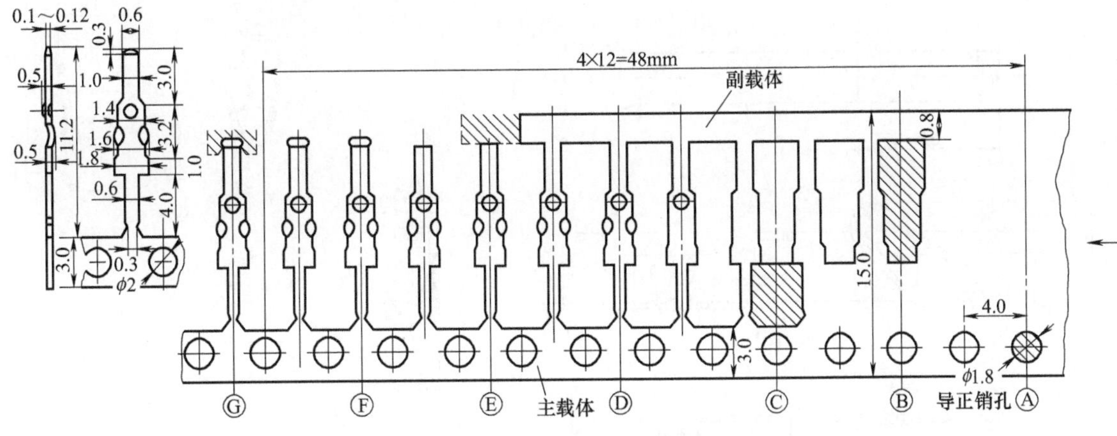

图 3-22　不等宽双侧载体

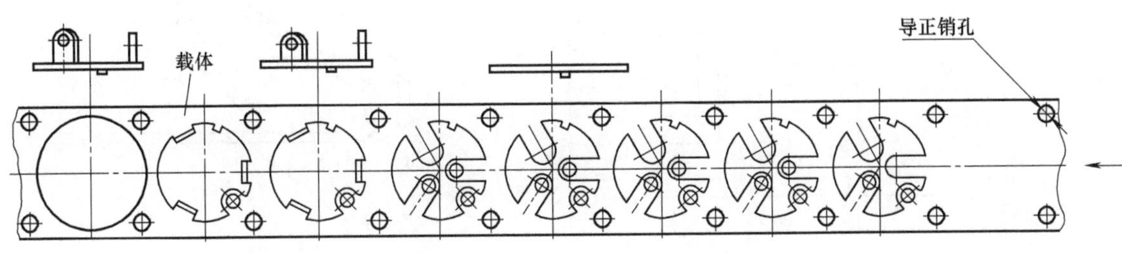

图 3-23　弯曲件排样边料载体

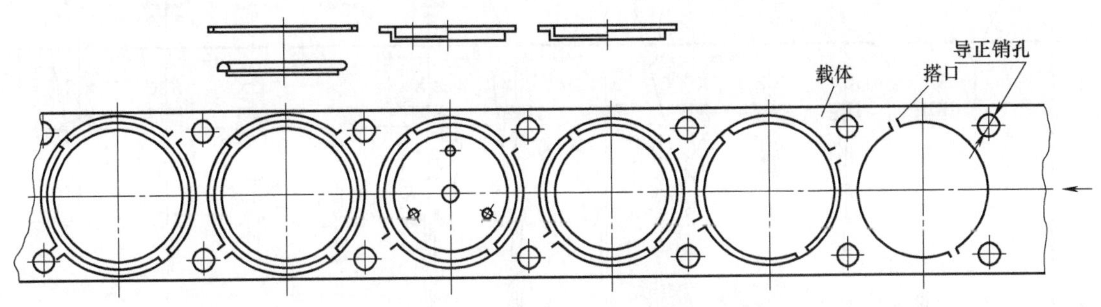

图 3-24　浅拉深件排样边料载体

c. 边料载体　边料载体是利用条料搭边冲出导正销孔而形成的一种载体，如图 3-23 和图 3-24 所示，落下的制件外形以圆形为主。这种载体实际上是利用条料排样上的边废料当载体，这种载体简单、实用，对于外形为圆形件的冲裁、浅拉深成形的制件排样应用十分普遍。

② 单侧载体　单侧载体又称单载体。指条料在送进过程中，条料的一侧外形被切掉，另一侧外形保持完整原形，并且与制件相连的那部分。冲压送料仅靠这一侧载体送进，如图 3-25～图 3-27 所示。

单侧载体常用于弯曲件在弯曲成形前，需要被前面工位冲去多余的废料，使制件的一端与载体断开。考虑到单侧载体的足够强度和刚度，使用此种载体时，材料的厚度不能太薄（料厚 $t \geqslant 0.5$mm 较为合适），太薄了则影响送料。作为定距定位用导正销孔，一般全设在单侧载体上，正常的定距定位全靠单载体，这给精确导正定位带来一定困难，所以送料步距精度不如双侧载体高。

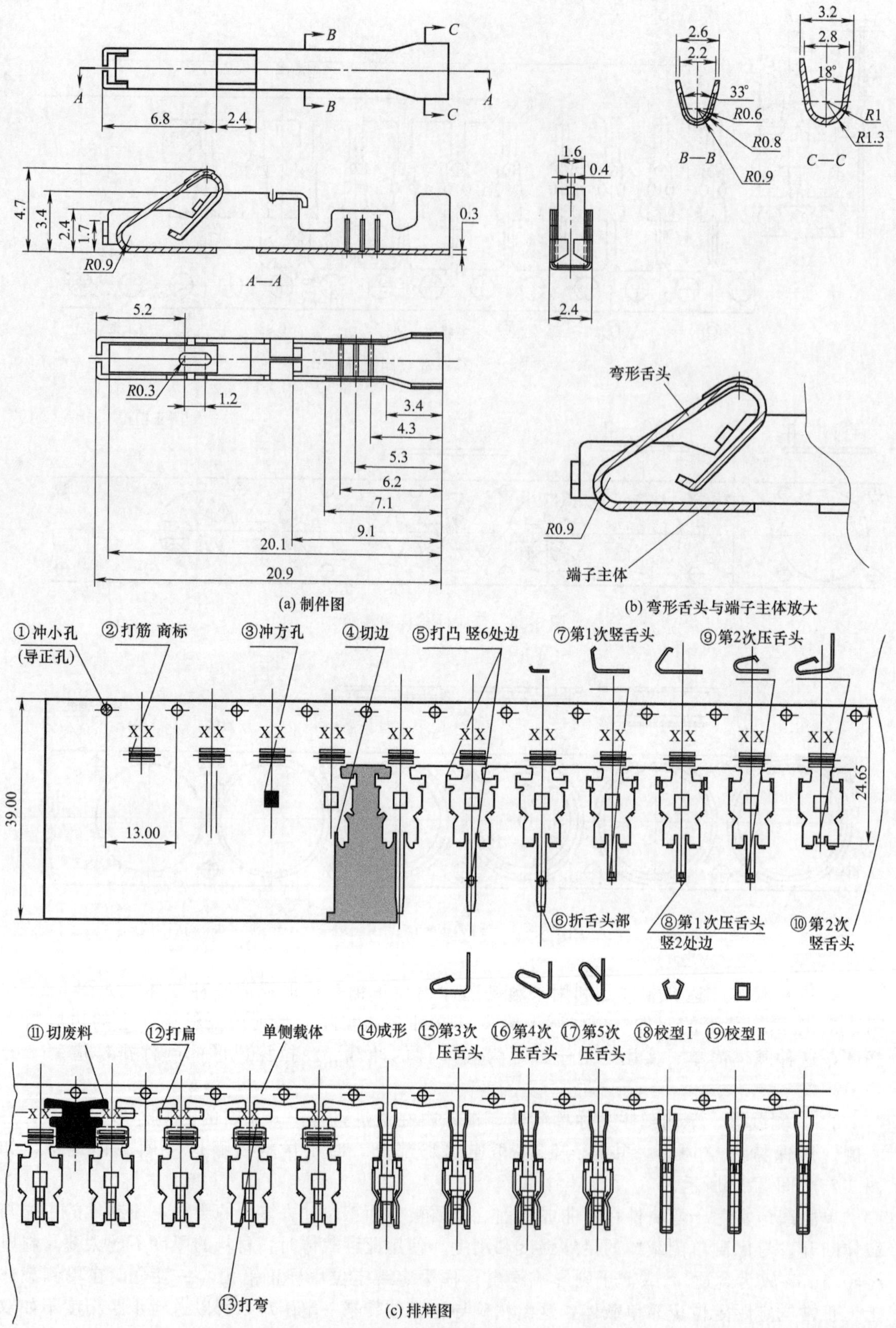

图 3-25 单侧载体（冲裁弯曲成形排样）

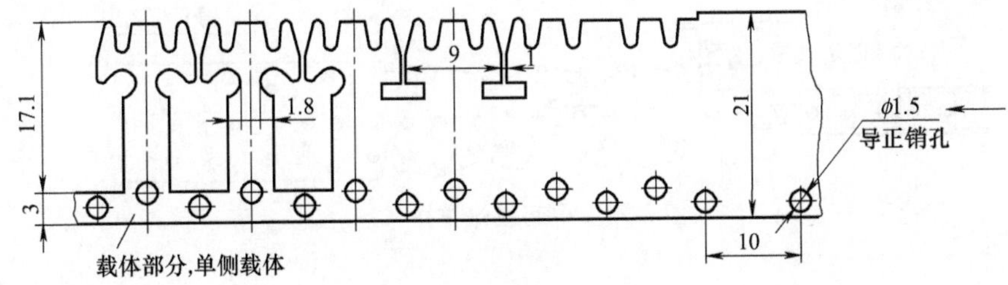

图 3-26　单侧载体（冲裁排样）

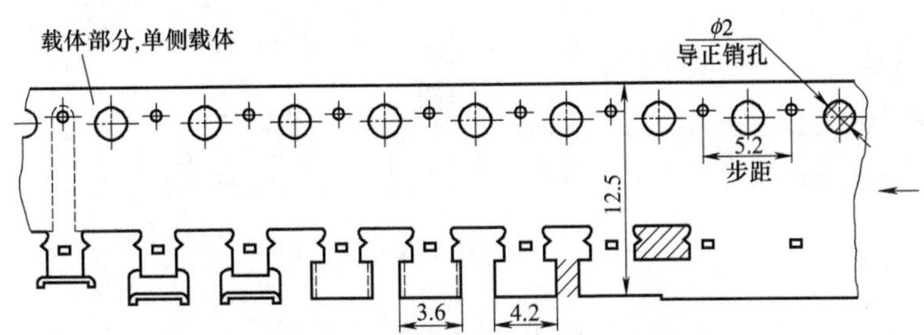

图 3-27　单侧载体（弯曲成形排样）

有时可再借用一个制件本身的孔同时导正，以提高送进步距精度，防止载体在冲压过程中有微小变形，影响步距精度。与双侧载体相比，单侧载体应取更大一些宽度，以保证载体强度。在冲压过程中，单侧载体易产生横向弯曲，无载体一侧的导向比较困难。

冲压细长类制件时，为了增强载体的强度，采取在每两个冲件之间的适当位置用一小部分连接起来，以增强条料强度，称为桥接式载体，其连接两工序件的部分称为桥。采用桥接式载体时，冲压进行到一定的工位或到最后再将桥接部分冲切掉，如图 3-28 所示。

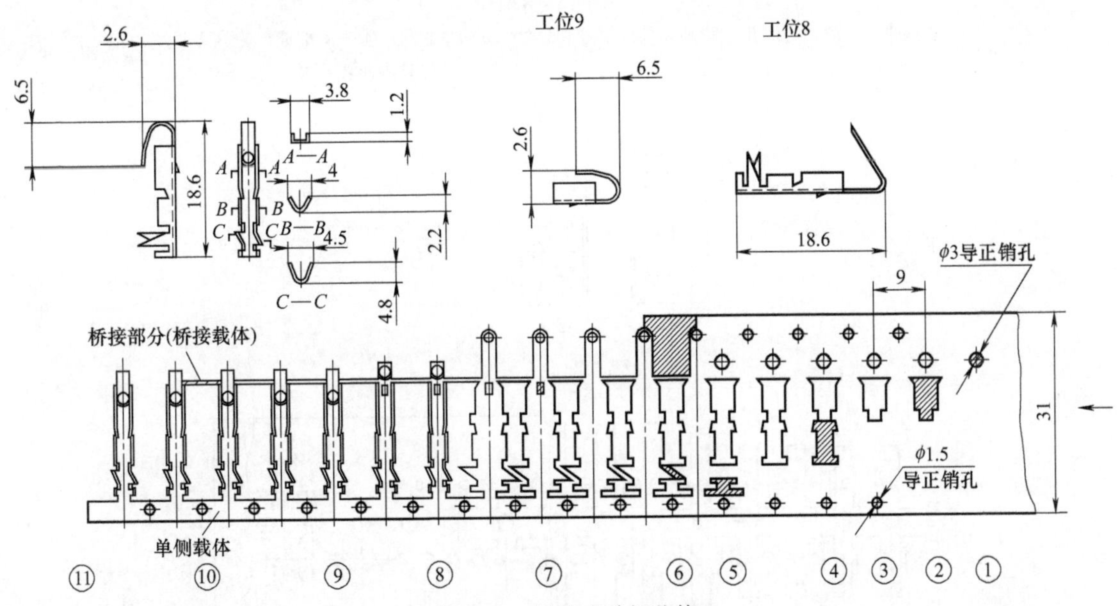

图 3-28　桥接式单侧载体

①—冲导正孔；②—切除余料；③—冲小孔；④、⑤、⑥—切除余料；⑦—切舌；⑧—首次弯曲；⑨—弯曲成形；⑩—切除桥接载体；⑪—切除载体分离出弯曲件

③ 中间载体　中间载体又称中心载体。指条料在送进过程中，被冲的零件在最后工位前，一直与条料的中间连接的那部分料，也就是载体在条料的中间。如图 3-29～图 3-32 所示。

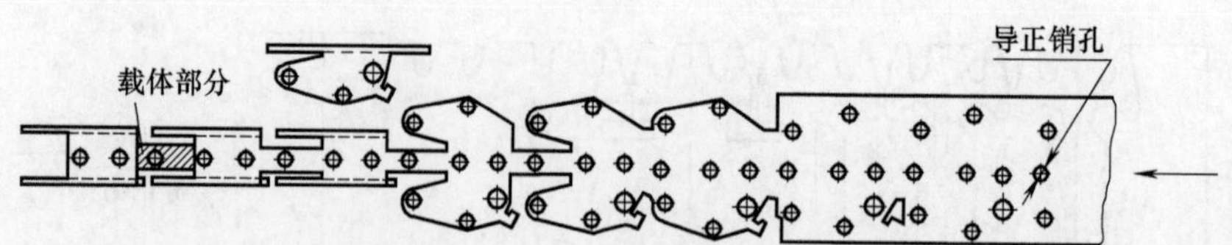

图 3-29 中间载体排样（一）

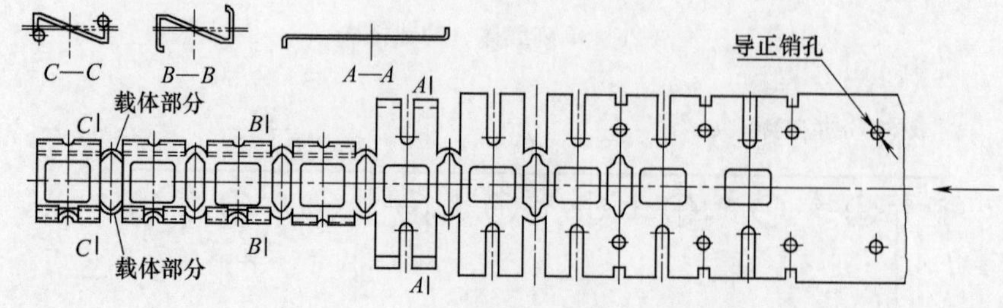

图 3-30 中间载体排样（二）

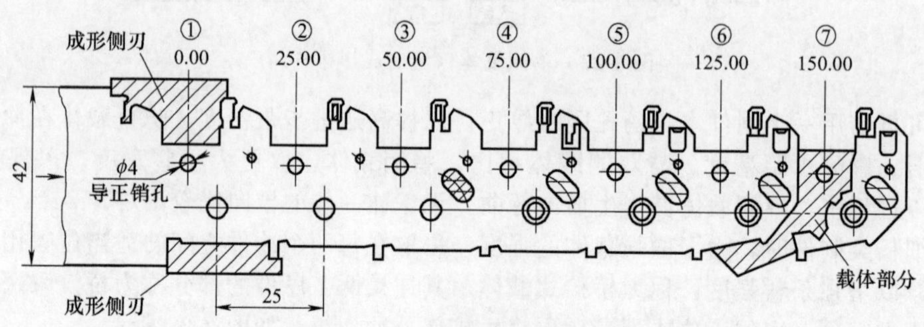

图 3-31 中间载体排样（三）

①—冲导正销孔、形孔、两侧局部外形冲切；②,③—冲形孔；④—局部成形、翻边；⑤—局部成形；⑥—空工位；⑦—制件外形与载体冲切分离

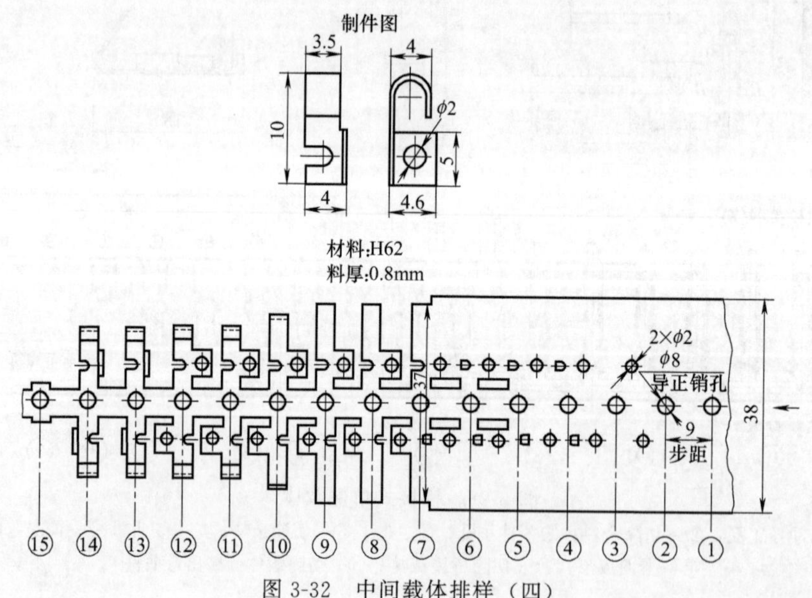

图 3-32 中间载体排样（四）

中间载体特别适合两头有弯曲成形和对称的制件。对于某些制件为不对称单向弯曲件，采

用双排排样、中间载体，将被冲的零件对称于中间载体两侧排列，变不对称制件为对称性排样，有利于提高材料利用率，也有利于抵消弯曲时产生的侧向力。

除上述介绍的三种载体的基本类型外，实际工作中，有时为了下道工序的需要，往往在载体中还要采取一些其他措施，形成一种新的载体。如图 3-33 所示为中间载体加辅助载体的排样示例。同一制件对称排列，最后工位载体冲切后分离出两个制件，生产效率高。

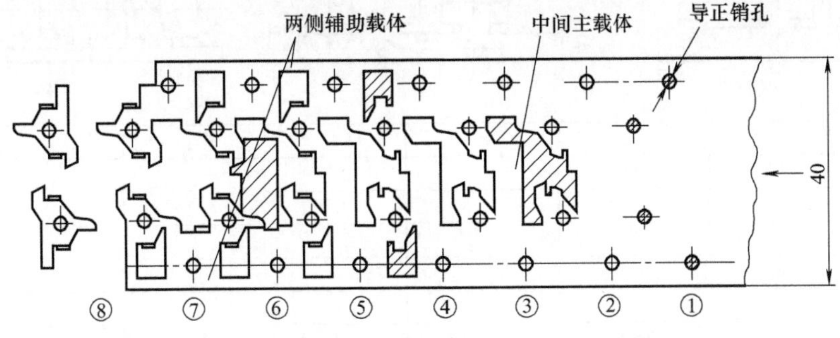

图 3-33　中间载体加辅助载体一出二排样示例

(3) 合理选用载体与相关尺寸的选用

① 载体如何合理选用，如表 3-5 所示。

表 3-5　载体形式、特点与应用

载体形式	主要特点	适用范围
双侧载体（双载体）	条料在送进过程中，在最后工位前，工序件（被冲的坯件）与条料两侧相连的那部分料，即为双侧载体，在双侧载体上，常设置导正销孔，供送料精定位用 载体的强度最好，送料比较平稳，材料利用率较低	①步距送进精度要求高 ②材料偏薄，料厚可小于 0.2mm ③制件精度要求较高 ④多用于纯冲裁和冲裁带小弯曲的比较规则的制件 ⑤单件排列较多，工位数可大于 15 个 ⑥步距可大于 30mm
单侧载体（单载体）	条料在送进过程中，条料的一侧外形被切掉，另一侧外形保持完整原形，并且与坯料相连的那部分料，即为单侧载体，冲件仅靠这单侧载体运行送进，因此料厚不能太薄了 导正销孔常设在单侧载体上，靠单侧导正定位。送料步距定位精度不如用双侧载体高，送料平稳性也比双侧载体差 冲切过程中，载体易产生横向弯曲，无载体一侧的导向比较困难，毛坯易倾斜	①适用料厚 0.5mm 以上，0.2mm 厚的料也用过 ②制件的一端或几个方向带有弯曲的场合和细长类制件应用较多 ③可排列 1～2 件 ④步距可大于 30mm
中间载体	条料在送进过程中，被冲的制件在最后工位前一直与条料的中间连接的那部分料，即为中间载体。换句话说，载体在条料的中间。它特别适合对称性且两外侧有弯曲的制件，有利于抵消两侧弯曲侧向力 材料利用率较高 中间载体具有单侧载体和双侧载体的优点	①最适合对称性且两外侧有弯曲的制件 ②适用于料厚 $t=0.2\sim2$mm ③工位数可大于 15 个 ④多数采用单列排样，也可以采用双列排样
边料载体	利用材料搭边冲出导正销孔而形成的一种载体。这种载体简单又省料，对于外形为圆形和带有浅拉深成形的制件排样应用十分普遍	①对于废料上能安排导正销孔位置的排样，一般落料外形为圆形或近似圆形件较常用 ②料厚 $t\geqslant0.2$mm ③步距可大于 20mm ④可多件排列

② 载体的尺寸参考表 3-6 选用。

表 3-6 载体的尺寸 mm

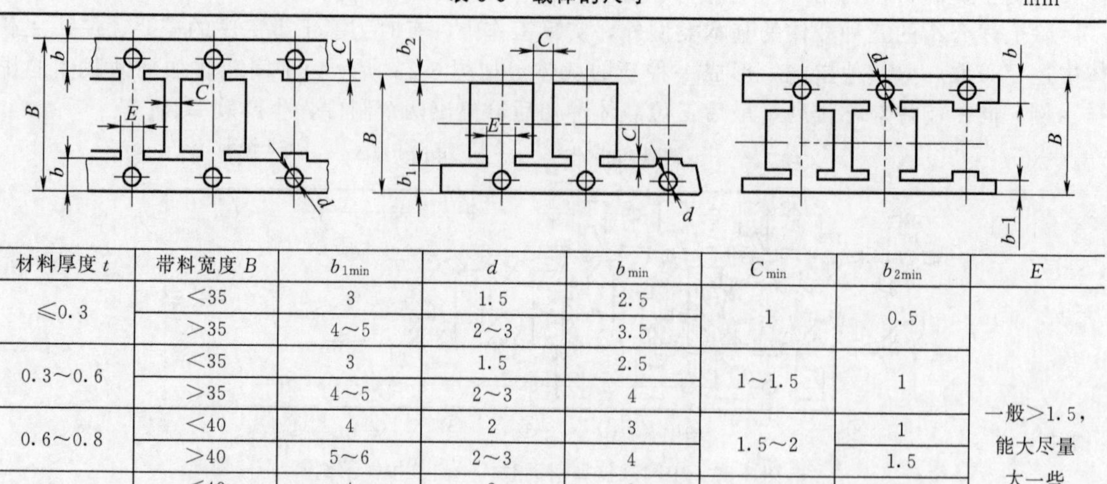

材料厚度 t	带料宽度 B	$b_{1\min}$	d	$b_{\min}$	$C_{\min}$	$b_{2\min}$	E
≤0.3	<35	3	1.5	2.5	1	0.5	一般>1.5，能大尽量大一些
	>35	4～5	2～3	3.5			
0.3～0.6	<35	3	1.5	2.5	1～1.5	1	
	>35	4～5	2～3	4			
0.6～0.8	<40	4	2	3	1.5～2	1	
	>40	5～6	2～3	4		1.5	
0.8～1.2	<40	4	2	3	1.5～2	1.5	
	>40	5～6	2.5～3	4			
1.2～2	<40	4	3	4	3～4	2	
	>40	6～7	3～4	5			

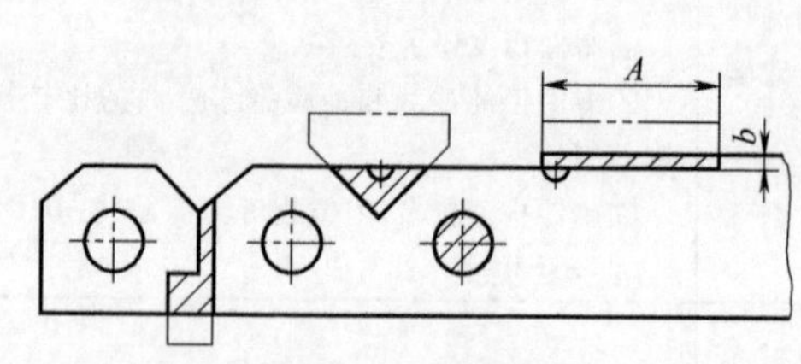

图 3-34 侧刃切边

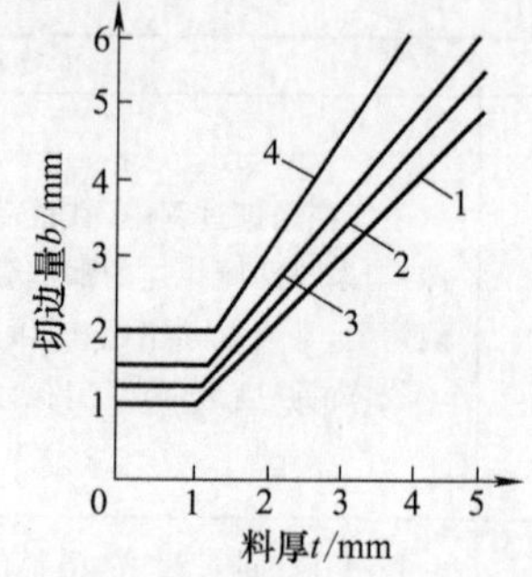

图 3-35 侧刃切边量

1—A>20mm；2—A=10～20mm；3—A=20～50mm；4—A>50mm

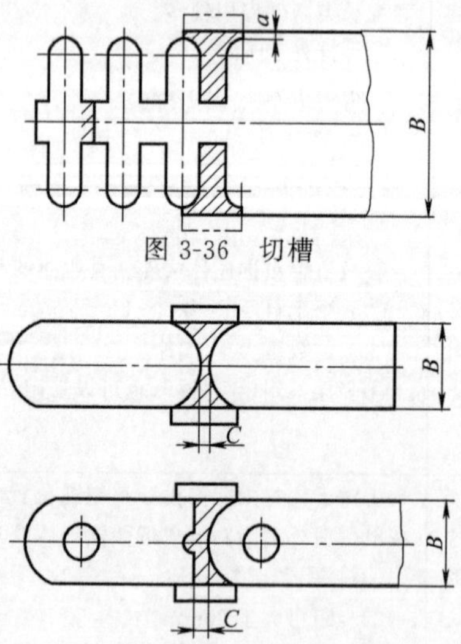

图 3-36 切槽

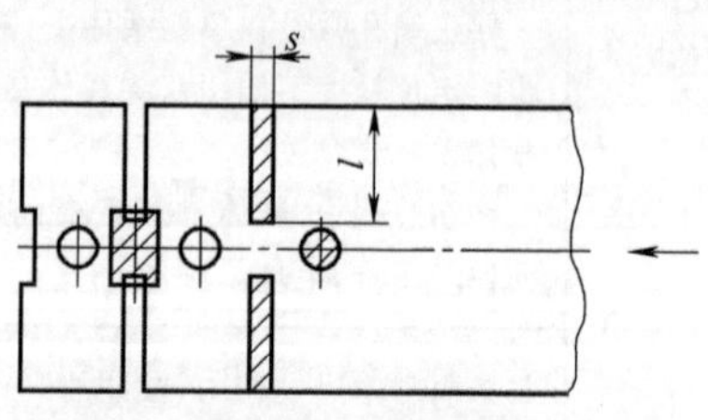

图 3-37 切长槽

图 3-38 分断（R 形凸模）

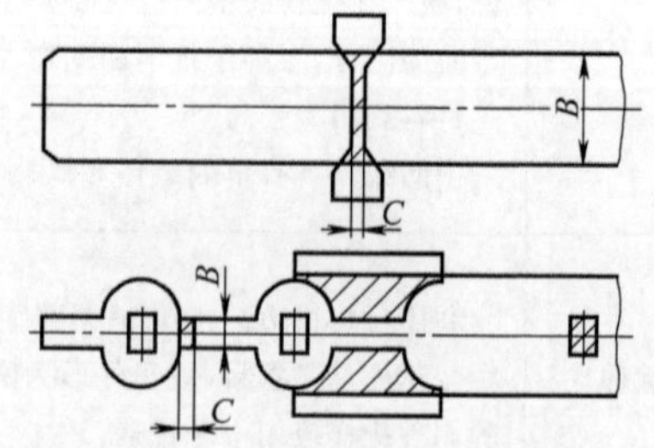

图 3-39 分断（直线形凸模）

表 3-7　搭边尺寸 a　mm

料宽 B	标准 a	a 的最小值	料宽 B	标准 a	a 的最小值
≤25	$0.8t$	0.8	>75～150	$1.2t$	1.8
>25～75	$1t$	1.2	>150～250	$1.3t$	2.4

表 3-8　槽宽 s　mm

槽长 l	标准 s	s 的最小值
≤10	$1.2t$	1.8
>10～20	$1.5t$	2.5
>20～40	$2t$	3.5

③ 侧刃切边。切边量大小与步距 A 和冲裁料厚 t 有关，可参考图 3-34、图 3-35。

④ 切槽。主要是切出制件局部外形，为了保证外形的质量，要考虑适量的搭边尺寸，如图 3-36 所示。搭边尺寸见表 3-7。

如图 3-37 所示为冲切长槽，槽宽 s 见表 3-8。

⑤ 分断。这是将制件与条料分离，如图 3-39 所示，分断凸模为 R 形，刃厚尺寸见表 3-9。

如图 3-39 所示分断凸模为直线形，刃厚尺寸见表 3-10。

表 3-9　R 形分断凸模刃厚尺寸　mm

料宽 B	标准 C	C 的最小值
≤25	$1.2t$	1.5
>25～50	$1.5t$	2.0
>50～100	$2t$	3.0

表 3-10　直线形分断凸模刃厚尺寸　mm

料宽 B	标准 C	C 的最小值
≤25	$1.2t$	2.0
>25～50	$1.5t$	3.0
>50～100	$2t$	4.5

⑥ 落料。这是一种沿制件外形封闭轮廓的冲裁加工，在级进模中，用此方法获得的制件精度比切断、分断方法都要高，质量稳定而有保证。如图 3-40 所示为排样的落料工序搭边的基本图例。

多工位级进模落料工序条料上的搭边比简单模的搭边稍大些，其值可根据制件材料厚度 t、排样上的步距 A 和条料宽度 B 的比值，由表 3-11 查得。

表 3-11　级进模落料工序搭边 a 和 b 的尺寸　mm

材料宽度 B	当 $A/B<1.5$ 时		当 $A/B>1.5$ 时			
	搭边 a 和 b		搭边 a		搭边 b	
	标准	最小	标准	最小	标准	最小
≤25	t	0.8	$1.25t$	1	t	1.2
>25～75	$1.25t$	1.2	$1.5t$	1.4	$1.5t$	1.8
>75～150	$1.5t$	2.5	$1.75t$	2.0	$2t$	2.5

3.4.5 工位数的多少与空工位的设置

(1) 工位数的多少

① 工位数宜少勿多　工位数不是越多越好，宜少勿多。工位数太多，将带来一系列问题，如不可避免的累积步距误差、模具面积和质量变大、模具材料费用加大等。

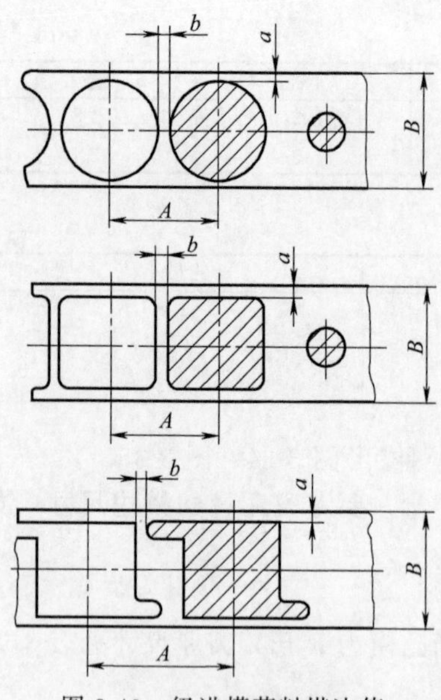

图 3-40 级进模落料搭边值

② 合理确定必要工位 当遇到复杂的制件外形或孔之间边距太近时，考虑到冲裁凸、凹模的强度和加工等问题，应通过多次局部冲裁最后完成制件外形要求，需多分几道工序在多个工位上加工而成。即采用增加工位数为代价简化凸、凹模几何形状。

对精度要求较高的弯曲件和拉深件，应设整形工位。

③ 适当设置空工位 为了提高凹模、卸料板的强度确保模具的使用和凸模应有足够的安装固定位置避免凸模装配过程中相互干涉，在工位的布局中，可适当设置空工位。

空工位对复杂弯曲件或拉深件来说尤为必要，可以利用空工位调整成形体材料的变形程度，达到材料变形量的合理分配。当试模发现问题后，有增加工位的余地。

(2) 空工位设置原则

① 用导正销做精确定位的带料排样图因步距累积误差较小，对制件精度影响不大，可适当地多设置空工位，因为多个导正销同时对带料进行导正，对步距送进误差有相互抵消的可能。而单纯用侧刃定距的多工位级进模，其带料送进的误差是随着工位数的增多而误差的累积加大，所以不应轻易地增设一个空工位。

② 当模具的步距较大（一般＞16mm）时，不宜多设置空工位。尤其对于步距＞30mm 的多工位级进模，更不能轻易设置一个空工位。反之，当模具步距较小（一般＜8mm）时，增加一些空工位对模具的影响不大；有时步距过小，如果不设空工位，模具强度就较低，而且模具的一些零件（如凸模等）也无法安装，此时就应该考虑设空工位。

③ 精度高、形状复杂的制件在设计带料排样图时，应少设空工位；反之，形状简单、精度较低的制件，可适当地增加空工位。

3.4.6 工序的先后安排

(1) 带孔的冲裁件

一般先冲孔后落料，若孔到边缘的距离比较小，而孔的精度又比较高时，排样应考虑先冲外形，再在导正销导正的情况下冲孔，以避免先冲孔、后落料时，造成孔的变形，达不到孔的精度要求，如图 3-41 所示。图 3-41（c）从排样布局、提高凹模强度和结构合理性要更好一些。

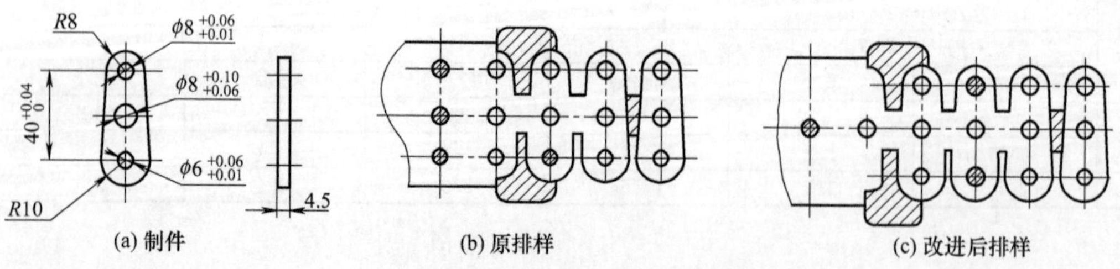

图 3-41 带孔冲裁件的工序先后安排

(2) 弯曲件

① 应在先冲切掉弯曲件周边（指弯曲件展开后）以外废料后再进行弯曲成形，最后落料。

② 遇到多角弯曲件的弯曲，其中某个尺寸精度要求较高时，此处应先考虑避免两次直角弯曲

时材料的延伸，可采取预弯到一过渡形状，如先弯成 45°，进一步再弯到尺寸要求，如弯成 90°。

③ 在弯曲制件时，为了防止弯曲过程条料的窜动，在排样和模具结构设计时要考虑有利于模具在弯曲制件时对材料的夹紧作用，如图 3-42 所示。原排样弯曲 1 制件的上端未考虑预弯，这样在弯曲下端部分时，必然引起制件往下窜动；当改成图 3-42（c）的排样时，弯曲 1 的上端部分考虑了预弯，使弯曲 1 在弯曲成形过程中，制件两端都受力，保持成形过程稳定，并对弯曲 2 的材料变形非常有利。

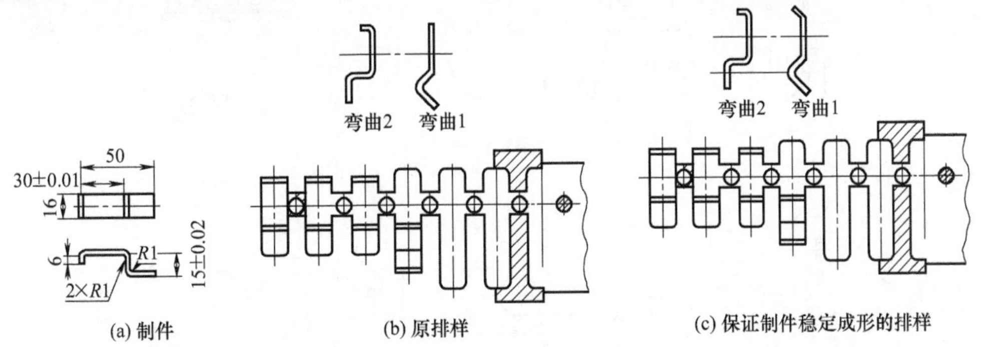

图 3-42　多角弯曲件的工序先后与防止弯曲过程条料窜动的排样

(3) 带有压筋压印的制件

如图 3-43 所示为带有压筋的部分制件。对于这类制件，一般先压筋和压印，后冲孔，再落料。有些筋在制件上是直通的，即所谓通筋。为了使筋的全长成形后，在两端有一个好的形状，压筋前，应在筋的预端冲出工艺孔。

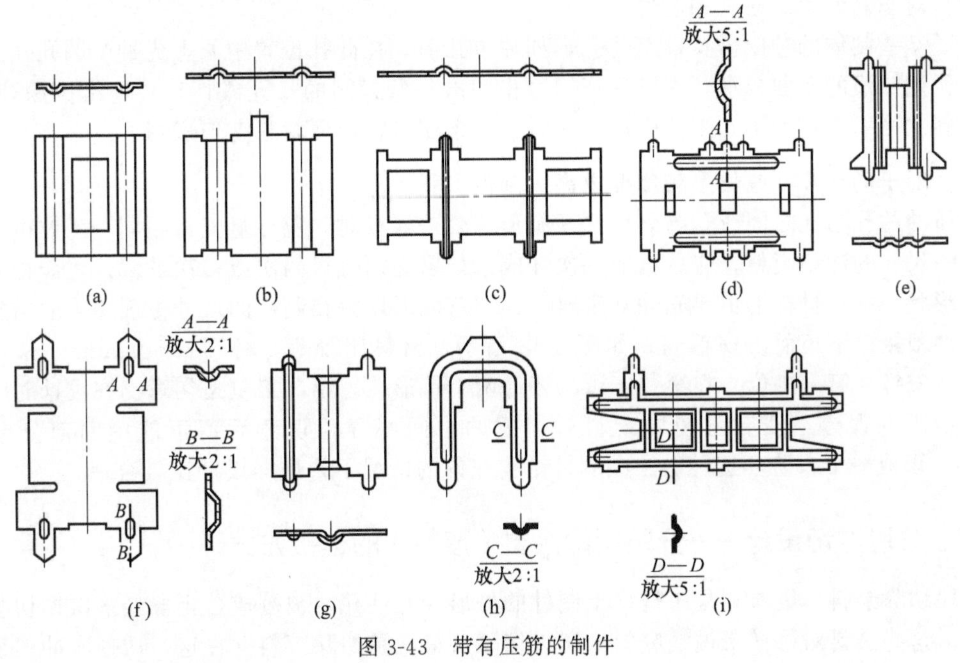

图 3-43　带有压筋的制件

(4) 带有切口成形或有小耳的制件

如图 3-44 所示，一般切口成形安排在落料工位之前一次冲压成形，而对于图 3-44（a）、（b）、（c）带有小耳的制件，在折弯成形小耳之前，需安排冲去小耳以外废料。

（5）压鼓包的制件

不应将鼓包设计在制件的外形处或接近外形边缘。压鼓包实际上是在拉伸材料，故应从工序方面考虑，先压鼓包后冲切制件外形，对质量有保证。

如有的鼓包中心还有一个孔，应在压鼓包前先在孔的位置冲一个较小的孔，这样有利于材料从中心向外流动，压鼓包后将孔冲至需要尺寸。

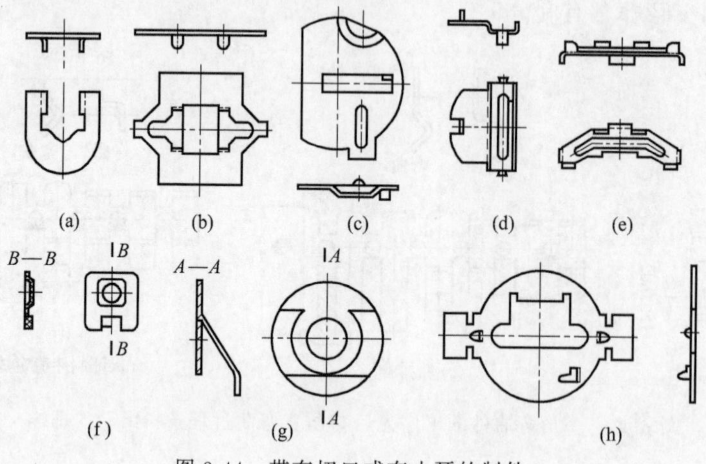

图 3-44 带有切口或有小耳的制件

（6）其他有立体成形的制件

应按制件的复杂程度而定，一般以有利于下道工序的进行为原则，做到先易后难，先冲平面形状，后冲立体形状的先后顺序安排。

（7）对于需设置工艺孔的制件

为了某些制件的冲压需要设工艺孔，如冲方孔前，在此孔位置中心上先冲个圆孔作为工艺孔供定位用。浅的弯曲成形，在其外形周边先冲出一条封闭的长孔或切口；连续拉深开始前，常在条料的第一工位和第二工位先冲出一条或几条切口，以便材料变形成形。

（8）对于同一尺寸或位置精度要求高的制件

如所冲的孔与孔之间或孔与外形之间有形位公差要求时，应尽量安排在同一工位中冲出。

同一尺寸的冲切废料，应尽可能一次冲成。如果必须进行两次或多次冲裁，才能得到制件要求的形状，则在排样上也要先冲裁废料，再切弯成形，并在制件的尺寸方面要采取措施，避免重复冲裁接口不正而出现毛刺。如图 3-45 所示，材料比较薄，料厚 $t=0.1\text{mm}$，采用双侧刃定距，安排在第一工位。在第一工位上还冲两个特形孔，第二工位是切弯。在设计时，考虑到送料步距的误差，便有意使冲废料后留下的中间部分与切弯后留下的中间部分单边差 0.1mm，形成一个台阶，这种做法在制件结构允许的情况下，排样设计比较合理。

3.4.7 分段冲切设计——分段切除余料（废料）的连接方式

分段切除余料（废料）是指排样上制件的外形或异性孔，被分成若干段经多次冲切废料后形成的。这些余料对排样来说是废料，所以切除余料就是切除废料。在这一次一次冲切废料的交接部位，即接缝应是平直或圆滑的，若连接不好，就会形成错位、尖角、毛刺等缺陷，排样时应重视这种现象。

分段切除的排样，在较复杂的制件、多工位级进模中常常遇见，其连接方式有三种，即搭接、平接和切接。

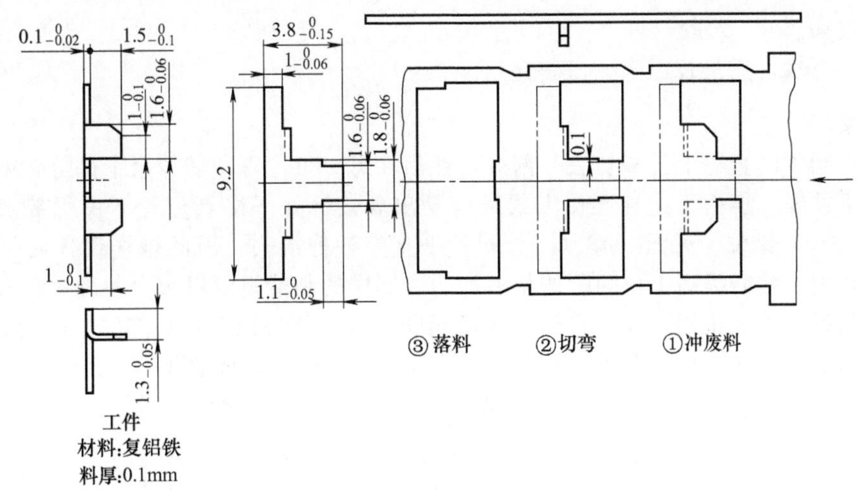

图 3-45 同一尺寸进行两次冲裁的排样

(1) 搭接

搭接是利用冲件展开以后，将复杂的外形或形孔，在其折线的连接处进行分段，分解成若干个形孔进行分段切除。每两段形孔连接处都长出一个搭接区，以保证各形孔间连接良好。因此，取冲件外形或形孔中折线连接点进行分段切割连接的方式称为搭接。

如图 3-46 所示为搭接连接示例(一)。制件形孔如“工”字，设 A、B、C 三个区，C 区为窄槽孔。若工字孔分解用二次冲出，则第一次冲出 A、B 区，第二次冲出 C 区，图示的上下搭接区 S 是冲裁 C 区凸模的长出部分。搭接区在实际冲裁时不起作用，主要是为了克服形孔连接时的各种误差，保证搭接连接整齐。

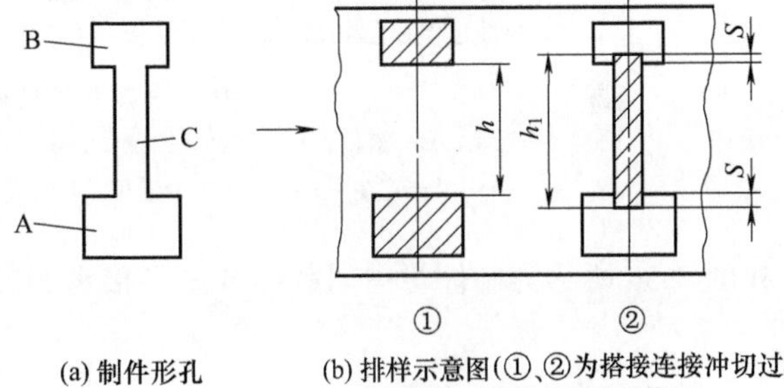

(a) 制件形孔 (b) 排样示意图(①、②为搭接连接冲切过程先后顺序;S为搭接区的搭接量)

图 3-46 搭接连接示例（一）

搭接量 S，其值 $S>0.5t$（t 为制件料厚），如果不受位置的限制，搭接量可以增大至（1～2.5)t，但不能小于 $0.4t$。

C 区冲裁凸模 $h_1=h+2S$，h 为 C 区基本长度。

如图 3-47 所示为搭接连接示例（二）。如图 3-47（a）所示为制件的异形孔，按图 3-47（b）所示，将形孔分解后，用二次布置在不同工位完成冲切形孔，先冲中间形孔，后冲两边形孔。每次冲切，冲制的形孔间均存在实际冲裁时不起作用的搭接区 2，主要是为防止形孔间连接时产生不应有的误差，以保证冲件在冲裁后连接平滑、外形整齐，不出现错位、尖角、毛

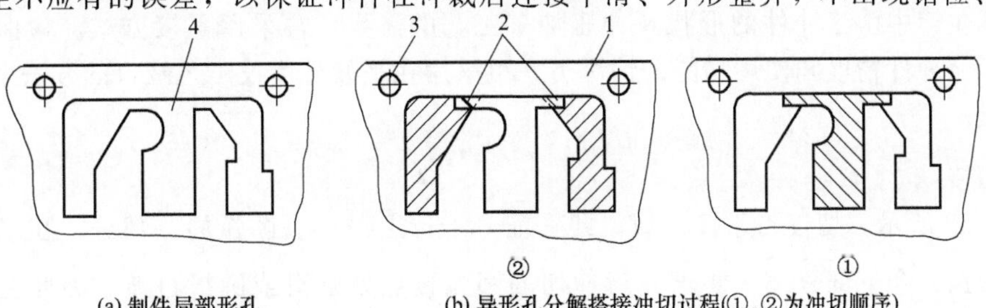

(a) 制件局部形孔 (b) 异形孔分解搭接冲切过程(①、②为冲切顺序)

图 3-47 搭接连接示例（二）

1—载体；2—搭接区；3—导正销孔；4—制件上的异形孔

刺、缺口等疵病。

采用搭接方法，质量较稳定，比较常用。

（2）平接

平接是在制件的直边上先冲切去一部分，然后在另一工位再冲切掉余下部分，两次冲切刃口连接处要求共线，但由于这种连接方式最容易出现接缝处平接点位置不正所带来的如毛刺［见图 3-48（b）］、错位［见图 3-48（c）］和不平直等各种缺陷，因此排样设计时尽量避免采用。若一定要用，除需提高工位间距的精度和凸、凹模的制造精度以减少种种累积误差外，还应当在平接附近设置导正销，并将 C 区凸模的延长部分（即搭接区）头部修正出约 3°～5°的微小斜角，见图 3-49。A、B 两区第一次冲切后，第二次冲 C 区，将形孔 A、B 连通。

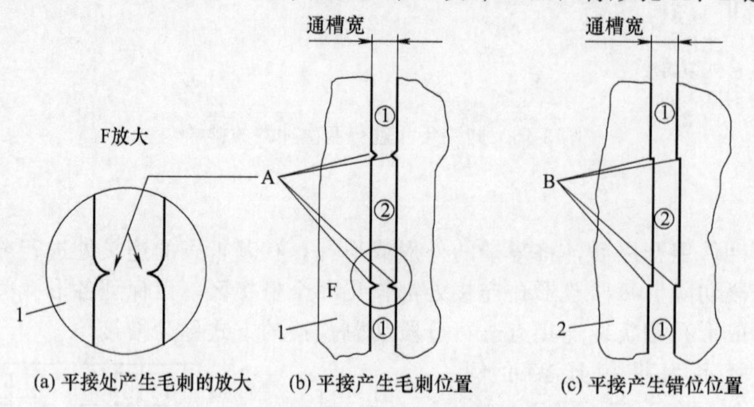

图 3-48　平接常见的两种缺陷

A—毛刺；B—错位；F—放大（工位①、②凸模尖角均有磨损的情况下产生）；
1—产生毛刺；2—产生错位；①，②—通槽冲切平接顺序

如图 3-50 所示为制件与中间载体分离平接示例。

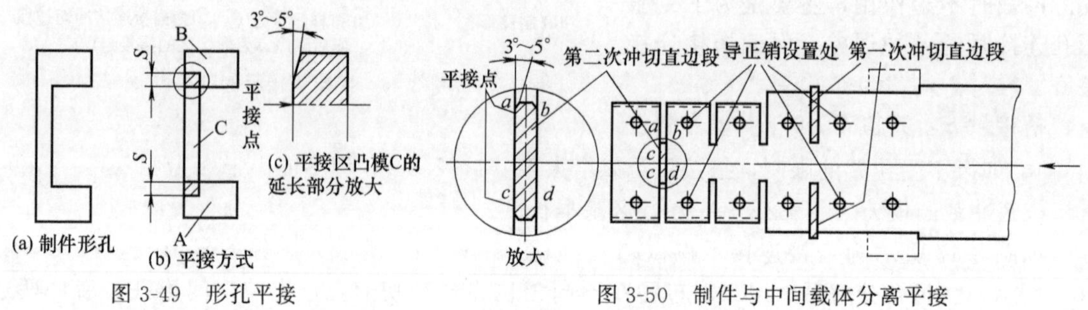

图 3-49　形孔平接　　图 3-50　制件与中间载体分离平接

如图 3-51 所示为采用工艺缺口对复杂形孔分段平接冲切示例。

在实际生产中由于冲件的形状及冲压加工工艺的需要，常采用平接方式。为保证平接质量，在不影响冲件精度和使用功能的情况下，可采用在平接处增设工艺缺口的方法来保证平接的连接质量。

（3）切接

如图 3-52 所示，切接与平接相似，即在前一工位上冲切去圆弧的一部分，在以后的工位再冲切去圆弧的余下部分$\overset{\frown}{cd}$，要求先后冲切的圆弧接点处圆滑或圆滑过渡。因此在第二次冲切圆弧段时，冲切凸模 4 的宽度尺寸应比图示圆弧段$\overset{\frown}{cd}$的宽度要增大一定范围。

切接的质量，一般较难保证，因为要求送料步距非常准确，有一点误差，在接点处就会出

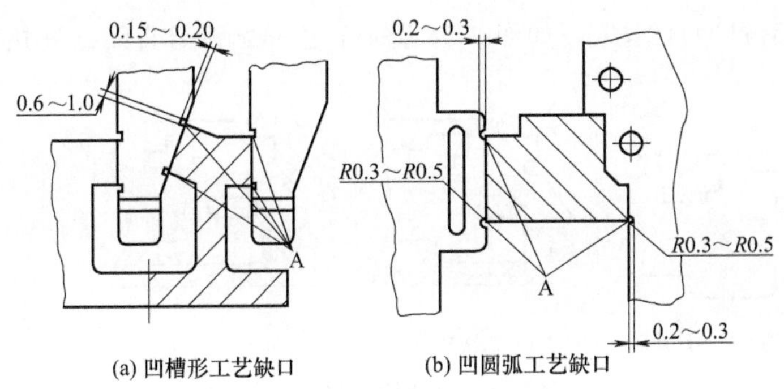

(a) 凹槽形工艺缺口 (b) 凹圆弧工艺缺口

图 3-51 采用工艺缺口的平接

A—工艺缺口位置

现毛刺或错位和不圆滑等缺陷。所以设计模具时，与平接一样，应注意定位可靠。此外，在取得产品设计许可的情况下，改变切接处的形状，切接凸、凹模采用大圆弧半径，或变切接为平割，顶端弧形$\widehat{cd}$段改为一直线，对改善接点质量有好处。

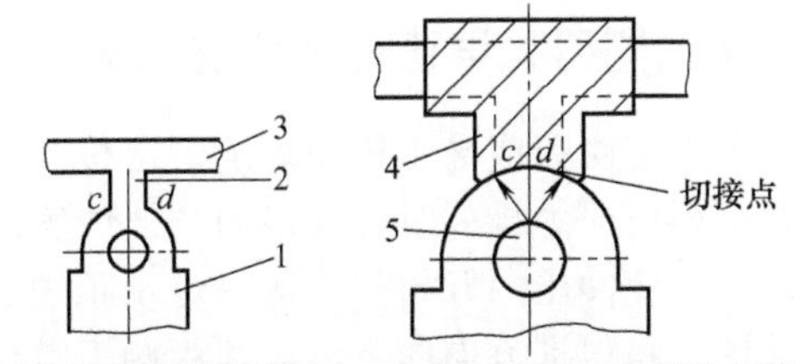

(a) 第一次冲切后制件局部外形 (b) 第二次放大冲切情况(切接)

图 3-52 切接的连接方式

1—制件；2—工艺搭边；3—载体；4—切接凸模；5—可设导正销用孔

对于圆弧的分段切接，还可以采用在第一次冲切部分圆弧时同时切出工艺缺口，再在后面适当工位冲切去其余部分，如图3-53所示。A为切接处；B为工艺切口，此切口和形状需征得产品设计者的同意后方可实施。切接凸模宽 b_1 与工艺搭边宽 b 之间的关系为：$b_1>b$。具体大小应使 b_1 处在制件1左右工艺切口之中为合理。

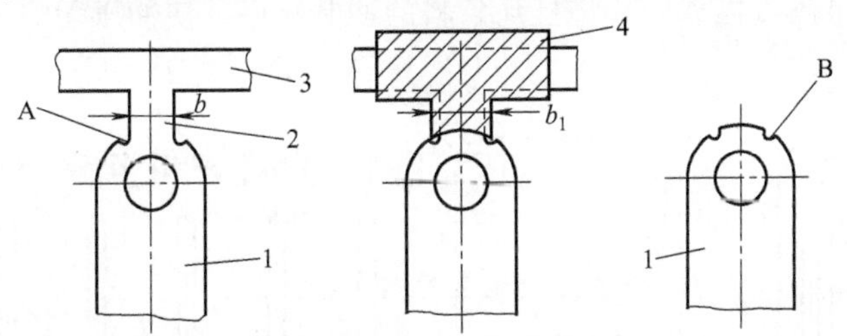

(a) 一次冲切后制件局部外形 (b) 二次冲切情况(切接) (c) 切接后制件(头部)

图 3-53 带工艺切口的圆弧切接

1—制件；2—工艺搭边；3—载体；4—切接凸模

圆弧部分切接，也可以采用如图 3-54 所示方法。把圆弧分解成对称的两个半圆弧段对应冲裁，在圆弧的最高点上切接连接。

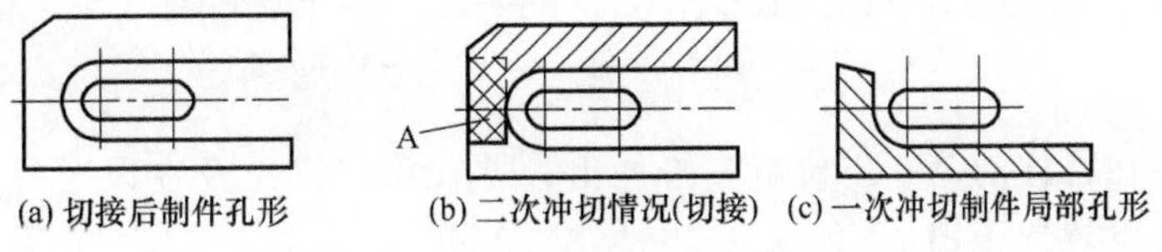

(a) 切接后制件孔形 (b) 二次冲切情况(切接) (c) 一次冲切制件局部孔形

图 3-54 圆弧分段对应冲裁切接

A—切接区

还有，因制件的加工工艺和工序分解的需要，在设计排样时，先在某部分冲出圆弧，再在后面工位冲出直边。为保证直边与圆弧的切接质量，可以先在圆弧与直边连接处冲出一定的斜面，然后再冲直线段，如图 3-55 所示。这样圆弧与直线的连接较为平齐，外观质量也好。

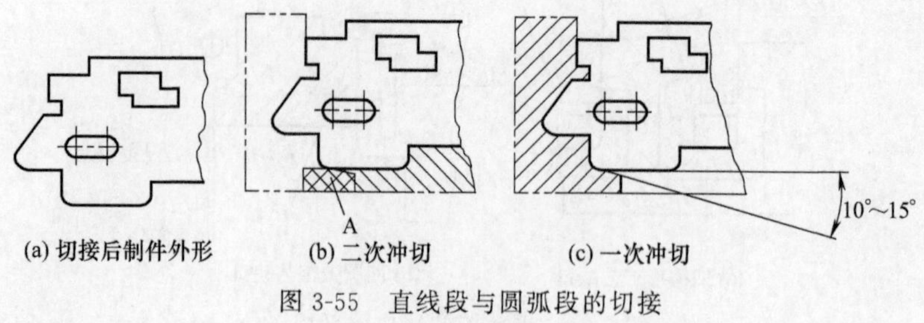

图 3-55 直线段与圆弧段的切接
A—切接区

3.4.8 侧刃和导正销孔位置的安排

当采用侧刃或导正销作为定距定位时，侧刃或导正销孔在排样上的位置、数量、导正销孔的大小等便成为排样时要确定的具体内容之一。

为了使冲压一开始就应按一定步距送进，定距用侧刃或导正销孔须安排在第一工位。侧刃安排在条料送进方向的一侧，利用侧刃宽度将条料的边料冲切去一长的窄条。侧刃宽度等于步距尺寸，实现定距。

一副模具中，侧刃一般安排一个，简称单侧刃。采用单侧刃时，料尾一般无法利用而被浪费了。

当条料较薄时，为了提高送料定位的可靠性和条料的充分利用，可以在最后工位的条料另一侧，再安排一个侧刃，即采用双侧刃定距。

侧刃可以用作纯定距，也可以兼作废料切除工作，如图 3-56 所示。在特殊情况下，可以安排在工位②。但如果侧刃再靠后，将打乱条料的冲制顺序，使冲压无法进行。

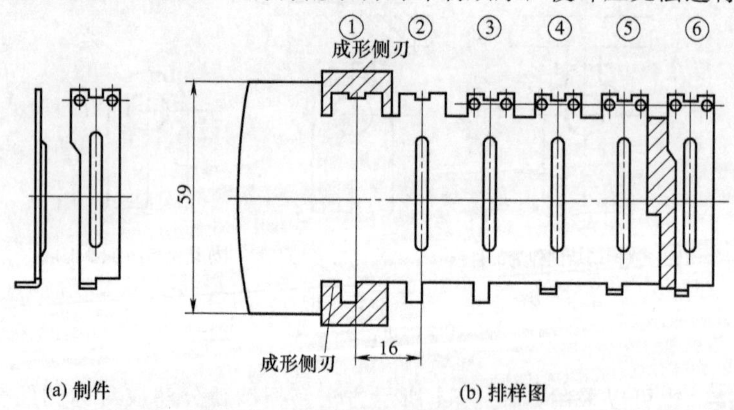

图 3-56 侧刃定距兼废料切除工作
①—冲切不对称成形侧刃；②—压凸筋；③—冲两个小孔；
④—弯曲；⑤—空工位；⑥—制件与载体分离

导正销孔必须在排样的第一工位就安排冲出，并在第二工位及在以后每隔 2～4 个工位的相应设置的模具上设置导正销。

根据所用载体不同，边料载体和双侧载体时，导正销孔常对称分布于条料两侧，对称排列，如图 3-57 所示。单侧载体时，导正销孔分布于条料的一侧，如图 3-25～图 3-27 所示；中间载体时，导正销孔分布于条料的中间，即中间载体上，如图 3-29、图 3-32 所示。

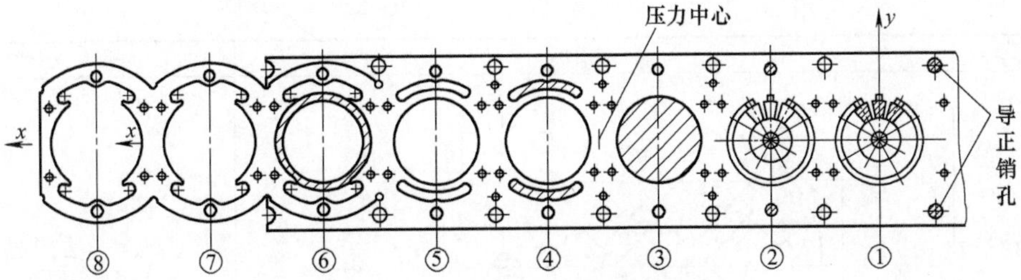

图 3-57　对称排列导正销孔

导正销孔可以借用制件上的孔定位，但如果制件上的孔要求比较严，排样时须考虑是否因用作导正而损坏原有孔的精度。

导正销孔还可以利用制件上的大孔位置中心，在第一工位时，先冲出一个小孔当定位用，到需要冲该大孔时，由冲大孔凸模上装有导正钉导正的情况下进行冲大孔。这些情况的应用比较灵活。

对于连续拉深的多工位级进模，排样上不单独设导正孔导正。因为各工位的拉深凸模就是最好的对条料起定距导正作用。但在落料时，落料凸模上需装导正钉，即落料应在导正钉导正状态下进行，这样才能保证同轴度的质量。

3.4.9　步距的确定与步距精度

(1) 步距的确定

步距又称进距。它是指级进模中条料每送进一次，所需要向前移动的固定距离。也是级进模中，相邻两工位间的“中心”距离大小值，单位为 mm。每一副级进模，一旦排样的步距值确定后，在该模具上相邻两工位间的“中心”距离，必须保持相等。即在一副模具内，不论工位数多少，步距是个固定的等值。

步距尺寸的大小与平行于送料方向制件外形尺寸、排样的排列类别和条料上制件之间的搭边大小等不同情况有关。常见几种步距基本尺寸确定见表 3-12。

表 3-12　步距的基本尺寸确定

排样方式	排样图例	步距 A 的计算式
单行直排	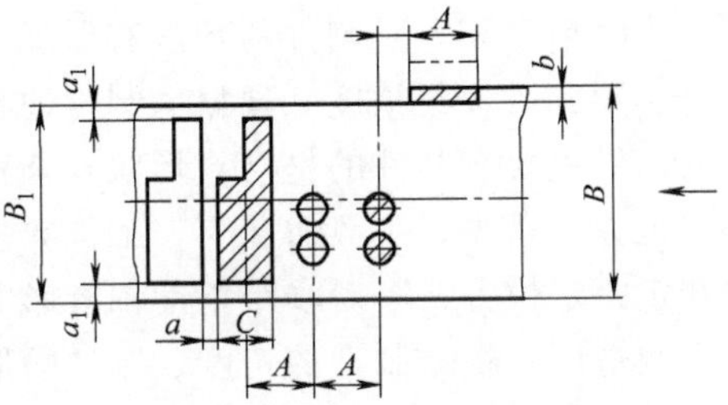	$A=C+a$
单行交错排	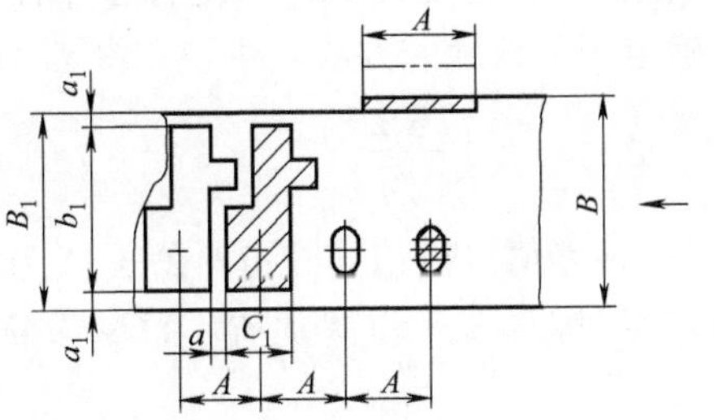	$A=C_1+a$

续表

排样方式	排样图例	步距 A 的计算式
单行斜排	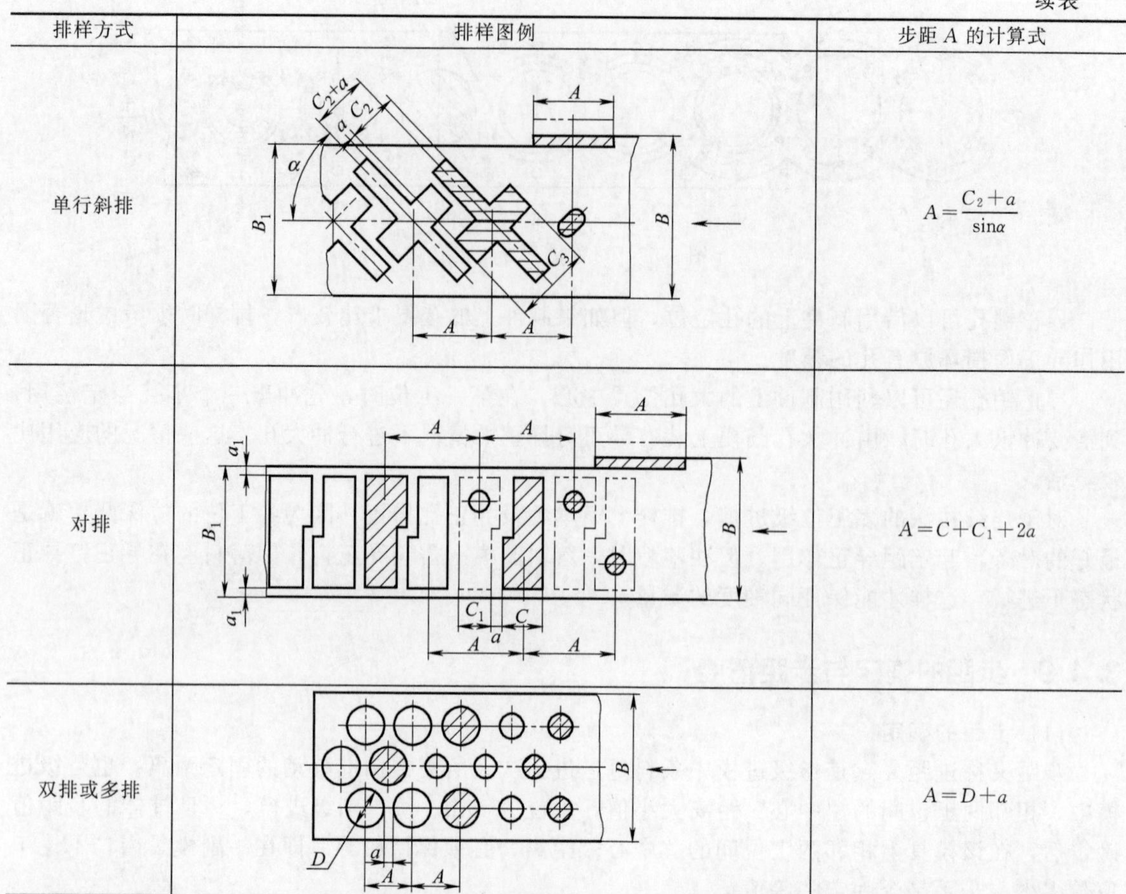	$A=\dfrac{C_2+a}{\sin\alpha}$
对排		$A=C+C_1+2a$
双排或多排		$A=D+a$

注：A—步距，mm；C、D—与送料方向平行的制件外形尺寸，mm；a—制件间搭边值，mm，可参考一般冲裁模设计资料选取；C_1—与送料方向平行的制件局部外形尺寸，mm；C_2—沿送料方向有一倾斜角的制件某一局部外形尺寸，mm；α—制件斜排时，制件的基准（中心）线与送料方向之间夹角，(°)，一般取 30°、45°、60°，有时也直接按制件基准线的偏斜角度值；C_3—制件宽度尺寸，mm。

(2) 步距精度

步距精度直接影响到制件精度。步距精度高，对制件的精度有保证，但步距精度过高，对模具制造就愈困难，模具成本就上升，因此，步距精度必须根据制件的具体情况确定。

影响步距精度的因素是多方面的，但主要有制件的精度、形状复杂程度、尺寸大小、制件的材质软硬状况、料的厚薄和模具工位数的多少。一般情况下，工位数多比工位数少，步距精度要差。冲制时，条料的送料方式和定距定位方式等对步距精度都有影响。

有关步距精度的确定，一些模具制造厂，根据制件的精度、制件的形状复杂程度和模具工位数的多少，设定几个步距精度，如±0.02mm、±0.01mm、±0.005mm、±0.003mm、±0.0015mm等几个系列供选用。实践证明，这也是一种简便而可行的方法。

下面介绍一种用经验公式计算确定步距精度的方法，供使用参考

$$\Delta=\pm\frac{K\beta}{2\sqrt[3]{n}}$$

式中 Δ——多工位级进模步距的对称偏差值（习惯称呼步距公差），mm；

β——制件沿条料送料方向最大轮廓尺寸（指展开后）精度提高 2～4 级后的实际公差值，mm；

n——多工位级进模的工位数（含空位）；

K——因数，见表 3-13。

表 3-13　因数 K

双面冲裁间隙 Z/mm	K 值	双面冲裁间隙 Z/mm	K 值
0.01～0.03	0.85	>0.12～0.15	1.03
>0.03～0.05	0.90	>0.15～0.18	1.06
>0.05～0.08	0.95	>0.18～0.22	1.10
>0.08～0.12	1.00		

注：1. 因数 K 主要考虑料厚、材质因素，并将其反映到冲裁间隙关系上去。

2. 为了克服多工位级进模中由于工位的步距累积误差，故在标注每步尺寸时，均由某基准平面或第一工位至其他各工位直接标注其长度，这个长度不论多大，步距偏差均为 Δ。

【例 3-1】 如一制件展开后沿送料方向的最大轮廓尺寸为 13.86mm，排样中得知为 8 个工位（即 $n=8$），原图样规定制件精度为 IT14 级，将 IT14 提高四级精度，则尺寸 13.86mm 的 IT10 级公差值为 0.07mm（即 $\beta=0.07$mm），模具的双面冲裁间隙为 0.06mm。由表 3-13 查得 $K=0.95$，代入公式得

$$\Delta=\pm\frac{K\beta}{2\sqrt[3]{n}}=\pm\frac{0.95\times0.07}{2\times\sqrt[3]{8}}$$

$$=\pm0.0123\ (\text{mm})$$

取 $\Delta=\pm0.01$mm。

这样该模具的步距偏差即为±0.01mm，在凹模图中各步距的尺寸标注形式，均由基准平面、基准线或第一工位至其他各工位中心直接标注其长度大小，这个长度不论其值多大，偏差值均为±0.01mm，也就是该模具的步距精度应控制在±0.01mm之内，如图 3-58 所示。

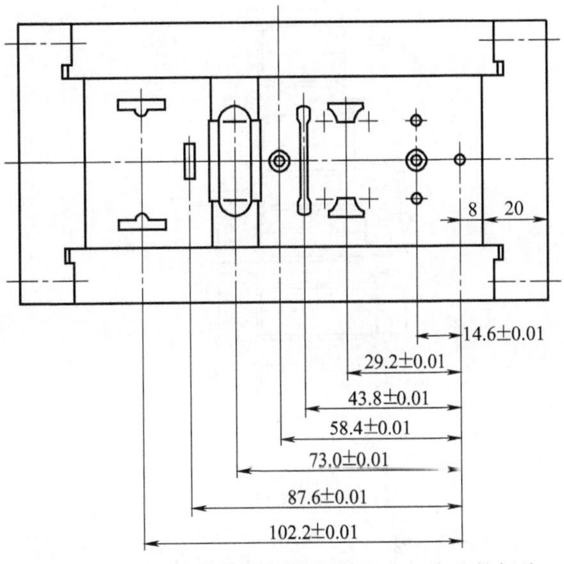

图 3-58　多工位级进模凹模步距尺寸与公差的标注

【例 3-2】 如图 3-59 所示制件及其排样图，展开后轮廓沿送料方向最大尺寸为 2.8mm，工位数为 20。图中尺寸均为未注尺寸公差，按 IT14 级，若提高四级，则尺寸 28mm 的 IT10 级公差值为 0.04mm（即 $\beta=0.04$mm），模具的双面冲裁间隙为 0.015～0.024mm，查表 3-13 得 $K=0.85$，$n=20$，则 Δ 为

$$\Delta=\pm\frac{K\beta}{2\sqrt[3]{n}}=\pm\frac{0.85\times0.04}{2\sqrt[3]{20}}=\pm0.0063\text{mm}$$

取 $\Delta=\pm0.006$mm。

3.4.10 定距定位方式的选择与设计

(1) 定距定位方式的基本类型与应用

多工位级进模将产品的冲压工序分布在多个工位上顺次完成，因此，必须有可靠、准确的定位方法，保证前后两次冲切中工序件的准确匹配和连接。

定距定位方法很多，如图 3-60 所示为常见的几种定距定位方式。根据工序件的定位精度，级进模的定位方式常采用挡料销、侧刃、自动送料机构、导正销等，前三者只能作为粗定位，级进模的精确定位都是采用导正销与其他粗定位方式配合使用（表 3-14）。

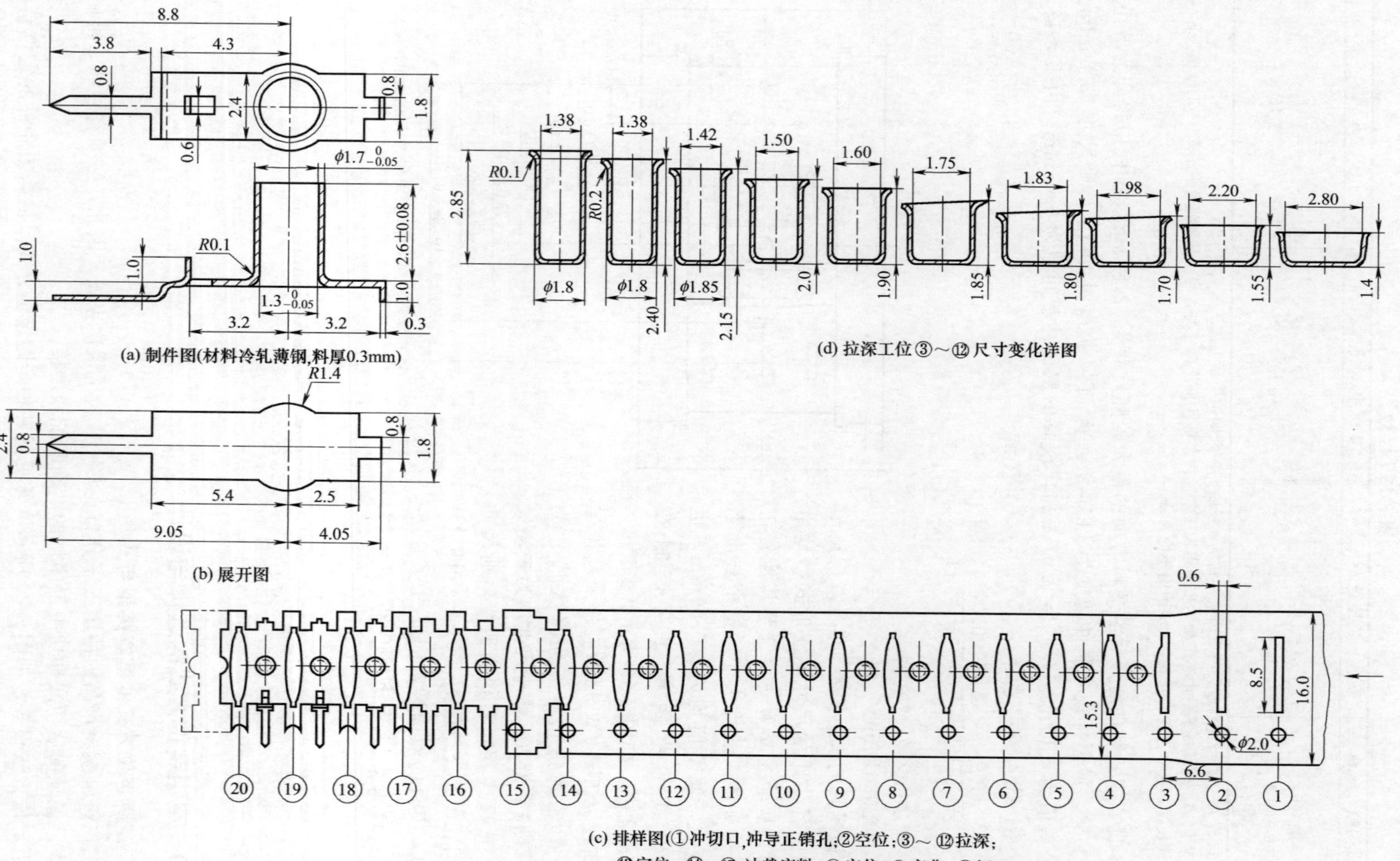

(a) 制件图(材料冷轧薄钢,料厚0.3mm)

(b) 展开图

(c) 排样图(①冲切口,冲导正销孔;②空位;③～⑫拉深;⑬空位;⑭、⑮冲裁废料;⑯空位;⑰弯曲;⑱切口;⑲空位;⑳落料)

(d) 拉深工位③～⑫尺寸变化详图

图 3-59 20 工位连续拉深冲裁弯曲排样图

表 3-14 级进模工序件常用定位方式

类型	定位方式		图例	功能	适用范围
粗定位	挡料销	固定挡料销	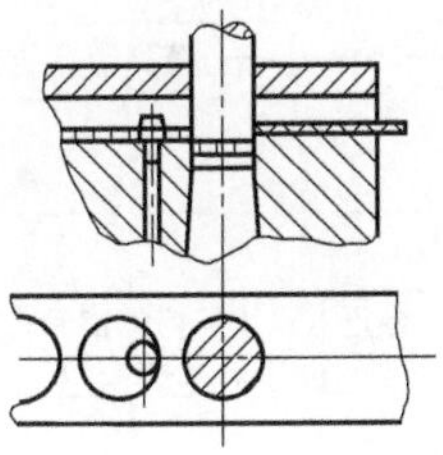	在凹模的适当位置设置的一个突起的销钉。在连续模冲切过程中条料每次向前送进时，挡料销的突起部分将冲切废料的某一部位挡住，从而起到定距的作用	料厚 $t>1.2$mm，尺寸较大，产品精度要求低（IT10～IT13），形状简单，手工送料
		始用临时挡料销	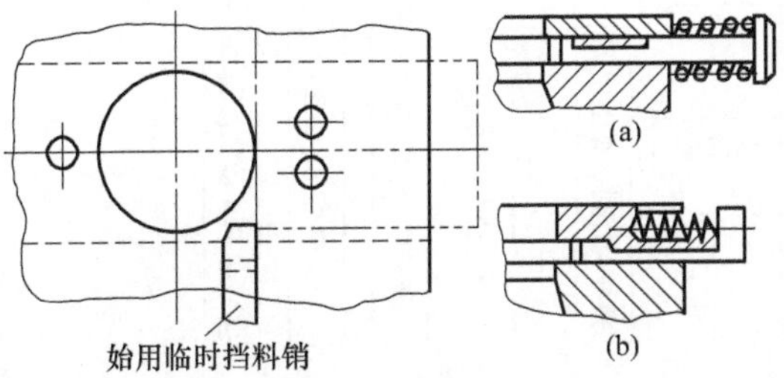 (a) (b) 始用临时挡料销	临时挡料销对条料送入模具时的第一个位置进行定位。当条料的料头送入时，用手将临时挡料销的挡块压出，挡住料头，然后松手，弹簧使挡块复位，保持条料的位置不变开始冲切加工。此后依靠固定挡料销定位	
	侧刃	单侧刃	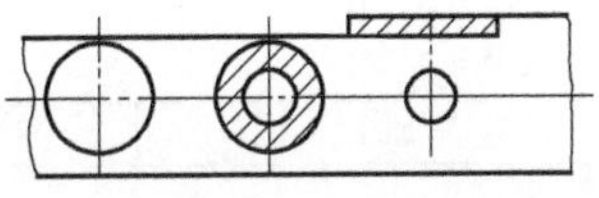	装于上模的侧刃在条料侧边冲出缺口（图中画阴影线部分），缺口长度等于送进步距，条料向前送进时侧刃挡块挡住条料上的台阶。送进距离等于侧刃冲切缺口长度。从而起到定距的作用。即通过控制步距达到使工序件定位的目的。用单侧刃定位不能对条料横向导向，而且当条料末端通过侧刃后，无法继续进行定距，在条料末端出现一段废料。双侧刃可以双向对条料导向，提高了定距的可靠性	步距≤50mm 送料步距偏差≤±0.15mm 料厚 $t=0.1$～1.5mm，精度 IT11～IT14，工位数 3～10
		双侧刃	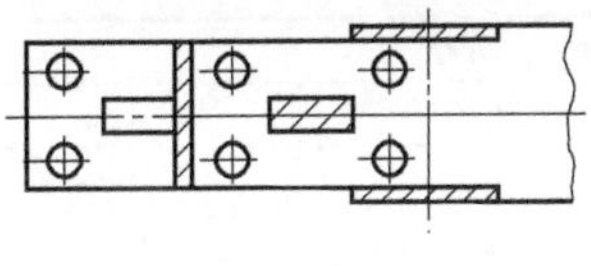		
	自动送料机构			将条料送到模具的预定位置，起到粗定位的作用	压力机配有自动送料机构
精定位	导正销		为圆柱形，一般导正孔直径 $d\geqslant 4t$（t 为料厚），$t<0.5$mm 时，$d\geqslant 1.5$mm。导正方法见表 3-15，导正孔直径可参考表 3-16，导正销的校正能力见表 3-17	插入条料上的导正孔以矫正条料的位置，达到送料精确的目的	精度要求高，与粗定位方式联合使用

表 3-15 应用导正销的导正方法

类型	图 示	特征
直接导正	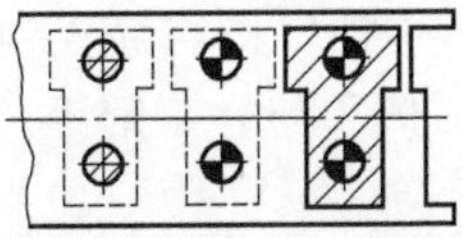	利用产品零件本身的孔作为导正孔，导正销可安装于凸模之中，也可专门设置 材料利用率高，便于加工模具，外形与孔的相对精度易保证，但易引起孔变形
间接导正	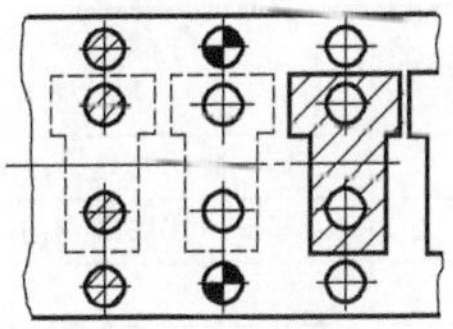	利用在载体或废料上设置的导正孔导正。产品孔不会变形，但载体与工序件的位置不如直接导正有保证，材料利用率低，模具加工工作量增加

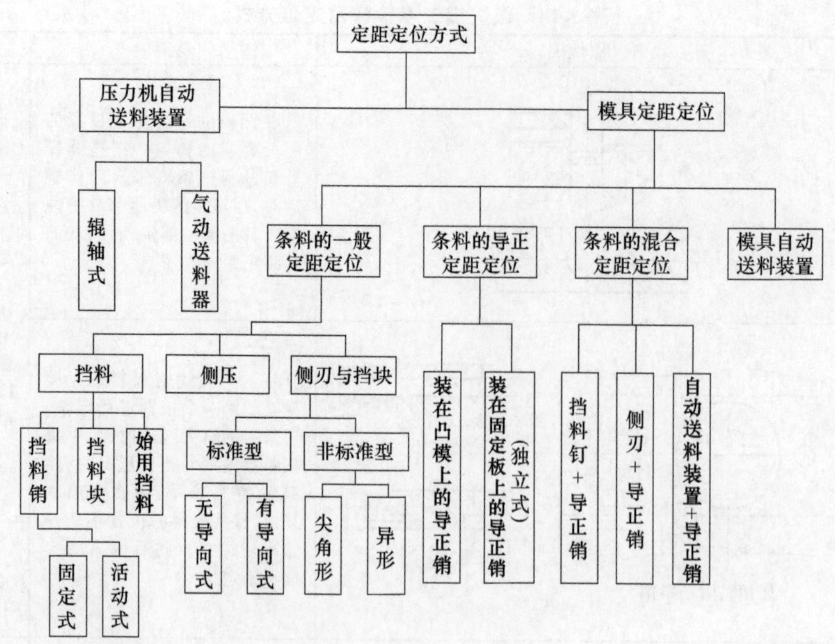

图 3-60　定距定位方式

表 3-16　导正孔直径

mm

料厚 t	导正孔最小直径 d_{min}	料厚 t	导正孔最小直径 d_{min}
<0.5	1.5	>1.5	≥2.5
0.3～1.5	2.0		

表 3-17　导正销校正能力

mm

孔径	料厚				
	0.2	0.4	0.8	1.5	3.0
3.0	0.05	0.08	0.13	—	—
5.0	0.08	0.130	0.200	0.25	—
6.0	0.10	0.200	0.250	0.35	—
8.0	0.12	0.200	0.250	0.400	0.65
10.0	0.13	0.200	0.300	0.500	0.75
13.0	0.15	0.250	0.380	0.750	0.80
19.0	0.15	0.250	0.400	0.801	1.00

(2) 条料的混合定距定位应用特点比较

在多工位级进模中，定距定位比较可靠，也是应用最多的一种叫联合定距定位。这是由两种定位方式或三种定位方式联合在一起使用的。这种定位方法是在一瞬间内先粗定位，后精定位，最终达到精确定位的要求。目前应用较普遍的几种组合有：①挡料销与导正销；②侧刃与导正销；③自动送料器（装置或机构）与导正销或自动送料器、侧刃与导正销等。各自的应用特点见表 3-18。

表 3-18　几种联合定距定位应用特点

项目	挡料销粗定位 导正销精定位	侧刃粗定位 导正销精定位	自动送料器粗定位 导正销精定位
定距定位精度要求	不高(>±0.1mm)	一般(能达≤±10μm)	高(能达≤±5μm)
冲压速度	低	中	高速(400 次/min 以上)
送料方式	手工	自动	自动
对冲件料厚的要求	厚料较好(t>0.3mm)	可以用薄料	薄料(t≥0.1mm)

续表

项目	挡料销粗定位 导正销精定位	侧刃粗定位 导正销精定位	自动送料器粗定位 导正销精定位
对冲件料的形状和料长的要求	条料、料长适中便于送料	带料、卷料，料越长越有利	长的卷料，料宽尺寸公差要求严，不允许蛇形状
级进模的工位数与复杂程度	工位数比较少，一般为2～4个工位的简单级进模	工位数适中的较复杂级进模	精密、多工位、长寿命级进模，一般模具较复杂
对冲压设备的要求	普通压力机(开式的)	精密压力机，常带有自动送料器	带有自动送料器的精密、高速冲压设备。根据需要，有的设备带有恒温控制
成本	一般一模就一个挡料销和定位销，所以成本低	一般一模一个侧刃多个导正销，导正销的尺寸要求加工成一致，所以成本较高	一般采用多个导正销，导正销越多，成本越高，但对定位精度有好处
总体适用情况	①制件材料比较厚 ②制件产量不太大 ③制件形状适合用挡料销粗定位，导正销精定位，并且落料凸模上有足够位置装导正销 ④制件精度要求不高 ⑤适用于手工送料	①制件材料比较薄，能供应长的带料或卷料，料宽尺寸公差能保证 ②制件产量较大，适宜采用级进模生产 ③制件的精度要求适中 ④适用于侧刃粗定位，导正销精定位和自动送料	①制件材料薄，有稳定的、成卷的、具有一定宽度尺寸的材料供应 ②制件产量很大 ③制件的精度用多工位级进模自动送料、多个导正销精定位能满足要求

(3) 挡料销与导正销联合使用

挡料销与导正销的联合使用，因结构简单、制造方便而被常用。如图3-61所示，冲压开始时，材料的端部利用始用挡料1推进挡住定位，由凸模9先冲出圆孔；第二次冲压时，料端直接由挡料销5挡住定位，并在冲压开始时落料凸模7上的导正销8先行对条料10上已冲出的圆孔进行导正，完成精确定位后，上模继续下行，完成落料；第三次以后冲压前，利用条料上的落料孔，套入挡料销并向前推紧，完成初定位，然后由落料凸模7上的导正销8进入由前工位凸模9冲出的孔内，进行导正下落料，如此循环，利用挡料销、导正销的混合定位作用，使制件保证内外圆同轴。

挡料销的位置尺寸确定，与挡料销在凹模中的安装位置有关。

如图3-62(a)所示，挡料销位置尺寸 e 按下式计算

$$e=\frac{d_t}{2}+a+\frac{d}{2}+0.1$$

如图3-62(b)所示，挡料销位置尺寸 e' 按下式计算

$$e'=\frac{3d_t}{2}+a-\frac{d}{2}-0.1$$

式中 e，e'——分别为图3-62(a)、(b)中的挡料销中心至落料凸模中心距离，mm；

d_t——落料凸模直径，mm；

d——挡料销直径，mm；

a——搭边值，mm。

(4) 侧刃与导正销联合使用

侧刃作为定位的一种零件，在级进模中可以单独使用，也可以作为送进条料时步距的粗定位与作为精定位的导正销一起联合使用。

① 导正销位置的合理安排　在级进模设计中，导正孔一般在条料排样的第一工位冲出，导正销的设置都是紧挨冲导正孔的第二工位。导正销按制件形状及模具结构情况而定，设置双排或单排。当条料宽度尺寸较大时，多用双排导正，这样能提高定位精度。对于工位较多的级进模，除了紧挨冲孔工位后设置的导正销外，还必须考虑到当材料在弯曲或拉深工位处，经过

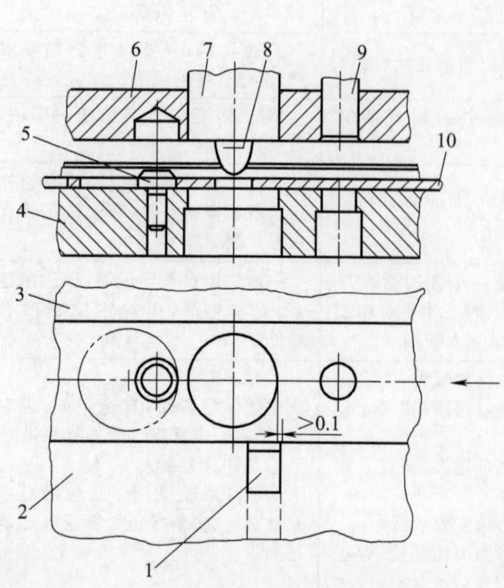

图 3-61　挡料销与导正销的联合应用

1—始用挡料；2—后导料板；3—前导料板；
4—凹模；4—挡料销；6—卸料板；7—落料凸模；
8—导正销；9—冲孔凸模；10—条料

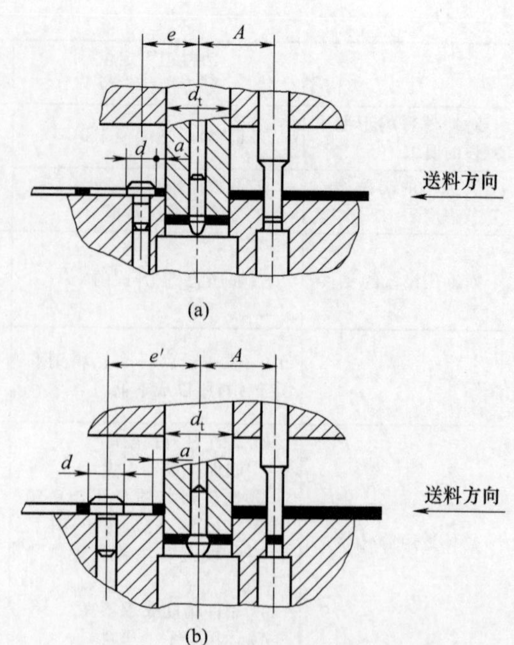

图 3-62　确定挡料销的位置尺寸

弯曲或拉深后，一般材料无法用导料板进行导向，同时也可能因材料的局部变形而失去原有形状，所以有必要在适当工位处增设导正销定位。对于这类定位，基本上是以制件的结构孔作为定位孔，特别是最后工位，即落料以其结构孔作为定位，可以保证弯曲件孔边尺寸精度要求。大多数导正销以条料两侧所设的导正孔导正。

导正销应设在紧挨冲导正孔之后的工位上，这样导正定位精度高，否则会造成制件的尺寸偏差而影响整个制件质量。

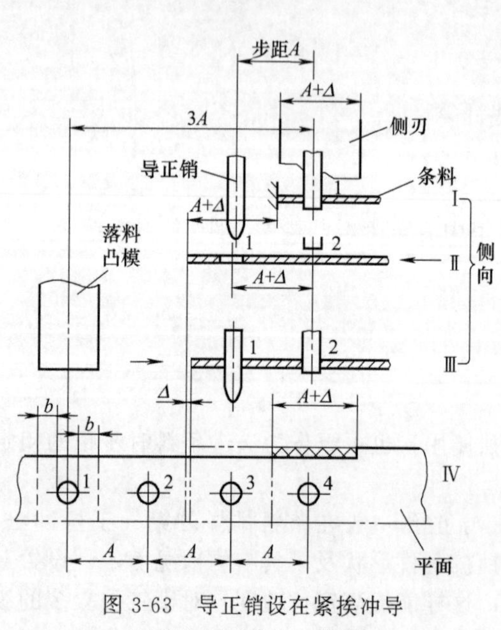

图 3-63　导正销设在紧挨冲导正孔之后工位上（合理）

如图 3-63 所示为导正销设在紧挨冲导正孔之后的工位上。由图示Ⅰ可以看出，侧刃的尺寸为步距 $A+\Delta$，所以每次预定位的送料尺寸也是（$A+\Delta$），在第一孔到达导正销位置后，就可进行第二孔的冲裁，由于导正销的导正作用，使条料逆送料方向后退了一个 Δ 值，见图示Ⅲ，这样在冲第二孔时就保证了被冲的孔与被定位的孔之间距离等于一个步距 A，以此类推，所有的孔距总是保持完全一致，因此，落料凸模冲下来的制件，保证了孔到边的尺寸正确，图中孔两边的尺寸 b 相等，所以按图 3-63 导正销的位置设计是合理的。

② 侧刃冲切刃口长度应比步距大 Δ 值

当侧刃与导正销联合使用时，侧刃的冲切刃口长度应比步距大一定量，即侧刃的尺寸为步距 $A+\Delta$，Δ 为加大值，作为调整使用，推荐值见表 3-19。

(5) 自动送料装置（机构）与导正销联合使用

自动送料装置与导正销联合使用，在多工位级进模中，尤其是在高速、自动化冲压生产中是比较常用的一种送料定位方法。

表 3-19　侧刃与导正销联合使用时侧刃冲切刃口长度增加值 Δ　　mm

导正销直径 d(h6)	制件料厚 t			
	～0.3	0.3～0.5	0.5～1.0	1.0～1.5
≤3	0.05	0.05	0.08	0.10
3～6	0.08	0.10	0.12	0.15
6～8	0.10	0.15	0.20	0.20
8～10	0.12	0.15	0.20	0.22
10～12	0.13	0.15	0.22	0.25
12～14	0.14	0.20	0.22	0.25
14～18	0.14	0.20	0.25	0.28
18～22	0.15	0.20	0.25	0.28
22～26	0.15	0.22	0.28	0.30
26～30	0.16	0.22	0.28	0.40

自动送料装置一般都是设在模具外，与压力机配套，作为压力机的一种辅助机构而独立存在，其动作常依赖于压力机滑块的上下往复运动，经一定构件的传动，使条料作定时、定量地沿着一定方向送进，达到自动送料目的。

在多工位级进模中，目前广泛采用自动送料装置为机械式辊轴传动和气动送料器等，它主要适用于薄而长的卷料、带料，小步距和高速冲压的送料兼预定位，导正销作精定位。

合理安排导正销是保证做到精密多工位级进模冲压的前提。导正工位一般在冲导正孔后的工位上就应设置，理由前面已有介绍。被导正的工位数应在整个工位数的一半以上比较理想，但导正销的工作直径端未进入孔之前，条料不应该被压紧，以便导正销导入条料时，能调整条料至正确位置，这样才能做到正常生产。

3.5　带料连续拉深工艺计算和工序（排样）设计

3.5.1　连续拉深的特点和应用

(1) 连续拉深的特点

在大批量生产中，对于一些外形尺寸在 60mm 以内，材料厚度在 2mm 以内的管壳类零件，尤其是直径在 6mm 以内的零件，在带料上直接进行连续拉深，在最后制件拉成后再从带料上冲裁分离，这一方法称为带料连续拉深。

由于带料连续拉深时，不能进行中间退火，因此，用于连续拉深的材料，必须具有高塑性，如纯铜、黄铜、软钢、镍、软铝、可伐合金（Ni29Co18）等。连续拉深和单工序拉深相比，主要特点与应用范围见表 3-20。

表 3-20　带料连续拉深与单工序拉深的比较

项目	带料连续拉深	单工序拉深
对冲压用材料形式(长、短、宽、窄和形状)的要求	必须具有一定宽度的很长的带料，这样才便于连续作业，保证生产效率	带料、条料或片料都可以用，对料的长短和形状要求不是十分严格
对材料软硬和塑性方面的要求	经退火后的软料。要求材料的延展性好，便于塑性变形和对冷作硬化敏感性不是很大	经退火后的软料。相对来说对材料的塑性和延展性没有连续拉深要求高，但塑性好的材料有利于加工
常用的材料	黄铜、纯铜、08F、10F 等低碳钢、可伐合金、镍、软铝、不锈钢	原则上一般金属材料都可以

续表

项目	带料连续拉深	单工序拉深
制件大小与主要尺寸方面 直径 料厚 材料相对厚度 相对高度 相对直径	外径 $d<60$mm $t<2$mm $t/D>0.01$ $H/d\leqslant 2.5$ $d_{\phi}/d\leqslant 2$ 直径太大、模具大；料太厚，拉深力大，不便于拉深，也没有大的压力机满足需要	只要加工制造好合适的模具，有相应的压力机可供使用，对制件直径大小和使用的料厚等原则上不受限制
拉深变形程度的大小	拉深过程中不能进行退火处理，因此每次拉深变形程度不能太大	拉深过程中间对半成品可以进行退火处理，所以每次拉深变形程度比连续拉深要大些
适用场合	大批量、可实现自动送料、自动化生产，生产率比单工序拉深提高 5～20 倍	中、小批量或试制产品

注：t—材料厚度；D—包括修边余量在内的毛坯直径；d_{ϕ}—凸缘直径；H—制件高度；d—制件外径。

（2）连续拉深的分类和应用

根据带料在连续拉深开始前带料上有无工艺切口（缝或槽），带料连续拉深分为无工艺切口拉深，又称整带料拉深和有工艺切口拉深两种，如图 3-64 所示。

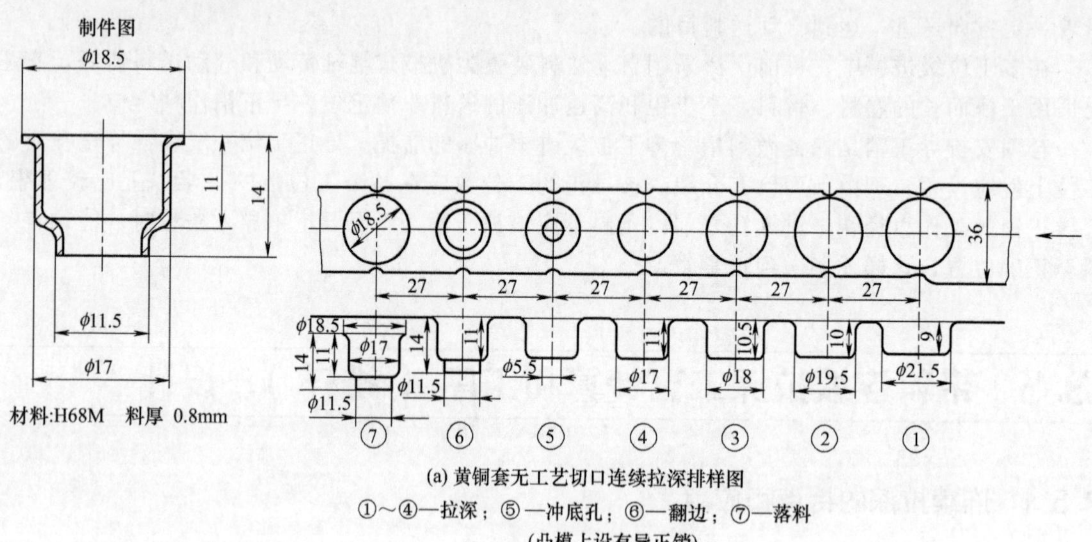

(a) 黄铜套无工艺切口连续拉深排样图

①～④—拉深；⑤—冲底孔；⑥—翻边；⑦—落料

（凸模上设有导正销）

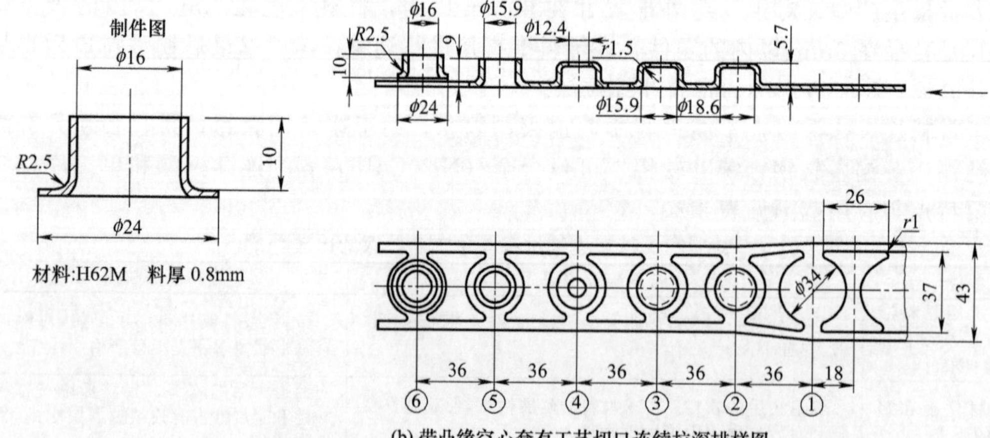

(b) 带凸缘空心套有工艺切口连续拉深排样图

①—冲“工”形工艺切口；②,③—拉深；④—冲φ12.4mm底孔；⑤—翻边；⑥—落料

图 3-64　带料的连续拉深方法（排样图）

带料连续拉深时，是否需要带料切口，主要决定于拉深工艺。具体应用见表3-21。

表3-21 带料连续拉深的分类和应用

分类	应用范围		特点
	常规	推荐采用	
无工艺切口[见图3-64(a)]	$\frac{t}{D}\times 100>1$ $\frac{d_\phi}{d}=1.1\sim1.5$ $\frac{h}{d}<1.5$ $t<2\text{mm}$	$t=0.2\sim2\text{mm}$ $\frac{t}{D}\times 100\geqslant1$ $D<62\text{mm}$ $d\leqslant30\text{mm}$ $d\phi<45\text{mm}$ $\frac{d\phi}{d}\leqslant1.5$ $\frac{h}{d}=0.3\sim0.5$(曾做到过$h=2.5d$)	①用此法拉深时，相邻两个拉深件之间相互影响，使得材料沿送料方向流动困难，主要靠材料变薄伸长 ②拉深系数比单工序大，拉深工序数需增加 ③节省材料
有工艺切口[见图3-64(b)]	$\frac{t}{D}\times 100<1$ $\frac{d_\phi}{d}=1.3\sim1.8$ $\frac{h}{d}>2$ $t\leqslant2$	$t=0.3\sim3\text{mm}$ $\frac{t}{D}\times 100<1$ $D<162\text{mm}$ $d\leqslant60\text{mm}$ $d\phi<108\text{mm}$ $\frac{d\phi}{d}\leqslant1.8$ $\frac{h}{d}=0.5\sim1$(曾做到过$h>2d$)	①相似于带凸缘件拉深，但由于相邻两个拉深件间仍有材料相连，因此变形比单个带凸缘件稍困难些 ②拉深系数略大于单工序拉深 ③费料

注：t—材料厚度；D—包括修边余量在内的毛坯直径；d_ϕ—凸缘直径；d—制件直径；h—制件高度。

3.5.2 带料工艺切口形式与带料宽度B、步距（进距）A的计算

(1) 工艺切口形式

为了有利于材料的塑性变形，有工艺切口的带料连续拉深比较常用，选择什么样的切口，这要根据制件的形状特点而定，生产中常见的几种切口形式及应用见表3-22。

表3-22 工艺切口形式及其应用场合

序号	切口或切槽形式	应用场合	优缺点
1	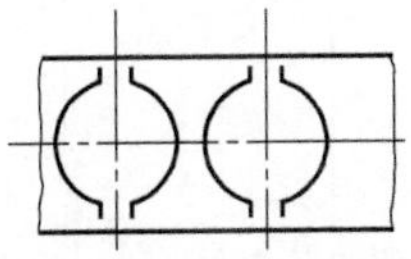	用于材料厚度$t<1\text{mm}$、制件直径$d=5\sim30\text{mm}$的圆形浅拉深件	①首次拉深工位，料边起皱情况较无切口时为好 ②拉深中侧搭边会变曲，妨碍送料
2	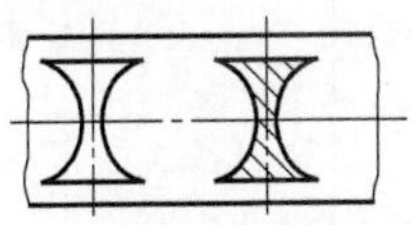	用于材料较厚($t>0.5\text{mm}$)的圆形小工件。应用较广	①不易起皱，送料方便 ②拉深中带料会缩小，不能用来定位 ③费料
3	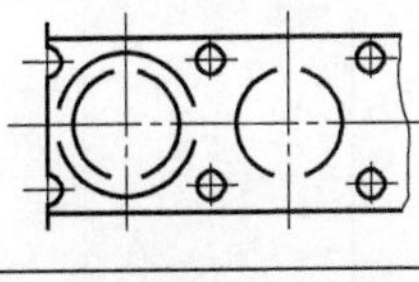	用于薄料($t<0.5\text{mm}$)的小工件	①拉深过程中料宽与进距不变，可用废料搭边上的孔定位 ②费料
4	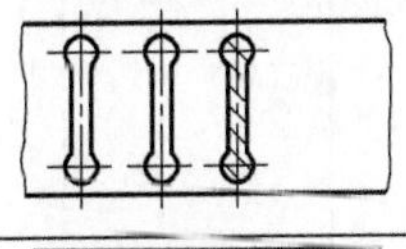	用于矩形件的拉深，其中序号4应用较广	①拉深时材料宽度方向流动困难 ②拉深系数比单工序拉深要大 ③材料宽度变化不大
5	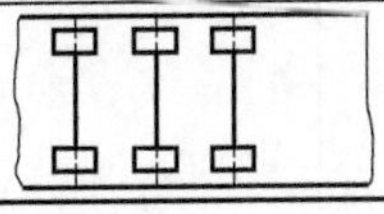		

续表

序号	切口或切槽形式	应用场合	优缺点
6	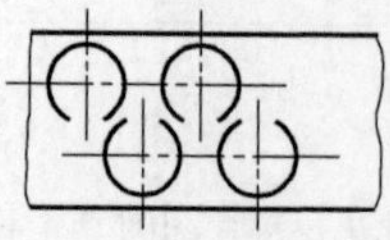	用于单排或双排的单头焊片	①由于未切口部分材料向拉深工序中心流动困难，所以拉深工序中心要内移 与序号1相同 ②带料宽度不变
7	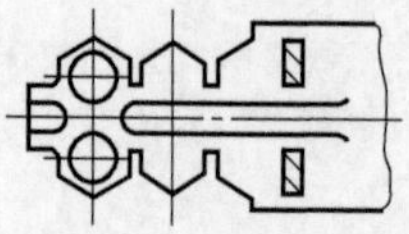	用于多排或多排筒形件的连续拉深（如双孔空心铆钉）	①中间压筋后，消除了两筒形间产生开裂的现象 ②保证两筒形中心距不变

(2) 带料的宽度 B 和步距 A 的计算

带料连续拉深时，料宽与步距大小和带料上有无工艺切口及切口的不同形式有关，计算公式见表3-23。

表3-23 带料连续拉深的料宽和步距计算公式

序号	拉深方法	图示	料宽	步距
1	整料连续拉深	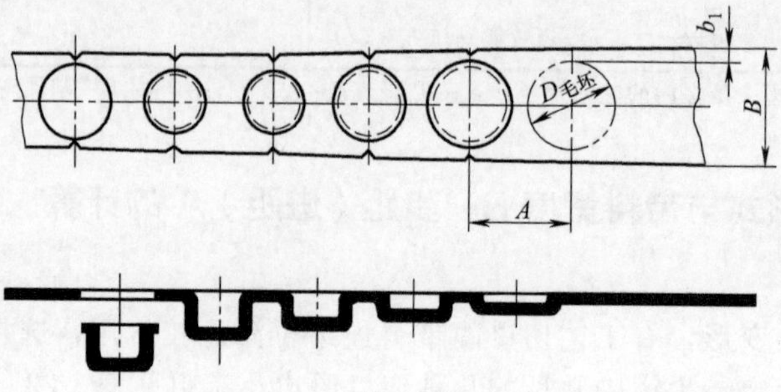 b_1 B $D_{毛坯}$ A (a)	$B=D+2b_1$	$A=(0.8\sim1)D$ 一般不能小于包括修边余量的凸缘直径 $D=D_0+\delta$
2	有一圈工艺切口的连续拉深	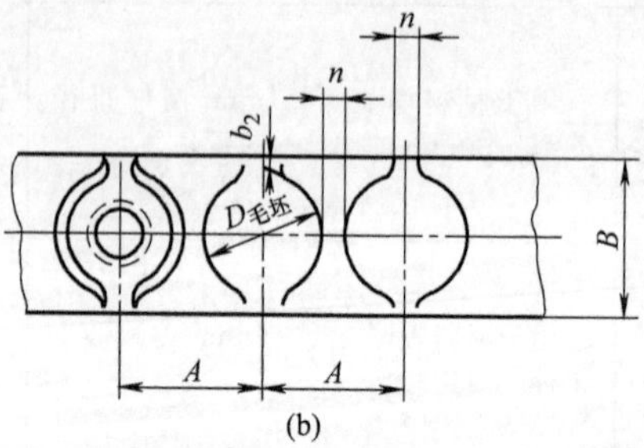 n n b_2 $D_{毛坯}$ B A A (b)	$B=D+2b_2$	$A=D+n$
3	有两圈工艺切口的连续拉深	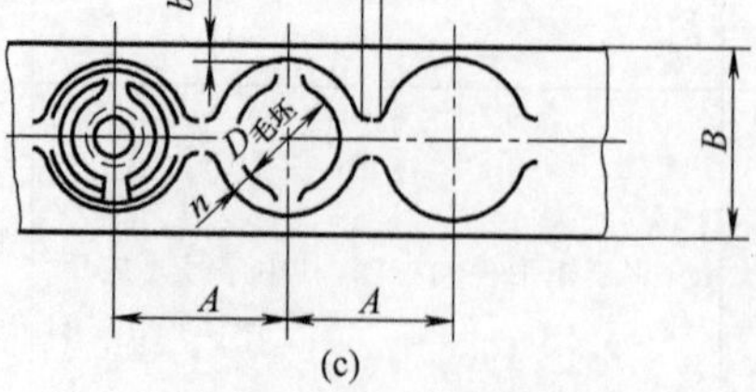 b_2 n $D_{毛坯}$ n B A A (c)	$B=D+2n+2b_2$	$A=D+3n$

续表

序号	拉深方法	图示	料宽	步距
4	带半双月形切口的连续拉深	(d)	$B=C+2b_2$	$A=D+n$
5	带有特殊切口的连续拉深	(e)	$B=D$	$A=D+n$

注：B—连续拉深用带料宽度，mm；
A—带料的送进步距，mm；
D—包括修边余量在内的毛坯直径（$D=D_0+\delta$，D_0—毛坯的计算直径，与一般带凸缘筒形毛坯计算相同），mm；
δ—修边余量，mm，见表3-24；
b_1，b_2—侧搭边宽度，mm，见表3-25；
n—相邻切口间搭边宽度或冲槽最小宽度，mm，见表3-25；
C—工艺切槽宽度，mm，见表3-25；
K—切口间宽度，mm，见表3-25；
r—切槽圆角半径，mm，见表3-25。

表3-24 带料连续拉深用修边余量 δ mm

毛坯计算直径 D_0	材料厚度 t								
	0.2	0.3	0.4	0.5	0.6	0.8	1.0	1.2	1.5	2.0
<10	1	1	1.2	1.2	1.5	1.8	2	—	—	—
>10～30	1.2	1.2	1.4	1.5	1.8	2	2.2	2.5	3	—
>30～60	1.2	1.5	1.6	1.8	2	2.2	2.5	2.8	3	3.5
>60	—	—	1.8	2	2.2	2.5	3	3.5	4	4.5

表3-25 带料连续拉深的搭边及切口有关参数推荐值 mm

参数符号	材料厚度		
	≤0.5	>0.5～1.5	>1.5
b_1	1.5	1.75	2
b_2	1.5	2	2.5
n	1.5	1.8～2.2	3
r	0.8	1	1.2
K	$K\approx(0.25\sim0.35)D$		
C	$C\approx(1.02\sim1.05)D$		

3.5.3 带料拉深系数和相对拉深高度

由于带料连续拉深中，有工艺切口或是无工艺切口，材料均要受到约束，相互牵连。无工艺切口拉深比有工艺切口拉深，材料的受约束和相互牵连要大一些。此外，带料连续拉深时，是不能对中间工序的半成品进行退火的，所以带料连续拉深每个工位的材料变形程度，相对于单工序拉深要小，即拉深系数应比单个毛坯拉深大，所需的拉深次数也多。

无工艺切口的带料连续拉深的第一次拉深系数 m_1 见表 3-26。最大相对高度$\frac{h_1}{d_1}$见表3-27。以后各次拉深系数 m_n 见表 3-28。

表 3-26 无工艺切口的第一次拉深系数的极限值 m_1（材料：08、10） mm

凸缘相对直径 d_ϕ/d_1	毛坯相对厚度$\frac{t}{D}\times100$			
	>0.2～0.5	>0.5～1.0	>1.0～1.5	>1.5
≤1.1	0.71	0.69	0.66	0.63
>1.1～1.3	0.68	0.66	0.64	0.61
>1.3～1.5	0.64	0.63	0.61	0.59
>1.5～1.8	0.54	0.53	0.52	0.51
>1.8～2.0	0.48	0.47	0.46	0.45

表 3-27 无工艺切口的第一次拉深的最大相对高度 h_1/d_1（材料：08、10） mm

凸缘相对直径 d_ϕ/d_1	毛坯相对厚度$\frac{t}{D}\times100$			
	>0.2～0.5	>0.5～1.0	>1.0～1.5	>1.5
≤1.1	0.36	0.39	0.42	0.45
>1.1～1.3	0.34	0.36	0.38	0.40
>1.3～1.5	0.32	0.34	0.36	0.38
>1.5～1.8	0.30	0.32	0.34	0.36
>1.8～2.0	0.28	0.30	0.32	0.35

表 3-28 无工艺切口的以后各次拉深系数的极限值 m_n（材料：08、10） mm

极限拉深系数 m_n	毛坯相对厚度$\frac{t}{D}\times100$			
	>0.2～0.5	>0.5～1.0	>1.0～1.5	>1.5
m_2	0.86	0.84	0.82	0.80
m_3	0.88	0.86	0.84	0.82
m_4	0.89	0.87	0.86	0.85
m_5	0.90	0.88	0.89	0.87

有工艺切口的带料连续拉深，相似于单个带凸缘件的拉深，但由于相邻两个拉深件间仍有部分材料相连，其变形比单个带凸缘件拉深要困难一些，所以首次拉深系数要大一些，其值 m_1 见表 3-29。以后各次拉深系数，可取带凸缘件拉深的上限值，其值 m_n 见表 3-30。有工艺切口的各次拉深系数极限值见表 3-31。

表 3-29 有工艺切口的第一次拉深系数的极限值 m_1（材料：08、10） mm

凸缘相对直径 d_ϕ/d_1	毛坯相对厚度$\frac{t}{D}\times100$				
	<0.06～0.2	>0.2～0.5	>0.5～1.0	>1.0～1.5	>1.5
≤1.1	0.64	0.62	0.60	0.58	0.55
>1.1～1.3	0.60	0.59	0.58	0.56	0.53
>1.3～1.5	0.57	0.56	0.55	0.53	0.51
>1.5～1.8	0.53	0.52	0.51	0.50	0.49
>1.8～2.0	0.47	0.46	0.45	0.44	0.43
>2.0～2.2	0.43	0.43	0.42	0.42	0.41
>2.2～2.5	0.38	0.38	0.38	0.38	0.37
>2.5～2.8	0.35	0.35	0.35	0.35	0.34
>2.8～3.0	0.33	0.33	0.33	0.33	0.33

表 3-30 有工艺切口的以后各次拉深系数的极限值 m_n（材料：08、10） mm

最小拉深系数 m_n	毛坯相对厚度 $\frac{t}{D}\times 100$				
	>0.06～0.2	>0.2～0.5	>0.5～1.0	>1.0～1.5	>1.5
m_2	0.80	0.79	0.78	0.76	0.75
m_3	0.82	0.81	0.80	0.79	0.78
m_4	0.85	0.83	0.82	0.81	0.80
m_5	0.87	0.86	0.85	0.84	0.82

表 3-31 有工艺切口的各次拉深系数的极限值 mm

材料	拉深次数					
	1	2	3	4	5	6
	拉深系数 m					
黄铜（软）	0.63	0.76	0.78	0.80	0.82	0.85
软钢、铝	0.67	0.78	0.80	0.82	0.85	0.90

有工艺切口拉深的最大相对高度$\frac{h_1}{d_1}$可参见表 3-32。各种材料拉深系数极限值参考表 3-33。

表 3-32 有工艺切口带凸缘筒形件第一次拉深的最大相对高度 h_1/d_1 mm

凸缘相对直径 d_ϕ/d_1	毛坯相对厚度 $\frac{t}{D}\times 100$				
	2～1.5	1.5～1.0	1.0～0.6	0.6～0.3	0.3～0.15
≤1.1	0.90～0.75	0.82～0.65	0.70～0.57	0.62～0.50	0.52～0.45
>1.1～1.3	0.80～0.65	0.72～0.56	0.60～0.50	0.53～0.45	0.47～0.40
>1.3～1.5	0.70～0.58	0.63～0.50	0.53～0.54	0.48～0.40	0.42～0.35
>1.5～1.8	0.58～0.48	0.53～0.42	0.44～0.37	0.39～0.34	0.35～0.29
>1.8～2.0	0.51～0.42	0.46～0.36	0.38～0.32	0.34～0.29	0.30～0.25

注：表中数值适用于 10 钢，对于比 10 钢塑性更大的金属取接近于大的数值，对于塑性较小的金属，取接近于小的数值。

表 3-33 实用拉深系数极限值（推荐） mm

序号	材料	首次拉深 m_1	以后各次拉深 m_n	总拉深系数 $m_{总}$
1	拉深用钢板	0.55～0.60	0.75～0.80	0.16
2	不锈钢	0.50～0.55	0.80～0.85	0.26
3	镀锌钢	0.58～0.65	0.88	0.28
4	纯铜	0.55～0.60	0.85	0.20～0.24
5	黄铜	0.50～0.55	0.75～0.80	0.20～0.24
6	锌	0.65～0.70	0.85～0.90	0.32
7	铝	0.53～0.60	0.8	0.18～0.22
8	硬铝	0.55～0.60	0.9	0.24

3.5.4 带料连续拉深工艺计算基本步骤

(1) 计算毛坯尺寸

① 计算展开毛坯直径 D_0　单工序模的计算方法及制件尺寸按等面积法可直接查《冲压模具设计实用手册》（核心模具卷）表 6-11 和表 6-12 用相应计算公式计算。

② 确定修边余量 δ　根据计算毛坯直径 D_0、材料厚度 t，查表 3-24 可得修边余量 δ。

③ 确定实际毛坯实际直径 D

$$D=D_0+\delta \tag{3-1}$$

(2) 计算总拉深系数 $m_{总}$

带料连续拉深时，由于不能进行中间退火，所以在选择此种加工方法时，首先应审查材料不进行中间退火所能允许的最大总拉深变形程度（即允许的极限总拉深系数 [$m_{总}$]），看是否满足拉深件总拉深系数的要求。

当拉深件的总拉深系数 $m_{总} \geqslant [m_{总}]$，可以使用带料连续拉深，否则不能用带料连续拉深。拉深件的总拉深系数 $m_{总}$ 为

$$m_{总}=d/D=m_1 m_2 m_3 \cdots$$

式中 d——制件的中线直径，mm；

D——制件的实际毛坯直径，mm。

材料允许的极限总拉深系数，即许用总拉深系数 [$m_{总}$] 见表 3-34。当计算的 $m_{总}$ 值大于表中的许用总拉探系数时，即 $m_{总}>[m_{总}]$，可以不用中间退火进行连续拉深。

表 3-34 许用总拉深系数 [$m_{总}$]

材料	拉伸强度 σ_b/MPa	相对伸长率 δ/%	极限总拉深系数[$m_{总}$]			
			模具不带推件装置		模具带推件装置	
			$t\leqslant$1mm	t=1～2mm	$t\leqslant$1mm	t=1～2mm
08F、10	300～400	28～40	0.40	0.32	0.2	0.16
纯铜、H62、H68	300～400	28～40	0.35	0.28	0.24～0.26	0.2～0.22
软铝	80～110	22～25	0.38	0.30	0.26～0.28	0.18～0.22
不锈钢、镍带	400～550	22～40	0.40	0.34	0.32	0.26～0.30
精密合金	500～600	—	0.42	0.36	0.34	0.28～0.32

实际使用时，总的拉深系数一般都应比表内数值大。这是因为在带料连续拉深的条件下，在材料的纵向和横向上所发生的变形不均匀性，使带料的边缘形成曲折，并增加在危险断面处的拉伸应力，使变形条件恶化，所以在带料连续拉深时，应该减少其变形量，即采用大一些的拉深系数。但又不宜用太大的拉深系数，因为拉深系数太大了，就会增加拉深工序数即拉深次数，这样做法是不经济的。

(3) 确定拉深工艺类型

确定拉深工艺类型主要指确定整带料（无工艺切口）连续拉深，还是有工艺切口的连续拉深。

根据 $(t/D)\times100$、$d_\phi \times d$、h/d 由表 3-21 查得。若确定采用有工艺切口的连续拉深，则应选择合适的工艺切口。

(4) 选定工艺切口形式

按表 3-22 选用合适的工艺切口，并参考表 3-23 计算和确定切口的尺寸、料宽和步距等。

(5) 确定能否用一次拉深成形

① 根据毛坯相对厚度 $t/D\times100$ 及凸缘相对直径 d_ϕ/d，由表 3-27（或表 3-32）的一次拉深所达到的最大相对高度 h_1/d_1，检查能否一次拉深成。

如果制件的 h/d（分别指图样上的制件高度 h 和直径 d）小于或等于表列数值（即 $h/d\leqslant h_1/d_1$），则可一次拉深出来。

如制件的 h/d 大于表列数值（即 $h/d>h_1/d_1$，$d\neq d_1$），则需多次拉深，应由表 3-26（或表 3-29）试选首次拉深系数 m_1，并求得首次拉深直径 d_1。

② 根据 d_1 计算 h_1，检查 h_1/d_1 是否满足表 3-27（或表 3-32）所列数值。

如果 h_1/d_1 小于表 3-27（或表 3-32）中所列数值，d_1 就可以作为首次拉深直径。

如果 h_1/d_1 大于表 3-27（或表 3-32）中所列数值，则需由表 3-26（或表 3-29）中另选首次拉深系数 m_1，直到所确定的 d_1、h_1 及 h_1/d_1 值小于表 3-27（或表 3-32）中所规定的最大相对高度为止。

(6) 计算拉深次数

① 无工艺切口整带料连续拉深次数确定　从表 3-26、表 3-28 中查出拉深系数 m_1、m_2、

$m_3\cdots$；初步计算出 $d_1=m_1D$、$d_2=m_2d_1$、$d_3=m_3d_2\cdots$至 $d_n\leqslant d$，从而求出所需拉深次数。

② 带料有工艺切口连续拉深次数确定　从表 3-27～表 3-32 中可查出 $d_1=m_1D$、$d_2=m_2d_1$、$d_3=m_3d_2\cdots$至 $d_n\leqslant d$，从而求出所需的拉深次数。

③ 调整各次拉深系数　拉深次数必须取接近计算结果的整数，使最后一次拉深（工序）的变形程度为最小。为使各次拉深变形程度分配合理，确定拉深次数后，需将拉深系数进行合理化调整。

一般不必力求减少拉深次数，因为它并不反映生产率的提高，大多数情况下常调整拉深系数而增多一些工序。

④ 重新计算各次拉深直径 d_1、d_2、$d_3\cdots$和计算拉深件高度 h_1、h_2、$h_3\cdots$，并相应确定中间各工序的各次拉深圆角半径等（见后面介绍）。

(7) 校核第一次拉深的相对高度

最终确定的 $h_1/d_1<[h_1/d_1]$ 为合理，许用的 $[h_1/d_1]$ 查表3-27 和表 3-32。

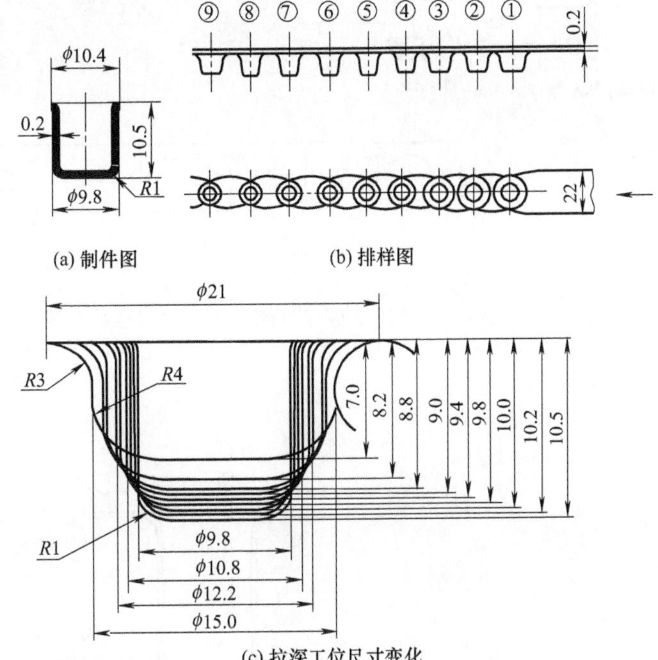

图 3-65　筒形件整带料连续拉深排样图

(8) 绘制连续拉深工序（排样）图

这里选编了部分连续拉深工序（排样）图（图 3-65～图 3-73）。

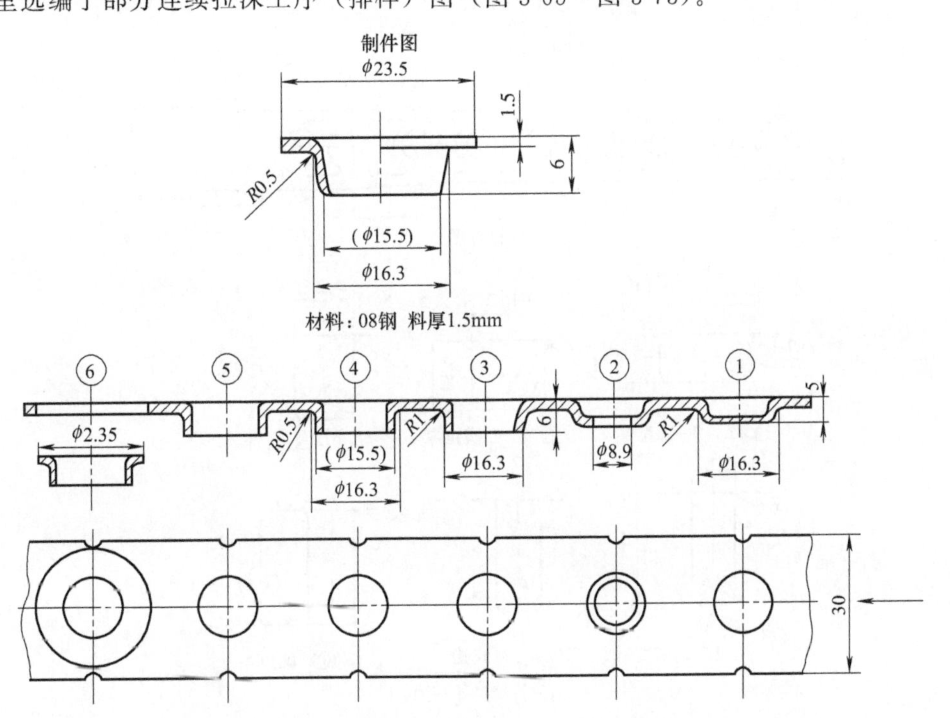

图 3-66　弹簧导套无工艺切口连续拉深排样图

①—拉深；②—冲底孔；③—底孔翻边；④—整形；⑤—空位；⑥—落料

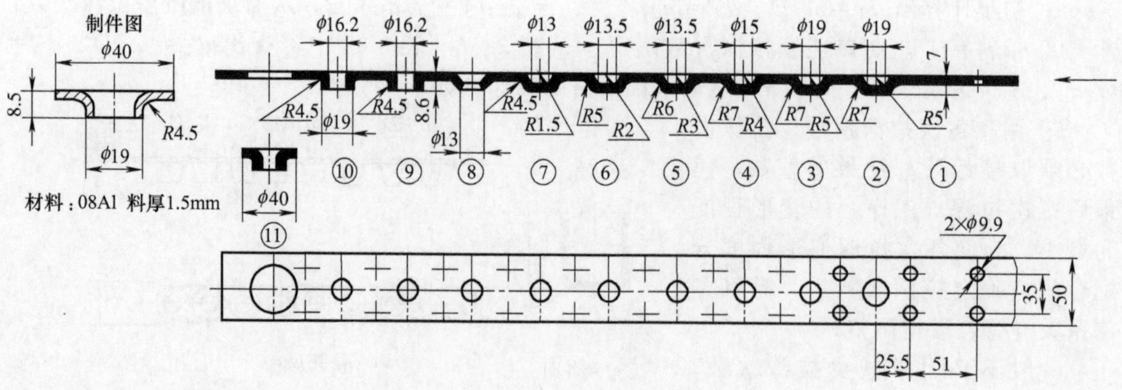

图 3-67　套圈无工艺切口连续拉深冲底孔翻边排样图

①—冲导正销孔；②—拉深；③—空位；④～⑦—拉深；⑧—冲底孔；⑨—底孔翻边；⑩—整形；⑪—落料

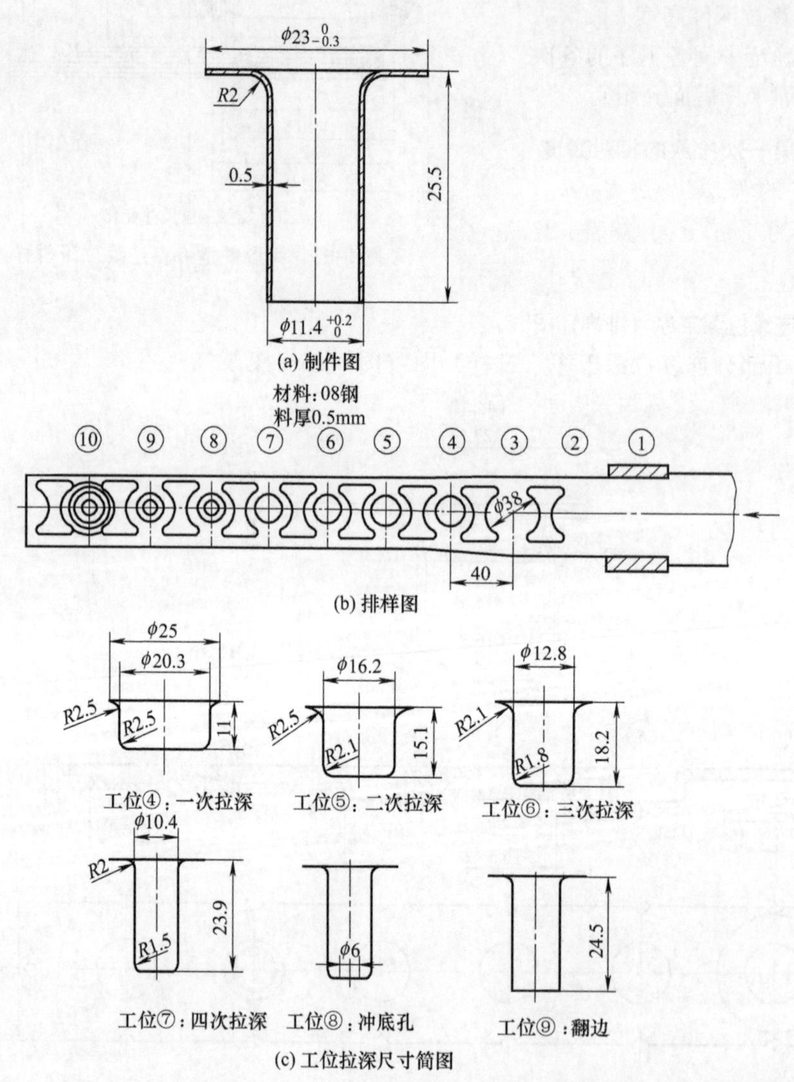

图 3-68　筒形件有工艺切口连续拉深排样图

①—双侧刃冲沿边定距；②—冲工艺切口；③—空位；④～⑦—拉深；⑧—冲底孔；⑨—翻边；⑩—落料

制件图
材料：H68M 料厚 0.4mm

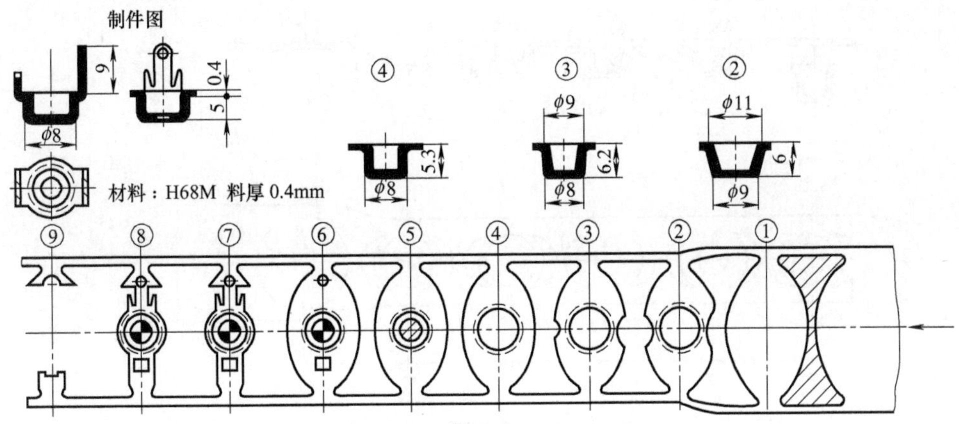

图 3-69　接线帽连续拉深排样图

①—切槽；②,③—拉深；④—拉深成形；⑤—冲底孔；⑥—冲小孔；⑦—切外形；⑧—空位；⑨—切断弯曲

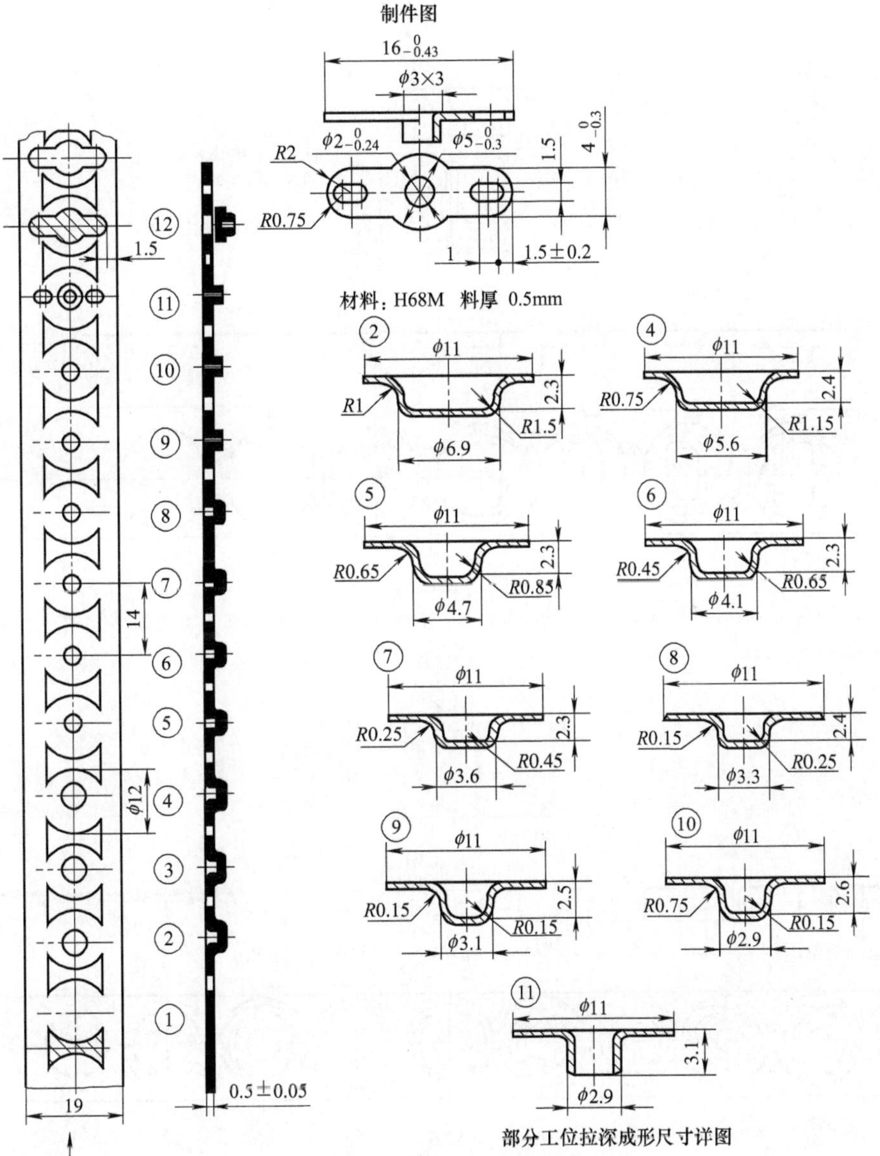

制件图
材料：H68M 料厚 0.5mm
部分工位拉深成形尺寸详图

图 3-70　焊帽连续拉深排样图

①—冲工艺切口；②—首次拉深；③—空位；④～⑩—拉深；⑪—冲底孔、冲 2 个腰圆孔；⑫—落料

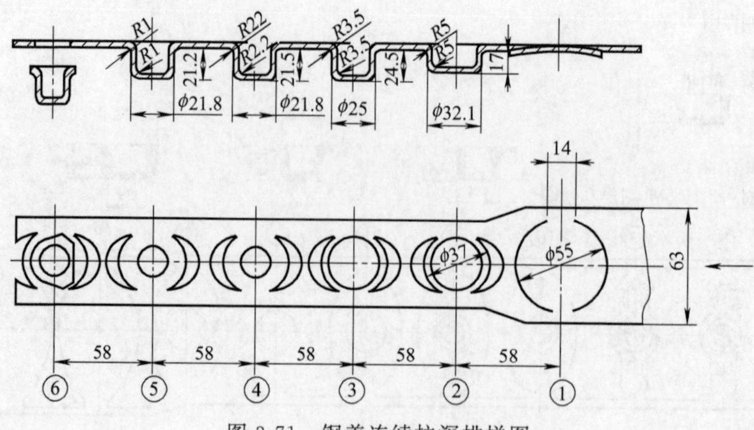

图 3-71　钢盖连续拉深排样图

①—冲双圆弧工艺切口；②～④—拉深；⑤—整形；⑥—落料

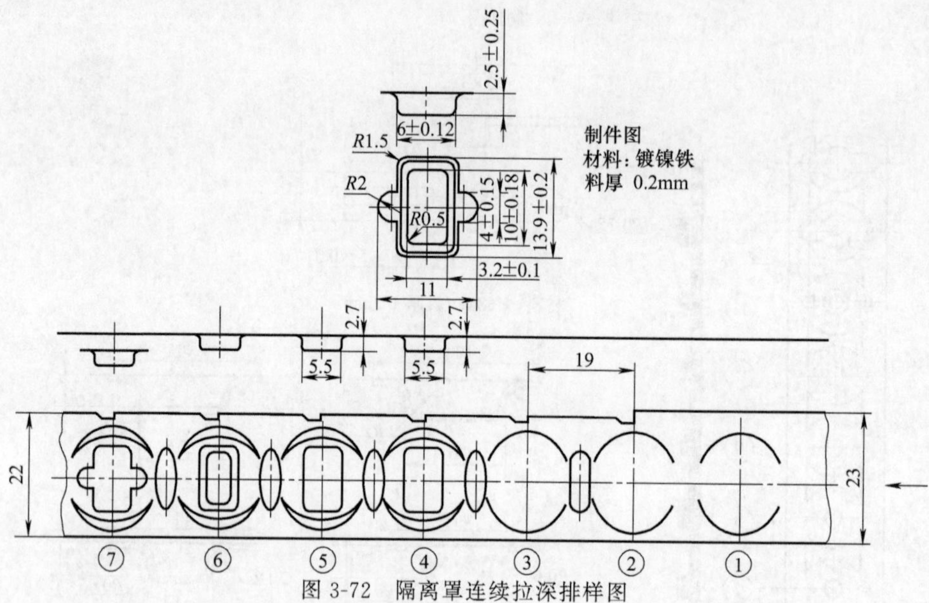

图 3-72　隔离罩连续拉深排样图

①—冲双半圆切口；②—单侧刃冲沿边定距；③—空位；④，⑤—拉深；⑥—冲底部长孔；⑦—落料

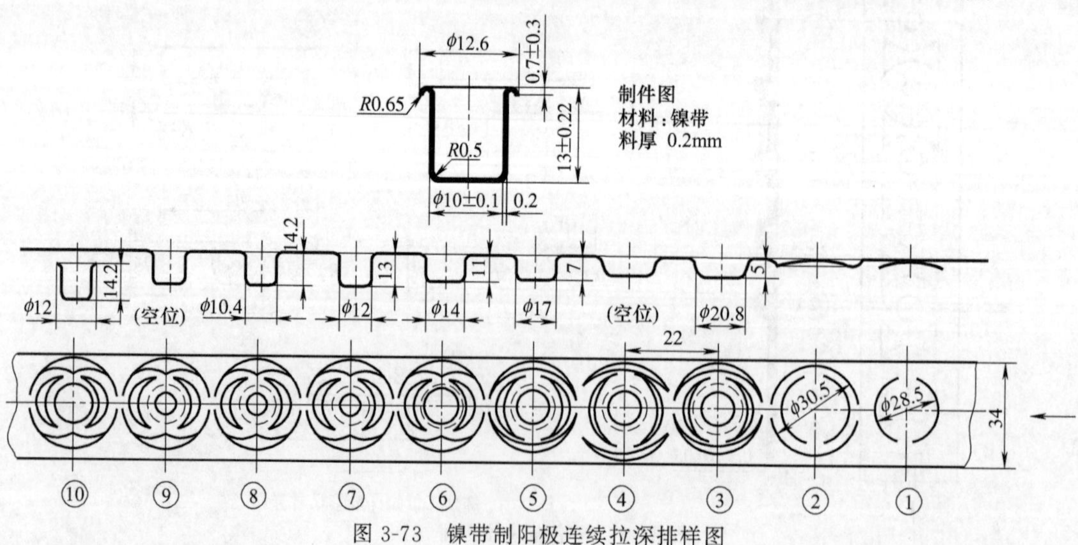

图 3-73　镍带制阳极连续拉深排样图

①，②—冲工艺切口；③—拉深；④—空位；⑤～⑧—拉深；⑨—空位；⑩—落料（R0.65 后续工序完成）

3.5.5　连续拉深的各次拉深直径的计算

连续拉深的各次拉深直径，与单工序拉深直径的计算方法一样，即某次拉深直径等于该次拉深系数与前一次拉深直径的乘积，即各次拉深直径为

$$\left.\begin{aligned} d_1 &= m_1 D \\ d_2 &= m_2 d_1 \\ &\cdots \\ d_n &= m_n d_{n-1} \end{aligned}\right\} \qquad (3\text{-}2)$$

式中　　　D——已考虑切边余量的制件实际毛坯直径，mm；

d_1，d_2，…，d_n——各次半成品的直径，mm；

m_1，m_2，…，m_n——各次拉深系数。

3.5.6　连续拉深的各次拉深凸、凹模圆角半径的确定

凸、凹模圆角半径应随着工序的增加而逐渐减小，原则上最后一次拉深凸模的圆角半径应取等于制件底部的圆角半径。拉深凹模圆角半径取等于制件的凸缘圆角半径。具体确定见表 3-35。

表 3-35　连续拉深凸、凹模圆角半径的确定

<table>
<tr><th>工序</th><th>零件</th><th>圆角半径</th><th>备　注</th></tr>
<tr><td rowspan="2">首次拉深</td><td>凸模</td><td>$r_{凸1}=(3\sim5)t$</td><td rowspan="8">$r_{凸1}$，$r_{凹1}$——分别为首次拉深凸、凹模圆角半径，mm
$r_{凸n}$，$r_{凹n}$——分别为第 n 次拉深凸、凹模圆角半径，mm
$r_{凸n-1}$，$r_{凹n-1}$——分别为第 $n-1$ 次拉深凸、凹模圆角半径，mm
t——材料厚度，mm
设计模具时，圆角半径应取较小的允许值，在试模调整时再适当增大</td></tr>
<tr><td>凹模</td><td>$r_{凹1}=(0.6\sim0.9)r_{凸1}$</td></tr>
<tr><td rowspan="3">中间各次拉深</td><td colspan="2">$r_凸$与$r_凹$应均匀递减，使逐步接近制件圆角半径</td></tr>
<tr><td>凸模</td><td>$r_{凸n}=(0.7\sim0.8)r_{凸n-1}$ 但$\geqslant 2t$</td></tr>
<tr><td>凹模</td><td>$r_{凸n}=(0.7\sim0.8)r_{凹n-1}$ 但$\geqslant t$</td></tr>
<tr><td rowspan="3">最后拉深</td><td>凸模</td><td>$r_凸$=制件底部圆角半径$>2t$</td></tr>
<tr><td>凹模</td><td>$r_凹$=制件凹缘圆角半径$>t$</td></tr>
<tr><td colspan="2">如果制件与凹模接触部位的圆角半径 $r_{凹n}<t$，与凸模接触部位的圆角半径 $r_{凸n}<2t$，则应考虑在不改变拉深直径的情况下，通过整形使制件的圆角半径符合产品要求。每次整形工序，允许减小圆角半径≤50%</td></tr>
</table>

3.5.7　连续拉深的各次拉深高度的计算

带料连续拉深过程中，只是将首次拉深进入凹模部分的材料面积作重新分布（而凸缘直径 d_ϕ 保持固定不变），随着拉深直径的减小和凸、凹模圆角半径的减小，从而改变各工序半成品直径和高度。当直径减小时，可使其拉深高度增加，而当其圆角半径减小时，反而使其拉深高度减小。

拉深高度的计算原则如下。

① 根据毛坯直径 D 来计算最后一次拉深工序的凸缘直径，这一凸缘直径应是固定值，即从第一次拉深到最后一个拉深工位都保持不变。

② 根据毛坯和凸缘直径，用一般的方法计算各次拉深的高度，每一工序拉深面积应与毛坯的面积相等。

每个工序的拉深高度，可根据有关尺寸按如下公式计算，参看图 3-74。

其直壁部分的高度为

$$h=\frac{D^2-(d_1^2+6.28r_2d_1+8r_2^2+6.28r_1d_2+4.56r_1^2+d_\phi^2-d_3^2)}{4d_2} \qquad (3\text{-}3)$$

所以各工序的拉深总高度

$$H=h+r_1+r_2+t \tag{3-4}$$

式中 D——毛坯直径，mm；

r_2——凸模圆角半径，mm；

r_1——凹模圆角半径，mm；

t——材料厚度，mm。

各工序的拉深总高度也可以由下面公式计算求得（参看图 3-75）。

$$H_n=\frac{0.25}{d_n}(D_n^2-d_\phi^2)+0.43(r_n+R_n)+\frac{0.14}{d_n}(r_n^2-R_n^2) \tag{3-5}$$

当 $r=R$ 时

$$H_n=\frac{0.25}{d_n}(D_n^2-d_\phi^2)+0.86r_n \tag{3-6}$$

式中 H_n——第 n 次拉深高度，mm；

d_n——第 n 次拉深后直径，mm，计算时取材料中线；

d_ϕ——凸缘直径，mm；

r_n——第 n 次拉深凸模圆角半径，mm；

R_n——第 n 次拉深凹模圆角半径，mm；

D_n——考虑第 n 次拉深拉入凹模的材料（按面积计）比制件成品所需的材料多出以后的假想毛坯直径，mm。如第 n 次多拉入凹模内材料为 3%，则 $D_n=\sqrt{1.03D^2}$。

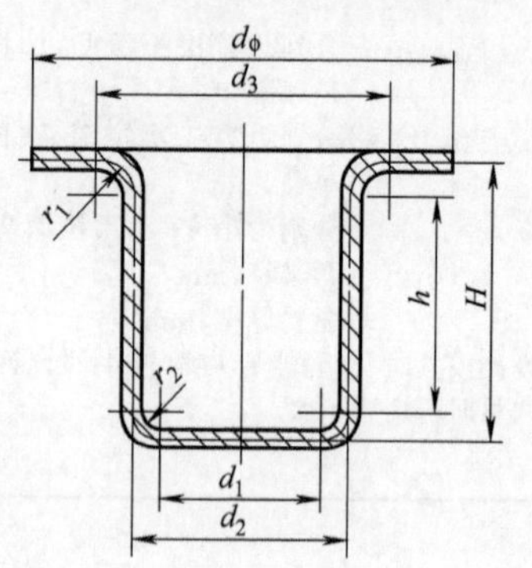

图 3-74 带凸缘拉深件有关尺寸（一）

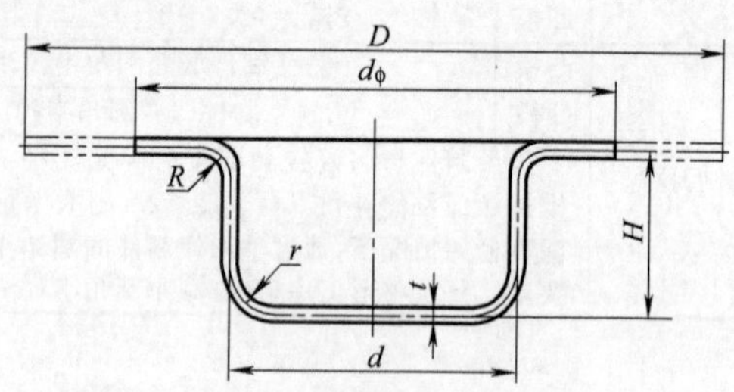

图 3-75 带凸缘拉深件有关尺寸（二）

对于无工艺切口的带料连续拉深，第一工步拉入凹模的材料常取比制件成品所需的材料按面积计算多 8%～10%；而在有工艺切口的连续拉深时，则多拉入凹模的材料为 4%～6%（工序次数多时，取上限值，工序次数少时取下限值），并在以后各次拉深工序中逐步还移到凸缘上。

3.5.8 整带料连续拉深经验计算法应用

带料连续拉深工艺计算中的拉深直径及拉深高度的确定是比较烦琐的，常常要花费不少时间，这里介绍一种比较简易实用的方法。

对于材料厚度 $t=0.25$～0.5mm，制件内径小于 10mm 的小型空心件，在采用无工艺切口整带料连续拉深时，可以按下列经验公式进行工艺计算

$$d_i=d_{内}+0.1(n-i+1)^2 \tag{3-7}$$

$$H_i=h_{制}[1-0.04(n-i+1)] \tag{3-8}$$

式中 d_i——某次拉深的凸模直径，mm；

$d_{内}$——制件的内径，mm；

i——某次拉深的序号，$i=1、2、3\cdots$；

n——连续拉深总次数；

H_i——某次拉深高度，mm；

$h_{制}$——制件的高度，mm。

使用公式（3-7）或公式（3-8）时，应先按最后一次拉深（即 $i=n$）为基础直径或基础高度进行计算，以后再用 $i=n-1$、$i=n-2$ 等代入公式，进行计算倒数第二步、倒数第三步……的直长或高度。直到计算进行到制件高度 $h\leqslant 0.5d$ 为止，或计算后的该直径可以在第一次拉深成，或第一次拉深系数大于表 3-26 值为止。

3.5.9 带料连续拉深工艺计算示例

(1) 带料有工艺切口的窄凸缘件连续拉深

如图 3-76 所示窄凸缘件，材料为厚 1.2mm 的 08F 钢，属大批量生产，采用带料连续拉深，需进行拉深工艺计算。

计算步骤如下。

① 计算毛坯直径

a. 制件按中线绘成图 3-76（b）作为计算毛坯直径的依据。

b. 求毛坯直径，按表 6-12 中序号 17 公式

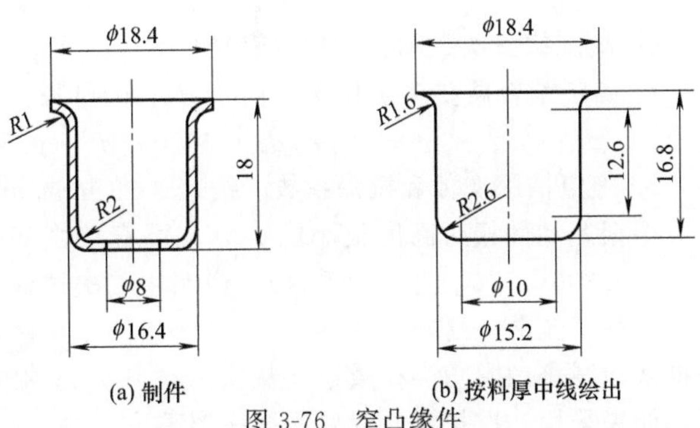

图 3-76 窄凸缘件

$$D_0=\sqrt{d_1^2+2\pi rd_1+8r^2+4d_2h+2\pi r_1d_2+4.56r_1^2}$$

$$=\sqrt{10^2+6.28\times2.6\times10+8\times2.6^2+4\times15.2\times12.6+6.28\times1.6\times15.2+4.56\times1.6^2}$$

$$=\sqrt{1247.84}=35.3\text{ (mm)}$$

c. 查表 3-24 得修边量 $\delta=2.8$mm。

d. 实际毛坯直径 $D=D_0+\delta=(35.3+2.8)\text{mm}=38.1\text{mm}$

取 $D=38$mm。

② 计算总的拉深系数

$$m_{总}=\frac{d}{D}=\frac{15.2}{38}=0.4$$

由表 3-34 查得 $[m_{总}]=0.32$

所以 $m_{总}=0.4>[m_{总}]=0.32$

可以不用中间退火进行连续拉深。

③ 确定是否需要工艺切口 由于

$$(t/D)\times100=\frac{1.2}{38}\times100=3.2$$

$$d_{\phi}/d=\frac{18.4}{15.2}=1.2$$

$$h/d-\frac{16.8}{15.2}-1.1$$

查表 3-21，由于 h/d 的值较大，决定采用有工艺切口的连续拉深。

④ 选用切口形式，计算切口尺寸，确定料宽、步距

a. 选用表 3-22 序号 2 的切口形式。

b. 切口的有关尺寸（见表 3-23 序号 4 图示）为：

取 $$K=0.25D=(0.25\times38)\text{mm}=9.5\text{mm}$$

取 $$C=1.04D=(1.04\times38)\text{mm}\approx39.5\text{mm}$$

取 $$n=2\text{mm}$$

取 $$r=1\text{mm}$$

c. 料宽 B 由表 3-23 查得

$$B=C+2b_2=(39.5+2\times2)\text{mm}=43.5\text{mm}$$

由表 3-25 查得 $b_2=2\text{mm}$。

d. 步距 A 由表 3-23 查得

$$A=D+n=(38+1.8)\text{mm}=39.8\text{mm}\quad 取 A=39.5\text{mm}$$

式中，$n=1.8\sim2.2\text{mm}$，由表 3-25 查得，取 $n=1.8\text{mm}$。

⑤ 确定拉深次数和各次拉深直径

a. 确定是否需要多次拉深　由于 $d_{\phi}/d=1.2$、$(t/D)\times100=3.2$、$h/d=1.1$，由表 3-32 查得 $h_1/d_1=0.8\sim0.65$，则 $h/d(1.1)>h_1d_1$（$0.8\sim0.65$），需多次拉深。

b. 确定拉深次数和拉深系数　按表 3-29 试选 $m_1=0.53$。

根据此制件相对高度很小的特点，可直接由表 3-30 选 $m_2=0.75$。于是 $m_1m_2=0.53\times0.75=0.396<0.4$（总拉深系数），说明用二次拉深就能达到制件要求，但是圆角半径变化太快，不利于拉深中材料的变形。一般当 $r_{凹n}<t$（材料厚度）或 $r_{凸n}<2t$ 时，就应通过整形工序将未能减小的圆角半径减小。从实践得知，每次整形允许减小的圆角半径最大为 50%。因此，如果采用二次拉深，就要增加一道整形工序。

实际生产中，采用了三次拉深，拉深系数分别采用 $m_1=0.54$，$m_2=0.84$，$m_3=0.885$。即每次拉深采用较小的变形程度，相应地减小过渡工序的凸、凹模圆角半径，最后不再用整形。在拉深次数不多的情况下，这样设计有利于提高制件质量。此外，连续拉深时，半成品在中间是不能进行退火的，在考虑拉深次数时，适当地多增加 1～2 次，对拉深过程较为有利。

c. 计算各次拉深直径

$$d_1=m_1D=0.54\times38=20.52\quad 取 d_1=20.5\text{mm}$$

$$d_2=m_2d_1=0.84\times20.5=17.22\quad 取 d_2=17.2\text{mm}$$

$$d_3=m_3d_2=0.885\times17.2=15.22\quad 取 d_3=15.2\text{mm}$$

⑥ 确定各次拉深凸、凹模圆角半径　参考求凸、凹模圆角半径与料厚的关系式后确定

$$r_{凹1}=r_{凸1}=2.5t=2.5\times1.2\text{mm}=3\text{mm}$$

$$r_{凹2}=r_{凸2}=0.7r_{凹1}=0.7\times3\text{mm}\approx2\text{mm}$$

$$r_{凹3}=1\text{mm}$$

$$r_{凸3}=2\text{mm}$$

⑦ 计算各次拉深高度　拉深高度按式（3-6）计算。

第一次拉深高度，考虑多拉入凹模的材料比所需的多 3%，此时假想的毛坯直径变成为

$$D_1'=\sqrt{D_0^2\times1.03}=\sqrt{38^2\times1.03}\,\text{mm}=\sqrt{1487.32}\,\text{mm}\approx38.5\text{mm}$$

$$h_1=\frac{0.25}{d_1}(D'^2_1-d^2_{\phi s})+0.86r_1$$

先由下式计算出最后一次拉深的实际凸缘直径 $d_{\phi s}$，由下面关系式得知

$$\frac{\pi}{4}(d^2_{\phi s}-d^2_{\phi})=\frac{\pi}{4}(D^2-D_0^2)$$

式中　$d_{\phi s}$——计入修边余量 δ 后的凸缘直径，mm；

d_{ϕ}——产品（制件）图上规定的制件凸缘直径，mm；

D_0——计算毛坯直径，mm；

D——实际毛坯直径，mm，$D=D_0+\delta$。

由此，$d_{\phi s}=\sqrt{D^2-D_0^2+d_{\phi}^2}=\sqrt{38^2-35.3^2+18.4^2}\text{mm}=\sqrt{536.47}\text{mm}\approx 23.2\text{mm}$

则第一次拉深高度

$$h=\left[\frac{0.25}{20.5}(38.5^2-23.2^2)+0.86\times 3.6\right]\text{mm}$$

$$=(11.5+3.1)\text{mm}=14.6\text{mm}$$

第二次拉深高度，考虑多拉入凹模的材料比所需的多2%，此时假想毛坯直径变为

$$D_2'=\sqrt{D^2\times 1.02}=\sqrt{38^2\times 1.02}\text{mm}=\sqrt{1472.88}\text{mm}\approx 38.3\text{mm}$$

$$h_2=\frac{0.25}{d_2}(D_2'^2-d_{\phi}^2)+0.86r_2$$

$$=\left[\frac{0.25}{17.2}(38.3^2-23.2^2)+0.86\times 2.6\right]\text{mm}$$

$$=(13.5+2.2)\text{mm}=15.7\text{mm}$$

h_3 等于制件图样要求高度。

⑧ 校核第一次拉深的相对高度　根据 $(t/D)\times 100=3.2$、$d_{\phi}/d_1=1.1$，查表3-32 $[h_1/d_1]=0.75$，而 $h_1/d_1=14.6/20.5=0.71<[h_1/d_1]=0.75$，故上述计算是合理的。

⑨ 绘制工序（排样）图　排样图见图3-77。

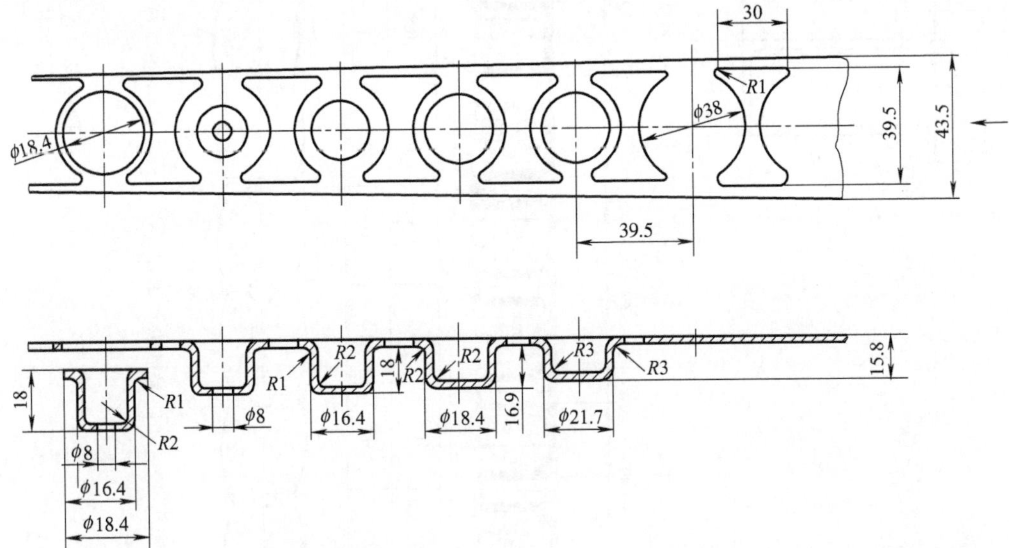

图3-77　窄凸缘件有切口连续拉深工序（排样）图

(2) 带料无工艺切口的管壳连续拉深

如图3-78所示为料厚0.4mm的纯铜管壳，采用整带料连续拉深，需进行工艺计算。采用简易经验法计算。

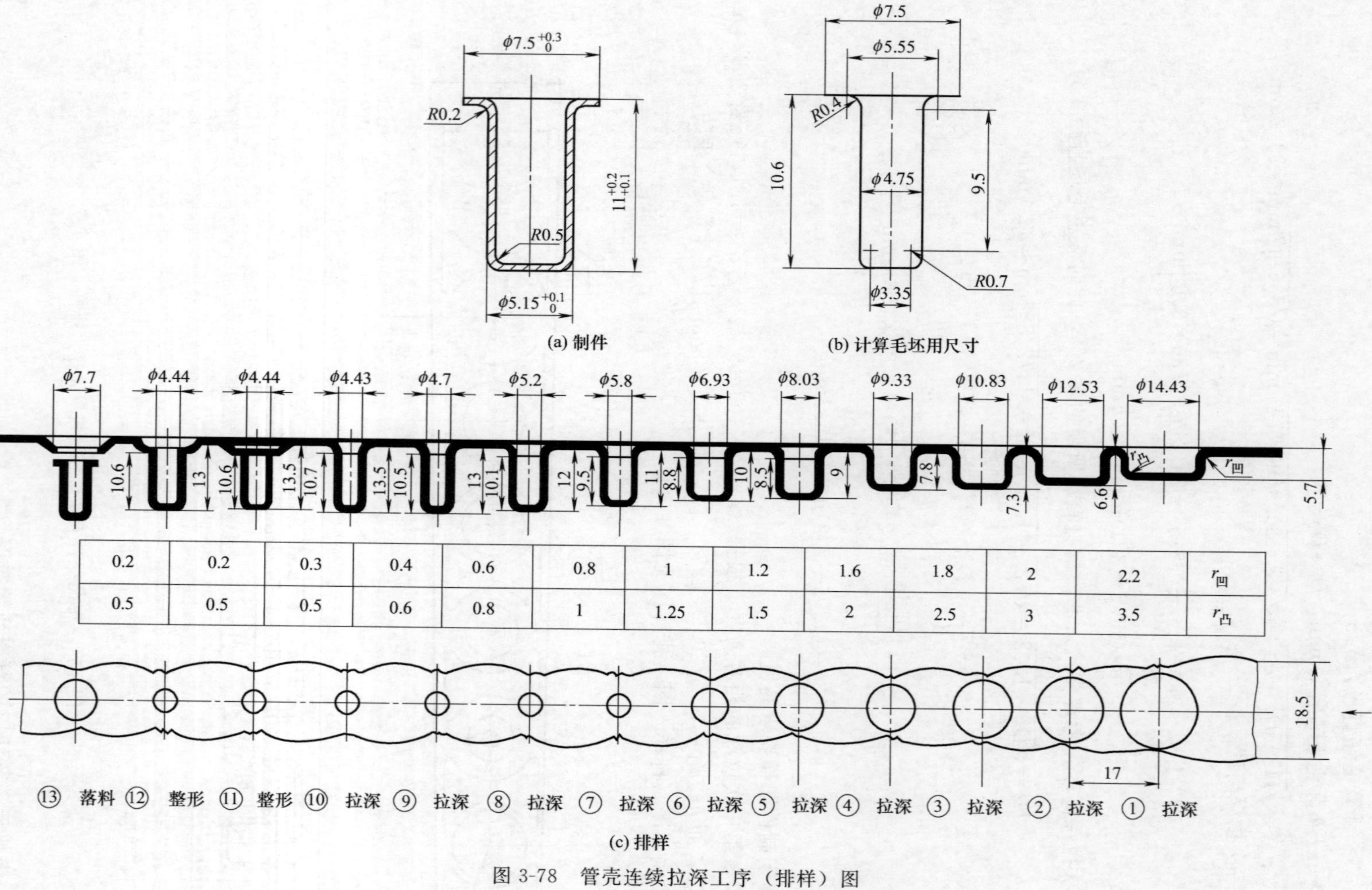

0.2	0.2	0.3	0.4	0.6	0.8	1	1.2	1.6	1.8	2	2.2	$r_凹$
0.5	0.5	0.5	0.6	0.8	1	1.25	1.5	2	2.5	3	3.5	$r_凸$

图 3-78 管壳连续拉深工序（排样）图

① 计算毛坯直径［参考图3-78（b）］ 按《冲压模具设计实用手册》（核心模具卷）中表3-12序号20公式

$$D_0=\sqrt{d_1^2+6.28rd_1+8r^2+4d_2h+6.28r_1d_2+4.56r_1^2+d_4^2-d_3^2}$$

$$=\sqrt{2.35^2+6.28\times0.7\times3.35+8\times0.7^2+4\times4.75\times9.5+6.28\times0.4\times4.75+4.56\times0.4^2+7.5^2-5.55^2}\text{ mm}$$

$$=\sqrt{248}\text{ mm}=15.75\text{mm}$$

由表3-24查得$\delta=1.4$mm。

则实际毛坯直径$D=D_0+\delta=(15.75+1.4)\text{mm}=17.15\text{mm}$。

② 计算总的拉深系数$m_{总}$

$$m_{总}=\frac{d}{D}=\frac{4.75}{17.15}=0.28$$

由表3-33查得$m_{总}=0.2\sim0.24$，表3-34查得$[m_{总}]=0.24\sim0.26$，所以$m_{总}=0.28>[m_{总}]$。

可以不用中间退火进行连续拉深。

③ 确定带料宽度 由表3-25查得$b_1=1.5$mm，查表3-23查得

$$B=D+2b_1=(17.15+2\times1.5)\text{mm}=20.15\text{mm}(选用18.5\text{mm})$$

④ 确定步距 由表3-23查得，取

$$A=D=17.15\text{mm}(选用17\text{mm})$$

⑤ 确定各次拉深直径和拉深次数 按式（3-7）$d_i=d_{内}+0.1(n-i+1)^2$计算，可得各次拉深的凸模直径，并确定拉深次数。

$d_n=4.43+0.1\times1^2=4.53$ $(d_{10}=4.43)$

$d_{n-1}=4.43+0.1\times2^2=4.83$ $(d_9=4.7)$

$d_{n-2}=4.43+0.1\times3^2=5.33$ $(d_8=5.2)$

$d_{n-3}=4.43+0.1\times4^2=6.03$ $(d_7=5.8)$

$d_{n-4}=4.43+0.1\times5^2=6.93$ $(d_6=6.93)$

$d_{n-5}=4.43+0.1\times6^2=8.03$ $(d_5=8.03)$

$d_{n-6}=4.43+0.1\times7^2=9.33$ $(d_4=9.33)$

$d_{n-7}-4.43+0.1\times8^2-10.83$ $(d_3-10.83)$

$d_{n-8}=4.43+0.1\times9^2=12.53$ $(d_2=12.53)$

$d_{n-9}=4.43+0.1\times10^2=14.43$ $(d_1=14.43)$

括号内数值为实际用的各工位凸模直径，单位为mm。根据倒推法需十次拉深，第1次拉深直径$d_1=14.43$；第10次拉深直径$d_{10}=4.43$。

考虑到制件的圆角半径较小，应采用整形工序才能达到圆角要求。因此，在工位⑩后面加了两次整形，一方面减少圆角半径，另一方面将直径由$\phi4.43$mm增大到直径$\phi4.44$mm（见图3-78工位⑩拉深，工位⑪、⑫整形）。最后工位是落料。级进模一共有13工位完成制件。

⑥ 各工位拉深的凸、凹模圆角半径 可按表3-35算得，生产用的圆角比计算的大，具体数值见表3-36。

表3-36 凸、凹模圆角半径值 mm

凸、凹模圆角	拉深工位号											
	1	2	3	4	5	6	7	8	9	10	11	12
$r_{凸}$	3.5	3	2.5	2	1.5	1.25	1	0.8	0.6	0.5	0.5	0.5
$r_{凹}$	2.2	2	1.8	1.6	1.2	1	0.8	0.6	0.4	0.3	0.2	0.2

⑦ 各工位拉深高度 按式（3-8）计算，即

$$H_i=h_{制}[1-0.04(n-i+1)]$$

得
$$H_n=10.6(1-0.04\times1)=10.176 \quad (H_{10}=10.7)$$
$$H_{n-1}=10.6(1-0.04\times2)=9.752 \quad (H_9=10.5)$$
$$H_{n-2}=10.6(1-0.04\times3)=9.328 \quad (H_8=10.1)$$
$$H_{n-3}=10.6(1-0.04\times4)=8.904 \quad (H_7=9.5)$$
$$H_{n-4}=10.6(1-0.04\times5)=8.48 \quad (H_6=8.8)$$
$$H_{n-5}=10.6(1-0.04\times6)=8.06 \quad (H_5=8.5)$$
$$H_{n-6}=10.6(1-0.04\times7)=7.63 \quad (H_4=7.8)$$
$$H_{n-7}=10.6(1-0.04\times8)=7.21 \quad (H_3=7.3)$$
$$H_{n-8}=10.6(1-0.04\times9)=6.78 \quad (H_2=6.6)$$
$$H_{n-9}=10.6(1-0.04\times10)=5.94 \quad (H_1=5.7)$$

括号内数值是调整后的实际高度近似值，单位为 mm。

按式（3-8）计算各工位拉深高度，虽比较方便，但须调整，实际尺寸要经过试模后才能确定下来。如从图 3-78 中的工位⑤开始，上口呈喇叭形。

3.6 多工位级进模的有关零部件与结构设计

3.6.1 凸模和凹模

(1) 凸、凹模设计原则

① 凸、凹模必须有足够的强度、刚度和硬度。

② 凸、凹模安装稳定可靠，便于调整、维修和保养。

③ 凸、凹模结构要简单具有良好的工艺性，以便于制造、热处理、测量和安装。

④ 凸、凹模要有统一的基准。为减小多工位级进模各工位之间步距的累积误差，以及确保凸、凹模间的间隙值，在标注凹模板、凸模固定板、卸料板等零件中与步距有关的孔位尺寸时，应以凹模第一工位定为坐标原点（尺寸基准）向后标注，公差均为步距公差（见图 3-58）。

⑤ 出件及废料排除方便及时、通畅，以防损坏模具。对于高速冲压过程中的废料上浮等缺陷要有措施防范。

⑥ 要考虑冲裁工位凸、凹模刃磨后相对高度对其他工位凸、凹模相对高度的影响。凸、凹模设计时要根据该模具的冲压特点，综合考虑每个工位的具体结构，如采用活动凸模、可调凸模和凹模等。

⑦ 凸、凹模之间应有合理的间隙，以保持冲压的稳定性和冲件的精度。

(2) 凸模结构设计

由于多工位级进模所完成的冲压工序包含了如冲裁、弯曲、拉深、成形等许多内容，所以，级进模中相应地要用到的凸模就有冲裁凸模、弯曲凸模、拉深凸模、成形凸模等不同功能的多种凸模。在这些凸模中，常用的凸模可分为直通式和台阶式（加强式）两种。直通式凸模加工容易，可以用线切割加工；而台阶式凸模强度和稳定性好，可以用成形磨削等方法加工。

对于一般的凸模，可以按标准选用或按常规设计，而在多工位级进模中有许多冲小孔的凸模、冲窄长槽凸模、分解冲裁凸模（异形凸模）等，这些凸模应根据具体冲裁要求（料厚、冲速、冲裁间隙、使用寿命等）和凸模的加工方法等因素来考虑凸模的结构及凸模的固定方法。

对于冲小孔凸模，通常采用如下两种结构中的一种。

① 加大固定部分直径，缩小刃口部分长度来保证小凸模的强度和刚度。

② 采用直通式结构，采取缩短其长度并用保护套来提高其强度和刚度。

当凸模的工作部分和固定部分直径相差较大时，可设计成多台阶结构，各台阶过渡部分必须用圆弧光滑连接，不允许有刀痕。对特别小的凸模采用的护套结构，其小凸模伸出护套部分约 3～4mm，不宜太多。此时，多工位级进模中卸料板还应起到对小凸模的导向（保护）作用，以消除侧压力对凸模的作用而影响其强度。

高速冲压中为防止废料上浮或黏贴在凸模端面上，应考虑应用带弹性小顶杆的凸模或在凸模中心设通气孔的方式，消除冲孔废料与冲孔凸模端面上的“真空区压力”，使废料易脱落。

对于单边受力的凸模，可设计成端面有引导部分，做到冲压受力前该部分已进入模内起到抵消侧向力的作用。

(3) 凹模结构设计

多工位级进模凹模的设计与制造较凸模要复杂和困难。根据凹模刃口部分的结构形式，凹模有整体式、镶套式、拼合式、分段拼合式和综合拼合式等。除整体式凹模外，其他凹模可以统称为镶拼式凹模。各种凹模特点和应用情况见表 3-37。

表 3-37 多工位级进模凹模的基本类型、特点和应用情况

类型		结构特征	应用	优缺点说明
整体式凹模		凹模为一整块板件(易损部分和非易损部分都在一起)，外形均为矩形件，可选用标准规格，一般由合金工具钢加工而成	①工位数不多、纯冲裁小型级进模为优选的一种凹模结构 ②凹模板外形尺寸＜400mm	凹模只是一块板状零件，比较完整，使模具结构比较紧凑，设计和加工简单，制造装配方便，成本低。缺点是局部磨损或超差后不便修理，对大一些的级进模不利于加工(含热处理)
镶拼式凹模	①镶套式	对于级进模中某些小的工作型孔，可在整体凹模或其他形式模板的相应型孔位置镶一个套状凹模(圆套、方套或异形套)，使模具的“易损部分与非易损部分”是由两个可分的部分组成。圆镶套防转需用键或销定位	①将凹模的局部(易损部分或有特殊要求时)单独分开时，可以采用镶套结构 ②镶套根据结构需要可以是整体式，型孔用慢走丝线切割加工，以保证尺寸和位置精度；镶套也可以是拼合式，变内形加工为外形加工，提高型孔加工精度	①便于维修、刃磨、调整、更换 ②可节省昂贵的模具材料(如硬质合金) ③有利于提高模具使用寿命 ④有利于热处理，易控制变形 ⑤增加模具零件、增加加工周期
	②拼合型孔式	①孔形为难加工的异形状 ②孔形由≥2 件拼块组合而成 ③变内形加工为外形加工	①异形孔小而复杂，不便加工或无法加工时 ②为了提高型面加工质量(几何尺寸精度＋表面粗糙度)	①解决了异形孔磨削加工问题 ②保证型孔加工精度提高 ③便于维修、更换和调整 ④提高了模具使用寿命 ⑤加工要求高，使模具成本升高
	③分段拼合式(模块式)	凹模由若干模块拼合而成。其实质为将凹模分为若干段，分别将每一段加工成一定尺寸要求，然后将各段凹模的结合面严合后把它们拼合在一起紧固到模框或外套内(可取 H7/m6 或 H7/n6)，同时还要用螺钉、销钉加以固定，为防止分段拼块凹模的任何一块在冲压过程中受力下移，在模块组合后需加整体垫板，使之与拼合凹模构成一体	是多工位级进模中最常用的一种凹模结构 ①分段拼合时，尽量采用直线分割 ②同一工位的型孔应设在一段模块上，不应分为两段 ③每段凹模不宜包括太多型孔 ④比较薄弱易损坏的型孔，应独立分段，分割线不应将型孔分段。型孔原则上应为闭合型孔 ⑤不同冲压工序工位(如弯曲、拉深、成形等)，应当与冲裁部分分开，以便于刃磨凹模刃口和成形凹模(或凸模)的安装基面	①有利于加工、制造、刃磨、调整、维修。简化了整个凹模的制造难度，缩短了制造周期 ②通过各小段凹模结合面的严合，来保证各孔之间的距离，从而保证步距精度要求 ③可解决多型孔加工时各型孔坐标精度问题，不会因为个别型孔损坏而造成整个凹模报废 ④有利于热处理

续表

类型		结构特征	应用	优缺点说明
镶拼式凹模	④嵌件植入式	①整体凹模中某个型孔局部（薄弱处或难加工部分）采用嵌件植入式凹模安装结构，该嵌件的型面一般就是某凹模型孔的特殊或易损部分，通过这种方式，变内形加工为外形加工；变损坏了就报废为可维修、更换嵌件 ②嵌件植入式凹模有单异形孔嵌件植入式；整板上多个异形孔嵌件植入式和多孔模块嵌件植入式	适用于模具的局部易损处最普遍	①提高模具结构设计合理性 ②提高模具使用寿命，也为了便于模具维修、更换
	⑤综合拼合式	综合上述各种凹模特征于一体，形成新的凹模结构，以适应凹模的特定要求	适用于冲裁、弯曲、成形和异形拉深的多工位级进模使用	能充分运用各种凹模的结构特点，使复杂凹模结构简单、实用，便于制造

3.6.2 卸料装置

(1) 多工位级进模卸料装置的作用

卸料装置在多工位级进模中是重要的组成部分，它除起卸料作用外，对于不同冲压工序还有不同的作用。在冲裁工序中，可起压料作用；在弯曲工序中，可起到局部成形的作用；在拉深工序中同时起到压边圈的作用。卸料装置对各凸模尤其是小凸模还可以起到导向和保护作用。

(2) 多工位级进模卸料装置的设计特点、要点

① 合理采用卸料装置结构形式。在多工位级进模中，用作卸料装置的结构形式主要有：弹压卸料装置、固定卸料装置和弹压卸料与固定卸料的混合使用形式，其功能与应用特点见表 3-38。

② 弹压卸料板工作部分结构形式取与凹模相同。当凹模为整体式结构时，弹压卸料板也为整体式；凹模的工作部分采用分块式结构或拼块式组合等结构时，一般情况下，弹压卸料板的相应部分也做成和凹模同样结构，这样便于加工、装配和调整，有利于保证精度控制。

表 3-38 不同卸料装置结构形式的应用特点比较

卸料类型	使用场合	功能	应用特点
弹压卸料	纯冲裁多工位级进模	压料、导向、保护和卸料作用	①在多工位级进模中最为优先考虑应用的一种，使用最广 ②适合于连续、高速、自动化冲压生产 ③适用于薄而长的带料生产 ④卸料板的结构可以是整体式、分段式、镶拼的 ⑤卸料板的加工和配合精度高于凹模，因而卸料板具有对各凸模，尤其是小凸模起到导向和保护作用 ⑥卸料板的外形有平板形（一般用于浮动导料杆导向送料方式）；“凸”字形（一般用于侧导料板导向送料方式）；台阶形（用于一侧为侧导料板导料，另一侧为浮动导料杆导向导料）
	带有压弯、翻边成形等工序的多工位级进模	压料、局部成形、导向、保护、卸料作用	
	多工位连续拉深模	压边圈	
固定卸料	纯冲裁级进模	卸料、导料和卸料	①适合用于卸料力较大的厚料纯冲裁级进模，料厚一般>1mm ②适合手工送料，模具工位数不多、冲速不高的刚性卸料场合 ③卸料板一般为整体式平板，外形和凹模大小一样
混合式卸料	整体为弹压卸料，局部采用固定卸料	卸料	在级进模中，当主要采用弹压卸料的同时，对于局部为了卸料的可靠，采用固定卸料方式，如图 3-79 所示。接近条料边缘的导正销孔，采用弹压卸料与固定卸料相结合的方式。即以弹压卸料板 4 完成主要的卸料任务，而伸出在弹压卸料板以外的导正销 5，由固定在凹模 2 上的卸料板 3 进行卸料。由图中可知，在弹压卸料板 4 上穿过导正销部分的周围，铣出缺口 A，以便在合模时让开固定卸料板 3 上的突出部分 B，图中 B 部分就是用作导正销 5 上的材料卸料 混合式卸料的固定卸料，一般采用悬臂结构

③ 弹压卸料板与凹模做到基准一致。弹压卸料板所有形孔的设计工艺基准线应取与凹模相对应形孔基准线完全一致，这样才能做到卸料板各工作孔与凹模各工作孔保持同心。

④ 弹压卸料板保持与凸模间的合理配合。弹压卸料板各工作孔与对应凸模的配合间隙应小于凸模与凹模的冲裁间隙。一般取凸、凹模实际双面冲裁间隙的 1/4～1/3。简单形孔的配合间隙取前者，也可以近似取 0.01～0.02mm；复杂形孔的配合间隙取后者，也可以近似取 0.02～0.03mm。高速冲压时，卸料板与凸模间隙要求取较小值。

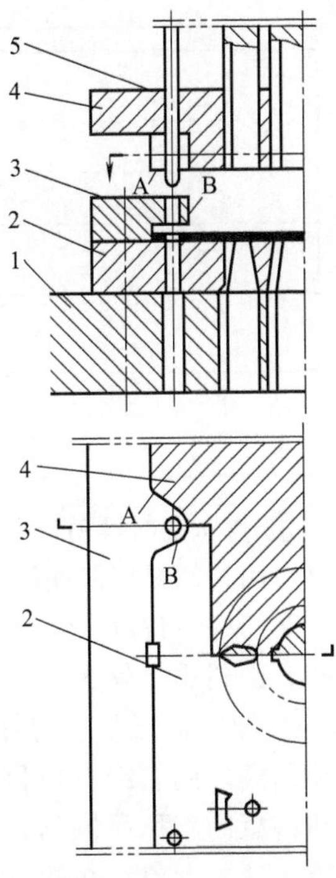

图 3-79　混合式卸料

1—下模座；2—凹模；3—固定卸料板；4—弹压卸料板；5—导正销

⑤ 弹压卸料板要有足够的刚度、强度和耐磨性。弹压卸料板是弹压卸料装置的主要零件。其结构和加工质量，关系到模具的精度和使用寿命，对于它的要求是刚性要好，导向部位有较好的耐磨性，工作时弹压力大、上下活动平稳，耐疲劳。在结构设计和制造精度方面往往高于凹模才满足要求，为此，卸料板的工作部分常用优质合金工具钢制造，并淬火处理（如常采用 CrWMn、Cr12、Cr12MoV 等制造，一般硬度为 50～55HRC，高速冲压时为 56～60HRC，比凹模稍低些），结构设计方面采用拼镶结构，精密线切割和成形磨削，这样能保证形孔和孔距精度、形孔和凸模的精密配合、形孔具有较小粗糙度（$Ra \leqslant 0.4\mu m$）等。

为防止卸料板内镶件产生轴向位移，卸料板后面必须加垫板。

应保证凸模在卸料板内的有效导向长度，并应充分考虑对细小、狭长形、刚度差的凸模的导向和保护。可在卸料板内增加镶套对细小凸模进行导向保护，如图 3-80 所示。

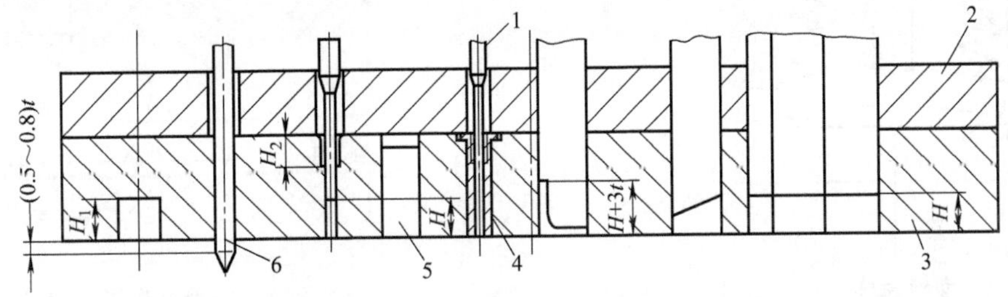

图 3-80　卸料板加镶套导向保护小凸模示意图

H—自由状态下凸模缩进卸料板内距离；H_1—卸料板让开浮动导料杆头部高度；H_2—卸料板反面凸模让位孔深度；1—小凸模；2—卸料板垫板；3—卸料板；4—镶套；5—镶件；6—导正销

⑥ 弹压卸料板的平面尺寸和厚度的确定。弹压卸料板的长宽尺寸一般情况下取同凹模平面尺寸一样大小，厚度在保证刚度的前提下，比凹模稍薄，比普通冲模稍厚些，具体尺寸可参考表 3-39 确定。

⑦ 卸料板上的弹性元件分布位置应合理。卸料板的压料力、卸料力都是由卸料板上面装有均匀分布的弹簧得到的。弹簧的分布位置，对卸料板的强度和寿命有一定影响。如图 3-81 所示，当弹簧分布在工作部位的两边距离 L 较大、弹压卸料板薄而刚性较差、弹簧的力量较大时，冲制中，弹簧给卸料板向下作用力也大，而制件对卸料板产生一个向上反作用力；冲制结束，作用力消除而恢复原状。如此循环往复，时间一长，将会引起卸料板的微量弯曲变形，影响到制件的冲压质量和模具的使用寿命。因此，在可能的情况下，尽量将弹簧安置在靠近凸模或冲裁的中间部位，这样就能减少卸料板的变形。

表 3-39　弹压卸料板厚度 H 和凸台 h 尺寸的确定　　mm

<table>
<tr><td rowspan="6">
h＝侧导料板厚度＋料厚＋(0.3～0.5)mm
$L\times B$ 与凹模相同</td><td rowspan="2">冲件料厚 t</td><td colspan="3">卸料板长 L</td></tr>
<tr><td>≤125</td><td>＞125～160</td><td>＞160～300</td></tr>
<tr><td>～0.6</td><td>13～16</td><td>16～20</td><td>20～25</td></tr>
<tr><td>＞0.6～1.2</td><td>16～20</td><td>20～25</td><td rowspan="3">25～30</td></tr>
<tr><td>＞1.2～2.0</td><td rowspan="2">20～25</td><td rowspan="2">25～30</td></tr>
<tr><td>＞2.0～3.2</td></tr>
</table>

⑧ 弹压卸料螺钉和弹簧保持多对成双使用。弹压卸料螺钉和弹簧在一副模具中常常是多个成双使用。卸料螺钉往往和弹簧一样，均匀分布在卸料板的四周和中间部分，保持受力均匀。

⑨ 保证卸料板运动平稳、弹压力足够。装配后的卸料板必须保持和上、下模平行，运动平衡，卸料力足够大，卸料过程中，卸料板始终保持良好的刚性、不允许变形。

a. 卸料板设置平衡钉　当条料的料头或料尾处于凹模与卸料板之间的一侧时，由于卸料板和凸模之间、卸料板和辅助的小导柱、小导套之间存在一定间隙（虽然间隙很小），也会引起卸料板的不稳而倾斜，如图 3-82（a）所示。使凸模受侧向力影响，导致凸、凹模啃刀口。为防止这种现象、在卸料板的适当位置设置平衡钉［见图 3-82（b）］等方法，来保持卸料板在运动时的平衡。平衡钉在卸料板的两端均应设置，每端两个，但伸出卸料板底平面的高度应调整成在同一水平面内。

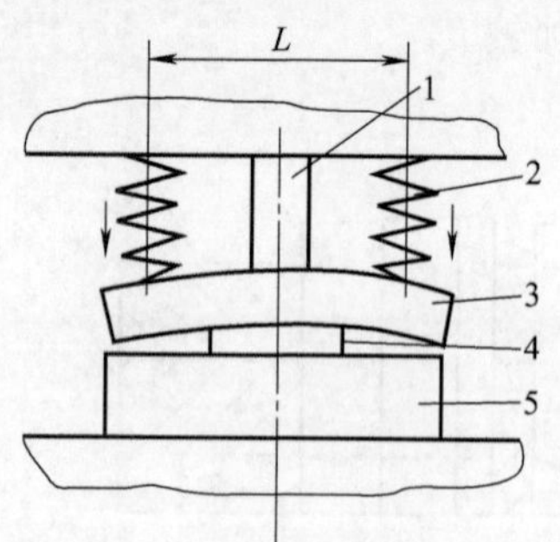

图 3-81　卸料板弹簧的不合理分布示意图

1—凸模；2—弹簧；3—弹压卸料板；4—条料（或制件）；5—凹模

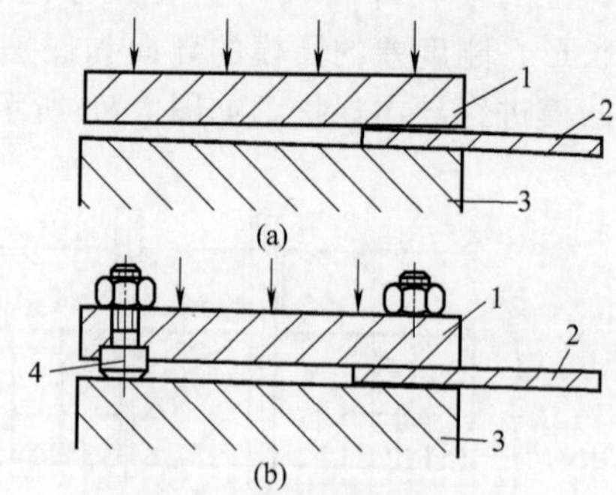

图 3-82　卸料板设置平衡钉

1—卸料板；2—条料；3—凹模；4—平衡钉

b. 卸料螺钉工作长度 L 必须完全一致　同一副模具中的各卸料螺钉工作长度 L 必须保持完全一样大小。若卸料螺钉用衬套（套管）＋垫圈＋采用普通内六角螺钉安装方式，所有衬套长短在同一副模具中应保持相同。对普通内六角螺钉的螺纹部分要用经过热处理淬硬过的，保证其与卸料板的连接强度可靠，经久耐用。

c. 选用合适的弹性元件，并考虑有一定的预压力　弹压卸料所用的弹簧是弹性元件的统称。多工位高速冲压级进模弹性卸料预压力和卸料力均比一般冲模大得多，故常用的弹性元件，大多数采用强力弹簧、碟形弹簧和聚氨酯橡胶等。

弹簧的选用，根据所需压力，并考虑一定的预压力。在工作状态时，弹簧挠度不能超过70％，才能保证弹簧足够弹力又不过早失效。

⑩ 注意干涉现象产生。

a. 卸料螺钉头沉孔深要足够　为了保证卸料板的活动行程有足够的活动量，即模具闭合时，位于上模座内的卸料螺钉头不应高出上模座上平面，否则会产生干涉，引起事故。如图 3-83 所示，图 3-83（a）表示弹压卸料板为自由状态，A 表示卸料螺钉头的沉孔要有足够的深度；图 3-83（b）表示卸料板压缩后状态，B 表示卸料板的活动量，C 表示模具最大刃磨量；图 3-83（c）表示卸料螺钉活动量太小，螺钉头与压力机滑块底平面有可能发生顶撞，这种情况要避免产生。

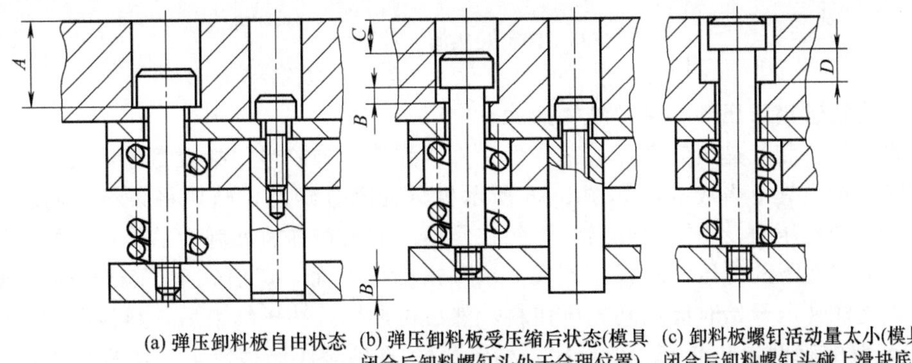

(a) 弹压卸料板自由状态　(b) 弹压卸料板受压缩后状态(模具闭合后卸料螺钉头处于合理位置)　(c) 卸料板螺钉活动量太小(模具闭合后卸料螺钉头碰上滑块底面了)

图 3-83　卸料板要有足够的活动量和足够的卸料螺钉头沉孔深

b. 导正销伸出卸料板下平面长度应合理　导正销有效工作部分伸出卸料板下平面不能过长，以防卸料板回程时，将制件或条料带起，影响正常连续作业（见图 3-84）。

c. 卸料板的反面对阶梯凸模的让位孔部分，要有足够的深度 H_2（见图 3-80，即对凸模应有足够的活动量），否则凸模刃磨到一定程度后虽变短了但还可以用，却由于卸料板凸模让位孔浅凸模被堵而出不来，影响使用寿命。

⑪ 卸料装置带有小导柱小导套辅助导向机构时，小导柱和小导套的配合间隙一般为凸模与卸料板配合间隙的 1/2（有关模具冲裁间隙、卸料板与凸模间隙、辅助小导柱与小导套间隙见表 3-40）。

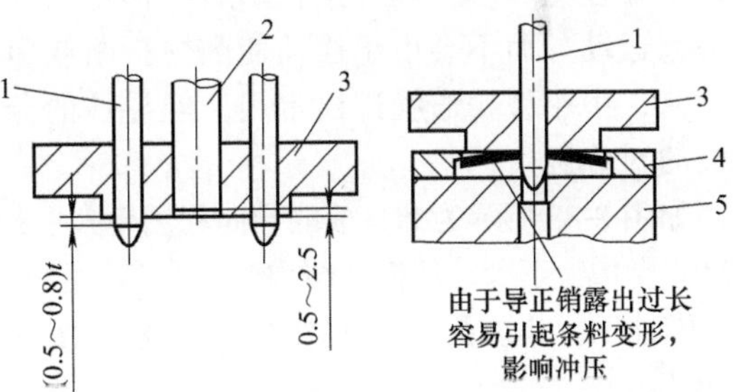

图 3-84　防止导正销过长引起条料变形示意图

1—导正销；2—冲孔凸模；3—弹压卸料板；4—导料板；5—凹模

⑫ 注意各卸料弹簧力的合力作用点与冲压力的作用点重合。由于大多数级进冲模的压力中心并不在模具的工作尺寸中心，因此要求各卸料弹簧力的合力作用点与冲压力的作用点重合，否则将存在一个弯矩 M，当这个弯矩 M 足够大时，会在模具的冲压过程中使模具产生歪斜，从而影响模具的精度和使用寿命，降低冲件的质量。因此，小导柱及卸料弹簧在卸料板上的分布应在计算卸料力矩后，对称、均匀、合理地设置。

⑬ 卸料装置的润滑。弹压卸料板与导柱、导套及凸模间应有良好的润滑，以保证模具的使用寿命，这在高速冲压情况下尤为重要。如图 3-85 所示，最简便的润滑方式是在卸料板上平面加一层存油毡垫，并沿外围镶上金属围框。在每次冲压前对毡垫注入润滑油，通过毡垫渗透到卸料板与各凸模的间隙中，达到不间断润滑的目的。也可以采用喷雾润滑。如果行程数在 150 次/min 以上时，必须以滚珠导柱、导套进行辅助导向，润滑油中要加入二硫化钼。

级进模的卸料装置一般应定期清洗、维护、保养。

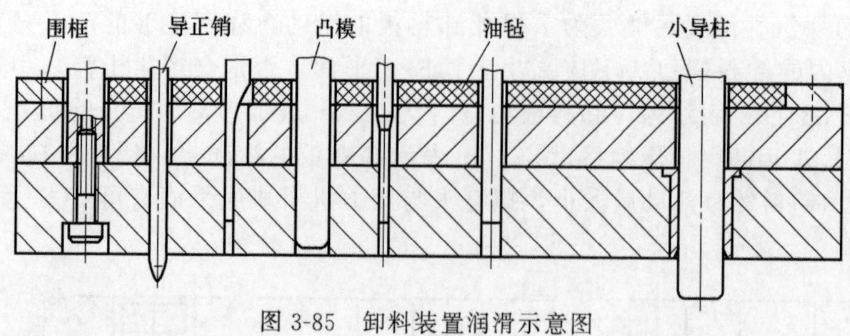

图 3-85 卸料装置润滑示意图

(3) 多工位级进模弹压卸料装置结构形式

简单的弹压卸料装置是由卸料板通过弹性元件（弹簧、橡胶垫包括聚氨酯橡胶、氮气缸）、卸料螺钉等安装在模具上组成的，如图 3-86 所示模具为闭合状态，凸模将条料上的料已冲下并进入凹模、弹簧被压缩，当上模开启时，包在凸模上的料在弹簧回弹力的作用下推动卸料板被卸下，而自由状态下的弹压卸料板，不仅要求高出凸模底面一定值（≥0.5mm），还要有一定的预压力，这样冲压开始时能达到先压住料，然后再冲压；冲压结束后，料被顺利地卸下。

① 卸料装置的辅助导向形式（小导柱、小导套） 在冲裁小凸模较多的级进模中，为了保护好小凸模，并保持卸料板、凸模固定板、凹模三板之间形孔与各凸模相对位置的一致性，也为了提高模具的精度，在三板之间附加辅助导向装置，即采用小导柱、小导套导向，组成一个功能更完善的弹压卸料装置，结构形式如图 3-87～图 3-89 所示。

如图 3-87 所示，卸料板 2 上装小导柱 3，小导套 4 则装在凸模固定板 1 上。在装配卸料板时，小导柱先和小导套导正，然后凸模进入卸料板内。弹压卸料板在工作的过程中始终保持上下平稳运动，而不会由于摆动使凸模折断或引起凸模和凹模啃刀口。此结构简单紧凑，使用方便灵活，中小型普通级进模常用。但导柱的分布应合理，至少 2 个或 4 个、6 个，常分布在卸料板的对称两边。

如图 3-88 所示为卸料板的导向利用模架上的导柱，卸料板上装有导套，此结构对卸料板来说外形尺寸要增大不少，使模具结构变大许多，但导向性好，适合于多组多排异形孔或槽的冲裁和高速级进模冲压。其缺点是磨刃口时，上下模不便于分离，故模架的导柱常设计为可拆卸式的。

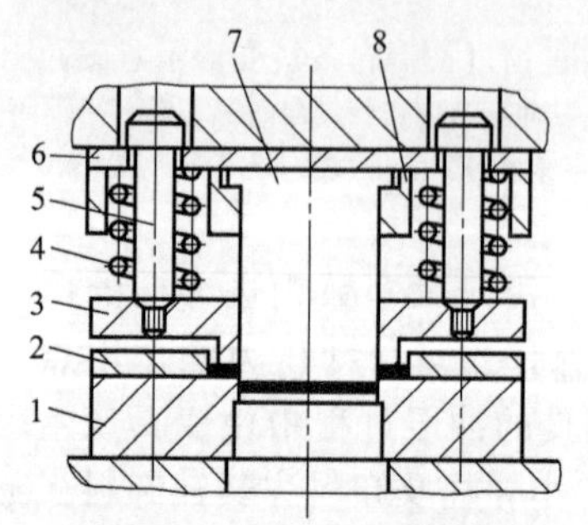

图 3-86 弹压卸料基本结构
1—凹模；2—导料板；3—弹压卸料板；
4—弹簧；5—卸料螺钉；6—垫板；
7—凸模；8—凸模固定板

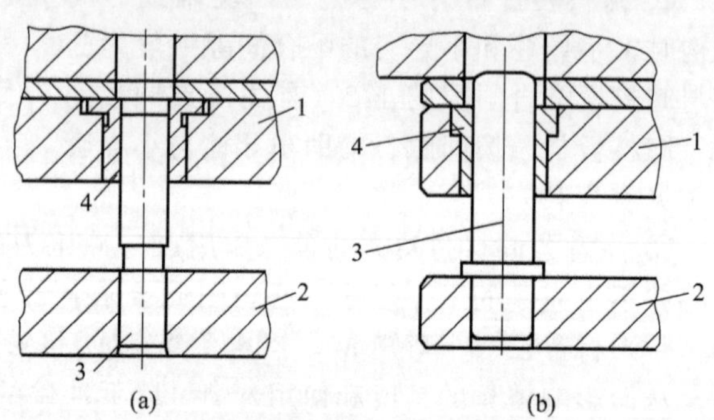

图 3-87 卸料板导向结构（一）
1—凸模固定板；2—弹压卸料板；
3—小导柱；4—小导套

如图 3-89 所示为小导柱装在凸模固定板上，卸料板、凹模上均装有小导套，小导柱将凸模固定板、卸料板、凹模三者联系起来成一体，使三者的对应形孔位置始终保持一致。此结构对于增强小凸模的刚性和导向效果是最好的一种，对于凸、凹的刃磨需分离上下模也方便，但

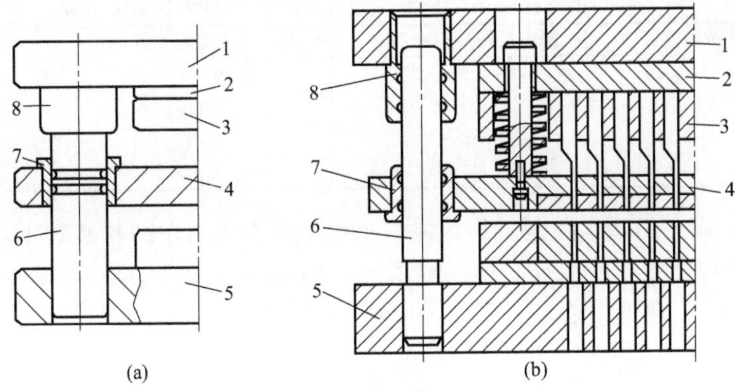

图 3-88　卸料板导向结构（二）

1—上模座；2—垫板；3—凸模固定板；4—卸料板；5—下模座；6—导柱；7,8—导套

加工制造的难度和成本比较大。故常用于高速、长寿命、多工位级进模，小导柱一般不少于 4 个。

a. 小导柱、小导套辅助导向与凸模和卸料板之间的配合关系。从理论和实际的需要出发，滑动导向副小导柱、小导套间的配合间隙应小于卸料板与凸模间隙，更要小于模具冲裁间隙才合理。一般小导柱、小导套的实际配合间隙为凸模卸料板配合间隙的 1/2，多数为双面配合间隙≤0.005mm。其相互关系见表 3-40。

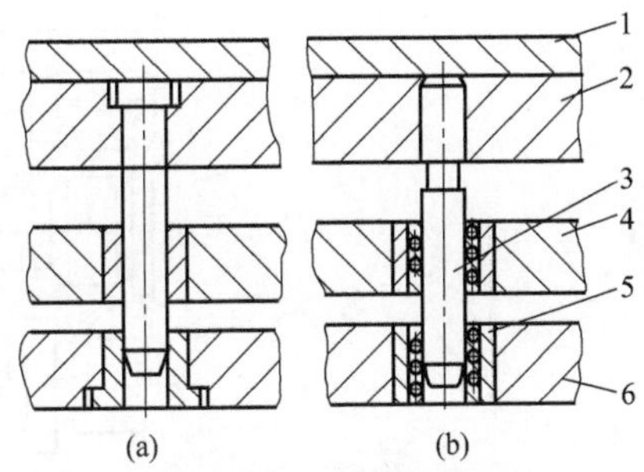

图 3-89　卸料板导向结构（三）

1—垫板；2—固定板；3—小导柱；4—卸料板；5—小导套；6—凹模

当小导柱、小导套的安装面积宽松、模具冲裁间隙小精度要求较高时，小导柱、小导套可以采用滚动式结构，如图 3-90 所示件 14、15、16。此时滚珠小导套一般设计在上模座内，并与上模座成过盈配合（一般为 H6/r5），为防止变形，滚珠小导套的壁厚不能太薄。

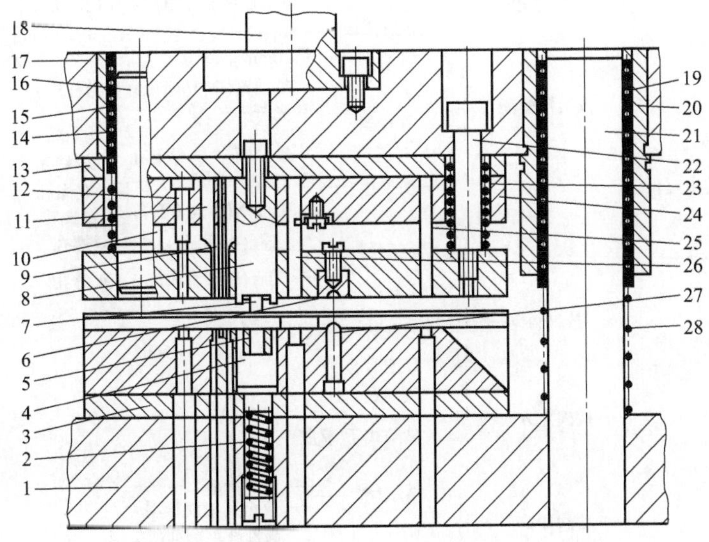

图 3-90　级进模导柱、导套采用滚动式结构

1—下模座；2—弹簧；3,13—垫板；4—顶件板；5—弯曲凹模；6—打球头凹模；7—弯曲凸模；8，9　弯曲凸模；10,11,26—切废料凸模；12—冲孔凸模；14,19—钢球保持圈；15,20—导套；16,21—导柱；17—上模座；18—凸缘模柄；22—卸料螺钉；23,28—弹簧；24—凸模固定板；25—切断凸模；27—打球头凸模

表 3-40　小导柱、小导套辅助导向与凸模和卸料板配合间隙　　mm

序号	模具冲裁间隙 Z	卸料板与凸模间隙 Z_1	小导柱、小导套配合间隙 Z_2	建议辅助导向方式
1	>0.015～0.025	>0.005～0.007	约为 0.003	滚动
2	>0.025～0.05	>0.007～0.015	0.006	滚动
3	>0.05～0.10	>0.015～0.025	0.01	滑动(H6/h5)
4	>0.10～0.15	>0.025～0.035	0.02	滑动(H7/h6)

b. 小导柱、小导套的基本类型。小导柱、小导套因主要用在卸料装置上，故有卸料导柱、导套的简称。其结构形式和品种有多种，常用的结构如图 3-91 所示。详细分类见图 3-92。可供商品品种根据盘起工业（大连）有限公司资料查找。

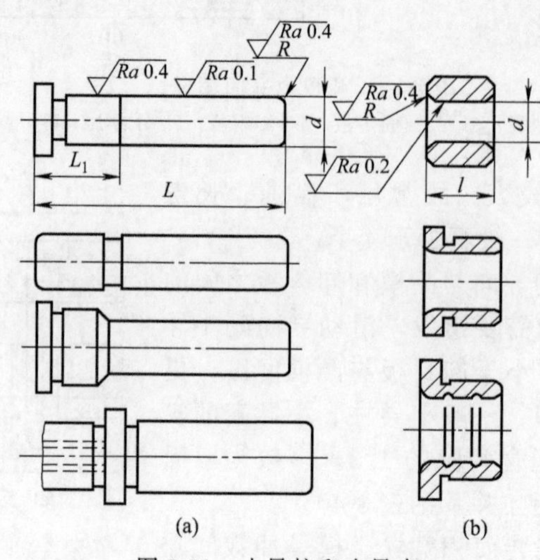

图 3-91　小导柱和小导套

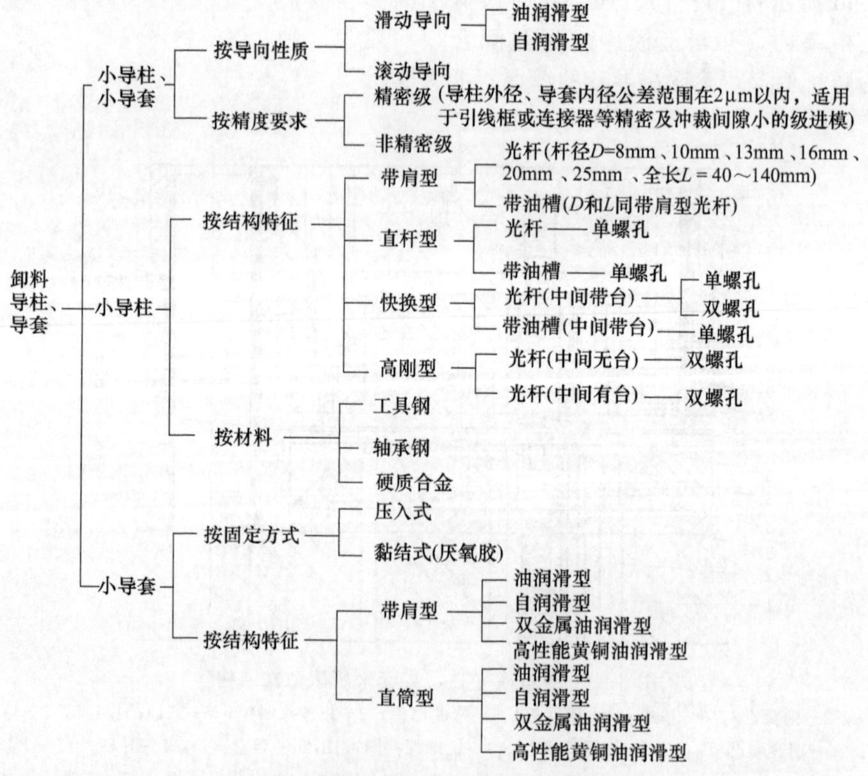

图 3-92　卸料导柱、导套分类

② 弹压卸料板的结构形式　弹压卸料板是卸料装置中的主要零件。根据模具的不同特点与要求，弹压卸料板采用的结构形式有整体式、镶拼式、整体式局部镶拼结构、整体分段、分段镶拼组合结构混合式等。

a. 整体式　整体式弹压卸料板是最基本和最早应用的一种结构形式，因结构简单、紧凑、加工方便，尤其是级进模的工位数不多、模具偏小的情况下，常常被优先采用。

如图3-93所示为整体式弹压卸料板（一），外形 $L \times B \times H = 110\text{mm} \times 60\text{mm} \times 13\text{mm}$，厚度方向呈“凸”形，说明该级进模采用的导料方式为凹模两侧均为侧导板。图示A、B两处弧形凹入部分为让开侧导板上的挡板而设置。卸料螺钉固定螺孔4个，分别设在卸料板的4个角部。

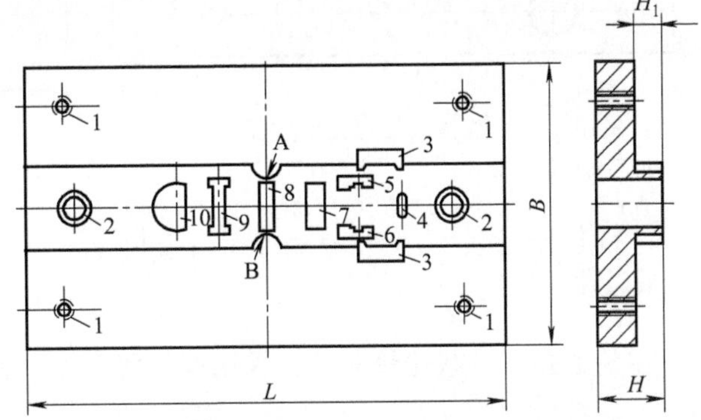

图3-93　整体式弹压卸料板（一）
1—卸料螺钉固定螺孔；2—小导柱固定孔（图示为小导柱与卸料板成过盈配合）；3—与侧刃配合孔；4～10—与凸模配合孔

如图3-94所示为整体式弹压卸料板（二），外形与图3-93相似，但尺寸较大（$L \times B = 300\text{mm} \times 150\text{mm}$），故采用6个卸料螺钉固定螺孔，对称分布在板件四周。卸料导柱、导套分别与凸模固定板、凹模联系在一起，图示2为小导套孔，共4个，对称分布在板件两侧。

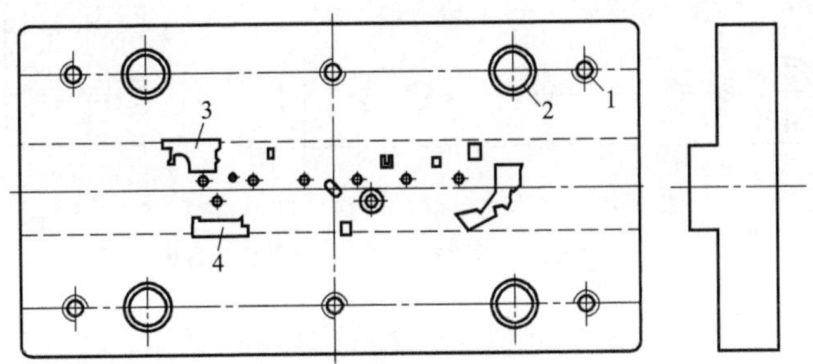

图3-94　整体式弹压卸料板（二）
1—卸料螺钉固定螺孔；2—小导套孔；3,4—与成形侧刃配合孔

如图3-95所示整体式弹压卸料板（三），与前面两种结构不同，其外形为一矩形平板，中间没有凸出的部分，送料导向不靠侧面导料板，而采用浮动式导料杆，故在卸料板上开设多个沉孔3，用于让开浮动式导料杆头。图示 $B \times H_1$ 为压料区，取 B 尺寸比材料宽度大2～3mm，H_1 尺寸取冲件料厚的（0.5～0.8）t。

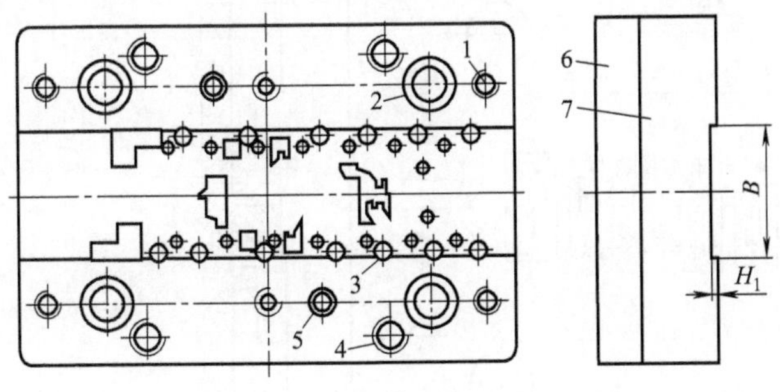

图3-95　整体式弹压卸料板（三）
1—卸料螺钉螺孔；2—小导柱、小导套孔；3—浮动导料杆沉孔；4—螺钉；5—圆柱销；6—垫板；7—卸料板

b. 局部镶嵌式（植入式）　在采用整体式弹压卸料板时，对于某些局部难加工或易损部分单独移出，设计成镶件嵌入，对维修和延长模具使用寿命很有好处。

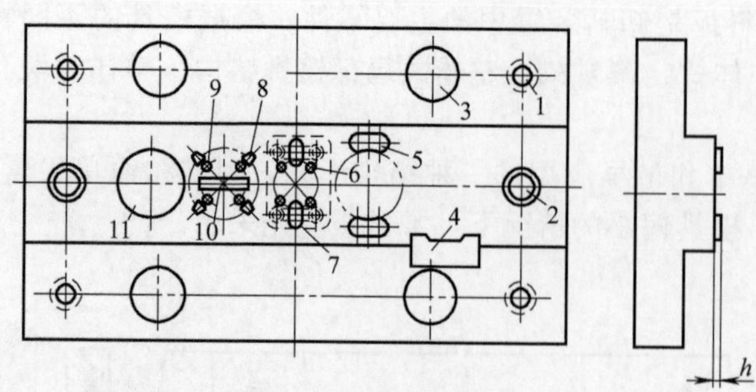

图 3-96　整体式局部镶嵌弹压卸料板（一）

1—卸料螺钉固定螺孔；2—装小导柱孔；3—让开侧向导料板固定螺钉头孔；4—与侧刃配合孔；5,8,10,11—与凸模配合孔；6—压包沉孔；7—压包凸模镶件；9—压包让位孔

如图 3-96 所示为整体式局部镶嵌弹压卸料板（一）。压包凸模镶件 7 共 2 件，与卸料板成过盈配合后需高出 h 值，反方向设压板由 4 个小螺钉将其控制住位置。在此位置的 4 个压包沉孔 6（与下模对应位置压包凸模）与件 7 对冲压件来说，起到正反成形的作用。

如图 3-97 所示为整体式局部镶嵌弹压卸料板（二）。1 和 2 为两个镶件，内外形和凹模对应位置完全相同。镶件 1 上面有 6 个小孔，最大 $\phi 2$mm、最小 $\phi 1$mm；镶件 2 上面为一星轮通孔，形状比较复杂，采用镶件便于加工和维修更换。

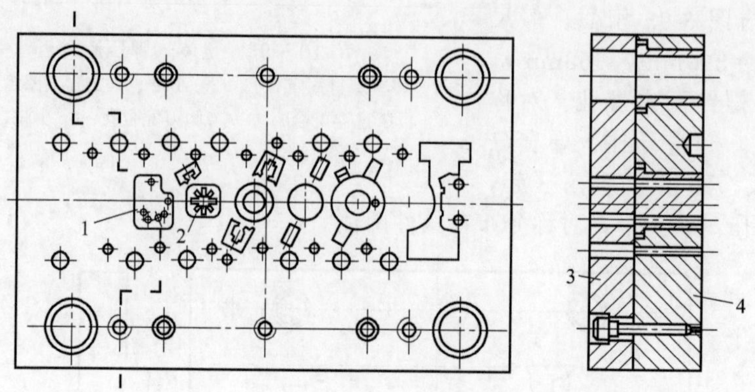

图 3-97　整体式局部镶嵌弹压卸料板（二）

1,2—镶件；3—卸料板垫板；4—弹压卸料板

c. 拼块和嵌块式　图 3-98 所示为拼块和嵌块式弹压卸料板。图中将每个工作形孔部分采用拼块嵌入的结构，然后用螺钉再将嵌块与卸料垫板固定在一起，这样使复杂的形孔内形变成较简单的外形加工，卸料板的整体强度和刚性都非常好。

还有一些精密的小圆孔采用嵌块结构，如图 3-99 所示的件 2 为冲导正销孔的凸模过孔，

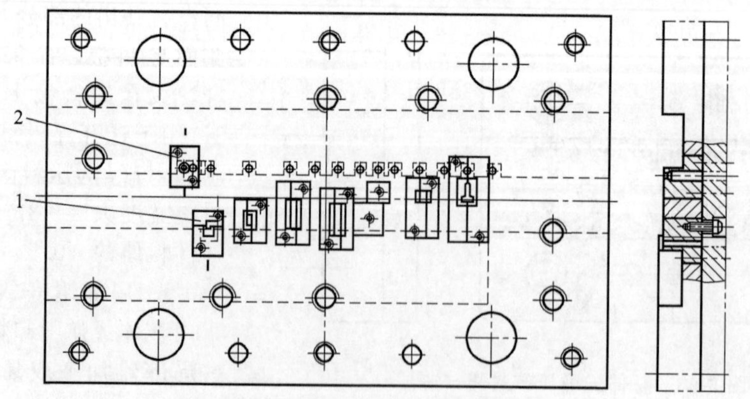

图 3-98　拼块和嵌块式弹压卸料板

1—卸料板拼块；2—卸料板嵌块

采用的嵌块外形为矩形。而比较常用的为圆柱形，如图 3-99 所示。这些嵌块的基本形式变化不是太大，考虑到嵌块的上端都有沉孔（让开凸模用），故上端带台形嵌块应用较多，图 3-99（d)由于凸模的导向尺寸 l 比其他类型长，所以主要用于小直径凸模。

小圆孔嵌块的尺寸由凸模直径与卸料板的厚度决定，见表 3-41。

表 3-41　卸料板常用小圆孔嵌块的尺寸

简图	嵌块有关尺寸/mm					
	d	D	D_1	l	h	H
	1.6～8	5～12	D+(3～5)	(1～2)d	3～5	8～18

凸模工作时伸出卸料板的长度根据凸模直径的粗细而定，考虑到小凸模的强度，一般不大于料厚的 3 倍，如图 3-100 所示。

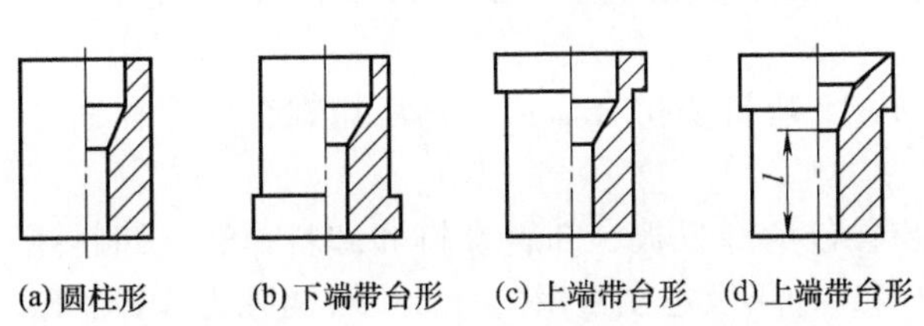

图 3-99　小圆孔卸料板嵌块结构

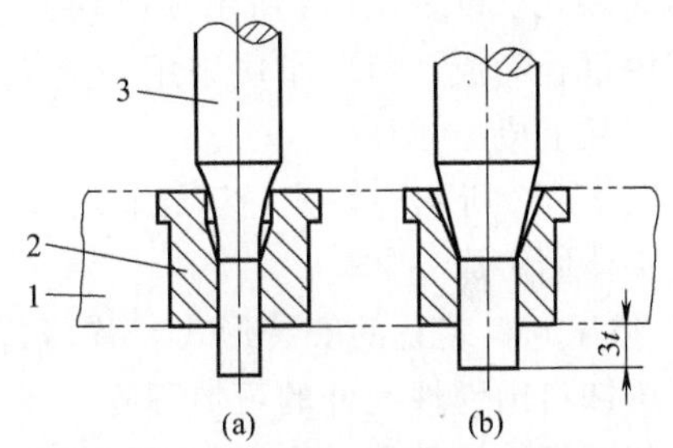

图 3-100　小凸模工作时伸出卸料板长度

1—卸料板；2—小圆孔卸料板嵌块；3—小凸模

d. 分段（分块）拼合式　当工位数较多、精度要求较高，采用整块卸料板太长又不便加工时，可采用分段（分块）拼合式弹压卸料板结构，分为二、三块分段拼合而成，以保证步距精度和有利于加工，如图 3-101 所示，其外形一侧为台阶形，另一侧为平板形，说明该级进模采用导料方式为凹模的一侧用导料板，另一侧用浮动导料杆。分块卸料板 1、2 的背面均配有垫板 3、4 加强固定，并各配置小导柱、小导套导向。

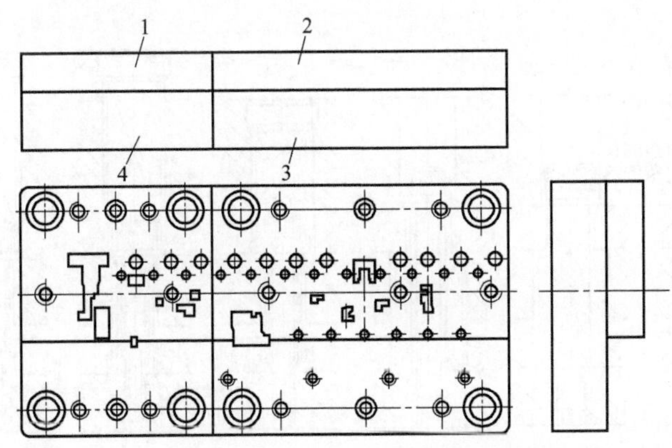

图 3-101　分段（分块）拼合式弹压卸料板

1，2—分块卸料板；3，4—卸料固定板

e. 拼块式　当工位数较多、精度要求较高、形孔比较复杂、对小凸模有导向和保护要求的情况下，则采用镶拼式结构的较多，这是由于镶拼式结构虽然复杂些，但可以调整，对加工装配精度和质量控制有可靠保证，同时镶拼结构部分用的材料好，经热处理淬火后有较高的硬度，耐磨性好，加工后的粗糙度小，适合高速长寿命冲压。镶拼结构也便于维修、保养。

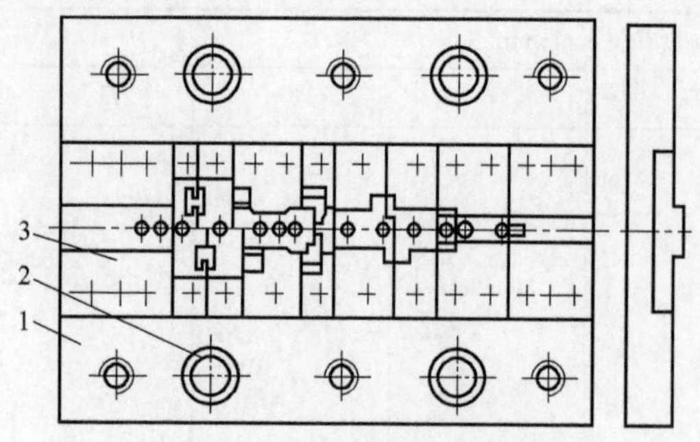

图 3-102　拼块式弹压卸料板（一）

1—卸料板；2—小导套；3—卸料板拼块

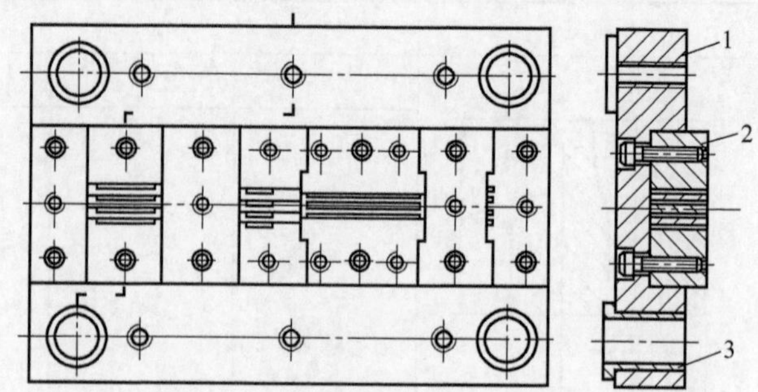

图 3-103　拼块式弹压卸料板（二）

1—卸料板；2—卸料板拼块；3—小导套

如图 3-102 和图 3-103 所示为拼块式弹压卸料板。图 3-102 中件 3 为卸料板的工作部分，它由 9 块拼合而成，每一小块采用合金工具钢、淬硬处理经磨削等精加工制成，然后拼合固定到卸料座板上成一整体。

如图 3-103 所示拼块式弹压卸料板由大小共 18 块拼块拼合而成，然后用螺钉、圆柱销与卸料板基体固定成一体。

③ 弹压卸料装置的安装形式　弹压卸料装置包括卸料板、卸料螺钉和卸料弹簧。卸料弹簧是弹压卸料用弹性元件的习惯称呼，多工位高速冲压级进模常用的弹性元件为强力弹簧、碟形弹簧和聚氨酯橡胶等。它们都可以作为卸料弹簧使用。

弹压卸料装置的安装是指如何通过卸料螺钉的合理分布及采用合适的弹性元件将卸料板吊装在上模，保持与凸模固定板之间有一定空间，实现弹压卸料板稳定的压料、护理（指保护和引导小凸模不变形）、卸料的综合作用。为达到这个目的，卸料螺钉必须对称分布，合理安排位置，同时要求控制其工作长度在同一副模具内严格一致。故卸料螺钉对卸料板来说又起到限位的作用。

在多工位级进模中，常采用的卸料螺钉安装类型有：外螺纹固定式、内螺纹固定式和套装式三种，如图 3-104 所示。还有用挂钩限位代替卸料螺钉的，下面分别加以介绍。

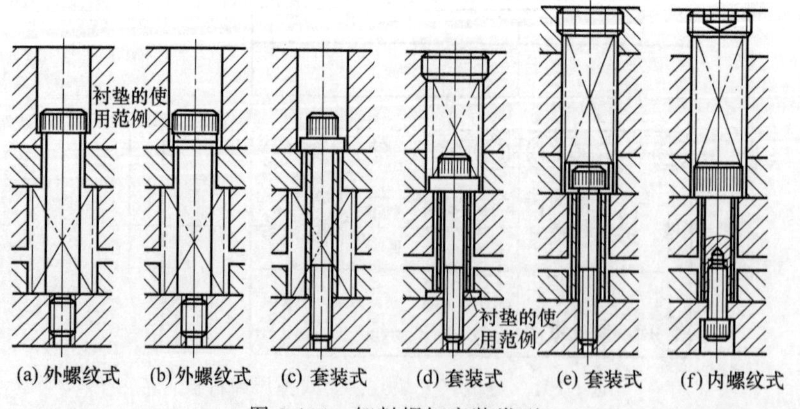

图 3-104　卸料螺钉安装类型

a. 外螺纹式　外螺纹卸料螺钉固定式是指弹压卸料板的安装空间位置通过卸料螺钉轴长 L 的精度保证，如图 3-105 所示。普通级进模中，卸料螺钉轴的台阶长 L 精度一般应控制在 ±0.1mm，高的 L±0.05mm。

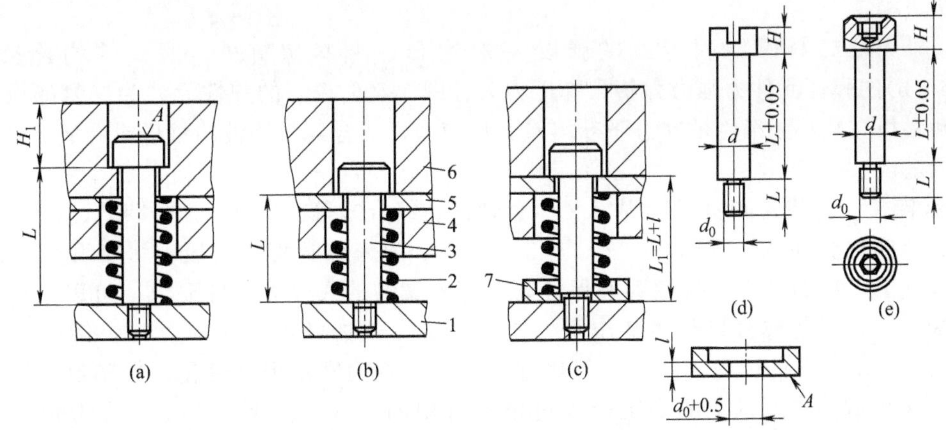

图 3-105　外螺纹式卸料螺钉的安装形式

1—弹压卸料板；2—弹簧；3—卸料螺钉；4—固定板；5—垫板；6—上模座；7—垫圈

如图 3-105（a）、（b）所示为最早使用的一种卸料螺钉安装方式，即弹簧套在卸料螺钉外，卸料螺钉［常用柱头如图 3-105（d）和内六角如图 3-105（e）所示两种］的长度靠台阶尺寸 L 保证，为了使卸料板装配后保持平行，在一副模具内，所有的卸料螺钉长 L 必须严格一致，否则安装后不能保持卸料板平行，引起不平衡卸料，这样最容易损坏小凸模。同时当采用图 3-105（a）结构时，上模座上的卸料螺钉头扩孔深度 H_1 要保持一致：还要有足够深度，当卸料板被压缩后，卸料螺钉头的顶端 A 面必须低于上模座上平面，这样才能安全使用。此结构简单、紧凑，故在卸料板活动量较小、工位数不多、冲速低的级进模中仍被常用。

如图 3-105（c）所示是在卸料螺钉与卸料板连接处增加了一个垫圈 7，每当刃磨凸模时，可将垫圈 A 面磨去同一高度。能做到冲裁凸模底面与卸料板下平面保持一定差值不变。而用图 3-105（a）、（b）结构，当冲裁凸模刃磨后，为了保持刃磨后的凸模底面与卸料板下平面差值不变，去修理卸料螺钉的 L 尺寸比较困难。可以通过卸料螺钉头下垫上垫圈满足要求［图3-104（b）］。

b. 内螺纹式　内螺纹卸料螺钉固定式是指卸料螺钉是由带内螺纹的卸料螺柱和一个内六角螺钉组合而成，如图 3-106 所示介绍了三种内螺纹式示例。

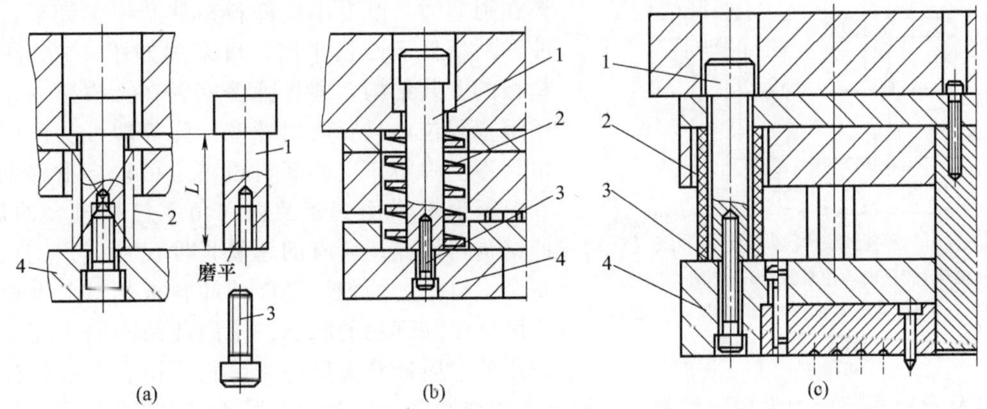

图 3-106　内螺纹式卸料螺钉的安装形式

1—卸料螺柱；2—弹性元件；3—内六角螺钉；4—卸料板

内螺纹卸料螺钉固定式为外螺纹式的改进，其特点是螺柱的长度 L 可以通过磨削便于控制。当冲裁凸模刃磨后，可以方便地对卸料螺柱底面磨去同样的量值，能保证卸料板的压料面与冲裁凸模工作端面间相对位置不会改变。因此，内螺纹式卸料螺钉的安装方法适合要求高的多工位级进模。

内、外螺纹卸料螺钉固定式的弹簧一般均套在卸料螺钉外，所以结构比较紧凑。图 3-106 (b)的弹性元件为强力弹簧，弹压力大；图 3-106 (c) 的弹性元件为聚氨酯橡胶，能使弹压卸料板在较小压缩距的状态下获得较大压应力，适合薄料冲件的整形或局部起伏成形的多工位级进模。

c. 套装式　套装式卸料螺钉固定又称套管式、组合式等。它由主体衬套（套管）、内六角螺钉、垫圈组合而成。如图 3-107、图 3-108 所示为采用套管式安装，多个套管可放在一起磨成尺寸 L，L 的大小一致性容易保证，对卸料螺钉的尺寸无特殊要求，可以采用通用的内六角螺钉，这里的螺钉只起连接作用。这种安装方式的卸料板平行度好，卸料平稳，安装较方便，图 3-108 的弹压力大小又可以通过调节内六角螺塞得到变化，安装更方便，故此类安装形式是目前中型以上的多工位级进模最常用的一种。弹簧所占空间在上模座内，有利于凸模刃磨。

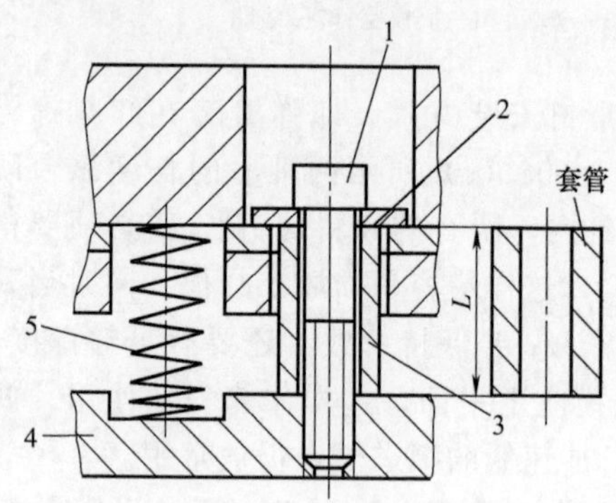

图 3-107　套装式卸料螺钉安装形式（一）

1—内六角螺钉；2—垫圈；3—衬套；4—卸料板；5—弹簧

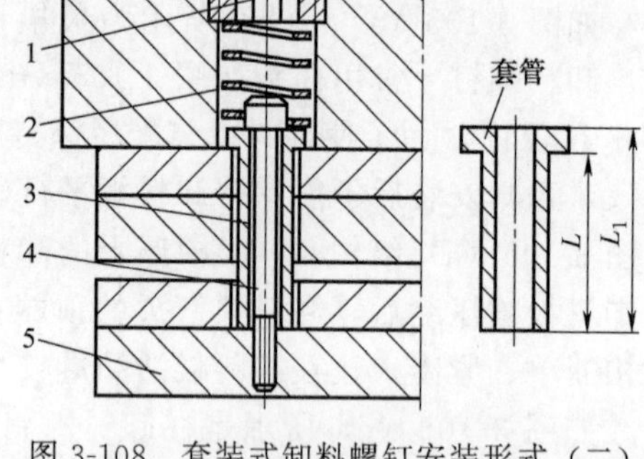

图 3-108　套装式卸料螺钉安装形式（二）

1—内六角螺塞；2—矩形截面弹簧；3—套管；4—内六角螺钉；5—卸料板

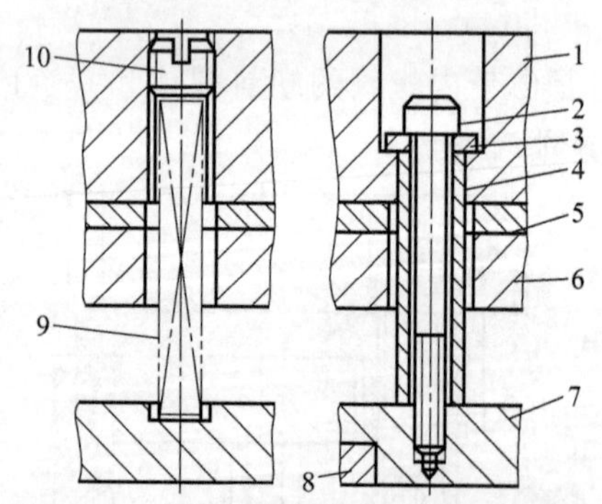

图 3-109　套装式卸料螺钉安装形式（三）

1—上模座；2—内六角螺钉；3—垫圈；4—套管；5—垫板；6—固定板；7—卸料板；8—卸料板拼块；9—弹簧；10—螺塞

高精度的卸料板与各凸模的配合间隙往往仅有 0.005mm，所以安装卸料板是件麻烦的事。一般情况下，尽可能不把卸料板从凸模上卸下，考虑到凸模在刃磨时，既要不让卸料板从凸模上卸下，又要使卸料板低于凸模平面，可采用如图 3-109 所示卸料板的安装结构。即将弹簧安置在上模座内，然后用螺塞限位，只要旋出螺塞，弹簧即可从模座内取出，不受弹簧作用的卸料板随之可以自由移动。而卸料板螺钉采用套管及内六角螺钉相组合的形式，此结构可以保证所有的套管长度尺寸一致，从而使每个螺钉受力均匀，又能使卸料板相对上下模的平行度处于最理想的状态。采用此结构完全克服传统采用的台阶卸料螺钉因台阶长短不一引起的受力不匀，以及螺钉根部应力集中而经常产生配合松动或断裂。同时，采用此结构在凸模刃磨后，可以方便地修磨套管尺寸，使卸料板与凸模之间保持一定的相对位置。

如图 3-110 所示为卸料螺钉安装的又一种形式。其主要特点同图 3-109 结构，不同之处是套管与卸料板之间增加了一个垫块，当凸模刃磨后，只需修磨垫块厚度就可保持卸料板的相对位置；还有弹簧直接安置在上模座内，弹压力的大小靠调节螺塞位置得到，此结构一般用于弹簧的自由高度和弹簧压缩变形量都不大，上模座又较厚的场合。

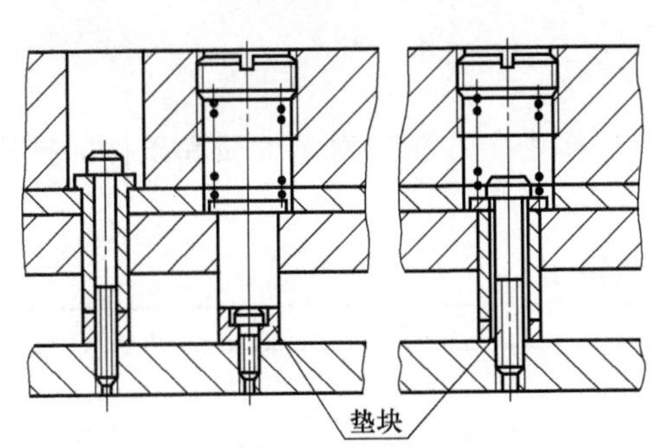

图 3-110　套装式卸料螺钉安装形式（四）

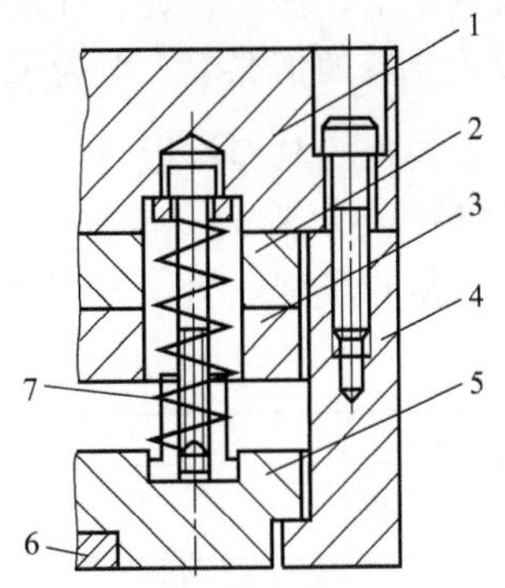

图 3-111　弹压卸料装置挂钩式安装形式

1—上模座；2—垫板；3—固定板；4—限位件（挂钩）；5—卸料固定板；6—卸料板；7—弹簧组件

d. 挂钩式安装形式　不用卸料螺钉，用挂钩将卸料板安装在上模上，如图 3-111 所示。它是将已组装好的并有预压力的矩形断面强力弹簧放在上模座与卸料固定板的沉孔中，利用挂钩（至少两件或两件以上）将卸料固定板台阶钩住，通过内六角螺钉与上模座连接固定。这样能保证卸料板绝对平稳，也省去钳工装弹簧的麻烦，矩形弹簧承受负荷的能力比圆钢丝弹簧大几倍，且缩小了空间体积，结构紧凑。

挂钩式安装卸料板适用于比较大而要求高的多工位级进模，如空调翅件模、插针多工位级进模等。

3.6.3　导料、托料装置

(1) 导料、托料装置的功能与应用

在多工位级进模中，不仅有多道工序的平面加工，还有如弯曲、成形、翻边和拉深等多道工序的立体加工。其特点是工位数多，带料的工作区间长。因此除要求带料的送料步距必须正确外，还要求带料必须沿着正确的方向顺利的直线运行；为此，对于成形零件、成形后的坯件必须及时完全离开凹模洞口，借助托料（顶料）装置托起带料高出凹模平面一定高度，这样才能保证正常送料和各工位连续、正确、稳定地工作。在设计级进模时要根据排样的特点、送料的要求，考虑使用导料、托料装置。

常用的导料、托料装置一般包括：左右导料板、承料板、带料的侧压装置、导料杆、托料杆、除尘装置和安全（障碍）检测机构等。

应根据不同情况选用时应考虑如下特点。

① 冲压特点。级进模的冲压特点是属于平面冲压还是立体冲压、工位的多少等来决定导料板的式样、长短、厚薄，以及决定是否应用浮顶杆等。

② 送料方式。送料方式的不同，手工送料对导料装置要求比较简单，一般采用导料板并在送料方向一头附上承料板就可以了，不必设置安全检测装置等。

③ 冲压速度。压力机的冲速高低，若采用高速冲，一般都用自动送料，导料板对带料的摩擦比较厉害，此时最好采用滚动导向的导料装置。即使用导料板，也不是全长均与带料接

触。与带料接触部分采用镶件结构，镶件用优质钢并淬硬处理，从而提高了使用寿命。

④ 冲压性质。对于弯曲或拉深的级进模，一般都要应用浮顶杆或托料杆（块）等，保证弯曲或拉深成形部分完全被顶出凹模平面一定高度后才可以使带料顺利送料，不会有什么阻碍。

一般情况下，卸料装置、顶出装置与导料装置有着密切的联系，必须结合在一起考虑，这在带有浮顶装置的情况下，尤为重要。

(2) 导料形式与导料板

① 带料的导料形式　带料的导料形式主要根据级进模中各冲压工序的性质和条件的排样特点而定，形式多种，如表 3-42 所示。

表 3-42　带料送进的导料形式

型式		简　图	特点与应用
导轨式	直边型（平直式）	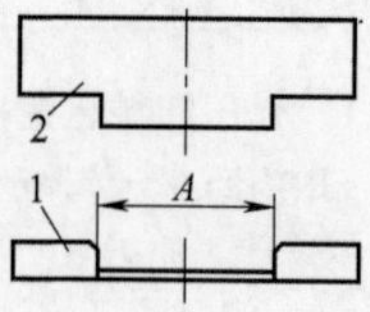 (a)	带料在模具中送进靠安装在凹模上平面左右两边形状如直尺的两平行导料板 1 间平面导向前进。因结构简单、制造装配方便、导向可靠，广泛用于纯冲裁级进模中
	带卡口型（带台式）	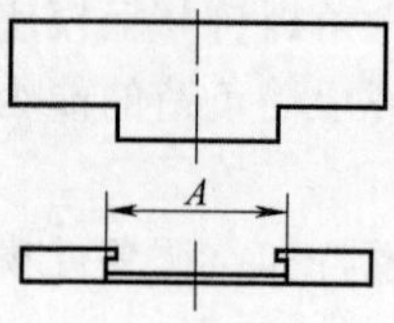 (b)	导料板 1 的端面带有卡口，适用于压弯、成形的级进模。当冲压结束上模开启时，带料可以通过此卡口使料被卡住不被卸料板往上带走，保证卸料可靠
固定式导料杆（销）		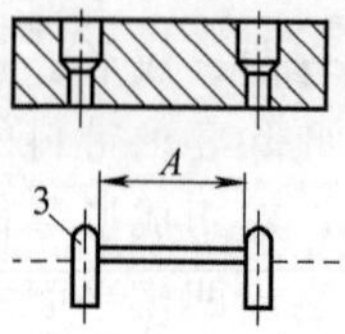 (c)	沿带料送料方向宽度为 A 对称成对设置多个直通式圆柱形导料销，带料在 A 间平行送进，带料与导料杆为线性接触。常在下列情况下考虑采用： ①不便使用导轨式导料板 ②带料的宽度方向平直无任何缺口 ③为了提高卸料板整体刚度
浮动式导料杆		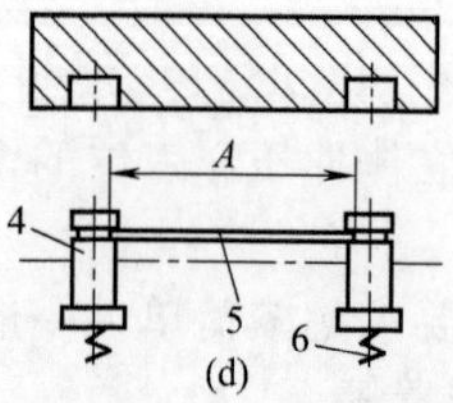 (d)	此结构是由带导向槽的导料杆、弹簧、螺塞组成、浮顶力可调。在一副模具中，常常设置多个，对称分布在凹模上平面送料方向的两边（间距 A 相等，决定于料宽大小）。由于导料杆上开有导向槽，所以带料的送进是靠导向槽引导并带动带料在上模开启时浮离凹模平面至一定高度，使弯曲、成形工序结束后将连着工序件的带料及时浮离凹模工作面上，保证送料连续、顺利，作业正常 浮动式导料杆广泛用于带成形、弯曲等多工位级进模中，但对于料宽的尺寸和形状精度要求较高

注：1—导料板；2—卸料板；3—固定式导料杆；4—浮动式导料杆；5—带料（条料）；6—弹簧。

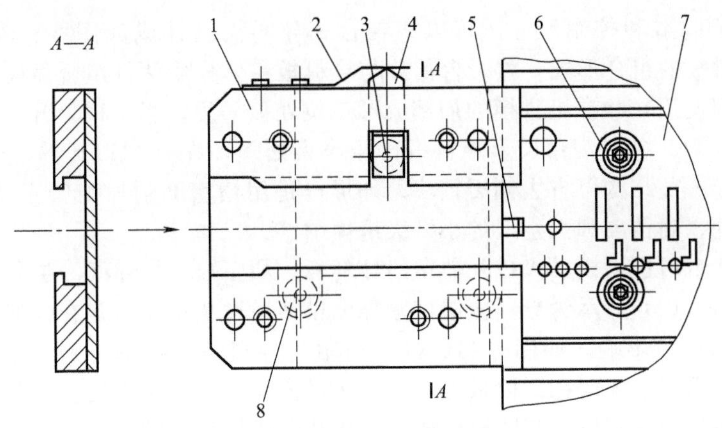

图 3-112　导料板加轴承滚轮扩展应用示例

1—导料板；2—簧片；3,8—轴承；4—滑块；5—定位键；6—导料套；7—凹模

以上几种导料形式，可以在一副模具中单独使用，也可以混合使用，即在不同工位上使用不同的导料形式，在多工位级进模中这也是常用的一种导料方法，如图 3-112 所示为导料板加轴承滚轮导料。

导料的宽度尺寸 A 与带料宽度 B 的关系可按下式确定

$$A=B+(0.1\sim0.2)\text{mm}$$

② 导料板　导料板主要用于引导带料沿着一定方向送进，在级进模中它是最通用的一种导料装置。一般装在凹模上平面的两侧，其导向面与凹模中心线相平行。基本形式为平行的两块长条板，长度一般等于或大于凹模，大出的部分底下有托料板，支承带料引入到模具里。

导料板按断面可分为平直式与带台式两种，如图 3-113 所示。这两种都属于导轨式导料装置，其中平直式多用于手工低速送料，且为平面冲裁的级进模；带台式多用于高速、自动送料，且多为带成形、弯曲的立体冲压级进模。工作时，当上模开启，凹模上的带料在浮顶杆的作用下，将带料顶出提升到一定高度，由于导料板凸台的阻挡，带料不会被顶出而脱离导料板，以保证带料在连续冲压的情况下，能畅通送进。浮顶杆的顶出高度决定于制件的最大成形或压弯高度。并且要使带料在浮顶的状态下，上下都要留出一定的空隙，其合理的位置状态和相互关系见图 3-114。

带台式导料板的左右两件应加工成同一尺寸，尤其是工作部分高度尺寸 H_0 应严格控制等

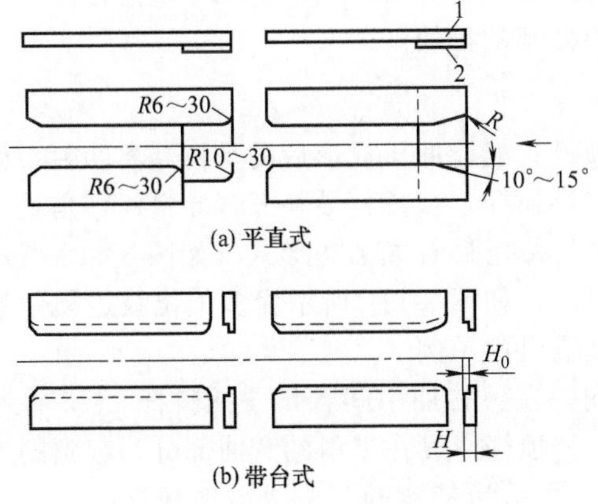

图 3-113　导料板的常用结构

1—左、右导料板；2—承料板

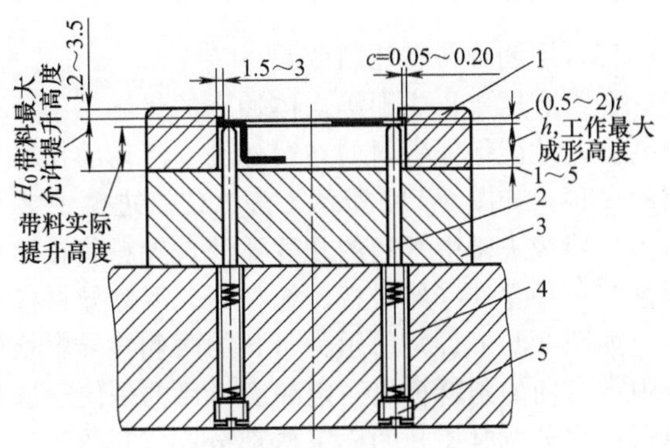

图 3-114　带料顶出后在导料板内相互关系

1—带台式导料板；2—带料浮顶杆；3—凹模；4—弹簧；5—螺塞

高。有时为了便于制造和控制尺寸，可以将带台式导料板设计成如图 3-115 所示。图 3-115（a）为带台式导料板的组合形式，将带台部分与导料板主体分成两件组合而成，而且带台部分只在导料板的局部使用，常在级进模的局部成形工位处被采用，当上模上升时还可以阻止条料被凸模带走。图 3-115（b）为角尺形导料板，经淬火处理，在有侧刃孔的一边，用定位键与凹模直接定位固定。此结构可省去侧刃挡块。外形全是用精密磨削加工保证尺寸和直角要求。它适用于微小制件、高精度和大生产的小型级进模中。

还有一种只在带料进入模具入口处使用的导料板，如图 3-116 所示，在多工位级进模中比较常用。如图 3-116（a）所示为导料板组件紧靠凹模 3 通过垫块 4 固定在模架上使用，此结构对模具内部布局无任何影响；如图 3-116（b）所示为导料板组件的导料板 2 部分进入凹模，然后用螺钉、圆柱销定位固定在凹模板上，此结构对模具内部相对应处，为防止产生干涉，须设置让位。由于导料板有定位销与凹模板相连，故装配质量优于模架固定型。

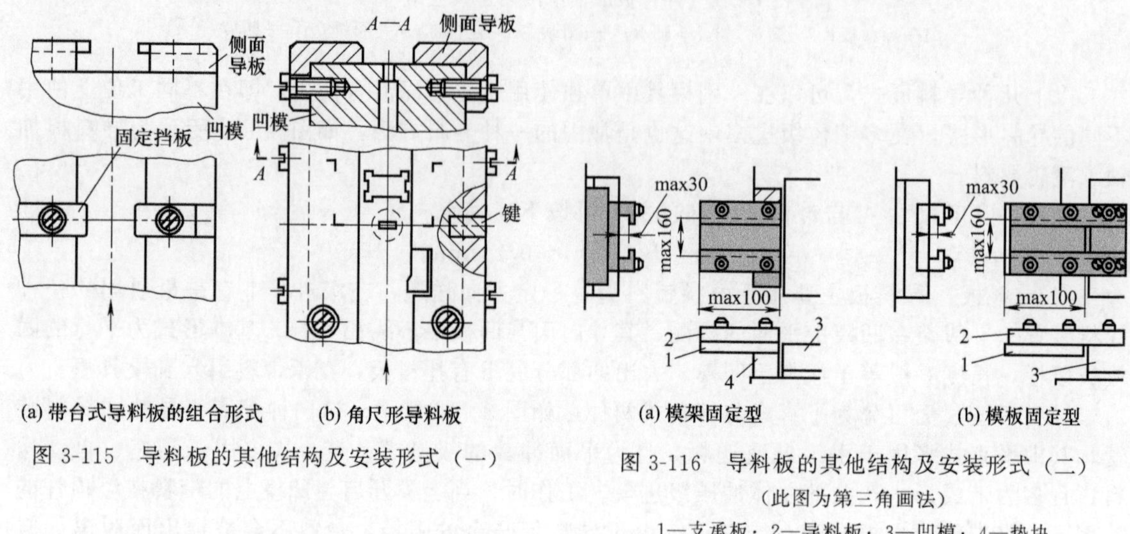

图 3-115 导料板的其他结构及安装形式（一）

图 3-116 导料板的其他结构及安装形式（二）
（此图为第三角画法）
1—支承板；2—导料板；3—凹模；4—垫块

常规的多工位级进模，导料板的厚度视制件料厚及挡料装置而定，一般为材料厚度的 2.5～4 倍，最小取厚度 H＝4～10mm。

高速冲压多工位级进模，导料板常用优质钢并经淬硬处理；普通手工送料，用侧刃定距的级进模，导料板常采用 Q235 等普通钢制造。为了使导料板挡料部分耐磨，维持应有使用寿命，也可以在该处可单独嵌入由优质钢制造并经淬硬处理的挡块。

（3）浮动导料和托料装置

在带有压弯、成形等立体冲压的级进模中，必须设置能让冲压成形后的带料浮离凹模平面的装置，才能保证带料的连续送进。浮动的托料杆（浮顶杆）和托料导料杆（导料杆）是最常用的一种，如图 3-117 所示为多工位级进模中常用的几种托料装置结构形式。如图 3-118 所示为多工位级进模中常用的几种浮动式导料装置结构形式。如图 3-119 所示为多工位级进模中导料系统三种零件（导料板、托料杆、浮动导料杆）配置应用示例。

如图 3-119（a）所示为带料的两侧靠导料板导向，左、右加中间各设置托料杆 4、5 将冲压中带弯曲的条料顶出一定高度，目的是便于送料。弹顶杆 9 设在带料的弯曲部分，起到助力使弯曲部分及时离开凹模工作部分；如图 3-119（b）所示为带料的一侧靠导料板导向，另一侧靠浮动导料杆导向，靠近导料板设有托料杆 5 以求平衡、平行，弹顶杆 9 与图 3-119（a）作用相同，适宜于采用一侧为成形侧刃定距的级进模；如图 3-119（c）所示为带料两侧同时采用浮动导料杆导向，并根据冲压工序特点，采用了特殊的顶件器和弹顶杆 9。

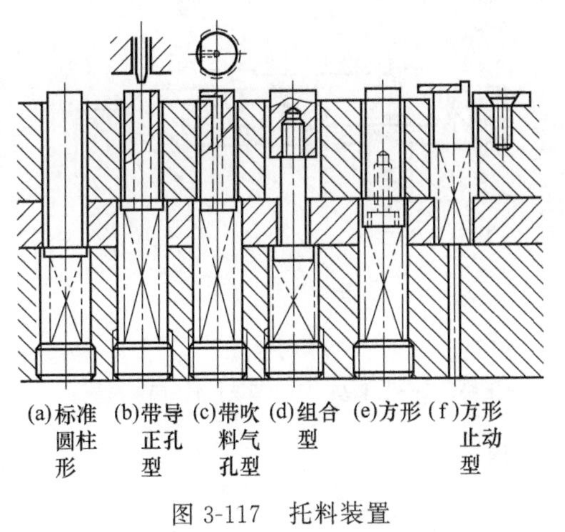

图 3-117 托料装置

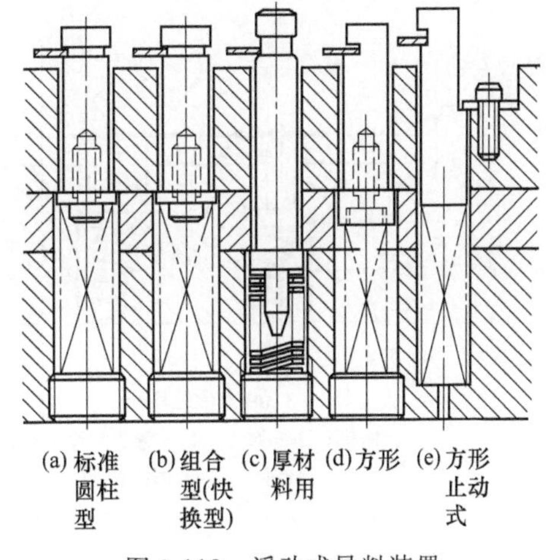

图 3-118 浮动式导料装置

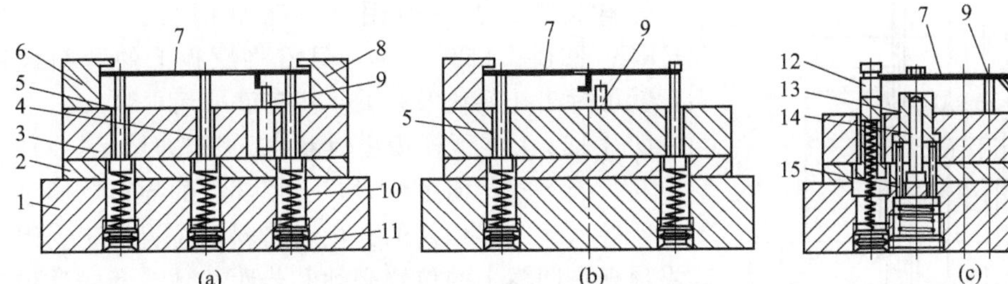

图 3-119 导料系统三种零件配置应用示例

1—下模座；2—下垫板；3—凹模；4,5—托料杆；6,8—导料板；7—冲压中的带料；9—弹顶杆；10—弹簧；11—螺塞；12—浮动导料杆；13—翻边顶件器；14—翻边凸模；15—打杆

① 托料杆（浮顶杆、小顶杆、托料块） 如图 3-120（a）、（b）所示为托料杆的两种常用结构，前者为普通托料杆（也叫浮顶杆、小顶杆），后者为带导正孔的托料杆，又称套式浮顶杆。图 3-120（c）为最通用的安装形式，也是当带料上有压弯、成形部分较小且高度很低的情况下常用。顶杆在自由状态下，应高出凹模的平面，其高出部分应大于制件小耳、筋、鼓包或成形部分的高度，但不应阻碍送料的正常进行。

当坯料的成形部分陷入凹模中而不易取出时，活动顶杆借助弹簧的作用力将其顶出。因此，顶杆的安放位置应尽可能靠近成形部分，而且一定要保证顶在材料的平面上。否则制件不易顶出，并容易产生变形。

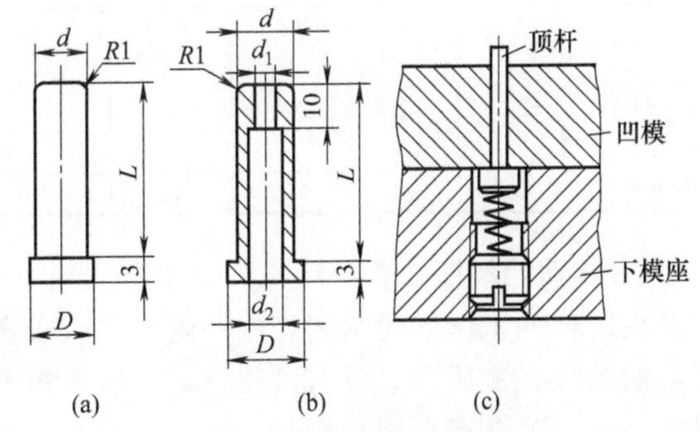

图 3-120 托料杆（浮顶杆）

如图 3-121（a）所示为刚性导料板导料（图中未表示）与浮顶杆合用的情况下浮顶送料。浮顶杆多为圆柱形，也有长方形的，在条料送进方向上带应有斜度，浮顶杆位置设在条料上没有孔和没有成形部位的下方，顶出后突出凹模的高度 H 一般使制件最低部位高出凹模面 1.5～2mm。

如图 3-121（b）所示为浮顶托料块，用于薄料的浮顶，在一副模具里一般采用多个，图

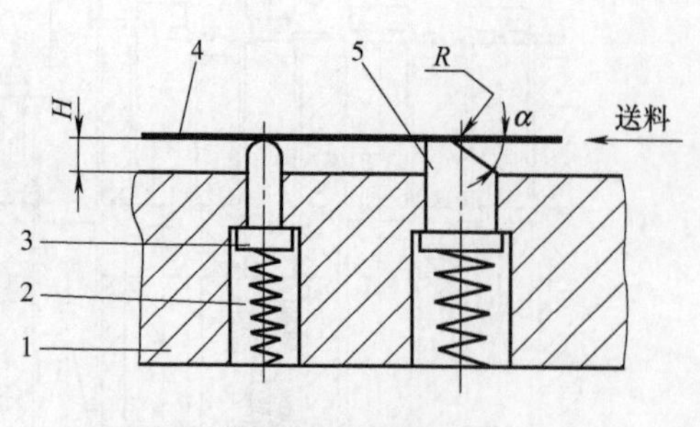

(a) 方形托料杆

1—凹模；2—弹簧；3—球头状浮顶杆；4—带料；5—方形托料杆

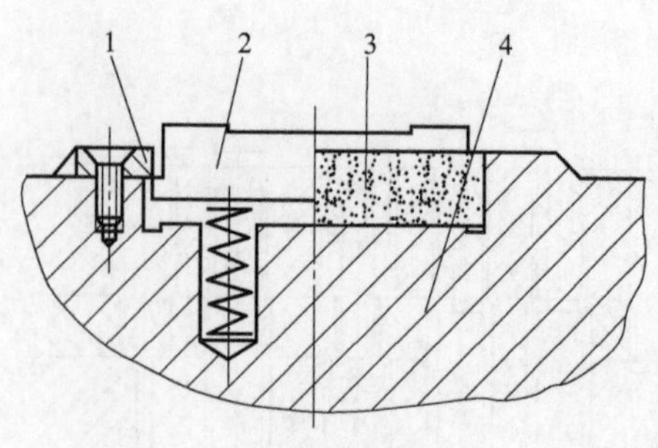

(b) 托料块

1—压块；2—托料块；3—凹模；4—凹模座板

图 3-121　托料杆示例

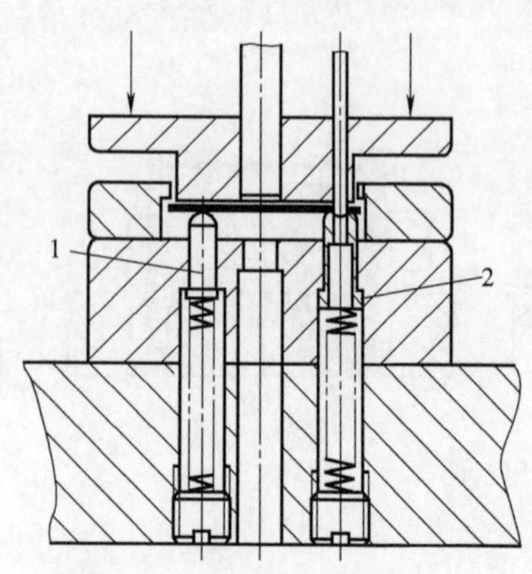

图 3-122　条料浮顶杆的顶出状态

1—普通浮顶杆；2—套式浮顶杆

示在硬质合金凹模里使用。

托料块的材料一般用合金工具钢制造，淬硬 60～64HRC。凹模刃口磨削时，只需将压板上的紧固螺钉取下，就可拆出托料块及弹簧，刃口磨好后再装入。

图 3-122 为浮顶杆顶出时状态。开模时，浮顶杆将条料顶起，当上模压向下模时，上模部分的导正销通过条料上的孔导入套式浮顶杆的孔内，将料的位置导正。因此套式浮顶杆在凹模上的位置必须和步距一致。套式浮顶杆工作的同时也保护了导正销。普通浮顶杆只起托顶条料浮离凹模平面的作用，因此它可以设在任何位置，但尽量对称位置排列。

多个浮顶杆在同一副级进模中应做到顶出高度完全一致。浮顶杆的顶出力大小要均匀，太小了不起作用，太大了会在材料上压出痕迹。

套式浮顶杆与凹模的配合选用 H7/h6 或 H6/h5，其内孔与导正销的配合间隙不可太大。浮顶杆（图 3-120）的外形尺寸见表 3-43。表中螺塞可采用细牙螺纹。

表 3-43　浮顶杆的尺寸（见图 3-120）　　mm

代号	尺寸										
d	1.5	2	2.5	3.5	4.5	6	8	9	10	12	14
d_1			1	1.5	2.5	4	5	6	7	8	10
D	4	5	4	5	6	8	10	11	13	15	17
d_2			$d_1+0.5$			$d_1+0.8$			$d_1+1.2$		
螺塞外径	M6	M8	M5	M6	M8	M10	M12	M14	M16	M18	M20

② 浮动导料杆　有些特殊模具（如带有侧向冲压）的全长或局部，不适合采用导料板时可以在凹模的工作形孔两侧（或一侧）平行于送料方向装有带导向槽的条料浮顶杆，简称导料杆，如图 3-123 所示。图 3-123（a）为导料杆将条料顶出到离凹模平面一定高度位置。图 3-123（b）为带台式导料杆，此结构只能从凹模的下面装入，因而拆装不方便，但结构较紧凑；图 3-123（c）、（d）为直通式导料杆，能从凹模的上平面直接装入，并在导向面的背部加工出一平面，用防转键止动，以防止在弹簧力的作用下弹出和沿轴向转动。此外，与带料接触处两者有区别。

导料杆一般为多个使用，间距不宜过大，以免条料在送进过程中呈波浪式前进，送料不

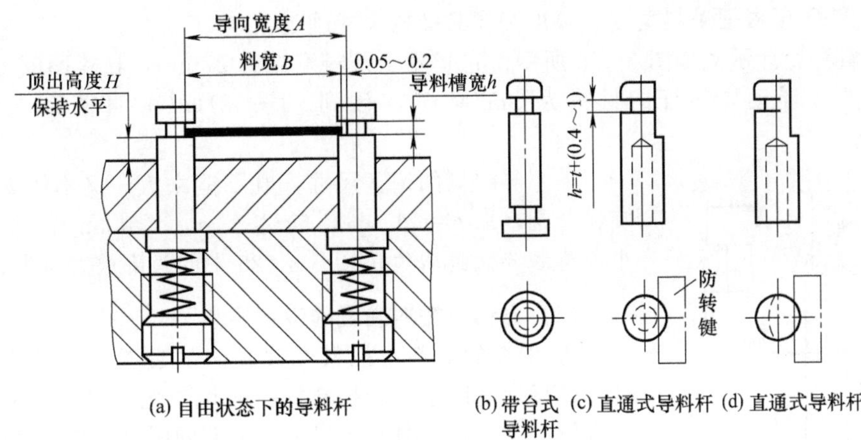

图 3-123　导料杆

便。如果条料过宽，应用料宽中间适当位置增设浮顶杆（所有浮顶杆露出凹模的工作高度应一致），以防条料变形，影响送料。

导料杆对条料的送料导向是属于点接触间断性的，所以对条料的宽度精度和两侧的平直度（俗称镰刀弯）要求较高，否则会使送料产生较大误差。此外卸料板上对应沉孔深度与导料杆头部有关尺寸要相适应，详见图 3-124。其中图 3-124（a）为正常工作位置及有关尺寸代号；图 3-124（b）表示卸料板沉孔太浅，将边料向下弯曲或切断；图 3-124（c）表示卸料板沉孔太深，使边料往上变形。

导料杆的有关尺寸可按下列各式计算得到：

槽宽　　$h=t+(0.4\sim1)$(mm)

槽深　　$(D-d)/2=(3\sim5)t$(mm)

杆头高　　$C=1.5\sim3$(mm)

卸料板沉孔深　　$B=C+(0.3\sim0.5)$(mm)

导料杆活动量　　$K=$制件的最大高度$+(1.3\sim3.5)$(mm)

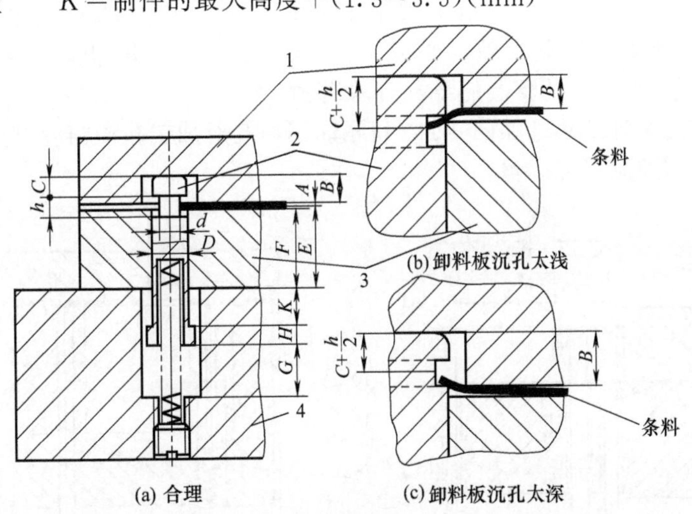

图 3-124　导料杆的头部与卸料板沉孔深度之间的关系

A—卸料板底平面至导料槽中心距离；B—卸料板沉孔（指空让导料杆头部凹平孔）深度；C—导料杆头部高度；K—导料杆活动量；E—凹模厚度+1/2料厚；F—凹模厚度；G—导料杆底面的最小留量；H—台阶量；h—导料杆的导向槽宽度；1—卸料板；2—导料杆；3—凹模；4—下模座

尺寸 d 和 D 可根据条料宽度、厚度和模具结构尺寸确定。

浮动导料杆设计示例如图 3-125 所示。它是用于条料宽度为 27mm，材料厚度为 0.33mm 不锈钢的导向。浮动导料杆的材料为 CrWMn，淬硬到 58～62HRC，直径 D 与凹模孔按 H7/h6制作。

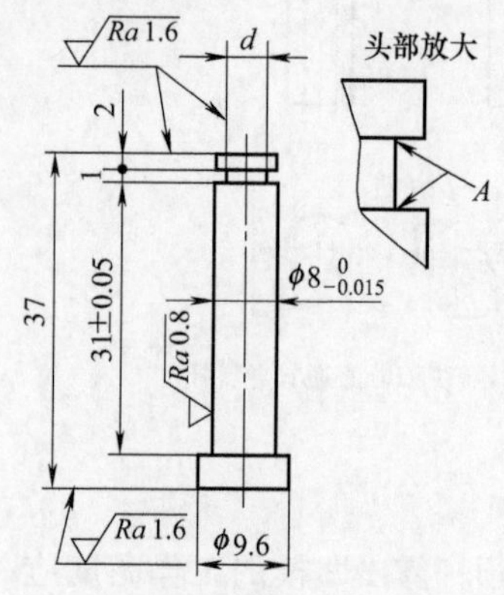

图 3-125 导料杆设计示例

关于导料杆的槽宽尺寸，既不能太大，又不能太小。有些资料介绍，取 $h=(1.5～2.5)t$。但 $h_{min}≥0.5$mm。当槽宽比较小，槽底要做到清角，见图 3-125 中的头部放大箭头 A 所指。

(4) 导料、托料装置的设计要点

① 带料的导料、托料在模具内的设置，应保证带料能平稳、通畅地连续送进。托料杆一般均匀地布置在带料送进方向的两侧，当料较宽时，带料宽度中间同时设置托料杆或浮顶器，以防止带料变形、送料不畅通。在同一副模具中，所有托料杆、浮顶器的托料高度应保持一致。

② 带料薄弱部位应避免设置托料杆，若确实需要设置时，可用托料面积大一点的块状或设计成兼成形的浮顶器结构形式，以免制件的变形。

③ 多工位级进模冲压中的带料，在不断的切割、压弯、成形中向前送进，有的冲切后带料侧边局部形成不连续、间断的空缺，在此部位应注意不可设置浮顶器、托料杆，以免损坏带料上已冲压成形好的坯件局部外形和影响模具正常生产，如图 3-126 所示为托料杆位置的合理设置示意。但不要用许多托料杆。

④ 弯曲或成形的冲压部位，可设计成浮动成形凹模的结构形式，或在接近压弯成形部位设置小顶杆，如图 3-127 所示。使弯曲成形后的坯件在小顶杆、托料杆、活动成形块兼顶出器的共同作用下迅速离开凹模，带料向前送进不受阻挡。

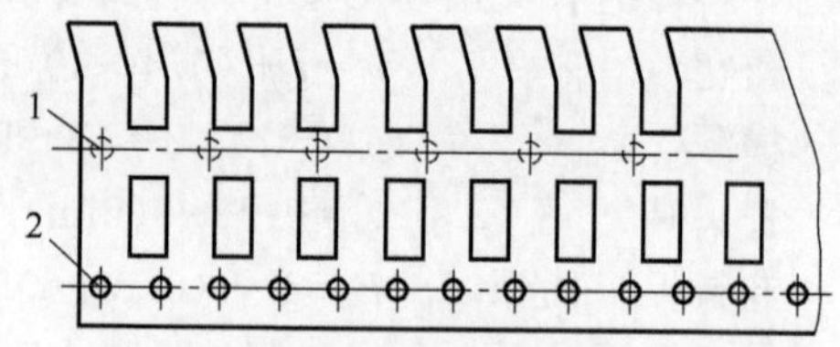

图 3-126 托料杆位置的合理设置示意

1—托料杆位置；2—导正销孔

⑤ 在使用浮动导料杆时，卸料板上避让导料杆头部的沉孔深度尺寸必须控制一致，并按图 3-128(a) 严格控制尺寸要求。卸料板上的导料杆头部避让孔有不通孔和通孔两种结构，如图 3-128 所示。不通孔对加工孔深精度有要求；通孔加工简单，沉孔深靠双螺塞控制，可调整。

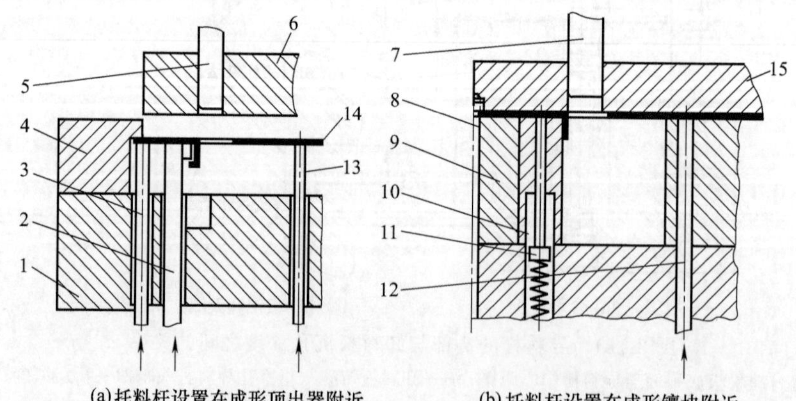

(a)托料杆设置在成形顶出器附近　(b)托料杆设置在成形镶块附近

图 3-127 浮动成形顶出结构形式示例

1,9—凹模；2—活动成形块兼顶出器；3,12,13—托料杆；4—导料板；5,7—压弯凸模；6,15—卸料板；8—浮动导料杆；10—压弯凹模镶块；11—小顶杆；14—带料

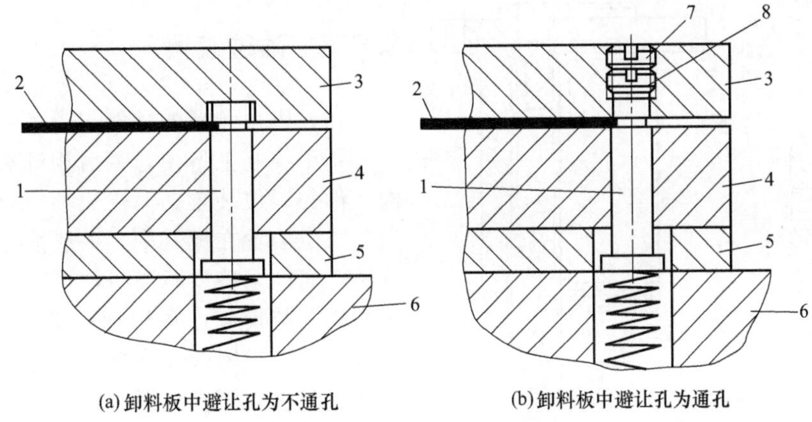

(a) 卸料板中避让孔为不通孔　　(b) 卸料板中避让孔为通孔

图 3-128　导料杆头部避让孔形式

1—浮动导料杆；2—带料；3—卸料板；4—凹模；5—下垫板；6—下模座；7—普通螺塞；8—带圆柱头螺塞

⑥ 同一副模具中的浮动导料杆或托料杆的弹簧力必须足够，而且往上弹顶力大小必须一致；否则，易造成带料因弹顶力不够或顶出力不一致而变形，无法正常工作。

⑦ 当采用单侧或双侧载体排样时，导正孔大多设计在带料的载体上，因此，导正销的安装位置一般都在导料板附近，当设计使用带台式导料板时，应当在导料板台阶部分加工与相对应的避让导正销的缺口，以保证导正销的正常工作。

3.6.4　顶出装置

顶出装置在级进模中的主要功能是对料或冲件起顶出作用。其部分结构与上节中介绍的浮动导料杆、小顶杆等非常相似，因为浮动导料杆既有导料功能，又有顶出作用，所以往往不太好分它们之间有多大区别。下面介绍几种常用的顶出装置。

如图 3-129 所示为级进模中部分装于模具内的顶出装置。图 3-129（a）结构紧凑又简单，当顶件力不大的场合应用最多；图 3-129（b）为双弹簧结构，顶件力较大；图 3-129（c）为内外弹簧顶出结构，此时内外弹簧的旋向要相反才好用。

如图 3-130 所示为两种可通用的弹顶器，它和图 3-129 结构相比，共同点是弹顶部分均装在模具的外面供使用，比较容易调节弹顶力大小。图 3-130（a）使用时要固定在下模座上，而图 3-130（b）一般放入压力机工作台孔内使用，并且小的废料可通过中间的空心管下落。弹压力大小通过调节螺母 1 得到。

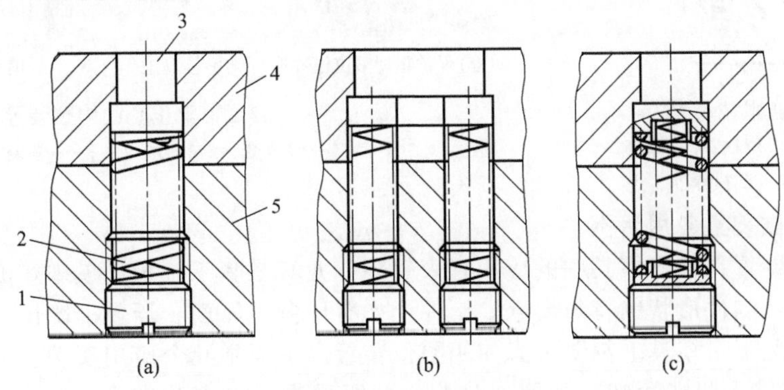

图 3-129　在模具内设置的顶出结构

1—螺塞；2—弹簧；3—顶件器；4—凹模；5—下模座

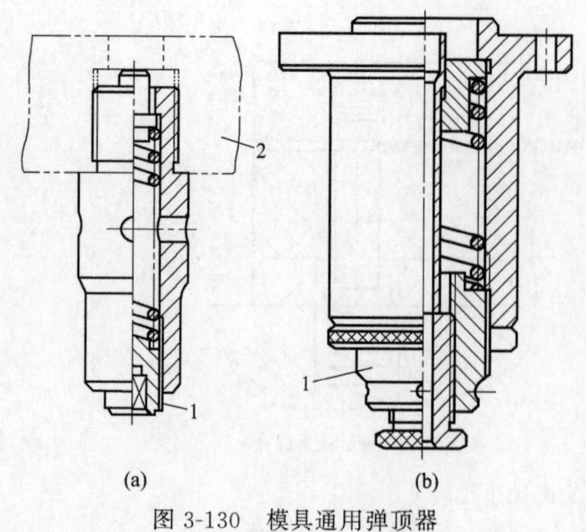

图 3-130 模具通用弹顶器

1—调节螺母；2—下模座

3.6.5 限位装置

(1) 限位装置的功能与应用

用于控制上下模合模后相对精确位置的结构，称为限位装置。

限位装置在模具中，一般情况下，要求模具闭合高度精确度不高时，可以不设置，因为压力机的装模高度可以通过调节能满足要求；但由于压力机闭合高度存在一定误差，可能会造成凸模进入凹模太深（即对凸模进入凹模深度有严格要求时），或者压料装置压料过度，为了控制上下模工作状态下的闭合高度，防止合模过头，可能引起模具损坏，或使精密立体成形（如镦压）超差，在多工位级进模中常要采用限位装置；也有为了限定某活动件的行程而使用限位装置；还有一些较大模具在保管存放时，防止上下模刃口接触，也采用限位装置。

故限位装置在模具中起到限位和安全保护的双重作用。

(2) 限位装置的种类与特点

常用的限位装置有两种：一种是普通限位装置，主要由限位柱和紧固螺钉组成，如图 3-131 所示。它结构简单，应用广泛，但一旦模具的工作零件刃磨变短，限位柱要相应随之修磨；另一种为带限位套的限位装置，它由限位柱、紧固螺钉和限位套（也称保护垫、垫片）组成，如图 3-132所示。常用于较大型精密模具，在保管存放期间让模具的凸模、凹模分离开，在限位柱 2、3 之间垫上限位套 1，如图 3-132（c）所示。工作时将限位套 1 取下，如图3-132（b）所示。

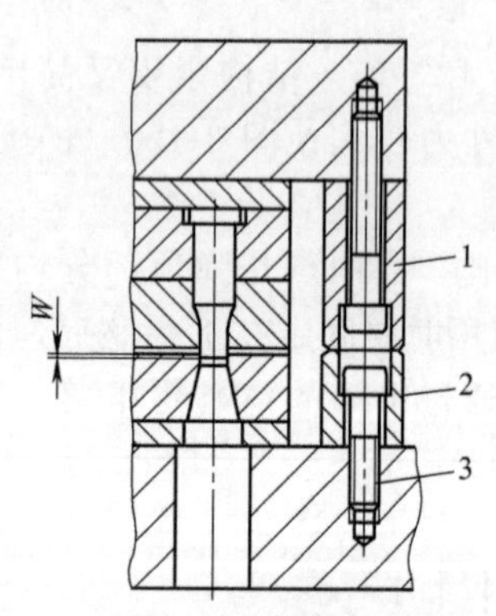

图 3-131 普通限位装置

1—上限位柱；2—下限位柱；3—螺钉；

W—允许凸模进入凹模深度

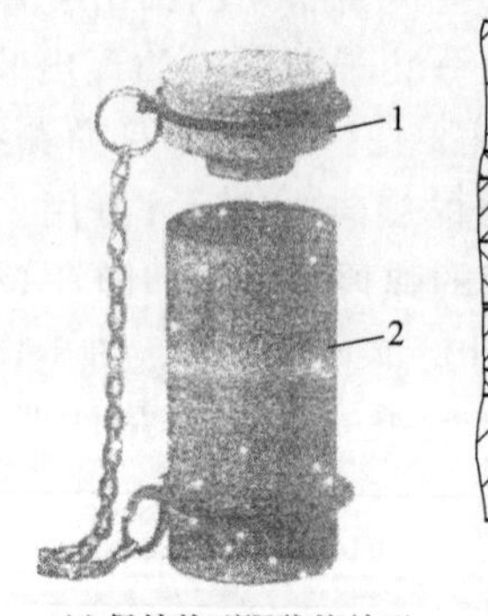

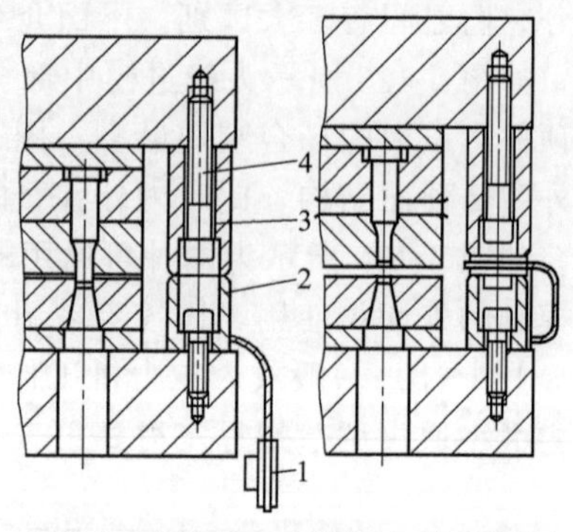

(a) 保护垫型限位柱外形 (b) 模具工作状态 (c) 模具不工作保管状态

图 3-132 带限位套的限位装置

1—限位套；2，3—限位柱；4—螺钉

(3) 常用限位装置应用示例

目前，限位装置在精密模具中的应用越来越多，尤其是多工位级进模中，由于工位多，工序性质的多样性及制件形状的特殊要求，制件上如有压弯、压筋、压包、镦压（压扁、压凸）、整形等，一般情况下，模具上都要考虑使用限位装置。下面举几个应用实例。

① 控制凸模进入凹模深度　如图 3-133（a）所示为通过安装在上下模上的限位柱（块）1、2 在合模碰死时来控制冲孔凸模进入凹模深度 W_1；图 3-133（b）所示为拉深或整形凸模进

入凹模深度 W 的限位示意图。

② 控制模具最小闭合高度　如图 3-134 所示为调好的合模高度，上下模座之间对称位置装有四对高度限位柱，控制了模具的最小闭合高度。在模具上机调整时，保证工作部分不被损伤。当冲压生产中发生意外故障，高度限位柱还起到一定的保护作用。图中垫片 2、5 是专用的不锈钢薄片，刃磨后垫入，以保证冲载刃面位置和原始闭合高度不变。当模具不用时，将保护垫 1 放入两限位柱之间，使上下模工作部分离开。

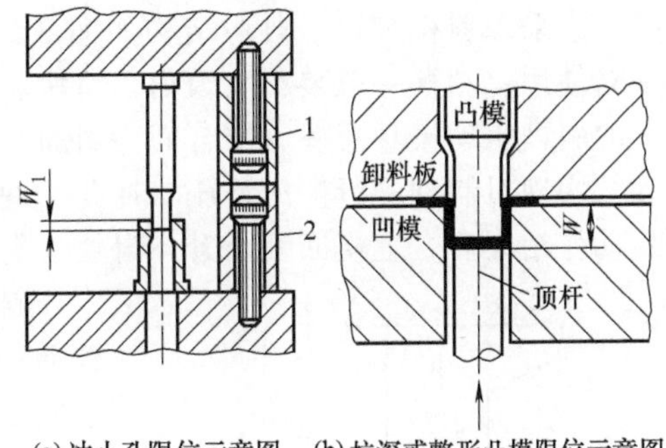

(a) 冲小孔限位示意图　(b) 拉深或整形凸模限位示意图

图 3-133　控制凸模进入凹模深度

1—上限位柱（块）；2—下限位柱（块）

③ 控制压料　如图 3-135 所示为弹压卸料板上装有多个限位柱的示意图，用于控制对条料的压紧程度。图中限位柱高出卸料板底平面一定大小，实际尺寸比料厚小 0.02mm，即为 $h=(t-0.02)$mm，这样能保持卸料板既压平条料又避免将条料压坏。

④ 控制镦压或整形变形程度　如图 3-136 所示为利用弹压卸料板上装限位块在模具闭合后压死制件，并控制凸、凹模之间的制件被镦压或整形的变形程度。但这种情况应当将此部分卸料板与整体卸料板分开才能使用。同时为了保证限位块有好的刚性，限位块的面积尽量大一些，并进行淬硬处理，加工成相同厚度，还要固定紧，不应该有松动。

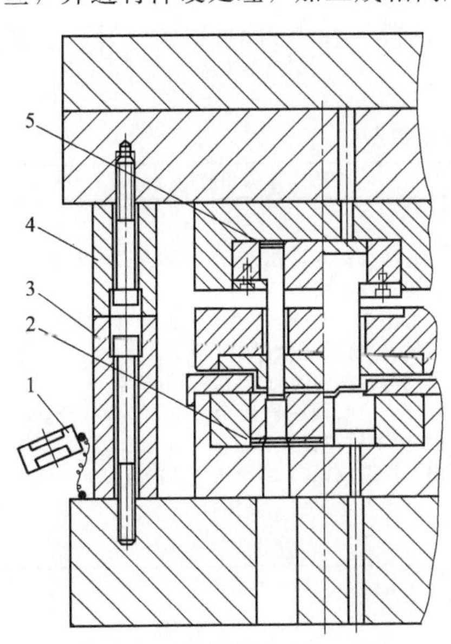

图 3-134　限位块和垫片控制模具最小闭合高度

1—保护垫；2,5—垫片；3,4—限位块

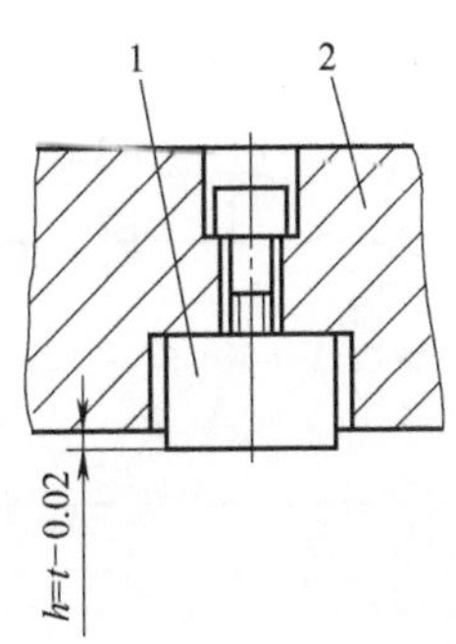

图 3-135　限位柱控制压料

1—限位柱；2—卸料板

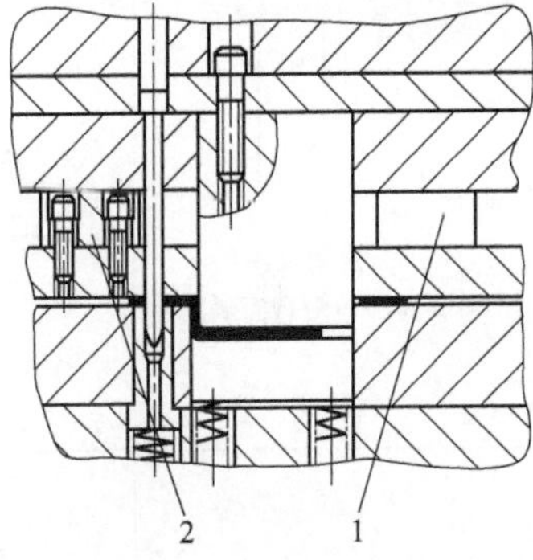

图 3-136　限位块控制镦压或整形

1,2—限位块

限位柱（块）在模具中属于受压件，要求刚性好、耐压、耐磨损、不变形。普通的可用 45 钢，要求高的可用工具钢或合金工具钢并经淬硬加工制成。

3.6.6　侧向冲压装置

(1) 斜楔、滑块的功能与分类

① 斜楔与滑块的功能　冲压的动作一般是垂直方向。当制件的加工方向要求为水平或倾

斜时，应采用斜楔装置，典型结构如图 3-137 所示。斜楔装置的主要零件是斜楔 3 和滑块 4，常配对使用。斜楔一般装在上模内，滑块装于下模内。通过压力机的滑块垂直向下运动，由模具上的斜楔驱动模具滑块（结合面为斜面，斜角为 α）变成水平运动，甚至也可以逆冲压方向运动，实现对制件进行侧向冲压（冲孔、冲切、成形、压包，压筋等）、抽芯和实现自动送料等。动作结束后，上模回程上升，滑块 4 借助弹簧 1 复位。

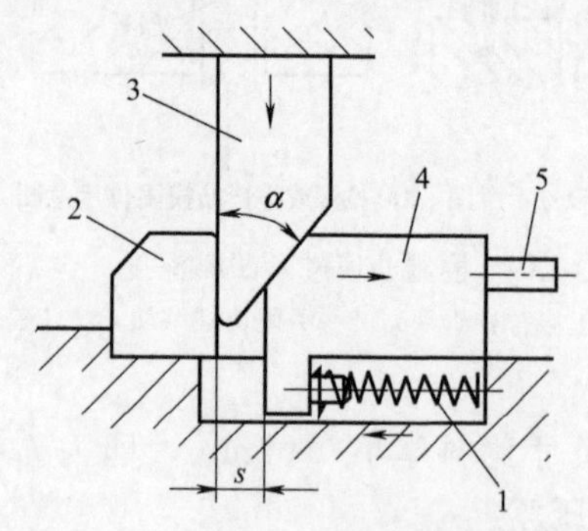

图 3-137　斜楔、滑块结构示意图

1—弹簧；2—挡块；3—斜楔；4—滑块；5—侧冲凸模

斜楔与滑块在使用中，斜楔永远是主动件，滑块是被动件，其结合面为斜面，因此滑块又称斜滑块。利用它们之间的斜面斜角关系，才可以改变运动方向和行程大小。

斜楔、滑块装置的应用，不仅扩大了冲模的使用功能，同时又是多工位级进模中个别工位上侧冲机构的唯一选择。

② 斜楔与滑块的基本分类　斜楔与滑块的分类是以斜楔面配合特点为依据的，在实际使用中，按斜楔斜面特征分有单斜面、双斜面和复合斜面，但主要的为单斜面和双斜面斜楔两种，其基本形式见表 3-44。按斜楔与斜滑块的传动配合面有几段分有一段配合面、两段配合面和三段配合面。在单斜面斜楔中，分为一段配合面和两段配合面；在双斜面斜楔中，分为两段配合面与三段配合面。每段配合面的作用分别称为导向限位段、冲击运动段（驱动段）、冲压间歇段。

表 3-44　斜楔面配合的基本种类和使用特点

种类		动作简图	适用范围和使用特点
单斜面斜楔	Ⅰ 一段配合面 单斜面一段配合面斜楔	① ② ③ b s 1—凸模；2—滑块；3—斜楔；4—挡块	此结构最为常用，运动转换方式为斜楔垂直运动变滑块水平运动 适用于一般侧向冲切、弯曲、成形、抽芯等。需设置限位挡块，用于限制滑块的复位位置和抵消斜楔的侧向分力。斜滑块常采用弹簧复位。单斜面一段配合面“Ⅰ”为冲击运动段，图中斜楔自接触滑块为位置②开始至冲模下死点位置③止，滑块移动距离为 s $s<b$
	Ⅱ Ⅰ 两段配合面 单斜面两段配合面斜楔	① ② ③ ④ s L	适用于在冲压过程中需要有间歇阶段的侧向运动，如侧向抽芯、压型等。需加限位块。间歇的长短即延时段由 L 长短控制。单斜面两段配合面斜楔“Ⅰ”段为冲击运动段。图中自斜楔接触滑块的位置②开始至斜楔运动到位置③，滑块侧向移动距离为 s。斜楔继续向下运动，即进入“Ⅱ”段为冲压间歇段。此时的滑块处于停止不动状态，斜楔位置由③至④，到了冲程的下死点位置，共走了 L 长度。回程时，斜楔由④回到③，滑块依然保持不动，结束“Ⅱ”段的配合。继续回程，斜楔位置由③至②到①，滑块在弹簧力的作用下复位

续表

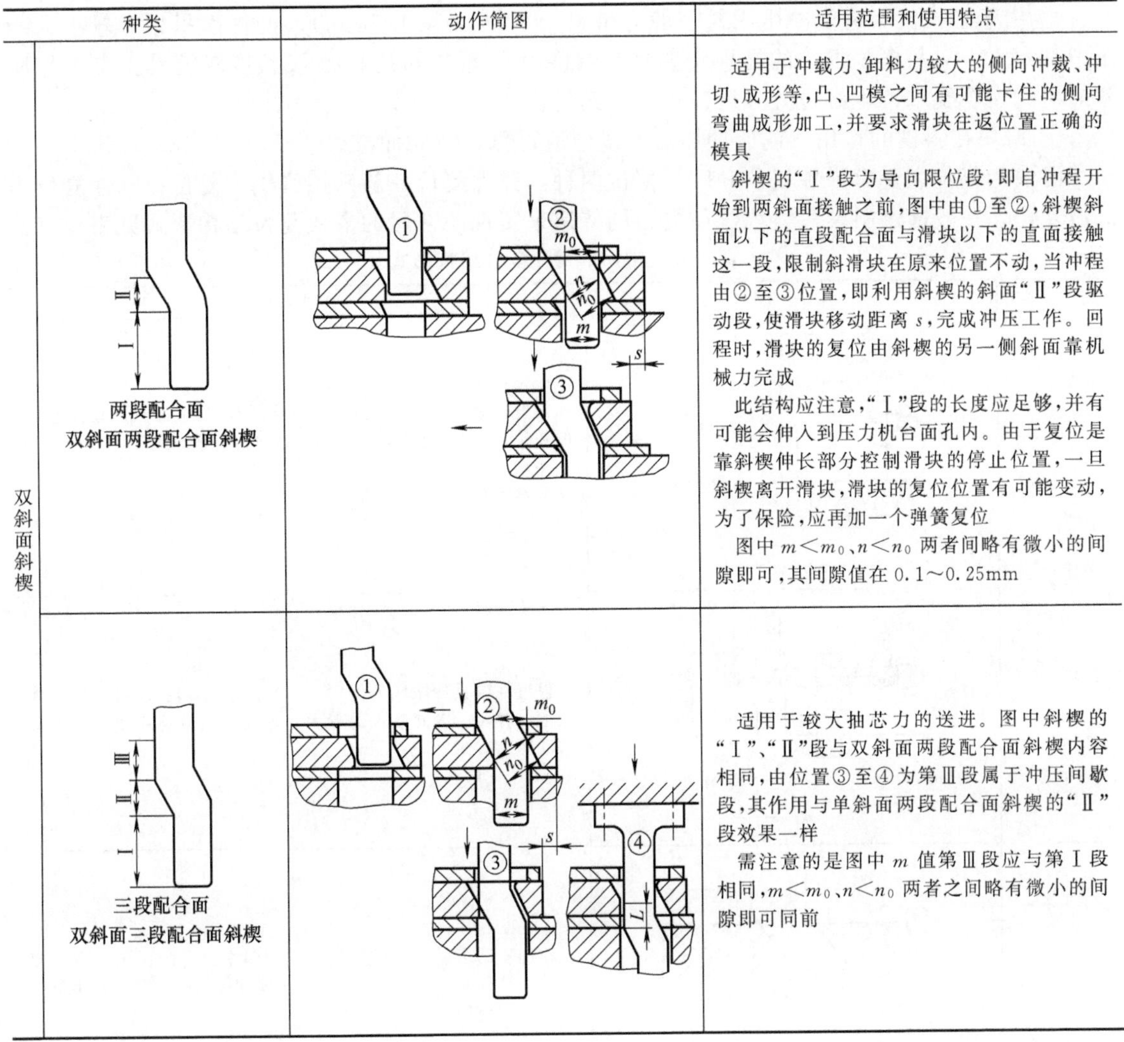

种类		动作简图	适用范围和使用特点
双斜面斜楔	两段配合面 双斜面两段配合面斜楔		适用于冲载力、卸料力较大的侧向冲裁、冲切、成形等，凸、凹模之间有可能卡住的侧向弯曲成形加工，并要求滑块往返位置正确的模具 斜楔的“Ⅰ”段为导向限位段，即自冲程开始到两斜面接触之前，图中由①至②，斜楔斜面以下的直段配合面与滑块以下的直面接触这一段，限制斜滑块在原来位置不动，当冲程由②至③位置，即利用斜楔的斜面“Ⅱ”段驱动段，使滑块移动距离 s，完成冲压工作。回程时，滑块的复位由斜楔的另一侧斜面靠机械力完成 此结构应注意，“Ⅰ”段的长度应足够，并有可能会伸入到压力机台面孔内。由于复位是靠斜楔伸长部分控制滑块的停止位置，一旦斜楔离开滑块，滑块的复位位置有可能变动，为了保险，应再加一个弹簧复位 图中 $m<m_0$、$n<n_0$ 两者间略有微小的间隙即可，其间隙值在 0.1～0.25mm
	三段配合面 双斜面三段配合面斜楔		适用于较大抽芯力的送进。图中斜楔的“Ⅰ”、“Ⅱ”段与双斜面两段配合面斜楔内容相同，由位置③至④为第Ⅲ段属于冲压间歇段，其作用与单斜面两段配合面斜楔的“Ⅱ”段效果一样 需注意的是图中 m 值第Ⅲ段应与第Ⅰ段相同，$m<m_0$、$n<n_0$ 两者之间略有微小的间隙即可同前

(2) 斜楔、滑块合理使用要求

在多工位级进模中，为了实现侧向冲压的需要，常用斜楔、滑块的合理配置来执行主要动作，同时还要使正常连续冲压稳定不受影响，为此，对斜楔、滑块的合理使用提出如下注意要点。

① 侧向冲压机构的设置应保证带料的连续顺畅送进，并在模具中留有足够的安装空间。

② 应按不同冲压工艺要求，合理选择斜楔、滑块配置形式，避免和防止与其他冲压机构有可能产生干涉现象。例如冲压行程延时段（L）的设置和长短。

③ 根据先冲裁后成形，先压料后变形的原则，在侧向冲压前，带料应处于完全定位和压紧状态。侧向冲压结束后，侧向冲压机构应先退出冲压工作区（除侧向成形抽芯外），上模随压力机滑块回到上止点后，顶、托料装置托起带料浮离凹模平面。

④ 斜楔、滑块传递冲压力大小与楔块的角度 α 大小有关。α 越小，侧向冲压力 P 越大，但滑块移动距离（冲程）S 会减小；α 越大，侧向冲压力 P 越小，但滑块移动距离 S 会增大。为保证斜楔和滑块的正常工作，斜楔角度 α 一般按 30°～50°选取，常用 $\alpha=40°$。

选取 α 角应按不同冲压工艺的具体要求而定。有时为了增加滑块的移动距离 S，可取 $\alpha=50°$。

⑤ 为抵消侧向冲压时的侧向力，在斜楔的后侧面应设置挡块。

⑥ 由于多工位级进模冲压用料一般为带料、薄料（$t \leqslant 1.5$mm），冲件面积相对较小，冲压力都不大，对斜楔、滑块的配置应主要考虑移动距离 S 和延时 L 段长度对模具正常工作所需的机构设置要求，不必过分强调冲压力的损耗。

⑦ 滑块在斜楔的作用下侧向冲压后，复位应可靠、及时而准确。

滑块的复位主要有弹性复位和刚性复位两种。弹性复位一般采用弹簧力复位；刚性复位为机械复位，一般通过斜楔对滑块作往复力的传递来实现。常用的滑块复位结构形式见表 3-45。

表 3-45　常用的滑块复位结构形式

复位方式	简　图	应用说明
弹性复位	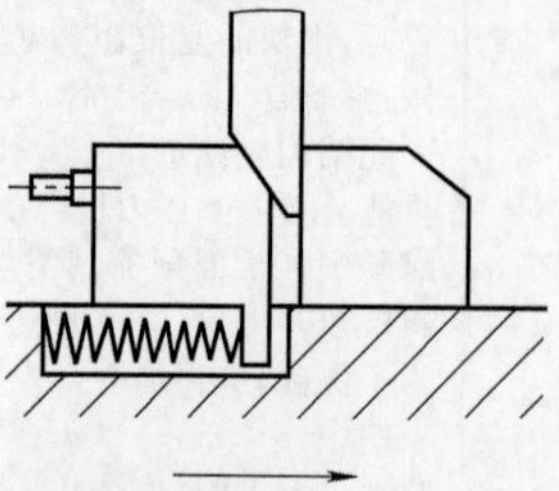	设置在模具内的弹性复位，因空间有限，一般只能使用较小的弹簧。因此，复位力也较小。该复位装置适用于侧向冲压移动距离 S 较小的中、小型级进模中 因结构简单，应用比较广
	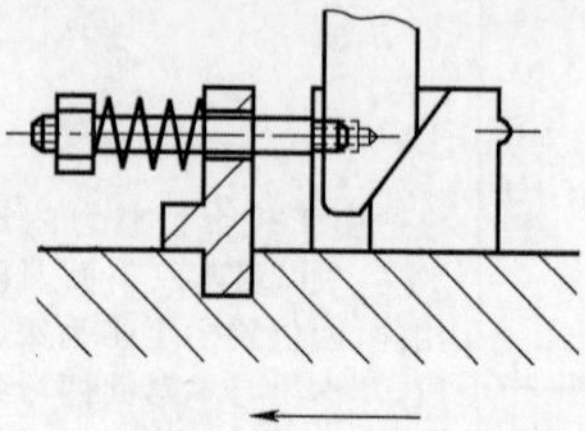	设置在模具冲压区外的弹性复位，因空间较大，可使用力矩较大的弹簧。因此复位力较大。该复位装置适用于侧向冲压移动距离 S 较大的级进模
刚性复位	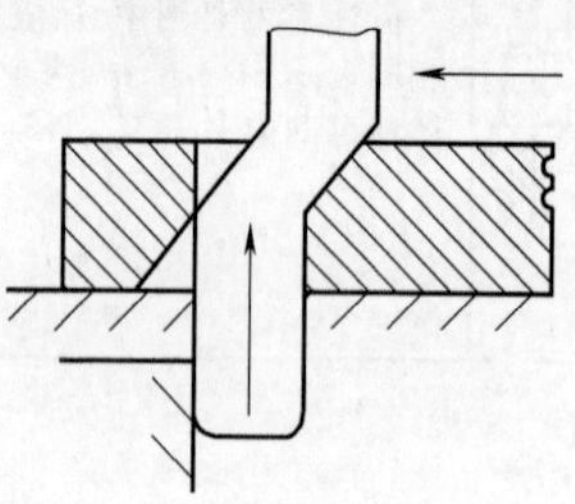	在冲压结束后，上模返回时，利用斜楔自身的作用使滑块复位。该结构刚性较好，动作可靠，但磨损较大，适宜于在中低速级进模中使用
	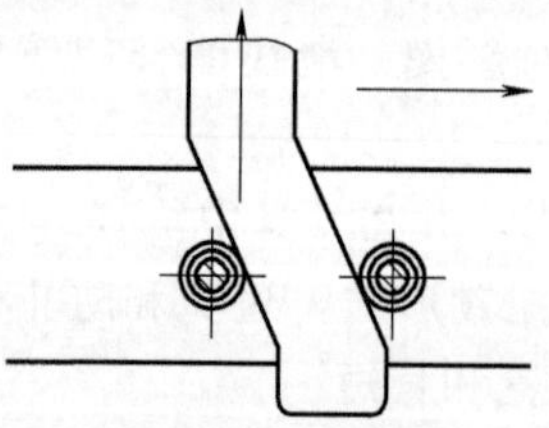	在冲压结束后，上模返回时，利用斜楔自身的作用使滑块复位。该结构以滚轮替代斜面，运动时为点、线接触，磨损小，但刚性稍差，故适合于小型高速级进模采用
气动复位	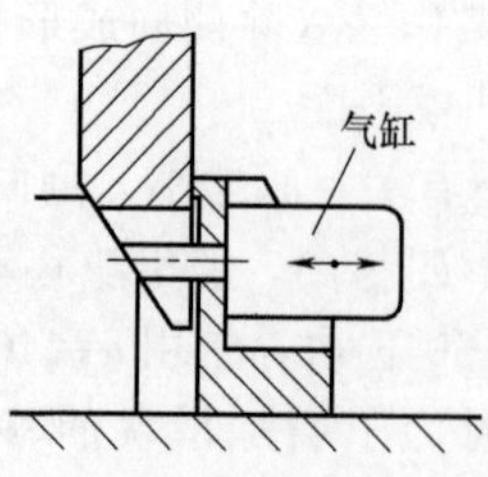 气缸	利用气缸的往复运动，侧向冲压、复位。动作稳定可靠，适合于大型级进模或高速级进模中使用

模具的侧向冲压工作零件在对冲压件弯曲时，有时会受到料厚的偏差、模具制造累积误差以及弯曲成形工艺的影响，造成凸、凹模局部干涉的状况，在这种情况下，改用刚性复位和气动复位比较可靠。此时该机械兼有侧向冲压和复位双重功能。其压力在任一位置能始终保持一致。滑块移动距离 S 可以任意调节，此结构在多工位级进模中使用较多。

⑧ 为提高斜楔、滑块的使用寿命和耐磨性，所选用材料须经淬硬热处理，表面经精密磨削加工。

(3) 斜楔、滑块的角度与尺寸计算

① 斜楔、滑块的尺寸设计要点

a. 斜楔的有效行程 s_1 应大于滑块行程 s，即 $s_1>s$。滑块作水平运动的斜楔角度 α 一般可取40°。

b. 滑块的长度尺寸 L_2 应保证当斜楔开始推动滑块时，推力的合力作用线处于滑块长度之内，如图3-138所示。

c. 合理的滑块高度 H_2 应小于滑块的长度 L_2，它们之间的关系一般取 $L_2:H_2=(2\sim1):1$。

d. 为了保证滑块运动的平稳，滑块的宽度 B_2 一般应小于或等于滑块长度的2.5倍。

e. 斜楔尺寸 H_1、L_1 基本上可按不同模具的结构要求进行设计，但必须有可靠的挡块，以保证斜楔正常工作。

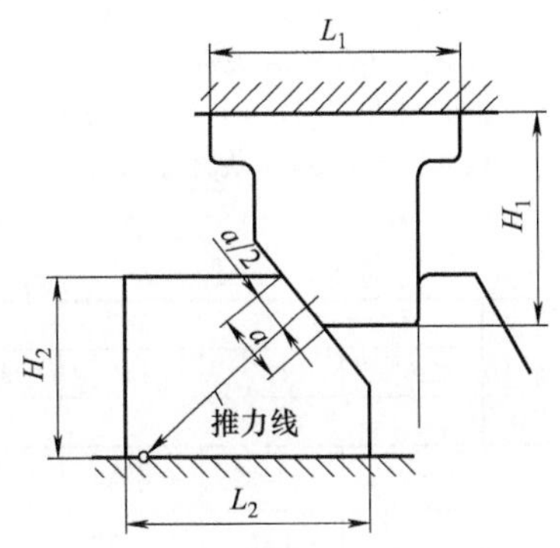

图3-138　滑块尺寸关系图

② 斜楔的设计

a. 楔块的受力分析　斜楔与滑块斜面接触状态下的受力情况如图3-139和图3-140所示。

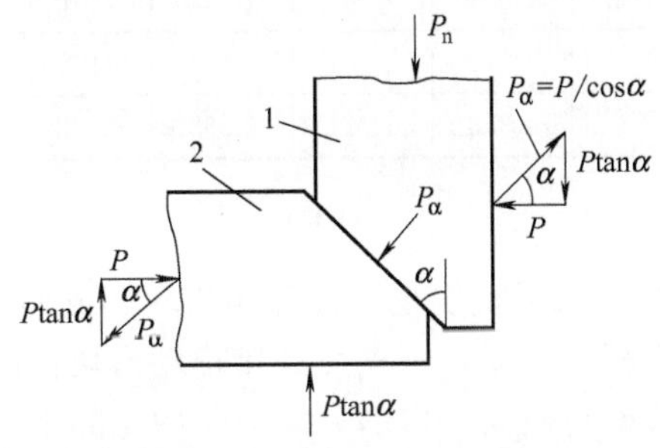

图3-139　滑块水平运动受力图

1—斜楔；2—滑块；P—冲裁力；P_α—楔块接触面的正压力，$P_\alpha=P/\cos\alpha$；α—斜楔角度；P_n—压力机滑块垂直压力，$P_n=P/\sin\alpha\cos\alpha$

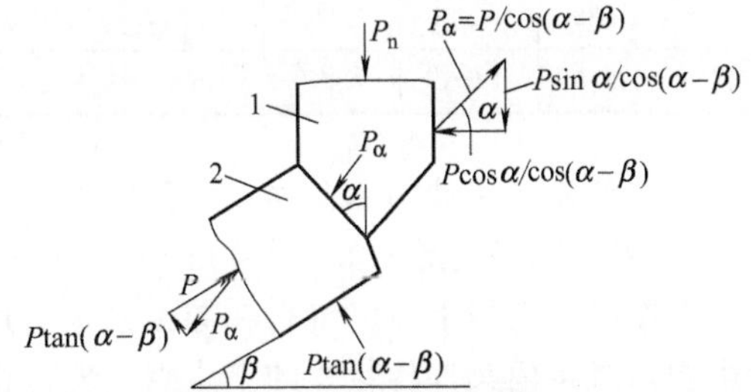

图3-140　滑块倾斜运动受力图

1—斜楔；2—滑块；P—冲裁力；α—斜楔角度；β—滑块倾斜角度；P_α—楔块接触面的正压力，$P_\alpha=P/\cos(\alpha-\beta)$；$P_n$—压力机滑块垂直压力，$P_n=P/\sin\alpha\cos(\alpha-\beta)$

b. 斜楔的角度与尺寸

• 滑块水平运动：斜楔角度 α 一般取40°，为了增大行程 s 时，可取45°、50°，在行程要求很大，又受到结构限制的特殊情况下，可取55°或60°。滑块水平运动如图3-141所示。α 与 s/s_1 的关系如表3-46所示。

表3-46　α 与 s/s_1 的关系

α/(°)	30	40	45	50	55	60
s/s_1	0.5773	0.8391	1	1.1917	1.4281	1.732

• 滑块倾斜运动：斜楔角度 α 一般取45°；为了增大滑块行程 s 时，可取50°、60°；在行

程要求很大，又受到结构限制的特殊情况下，可取 65°或 70°，但需使 $90°-\alpha+\beta\geqslant45°$，滑块行程 s 与斜楔行程 s_1 的比值为 $s/s_1=\sin\alpha/\cos(\alpha-\beta)$。滑块倾斜运动如图 3-142 所示。$\alpha$ 和 β 与 s/s_1 的关系见表 3-47。

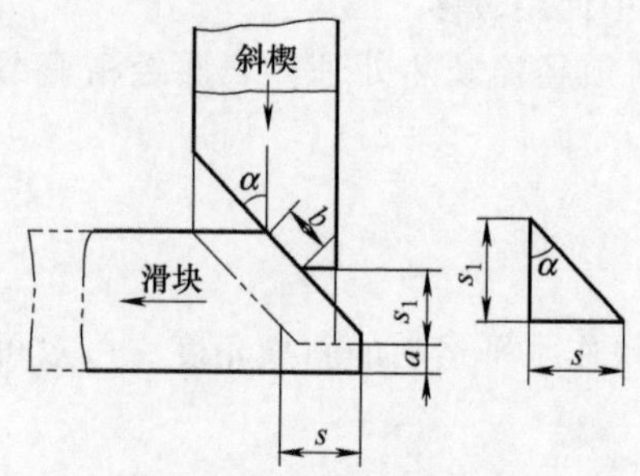

图 3-141 滑块水平运动

s—滑块行程；s_1—斜楔行程

（$a>5$mm，$b\geqslant$滑块斜面长度/5）

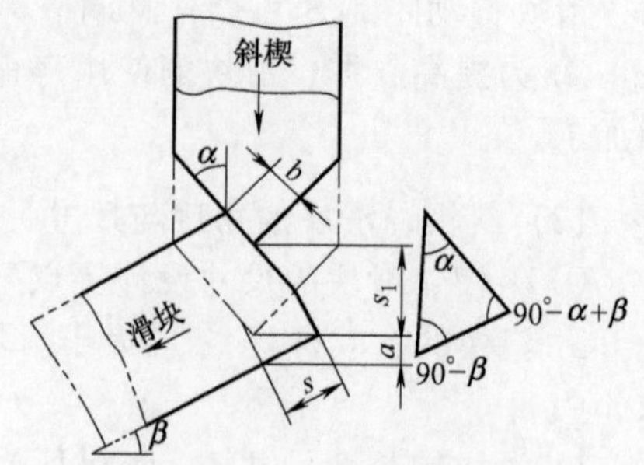

图 3-142 滑块倾斜运动

s—滑块行程；s_1—斜楔行程

（$a>5$mm，$b\geqslant$滑块斜面长度/5）

表 3-47 α 和 β 与 s/s_1 的关系

α	β										
	10°	12°	14°	16°	18°	20°	22°	24°	26°	28°	30°
	s/s_1										
45°	0.8635	0.8432	0.8244	0.8091	0.7886	0.7806	0.7680	0.7570	0.7479	0.7396	0.7321
50°	1	0.8865	0.8636	0.8425	0.8237	0.8065	0.7911	0.7776	0.7645	0.7536	0.7435
55°	1.158	1.120	1.085	1.030	1.026	1	0.9775	0.9551	0.9363	0.9200	0.9042
60°	1.348	1.294	1.247	1.204	1.165	1.131	1.099	1.081	1.044	1.022	1
65°	1.589	1.505	1.440	1.381	1.328	1.281	1.239	1.173	1.151	1.134	1.106
70°	1.879	1.773	1.681	1.598	1.526	1.462	1.405	1.353	1.271	1.265	1.227

（4）斜楔、滑块与侧向冲压应用示例

① 侧向压凹成形　如图 3-143 所示为采用单斜面斜楔接触滑块实现对冲件侧边压凹成形。

工作时，上模下行，带料在导正销定位后被弹压卸料板 1 压紧，斜楔 4 开始推动滑块作侧向运动，直至模具冲压行程的下止点，S 行程段即为滑块推动模具工作部分作侧向冲压的工作行程段。上模在返回上止点的过程中，斜滑块首先在弹簧力的作用下复位，侧向冲压的工作部分退出冲压区，当卸料板的压料力消除后，斜楔的楔面与滑块的斜面分离，设在凹模内的成形顶块 2 与下模内的顶件系统推动带料浮离凹模平面，完成全部冲压工作。图示为侧向压凹成形，限定冲压行程（S）的配合用斜楔也适合于侧向压凸、侧向冲切（或冲裁）、侧向弯曲成形、侧向整形等多个工序加工。

② 侧向摆块压弯成形　如图 3-144 所示，该结构利用斜楔的斜面推动成形摆块向左摆动压弯成形，其工作过程为：模具下压，卸料板在矩形弹簧的作用下压紧带料，模具继续下压，设在凹模内的成形顶块下移到位，安装在上模部分的斜楔下压，推动成形摆块把前面工位已弯曲成直角的冲件侧向摆动冲压成形，冲压结束后，模具返回上止点，在压料力未完全消除时斜楔随模具上行，摆块 6 在弹簧力的作用下复位，卸料板的压料力消除后，模具到达上止点，凹模内成形顶块 7 与托料柱同时顶、托带料浮离凹模平面。该结构由于 S 行程是限定的，除侧向冲裁外，该部分磨损后在修理、调整时，斜楔与滑块（或成形摆块）也需修正、调整。

③ 对称侧向摆块压弯成形　如图 3-145 所示为一弯曲件在多工位级进模中的对称侧向摆块压弯成形工位Ⓓ的模具结构。

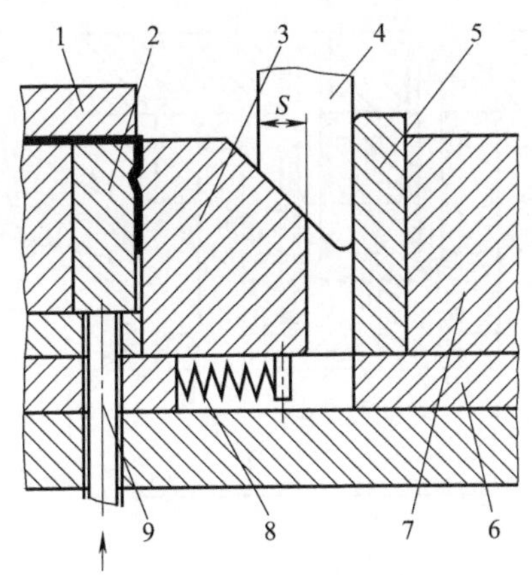

图 3-143　侧向压凹成形示意图

1—弹压卸料板；2—成形凹模兼顶块；3—成形滑块；4—斜楔；5—限位挡块；6—垫板；7—滑座；8—弹簧；9—顶杆

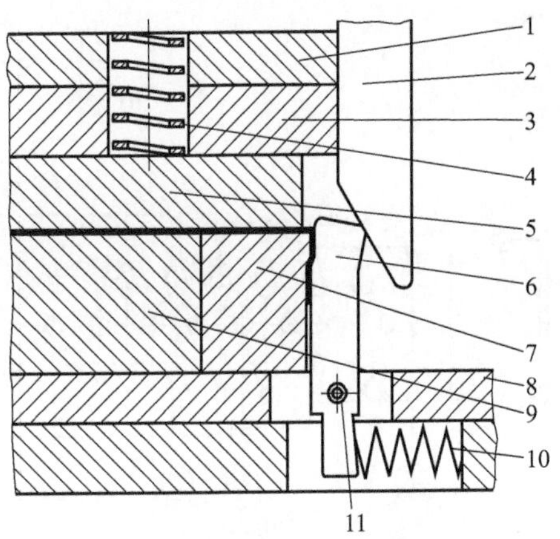

图 3-144　侧向摆块压弯成形

1,8—垫板；2—斜楔；3—凸模固定板；4,10—弹簧；5—卸料板；6—成形摆块；7—成形顶块；9—凹模；11—轴

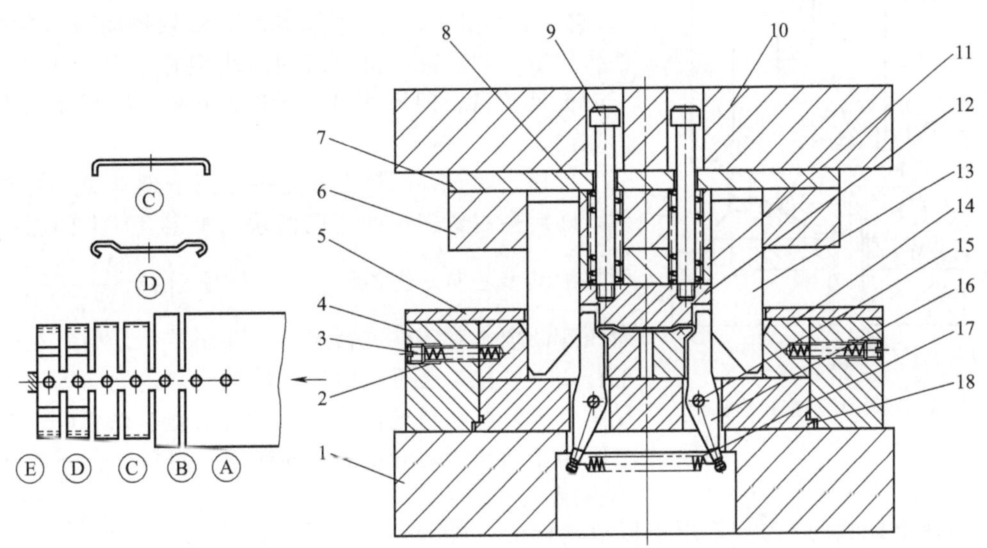

图 3-145　对称侧向摆块压弯成形

1—下模座；2,8,17—弹簧；3—螺塞；4—限位挡块；5—盖板；6—固定板；7—垫板；9—卸料螺钉；10—上模座；11—镦压垫块；12—上模型芯；13—斜楔；14—滑动模块；15—小轴；16—摆块；18—支承板

本结构采用斜楔挤压摆动块 16 进行弯曲，下模再以滑动模块 14 加强整形，由一对复合斜楔 13 先后带动上述两部分工作。结构紧凑，动作可靠、灵活。

工作过程为：首先上模型芯 12 在弹簧力的作用下将制件压在下模模块 14 上，并对制件上表面进行预压。随着上模继续下行，带复合形面斜楔 13 的外斜面首先冲击滑动模块 14 向两外侧移动到规定位置。使两滑动模块张开的外形尺寸为制件需要尺寸。接着斜楔 13 的内斜面又挤压两个摆块 16 向中心摆动，将制件挤压内收 45°弯曲成形。此时上模型芯 12 在镦压垫块 11 的镦压下对制件上面进行整形加工。上模回程，摆块在拉簧 17 的作用下立即复位，随之滑动模块 14 也在压簧 2 的推力下两件合并复位，这样带料的浮动送进就不受下模模块的影响，以保持连续正常作业。

④ 对称侧向活动模芯兼滑块弯曲成形　如图 3-146 所示，图 3-146（a）为某制件的排样图，在工位Ⓔ处需要对称地将坯件向下 90°弯曲。该工位的模具结构如图 3-146（b）所示。图

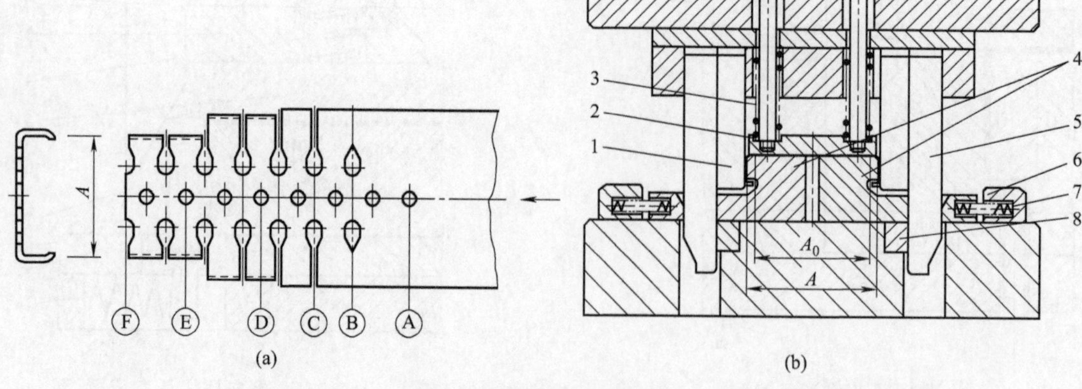

图 3-146　对称弯曲成形

1—压弯凸模；2—压料板；3—弹簧；4—活动模芯兼滑块；5—斜楔；6—限位块；7—复位弹簧；8—挡块

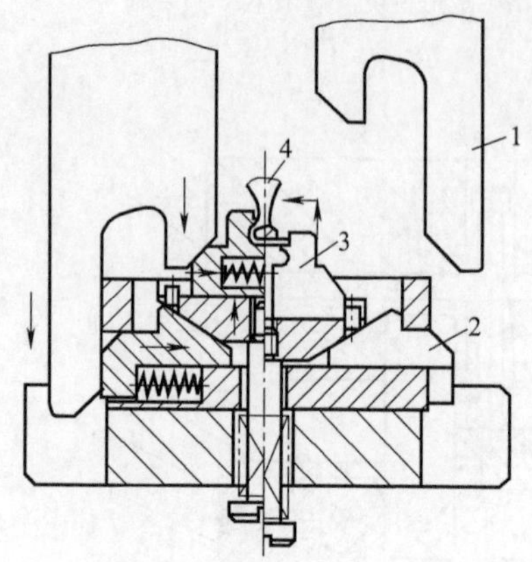

图 3-147　双斜楔逆向成形机构

1—双斜楔；2—滑块；3—活动凹模；4—弯曲型芯

示为合模状态，下模中的模芯由中心分解成两块活动型芯4，它又兼作滑块。当上模开启后，两块活动型芯在弹簧7的作用下合并一起，拼合后的两块型芯之间尺寸 A_0 应小于制件尺寸 A，即尺寸 A_0 应满足压弯后的制件能从模芯内取出。

冲压开始时，压料板首先将浮离下模平面上的坯料压住，随后左右斜楔5冲击两滑块（型芯4）上的斜面，使两块滑动型芯向外侧各移动一个行程 $s\left(s=\dfrac{A-A_0}{2}\right)$，紧接着压弯凸模1对坯件进行压弯。冲压结束，型芯在弹簧力的作用下复位。已压成形的制件就能自由地向前送进。此结构只要装配和制造精度保证，活动型芯在最后合模的状态下由于两侧斜楔滑块的共同作用，对压弯件还能起到整形作用。

下模座上设置的挡块8，用于抵消斜楔的侧向力，克服斜楔的弹性变形，对提高整形效果有好处。

⑤ 双斜楔逆向弯曲成形　如图 3-147 所示为利用斜楔与滑块进行弯曲成形的一个工位，用左右各一个斜楔1（做成一体，一长一短）长的部分先作用于滑块2，逼使滑块2向中心滑动的同时，带动凹模3向上运动，此时将定位于此的坯件围绕弯曲型芯4向上预成形，双斜楔1继续下行，在滑块2处于静止状态的情况下，双斜楔短的部分斜面与活动凹模3接触，双斜楔再下行，使活动凹模的半圆弧紧紧将制件包在静止状态下的型芯4上，完成全部的弯曲成形工作。

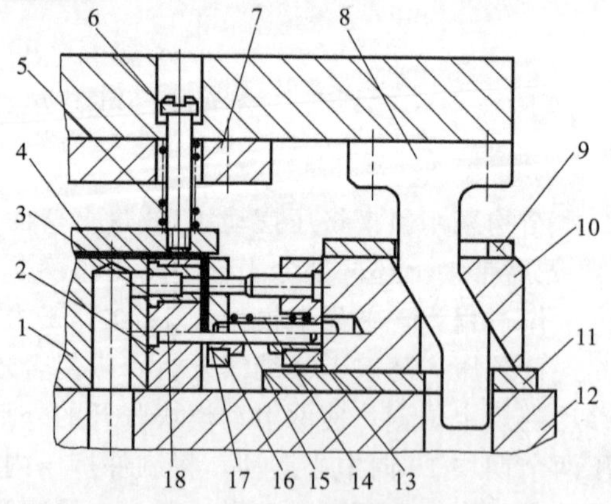

图 3-148　斜楔、滑块用于侧冲结构

1—下模体；2,7,13—固定板；3—凹模镶套；4—压料板；5,14—弹簧；6,15—卸料钉；8—斜楔；9—盖板；10—滑块；11—垫板；12—下模座；16—卸料板；17—小导套；18—小导柱

⑥ 侧向冲孔弹压卸料刚性复位结构　如图 3-148所示为斜楔、滑块用于级进模侧向冲

孔示例。此结构采用双斜面两段配合面斜楔驱动滑块，它有利于卸料和复位。图示为模具的闭合状况。冲压前将被冲的已压弯好的坯件送进到下模体和凹模外形部分先定位。为了保证连续送料并顺利到位，在定位体开始接触坯料进入处应设计有一定的斜度作为引导部分，这有助于坯件准确地套上凹模。

冲孔凹模采用镶套结构，对刃磨和维修有利。但在下模体宽度不够的情况下，还是采用整体凹模结构，有利于模具的强度和刚性。

为了保证孔的位置精度要求，坯件在下模体上定位后必须在压料板压住的情况下才可以开始侧向冲孔。冲孔后的卸料问题，本结构采用弹压卸料，并在卸料板、固定板和下模体之间加装小导柱、小导套导向。这样对保证侧冲凸、凹模同心和保护好小凸模都是非常好的。冲压完后，滑块的复位通过双斜面斜楔的机械力刚性强制实现。

⑦ 侧向冲压的滑块机械刚性复位　侧向冲压的滑块复位常用斜楔自身的结构特点，有机械的刚性和弹簧力的弹性两种。机械的刚性斜楔复位动作过程如图3-149所示。

图3-149（a）表示斜楔滑块离开状态，图中A、B、C、D分别指斜楔滑块四个面。

图3-149（b）表示斜楔下行，斜楔的A面与滑块C面接触后情况。斜楔继续下行，推动滑块按图中箭向朝右移动。

图3-149（c）表示斜楔继续下行后，斜楔的A面与滑块的B面从全部接触到完全分开。图示情况为斜楔的直边部分和滑块的直边部分保持接触，此时尽管斜楔仍然下行，滑块则保持不动。

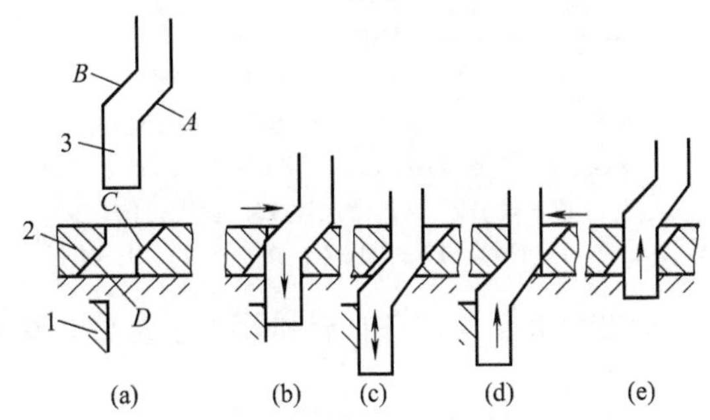

图3-149　斜楔复位动作过程示意图

1—挡块；2—滑块；3—斜楔

图3-149（d）表示斜楔从下死点开始要回程，斜楔的B面与滑块的D面仍接触的情况。斜楔开始上行，推动滑块按箭向朝左滑动，使滑块回复到原来的起始状态，实现机械强制复位。

图3-149（e）表示斜楔上行过程中B面已经离开滑块D面，斜楔下端的直边与滑块的直边相接触，斜楔虽在上行，但滑块则保持位置不动。

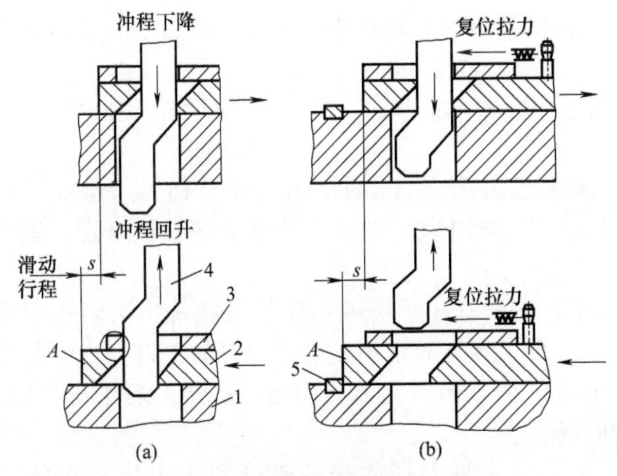

图3-150　机械复位侧冲机构示意图

1—下模座；2—滑块；3—盖板；4—斜楔；5—挡块

采用双斜面斜楔刚性复位，主要用于凸、凹模之间有一定的卡住力和要求滑块往返位置正确的场合，其缺点是滑块在复位后，仍以斜楔的伸长部分控制滑块的停止位置，如图3-150（a）所示。斜楔的总长尺寸较长，当冲压行程处于下死点时，斜楔斜面以下伸长部分会伸向压力机的台面孔中。因此设计时应注意斜楔在模具中的空间位置。为了克服这一缺点，可将结构改为如图3-150（b）所示，滑块复位后其停止位置（图中A指向）是靠弹簧力及挡块保持的。这样的结构略为复杂，但斜楔尺寸相应缩短，不会伸出下模座。

弹簧复位一般适用于零件成形后凸、凹模之间无卡住力或者卡住力相当小时，或仅需克服滑块本身在复位时的摩擦力。其缺点是弹簧容易疲劳失效，弹簧动作不稳定。但弹簧复位机构

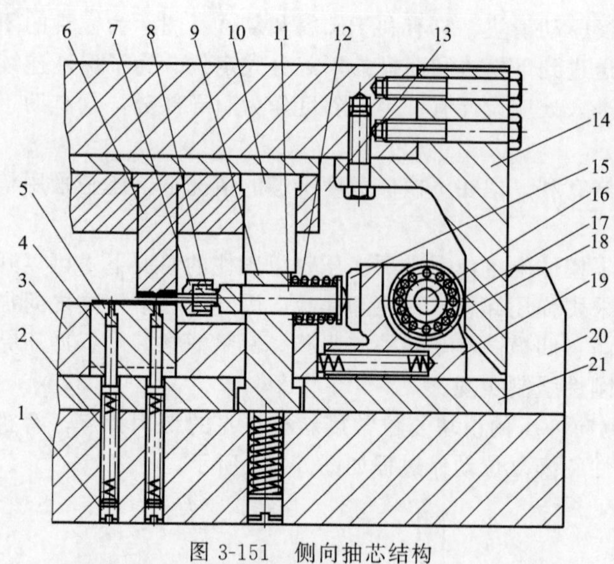

图 3-151　侧向抽芯结构

1—螺塞；2,12,18—弹簧；3—凹模体；4—小顶杆；5—下模；6—上模；7—锁紧螺母；8,11—芯轴；9—芯轴座；10—压块；13—固定板；14—斜楔；15—垫块；16—轴；17—轴承；19—滑块体；20—挡块；21—垫板

较简单，加工制造方便，故仍被广泛使用。如图 3-147、图3-151等。

⑧ 侧向抽芯结构　在多工位级进模中，有些弯曲成形需要用型芯作辅具来完成制件的成形。冲压过程中型芯的送进和抽出靠斜楔、滑块机构通过侧向抽芯机构实现。如图 3-151 所示为侧向抽芯机构示例。此结构具有如下一些特点。

a. 芯轴和滑块设计成两部分。斜滑块只是传递力的作用，配合无需过高要求。芯轴 8、11 是在可以浮动的芯轴座 9 上进行滑动。其配合部分为圆柱面配合，容易加工，配合精度高。

b. 滑块体 19 的前端装上一块淬硬的垫块 15，对芯轴在长期受到冲击运动下不会变形，同时改变其厚度可改变芯轴运动位置，便于调整。

c. 芯轴和斜滑块各自有弹簧用于复位，结构比较紧凑。芯轴的复位空间较大，可以增加弹力。

d. 芯轴座只起上下运动。芯轴在芯轴座的带动下，既作上下运动，又在斜滑块受斜楔的冲击下作水平运动，从而满足抽芯的要求。

e. 压块 10 用于上模下行时控制芯轴的高度在理想位置。

(5) 斜楔、滑块的安装形式

① 斜楔

a. 基本技术要求　斜楔应有足够的强度、硬度，表面要耐磨。斜楔采用较好的钢制造，如 45 钢、T8、CrWMn 等经淬火处理。斜楔的斜面与滑块的斜面应加工成完全相吻合的角度，配合面必须经过磨削加工，粗糙度小。斜楔的固定要可靠，使用中不允许出现松动。要考虑侧向力对它的影响。

b. 安装固定方法　斜楔的安装固定方法有多种，常用的有如下几种形式，如图 3-152 所示。

• 压入固定式　如图 3-152 (a) 所示。采用过盈配合（如 H7/u6、H7/r6 或 H8/s7 等）将斜楔直接压入固定到上模的固定板内。其特点是装配牢固，加工、安装方便，但修理、调整较困难。

• 嵌入紧固式　如图 3-152 (b)、(c) 所示。一般在上模座或固定板上精铣出与斜楔固定部分宽度一样大小的槽，然后将斜楔轻轻压入，再用螺钉固定牢，必要时可加销钉。由于斜楔有两个面与上模座或固定板结合，又有水平垂直两个方向与上模板固定，故装配后十分可靠。装拆调整也方便。适合用于侧向推力比较大的场合。

• 叠装压紧式　如图 3-152 (d)、(e) 所示。它在斜楔的安装部分加工出比较大的安装面，然后这部分直接和上模座接触，采用螺钉、销钉固定。由于它的刚性好、安装牢固、可靠、方便，故在双斜面斜楔常采用此种固定方法。缺点是叠装式斜楔制造比较麻烦。

② 滑块

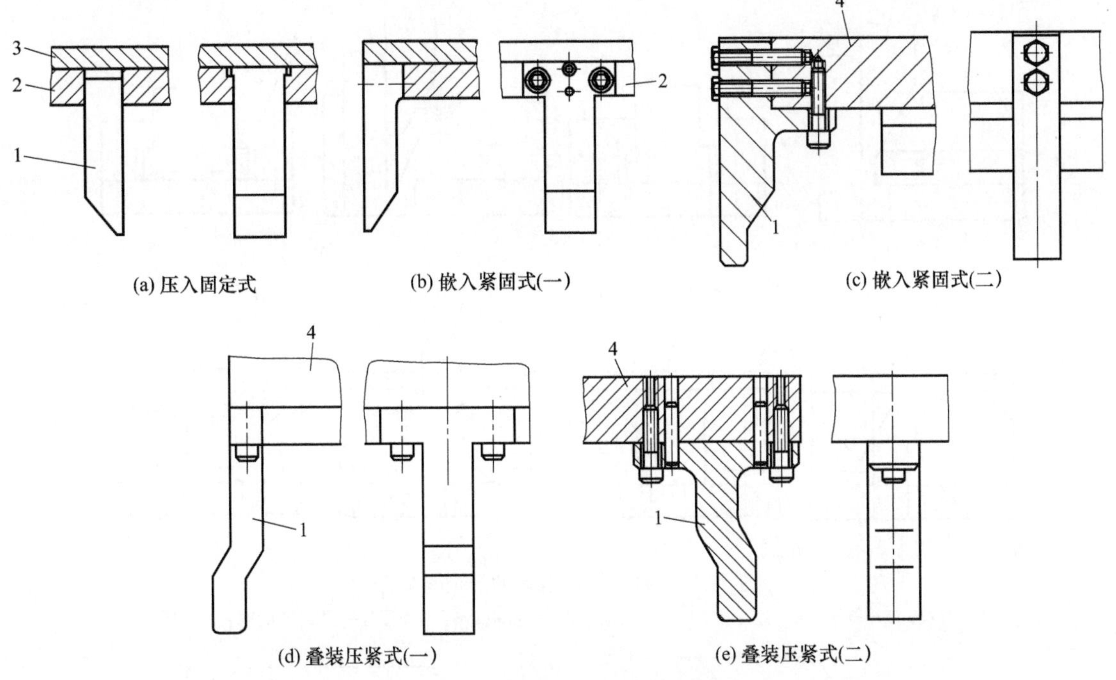

图 3-152　斜楔的安装固定结构形式

1—斜楔；2—固定板；3—上垫板；4—上模座

a. 基本技术要求　对于滑块要求运动灵活、稳定可靠。滑块和导轨间的配合间隙适当(一般取 H7/f6，要求高的取 H7/h6 或 H8/h7)，滑块导向长度 L 与滑块宽度 B 即长宽比要合适，一般取 $L:B=(2\sim2.5):1$。

滑块与下模座之间的配合要耐磨，有资料介绍，当滑块的滑动面单位面积上的压应力超过 50MPa 时，应设置防磨板，以提高模具的使用寿命。对于小型模具，常将滑块进行整体淬火处理，这样可以省去垫板或镶块。

滑块与斜楔配合部分一般都是靠斜面接触，为了减少摩擦和能量的损耗，可在滑块的斜面部位装有轴承或滚轮，变斜楔与斜滑块之间的滑动摩擦为滚动摩擦，这在多工位级进模中也是常常使用的。

b. 滑块的导向结构　在级进模中，侧向冲压滑块的导向主要有侧面导板和压板加导向座两种形式，如图 3-153 所示。

图 3-153 (a)、(b) 所示为滑块 1 在左右侧导板 3 兼压板的导向配合下工作的常用结构。滑块 1 与下模接触面之间设有淬硬的耐磨垫板 5。在使用中，对于接触底面大的滑块，为减小摩擦阻力、减小磨损，滑块底面可加工出“空刀”，如图 3-153 (b) 所示。

图 3-153 (c)、(d) 所示为滑块 1 在滑块导向座 7 内导向配合的结构形式。此结构常在采用延时配合的斜楔-滑块结构中使用，以保证结构强度和导向精度。

为减少斜楔与滑块斜面的摩擦损耗，同时为适应高速或较高速冲压生产的需要，变滑动摩擦为滚动摩擦，可采用图 3-153 (b) 和图 3-153 (d) 所示结构，但滚轮轴和轴承的工作强度必须校核，保证可靠。

③ 侧向冲压凸模的安装　多工位级进模中侧向冲压凸模与滑块的安装形式，如图 3-154 所示。其中图 3-154 (a)、(b) 适用于成形凸模；其他各型适用于冲孔凸模。

在实际的使用中可根据凸模不同的特点考虑不同的装配结构来选用。

④ 侧向冲压凹模的形式

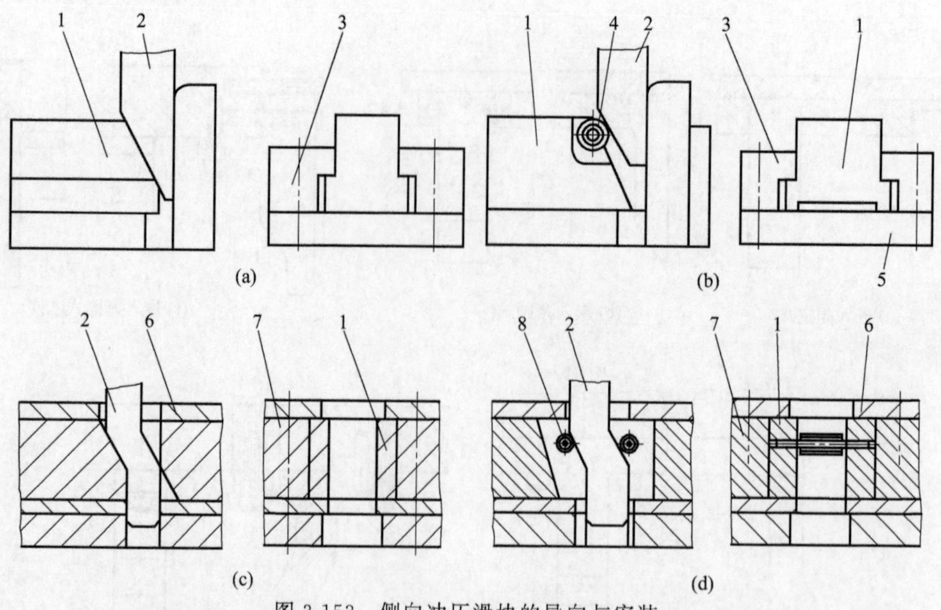

图 3-153　侧向冲压滑块的导向与安装

1—滑块；2—斜楔；3—侧导板；4—滚轮轴承；5—垫板；6—压板；7—滑块导向座；8—滚轮

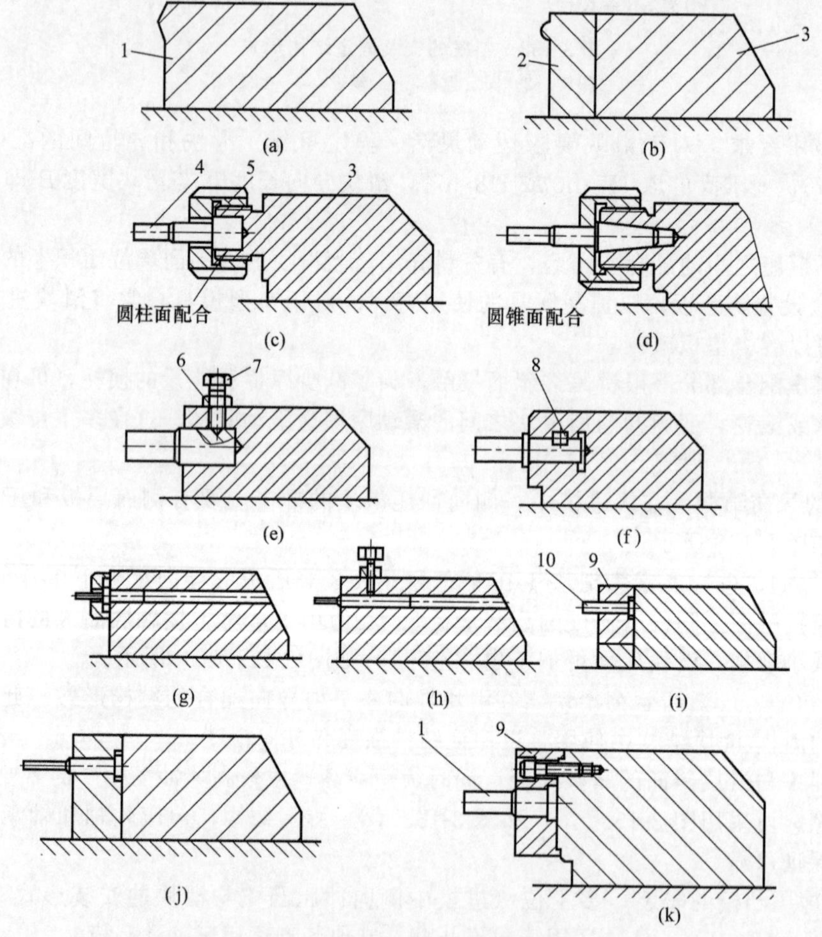

图 3-154　侧向冲压的凸模与滑块的安装形式

1—成形凸模兼滑块；2—成形凸模组合块；3—滑块；4—冲孔凸模；
5,6—螺母；7—止紧螺钉；8—键；9—固定板；10—异形凸模

a. 冲孔时，冲孔凹模常以镶件的形式安装在凹模某一工位的侧面，并以螺钉紧固，销钉定位，以便于拆装和刃磨。级进冲模在连续送进的冲压过程中，带料的部分外形因已被切割而变得不连续，为保证侧向冲孔时带料的定位精度和冲件的尺寸精度，在冲孔凹模镶件的上端则应加工成倒角或圆角，如图3-155（a）和图3-155（b）所示中的K处。同时，为保证带料在浮离凹模向前送进的过程中无阻滞现象发生，必须设置卸料装置。冲孔后的卸料结构形式主要有固定卸料和弹压卸料两种，在冲件料厚较厚（$t \geqslant 1.2$mm）时宜采用固定卸料，固定卸料板与凹模一起组合在下模垫板上，如图3-155（a）所示；而当冲件料厚较薄，孔的精度要求较高时常采用弹压卸料，如图3-155（b）所示。由于侧向冲压机构的安装空间有限，滑块横向移距S相对较小，故冲孔凸模应始终在卸料板的导向保护之中，不易损坏。

b. 侧向成形时，成形凹模常以成形顶件的形式安装在凹模某一工位的侧面，为保证侧向成形精度，在成形部位或邻近工位必须设置导正销，成形时，先被卸料板、带料压入凹模主体。成形结束后，侧向冲压滑块复位，压料力消除后，与凹模内的其他顶料机构一起顶、托带料浮离凹模平面。如图3-155（c）所示为成形顶块兼凹模7被压入凹模主体6时的状态。

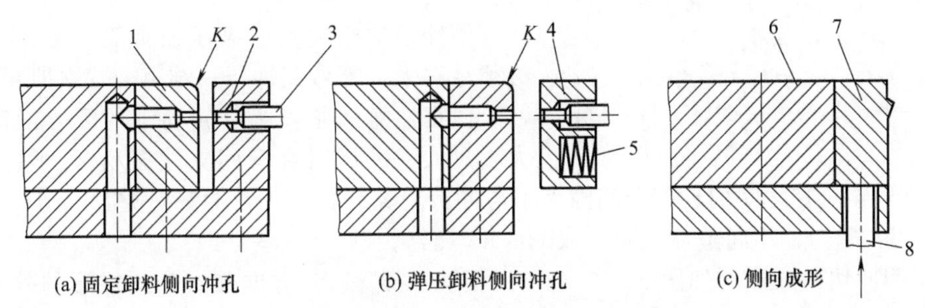

图3-155　侧向冲压的凹模结构形式示意图

1—冲孔凹模；2—固定卸料块；3—冲孔凸模；4—弹压卸料块；5—弹簧；6—凹模主体；7—成形顶块；8—顶杆

3.6.7 倒冲机构

(1) 倒冲机构的合理应用和设计要求

常规的冲压过程是凸模由上向下冲。倒冲正好相反，即整个冲压过程是凸模由下向上冲。

倒冲一般通过主动杆（打杆）、从动杆、杠杆、弹簧等实现其动作，也可以采用两段斜楔、滑块机构来改变运动方向，实现倒冲。

① 合理应用　倒冲是多工位级进模中特殊的冲压机构。因不同于常规的冲压机构，使模具结构变得较复杂，加工、装配和调整，相对来说要求比较严，模具成本因此而较高，故冲件有特殊要求时，多工位级进模才考虑采用倒冲机构，具体在如下情况可考虑采用。

a. 为了保持与冲件毛刺方向的一致时，可考虑用倒冲。

b. 由于制件的形状和质量有特殊要求，如采用复合冲压时的某个局部工序。

c. 为了使翻边预冲孔的毛刺方向与翻边凸模的运动方向相反，则翻边预冲孔应考虑倒冲。

d. 在特殊情况下，多工位级进模中顶出装置需采用倒冲形式。

② 倒冲机构的设计要求

a. 杠杆强度必须足够，刚性好，尤其是支承部分的强度应绝对可靠；杠杆一般做成梭状。压力较大时，可做成半圆状，以整个圆弧面为支点，强度好。

b. 要有可靠而有效的复位机构。

c. 倒冲凸模应有良好的导向。

d. 倒冲机构应便于维修、更换和安装。

（2）倒冲机构应用示例

① 梭形杠杆倒冲结构

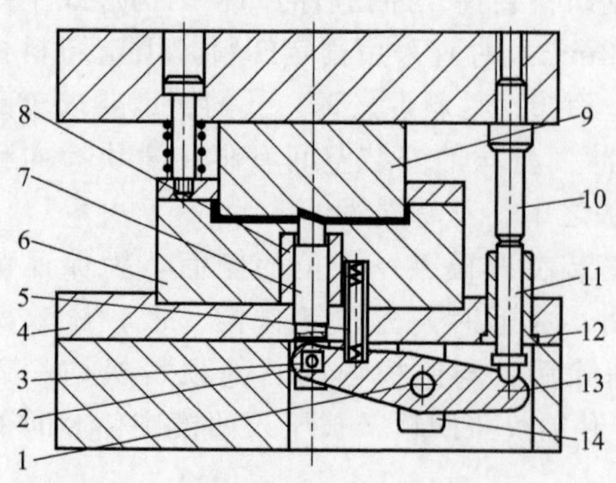

图 3-156 梭形杠杆倒冲结构

1，3—轴；2—轴套；4—垫板；5—弹簧；6—凹模；7—凸模；8—护套；9—上模；10—主动杆；11—从动杆；12—导向杆；13—梭形杠杆；14—支架

a. 向上切口　如图 3-156 所示，在正向弯曲的同时制件底部中间有一个倒冲切口。模具采用杠杆式倒冲机构。梭形杠杆 13 安装在下模座内，它由刚性支架 14 支撑住。主动杆 10 安装在上模内，从动杆装入下模垫板 4 内，为增加导向长度设有导向杆 12。冲切凸模 7 与护套 8 之间为圆柱面滑动配合，对冲切凸模起着导向作用。冲切凸模的工作端为长方形斜面冲切刀刃，其方向由凹模上端的长方孔决定。凸模 7 与杠杆 13 通过轴套 2 与轴 3 连接。轴套与轴成动配合。

倒冲后的凸模复位靠压缩弹簧 5 实现。弹簧力必须足够大，需做到冲压一结束，就立即复位。

值得注意的是：两个转动轴的配合间隙不能过大，过大了冲压时会有间歇性振动。一般为 H8/h7 配合。凸模与导向套之间的动配合间隙大小与冲裁间隙有关，正常冲裁间隙时，凸模与导向套之间取 H7/h6 配合；小间隙冲裁时，取 H6/h5 配合。

b. 45°倒冲切口成形　如图 3-157（a）所示为一底部 45°方向带有切口成形的外壳。如图 3-157（b）所示为采用杠杆倒冲成形机构。动作原理与前面介绍的示例一样。

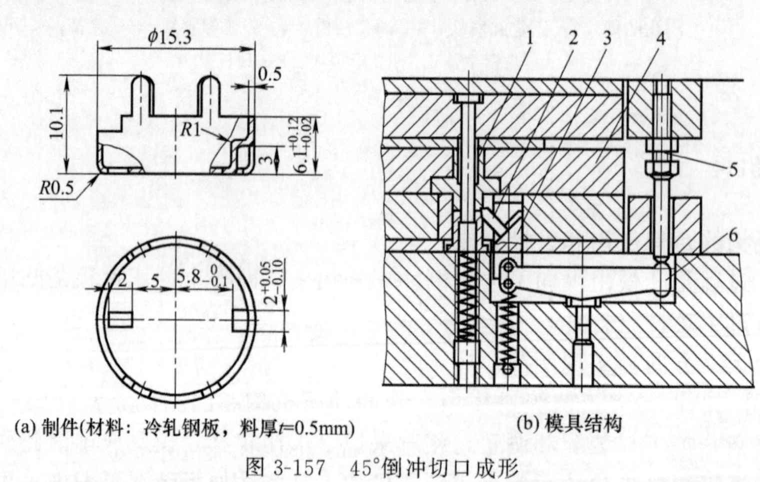

(a) 制件(材料：冷轧钢板，料厚t=0.5mm)　　(b) 模具结构

图 3-157 45°倒冲切口成形

1—切口压弯凹模；2—凸模；3—滑块；4—卸料板；5—调节螺杆；6—杠杆

本结构主要特点是：切口压弯凹模 1 是卸料板上的镶件，扩大了卸料板的功能；根据制件的特点，切弯凸模 2 与凹模中心线成 45°固定在滑块 3 上，凸模的切入深度可以在不拆卸模具的情况下，由模具外面的调节螺杆 5 进行调节，使用方便，能更好地控制质量；滑块 3 的复位主要靠拉簧实现；在卸料板与固定板之间附加垫板，模具闭合状态下处在压死情况，对保证制件底部的切弯质量有较好效果。

② 摆块式杠杆倒冲结构

a. 倒冲切弯　如图 3-158 所示为半圆形状摆块式杠杆倒冲结构。基本原理相同于图 3-156

所示。但这里的杠杆是个半圆形四面体，它以整个圆形面做支承，这样强度大、使用效果好。

图中传动系统的从动杆11、杠杆15和倒冲凸模6三者之间为刚性接触，无机械连接。限位螺柱12、限位杆5分别对从动杆和倒冲凸模进行限位保险，并防止其受冲击弹跳离开下模。

倒冲后复位是由半圆形杠杆两侧的两个拉簧实现。倒冲凸模只是靠其自重复位。

半圆形状杠杆与下模座之间增加一个经过淬火处理的凹圆弧垫板16，一方面起到支承或依托的作用，便于杠杆15活动；另一方面有利于防止圆弧杠杆在冲压过程中上下窜动，对稳定工作有好处。

定心小轴14是浮动的，它受调整压块13的压力控制与半圆形杠杆的配合间隙，防止窜动。

b. 倒冲翻边　如图3-159所示为多工位级进模中翻边的倒冲工位结构示意图。

翻边凹模兼卸料板4是活动的。上模下行，凹模先将被加工坯件压在下模板2上面，同时凹模4在上模下行过程中也被压缩，主动杆11打动摆块杠杆18，推动翻边凸模13由下往上进行倒冲翻边，当冲程到下死点时，翻边结束，凹模4在限位块12的作用下对冲件可进行镦压整形。

冲程回升，上模开启，侧冲机构在拉簧16的作用下复位。同时上模中的顶件器10在弹簧力的作用下，对制件进行卸料，倒冲凸模13立即复位。

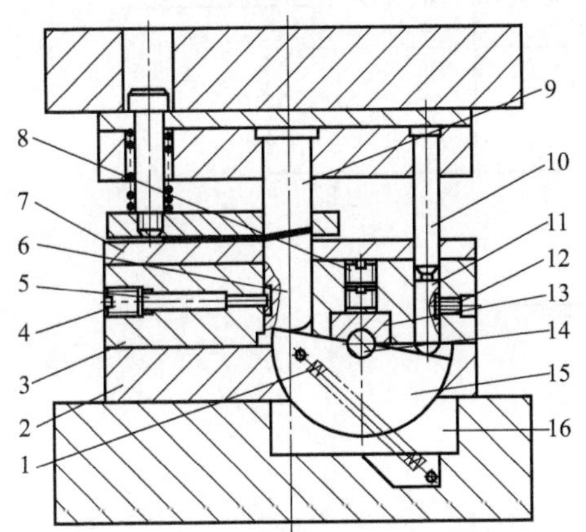

图3-158　摆块式杠杆倒冲结构

1—拉簧；2—垫板；3—下模体；4,8—螺塞；5—限位杆；6—凸模；7—盖板；9—上模；10—主动杆；11—从动杆；12—限位螺柱；13—调整压块；14—轴；15—半圆形摆块杠杆；16—圆弧垫板

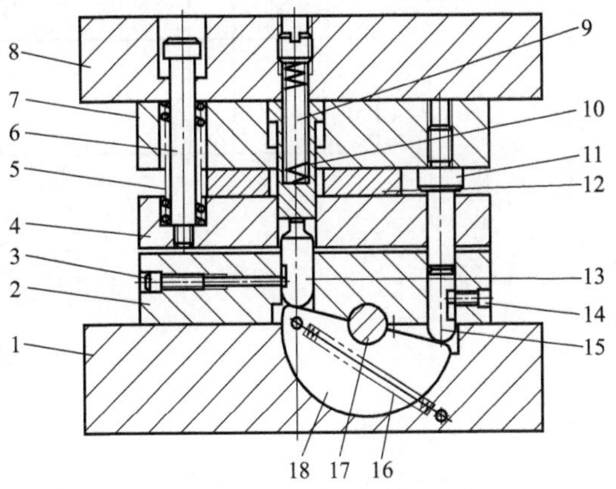

图3-159　倒冲翻边结构示意图

1—下模座；2—下模板；3—限位杆；4—凹模兼卸料板；5,9,16—弹簧；6—卸料螺钉；7—上模板；8—上模座；10—顶件器；11—主动杆；12—限位块；13—翻边凸模；14—限位钉；15—从动杆；17—轴；18—半圆形摆块杠杆

③ 斜滑块倒冲结构

如图3-160所示为利用左、右各具有两段斜面的滑块实现倒冲功能。

从图中可以看出，安装在上模的左、右主动杆8随冲程下降冲击从动斜楔3、9，并带动左、右水平滑块1、11作水平运动，又由水平滑块的另一斜面对凸模固定板兼升降滑块10作推举向上的运动，带动凸模进行倒冲加工。

两段斜滑块机构的复位力要求较大。本结构由两级复位弹力来实现。件2是一对较大的弹簧，使水平滑块立即恢复原位；件4是一组橡胶（也可用一组小弹簧）使凸模固定板复位，所以复位效果较好。

这组斜滑块的两级斜角为α、β；斜楔3、9垂直行程为A；斜滑块1、11的水平行程为

B；凸模固定板10提升行程为C。

则A、B、C三者与α、β的关系是

$$B = A\tan\alpha$$

$$C = \frac{B}{\tan\beta}$$

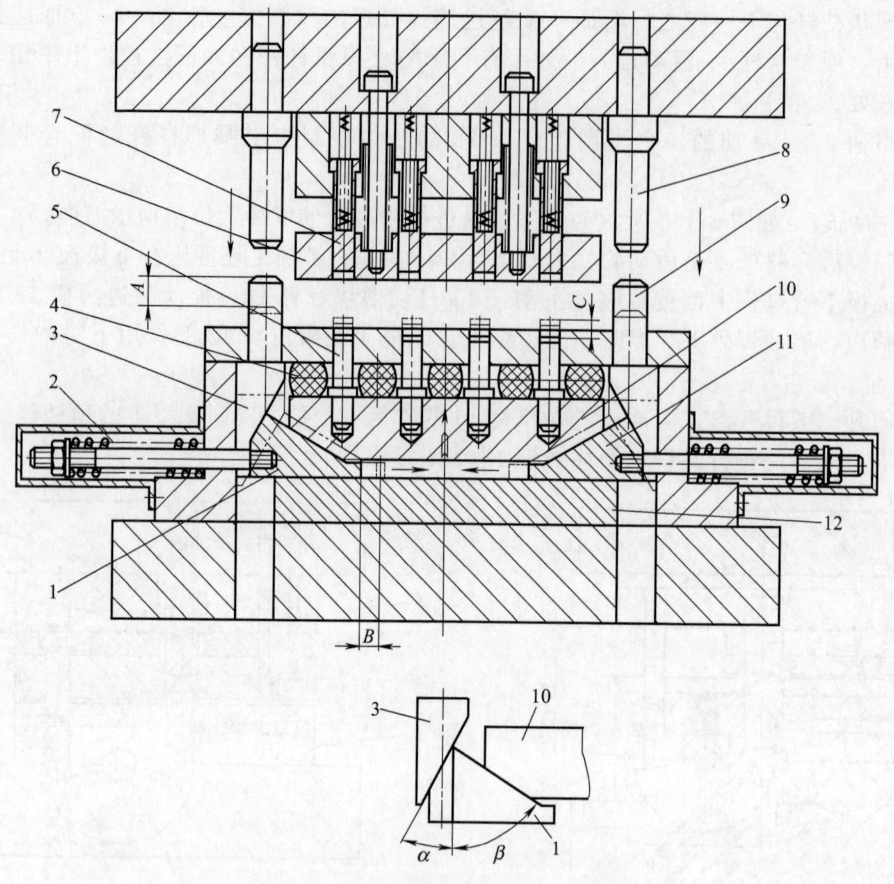

图3-160　两段斜滑块推举倒冲结构

1,11—左、右滑块；2—复位弹簧；3,9—左、右从动斜楔；4—复位橡胶；5—凸模；6—卸料板；7—顶件器；8—主动杆；10—凸模固定板兼升降滑块；12—垫板

所以

$$C = \frac{A\tan\alpha}{\tan\beta} = A \times \frac{\tan\alpha}{\tan\beta}$$

所以两段斜滑块机构推举倒冲，其倒冲凸模的行程距离C，决定斜滑块的两级斜角α、β的大小和斜楔冲击行程A的距离。

两段斜滑块机构推举倒冲，两侧的α、β角必须一致，上下杆的长度必须相同，复位弹簧力必须相等，否则倒冲效果不好。该结构适宜用于一组同类倒冲加工。

3.6.8 微调装置

在多工位级进模中，由于凸模较多，各工序如压印、弯曲、翻边、拉深等凸模高度需保持一定的相对尺寸，需要用微调装置进行调整；弯曲工位间隙的大小，有时也需要作微小的调整；有的冲裁凸模因刃磨，可能影响到其他凸模的高度，需要调节其高度。某些冲件的曲面因

变形需校正，可用微调凸模修正解决。因此微调装置在多工位级进模中是必不可少的，下面介绍几种应用实例，供参考。

(1) 垂直微调装置

垂直微调是所有微调中应用较多的一种，基本原理是利用滑块的斜面和滑块与凸模相接触在调节螺杆的微调下，使滑块的水平运动变为凸模上下垂直运动，实现凸模高低的微量调整。

① 微调切边凸模高度　如图 3-161 所示，滑块与模座以斜面接触，滑块的大端开有 T 形槽，便于安放调节螺钉的圆柱头部。滑块斜度取 $\alpha=6°$左右。凸模与固定板为动配合，取 H7/h6。用横销将凸模 5 挂在凸模固定板 6 上。调节螺钉便推动滑块 4 就可以改变凸模的伸出长度。

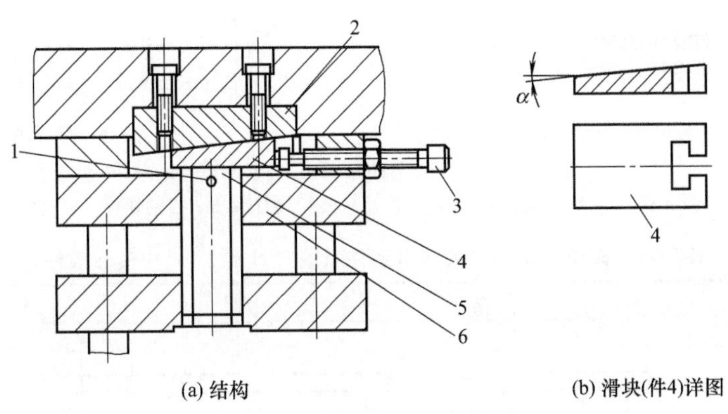

图 3-161　微调切边凸模高度

1—圆柱销；2—垫板；3—调节螺钉；4—滑块；5—凸模；6—固定板

② 微调压印（点）凸模　如图 3-162（a）所示为调节弯曲度的微调机构。利用它在如图 3-162（b）所示冲裁后的坯料上两个不同地点压印，可以校正因冲裁而引起成形带料的弯曲变形。当制件有向下弯曲时，在 A 处压印；当制件有向上弯曲时，在 B 处压印，以消除不同的弯曲。

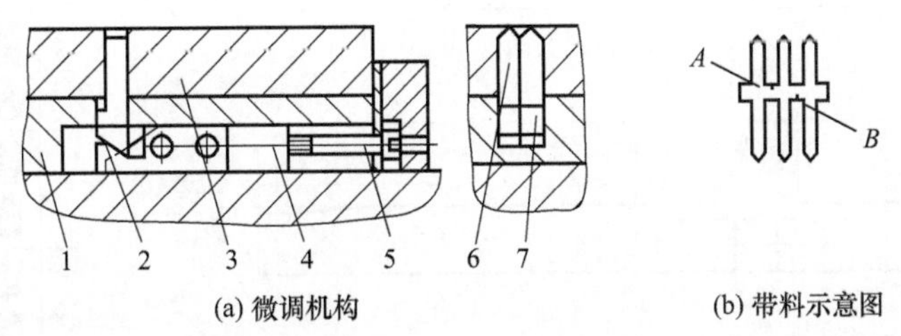

图 3-162　微调压印（点）凸模

1—衬板；2,4—滑块；3—凹模；5—调节螺钉；6,7—压印凸模

工作时，拧紧调节螺钉 5，滑块（由斜度方向不同的滑块 2、4 通过圆柱销固定在一起）右移，压印凸模 7 上升压印，此时压印凸模 6 不起作用，并在卸料板的作用下回位。当拧松调节螺钉 5 时，滑块左移，压印凸模 6 上升压印，压印凸模 7 不起作用。

③ 微调曲面修正用方凸模　如图 3-163 所示为用于对冲压“引线框架”、“连接器”等零件曲面（材料弯曲变形）进行修正用微调方形凸模结构。

方形凸模 3 的升降，由调节板 1 左右移动实现，而调节板 1 的移动，通过调节螺栓 4 的转动实现。其调节量与调节板的斜角 α 大小和调节螺栓的螺距有关。

曲面修正用高度调节部件见表 3-48，供选用参考。

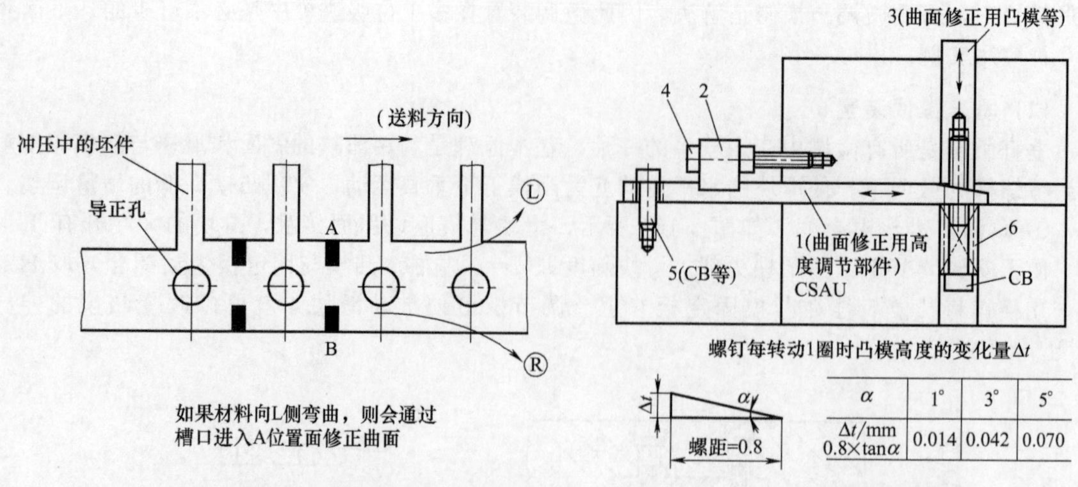

图 3-163 微调曲面修正用方凸模

1—调节板；2—定位键；3—方形凸模；4—调节螺栓；5—锁紧螺栓；6—弹簧

表 3-48 曲面修正用高度调节部件（摘自日本 Face 冲模标准件）

CSAU

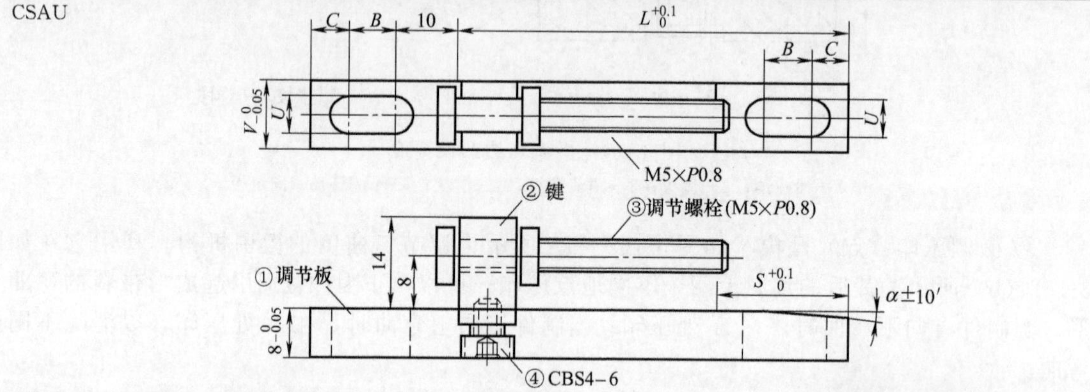

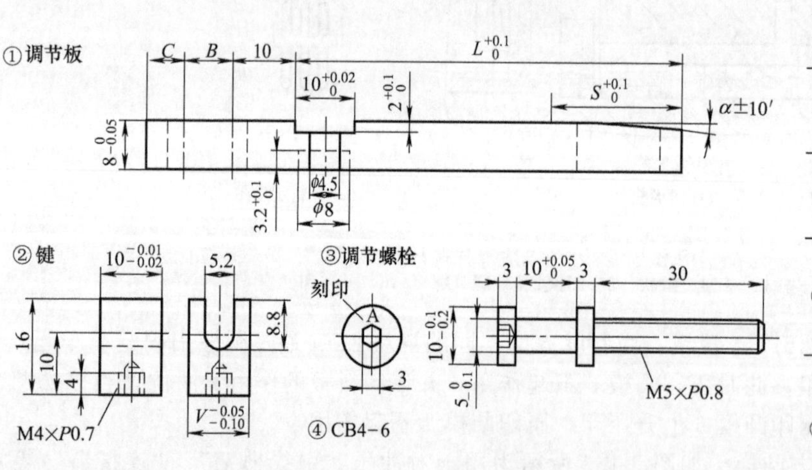

C　B　10　$L^{+0.1}_{0}$　B　C　$V^{\ 0}_{-0.05}$　U　U　M5×P0.8

② 键　③调节螺栓(M5×P0.8)　①调节板　14　8　$8^{\ 0}_{-0.05}$　$S^{+0.1}_{0}$　$\alpha\pm10'$　④ CBS4-6

① 调节板　C　B　10　$L^{+0.1}_{0}$　$10^{+0.02}_{0}$　$2^{+0.1}_{0}$　$S^{+0.1}_{0}$　$\alpha\pm10'$　$8^{\ 0}_{-0.05}$　$3.2^{+0.1}_{0}$　ϕ4.5　ϕ8

② 键　$10^{-0.01}_{-0.02}$　5.2　16　10　4　8.8　M4×P0.7　$V^{-0.05}_{-0.10}$

③ 调节螺栓　刻印　A　3　3　$10^{+0.05}_{0}$　3　30　$10^{-0.1}_{-0.2}$　$5^{\ 0}_{-0.1}$　M5×P0.8

④ CB4-6

零件	M 材质 H 硬度 S 表面处理 A 附件
①	M 材质　相当于 SKD11 H 硬度　60～63HRC
②	M 材质　SKS3 H 硬度　58～62HRC
③	M 材质　S45C H 硬度　33～38HRC S 表面处理　无电解镍 A 附件　CB4-6
④	M 材质　SCM435 H 硬度　39～44HRC （强度分类 8.8）

U	型号	指定单位 1mm			α	指定单位：1mm	
	类型	V	L	S	（选择）	B	C
5.5	CSAU	10	70～120	10～30	1 3 5	5～20	5～10
6.5		13					

④ 微调压印深度凸模　如图 3-164 所示为在线多工位级进模压印工位微调压印深度的凸模结构。如应用于电子元器件中的 TO 系列、IC 系列、LED 系列等一些平面引线框架，本身的材料厚度一般为 0.1～0.5mm，SOT 系列甚至达到了 0.07mm 厚，材料为铁、铜及其合金。在其上面压制的印痕（如生产批次、品牌标志等）一般为 0.1～0.3mm 深，有的很浅，只有 0.1mm 以下深，而且有严格的深度要求。

如图 3-164（a）所示，可以在压印凹模上安装加速度传感器，事先将测量范围调节到所需值。如果压印凸模没有将料带压穿，则传感器感应不到加速力，记录仪不记录，外围处理设备不工作，不会向压力机发出停止工作的指令；如果压印凸模将料带压穿，则凸模或者是所冲裁下的废料碰触传感器，传感器感应到加速力，通过电路将信号发送到外围处理设备，然后外围处理设备会向压力机发送一个终止工作的信号，压力机停止工作后，工作人员将对模具进行调整。

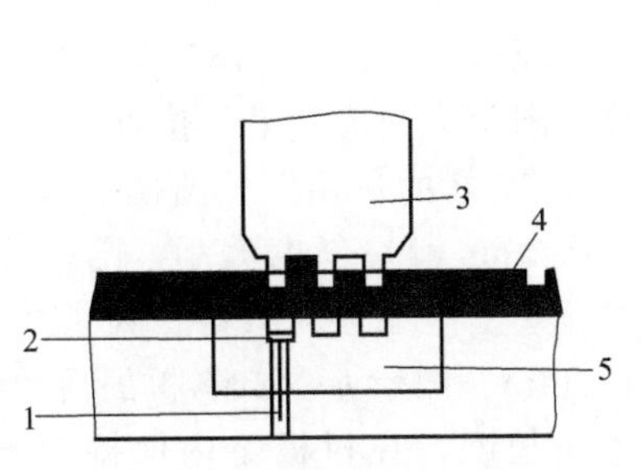

(a) 加速度传感器模具部分示意图

1—信号传输部分；2—加速度传感器感应部分；3—压印凸模；4—制件；5—压印凹模

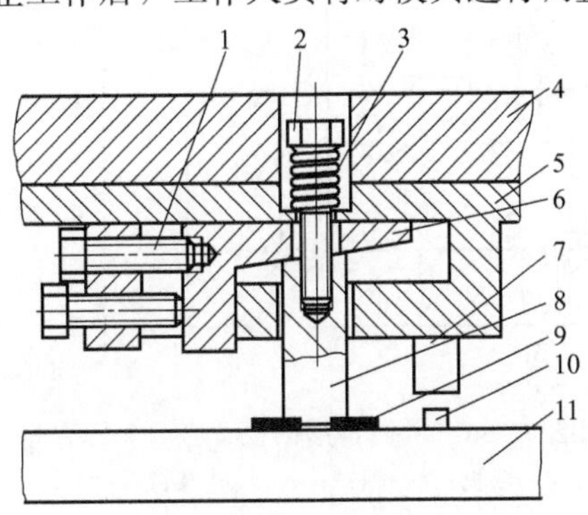

(b) 压印深度微调凸模结构

1—调整螺钉；2—螺钉；3—弹簧；4—上模板；5—垫板；6—斜楔；7—触头；8—压印凸模；9—制件；10—感知器；11—下模板

图 3-164　微调压印深度凸模

见图 3-164（b），可先将螺钉 2 松动，调整螺钉 1 相对斜楔 6 拧紧，带动斜楔 6 向左移动，压印凸模 8 受到弹簧 3 的拉力，向上移动，斜楔 6 与压印凸模 8 移动的距离，需按实际要求与当初设置好的参数进行调整。此套机构同样可安装在压印凹模上，也能达到目的。

⑤ 微调扇面修正凸模　针对冲压加工中可能会出现如图 3-165（a）所示制件的扇面缺陷，在多工位级进模中设有如图 3-165（b）结构，通过调整凸模 2 的升出高度和所处位置来克服相关缺陷。冲压的条料在投影仪下如果发现如图 3-164（a）所示的扇面方向时，松开紧固螺钉

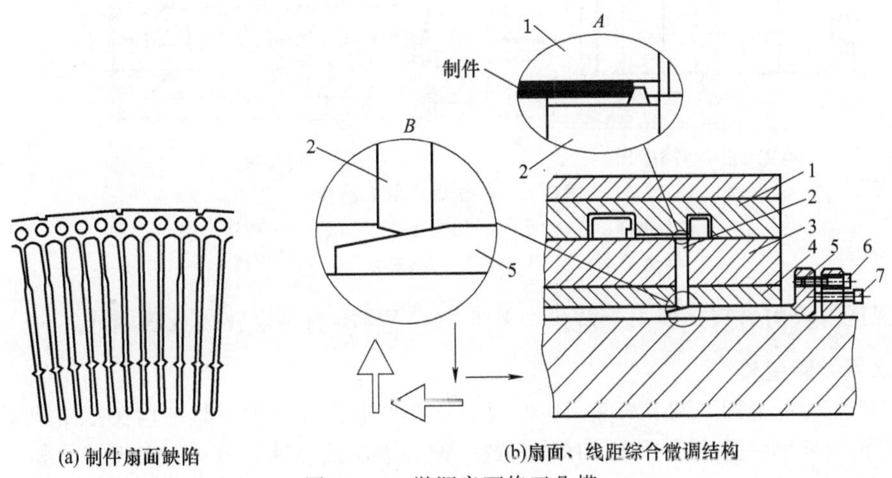

(a) 制件扇面缺陷　(b)扇面、线距综合微调结构

图 3-165　微调扇面修正凸模

1—卸料板；2—调整凸模；3—凹模（或凹模固定板）；4—垫板；5—调整斜滑板；6—紧固螺钉；7—调整螺钉

6；将调整螺钉7向内拧；调整斜滑板5则被向内推，调整凸模2在斜面作用下上浮，上端的梯形凸台作用在条料的外侧，条料被迫由内扇面向外“伸展”，达到调整作用。

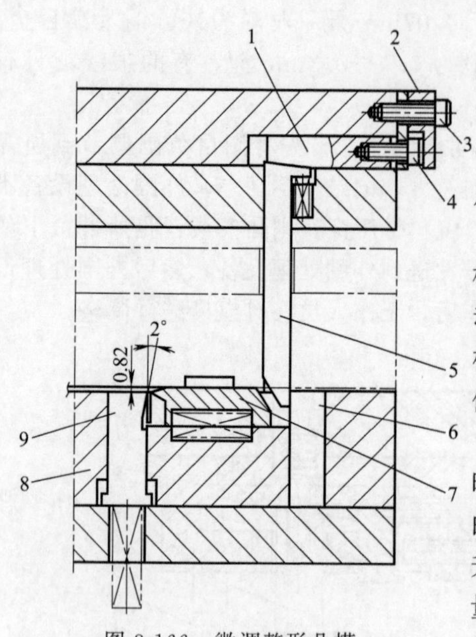

图 3-166　微调整形凸模

1—斜楔；2—压板；3—螺钉；4—调整螺钉；5—整形凸模；6—挡块；7—整形滑块；8—凹模；9—活动镶件

如图 3-165（b）中的放大图 B 所示，调整凸模2的底部为对称斜面，而上面的梯形凸台为偏心位置（见放大图 A）。所以，如果条料扇面方向与图 3-165（a）所示的相反，则可将调整凸模2反向，梯形凸台作用在条料内侧，迫使条料向内“靠拢”。

⑥ 微调整形凸模　如图 3-166 所示为微调整形凸模结构。工作过程为：随着上模下行，整形凸模5推动整形滑块7运动，实现对制件成形角度的整形。该机构可以通过调整螺钉4调节斜楔1的位置，实现对制件整形角度的调整，获得符合公差要求的成形角度。

⑦ 微调等高多凸模　如图 3-167 所示为多凸模同时被微调的装置，图示为凸模的最低位置，通过螺杆1的调节，在两滑块7、8的作用下，凸模5作微量的上升。根据设计需要确定滑块斜度大小，凸模往上调节量大，斜角取大一些。本结构取斜角 α 为 11°，有效调节量 Δh 为 3.449mm。图示 h 为卸料板的活动量。

L 为从动滑块长度，在衬板2内保持动配合，可上下运动，但不允许晃动或有太大间隙；L_1 为主动滑块长度。$L—L_1$ 应满足下式

$$L-L_1<\frac{\Delta h}{\tan\alpha}$$

式中　Δh——设计凸模有效调节量，mm；

α——滑块的斜度，根据需要确定，一般取 $\alpha<15°$。

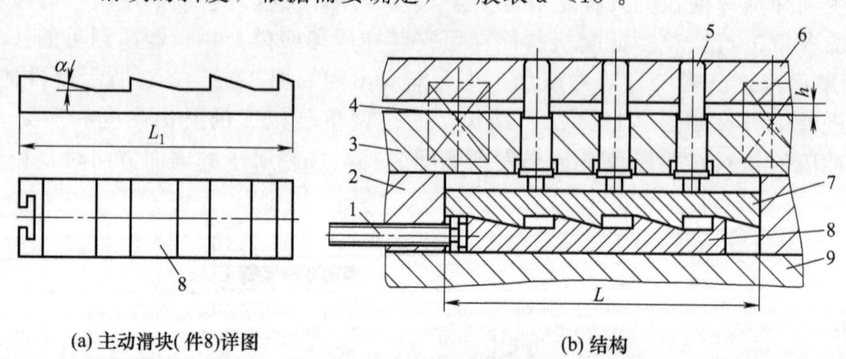

(a) 主动滑块(件8)详图　　(b) 结构

图 3-167　微调等高多凸模

1—调节螺杆；2—衬板；3—固定板；4—弹簧；5—拉深凸模；6—卸料板；7—从动滑块；8—主动滑块；9—下模座

为了保证滑块耐磨损、使用寿命长，可采用 CrWMn 材料经淬硬处理制成。

(2) 水平微调装置

如图 3-168 所示为用来调节弯曲凸、凹模间隙的水平微调装置，其结构在弯曲凸模侧边装一斜面滑块，滑块斜面一边开一长槽，槽中安放一偏心轴，偏心轴的另一头有螺纹段和方形头，当需要调节间隙时，驱动偏心轴使滑块上下移动，凸模与凹模在水平方向间隙能得到调整。

在弯曲凸模工作时，凸模一侧集中受力，接触面磨损较快，弯曲间隙也随之加大，因此待

冲压一段时间后，如发现冲件弯曲部位有变化，可转动偏心轴来调整间隙。此外，由于材料厚度误差的变化而影响弯曲间隙时，也可以通过微调满足需要。

图示微调结构的微调量不大，一般在0.1～0.15mm之间。

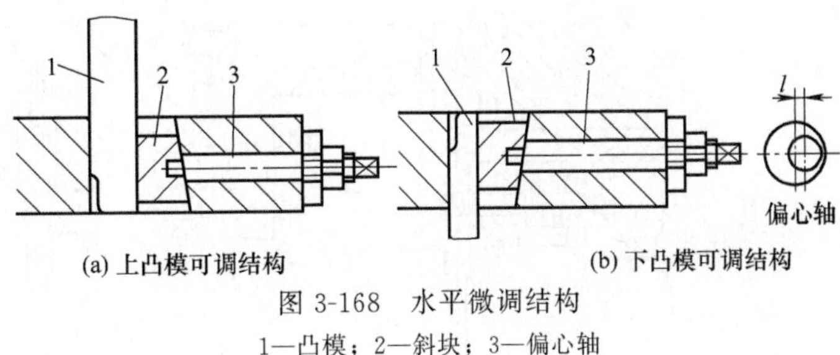

图3-168　水平微调结构

1—凸模；2—斜块；3—偏心轴

3.6.9　安全检测保护装置

(1) 自动保护装置

多工位级进模，一般都是自动送料，冲速很高，在冲压过程中难免发生如材料误送、送进不到位、叠片、材料起拱、材料的厚度或宽度有误差，制件未顶出或未下落等故障，从而导致模具不能正常工作，甚至造成模具或压力机损坏。因此，在生产过程中必须有制止失误的安全检测装置。

设置安全保护装置就是为了代替操作人员监视冲压过程（包括原材料监视、进给监视、出件监视），有了故障及时发出信号，停止压力机运转，以保证模具或压力机不受损伤。

安全保护检测装置可以设在模具内，也可以安装在模具外。冲压时，因某种原因影响到模具正常工作时，有检测作用的传感元件能迅速地把信号反馈给压力机的制动部位，实现自动保护。目前常用的方法为光电传感检测和接触传感检测两种。如图3-169所示为在自动冲压生产过程中，具有各种监视功能的检测装置。

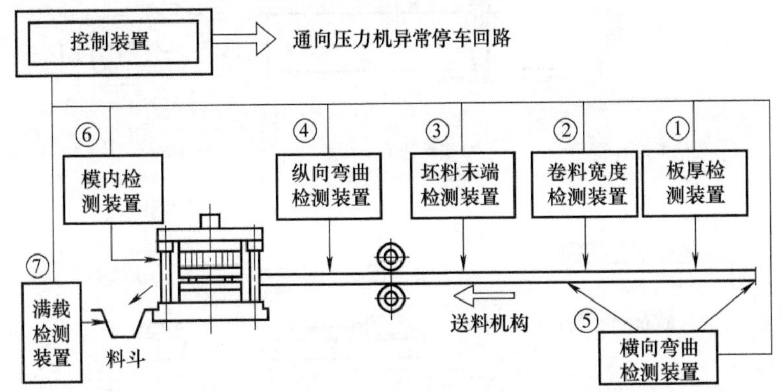

图3-169　级进模冲压生产检测装置示意图

(2) 送料步距失误检测

送进不到位是多工位级进模冲压中最常见的故障，为了防止级进模连续冲压加工出现的送料步距失误，常在多工位级进模具内装有用导正销孔检测的安全监测保护装置，如图3-170所示。正常情况下，浮动误送检测销1的头部伸出卸料板（图中未画）下平面约2mm，送料到位，检测销的头部能正确插入条料的指定孔（导正销孔）。如果条料发生送进误差，不到位，检测销的头部无法进入条料的导正孔内，而是接触到条料的上面，使检测销1后退的同时，迫使接触杆2往外移，使固定在固定板外侧的微型行程开关3发出信号，压力机便紧急刹车，此时固定在上模中的凸模尚未进入凹模，从而防止误冲，保护了模具，同时也防止生产大量废品。

图3-170（a）、（b）、（c）三种型式，既可利用在条料的废料位置冲导正孔供导正，也可利用制件本身的孔来导正，利用废料位置导正孔导正较多。如果利用制件本身的孔导正时，一般应把制件孔径先冲稍小一些供导正检测，在孔成形工位附近再修整到所需的孔径尺寸，以消除导正时的划伤或孔的变形。图3-170（d）是利用较大制件孔检测的一种形式，一般要求制件孔大于10mm，同样先在大孔中心冲一个小孔供导正检测，在最后工位把所需孔冲到要求的尺寸。浮动检测销检测因调整简单、检测可靠，各种形式的级进模都可以采用。

3
2
1
(a)
3
2
1
(b)
2
1
3
(c)
3
2
1
(d)

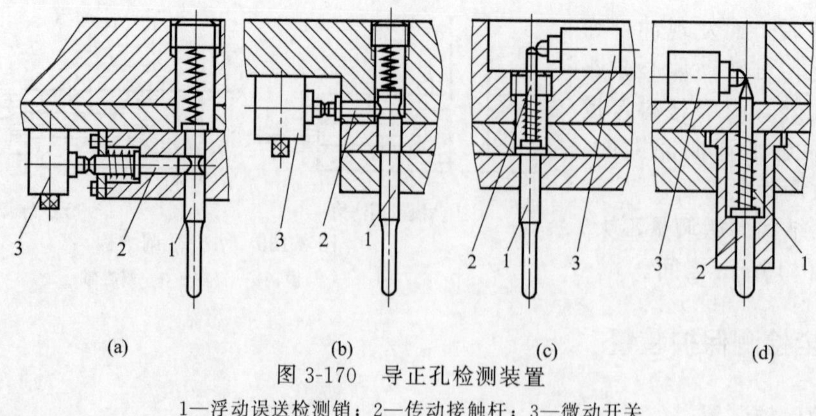

图 3-170　导正孔检测装置

1—浮动误送检测销；2—传动接触杆；3—微动开关

(3) 微动开关式误送料检测装置规格［表 3-49，摘自盘起工业（大连）有限公司相应规格］

表 3-49　微动开关式误送料检测装置（孔加工型）

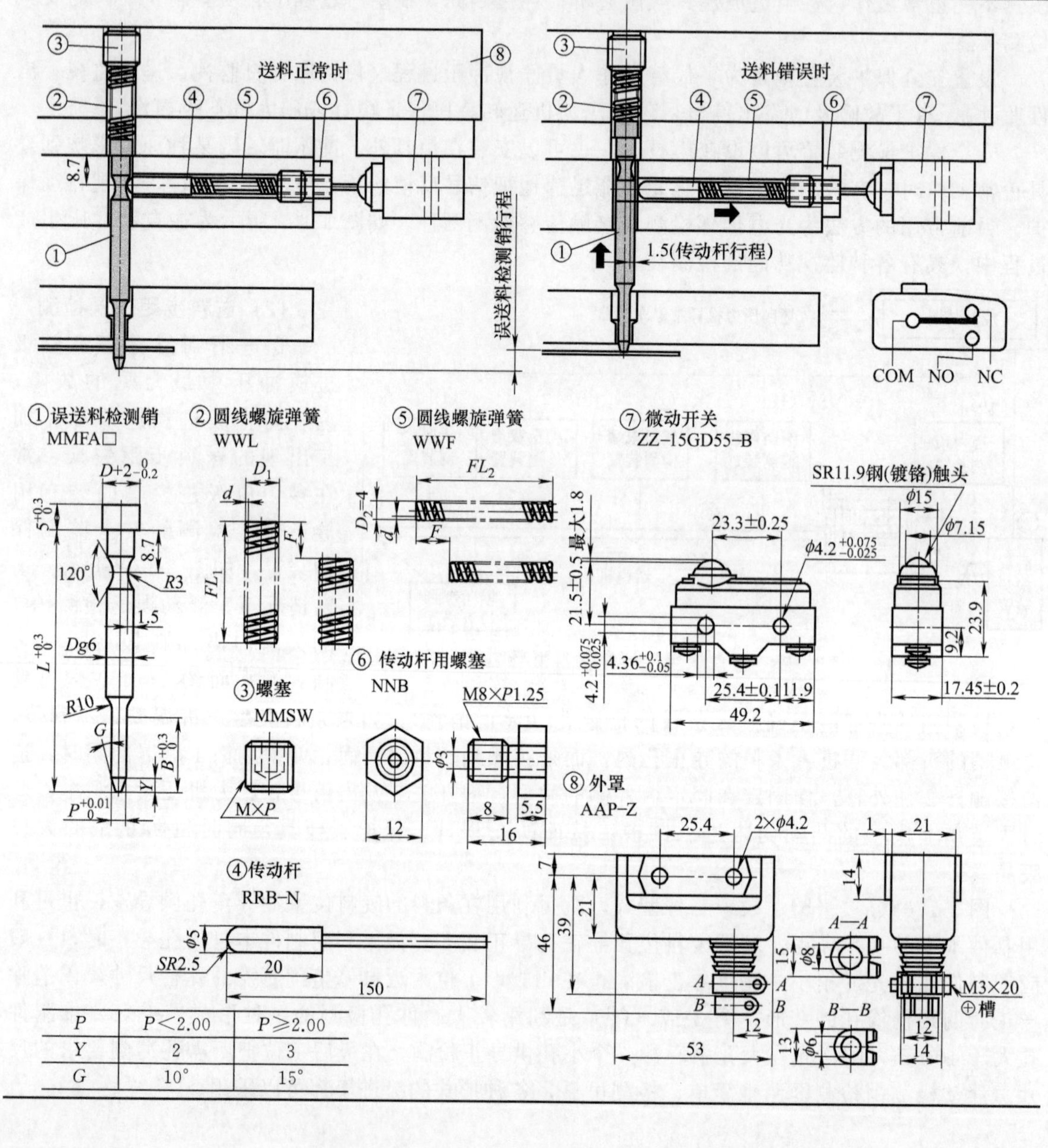

送料正常时
送料错误时
误送料检测销行程
1.5(传动杆行程)
COM
NO
NC
①误送料检测销
MMFA□
②圆线螺旋弹簧
WWL
⑤圆线螺旋弹簧
WWF
⑦微动开关
ZZ-15GD55-B
SR11.9钢(镀铬)触头
③螺塞
MMSW
⑥传动杆用螺塞
NNB
M8×P1.25
⑧外罩
AAP-Z
④传动杆
RRB-N
2×φ4.2
A—A
B—B
M3×20
⊕槽

P	P＜2.00	P≥2.00
Y	2	3
G	10°	15°

续表

零件号	名称	M 材质 H 硬度	S 表面处理	型号
①	误送料检测销	SKD11 相当 60～63HRC	—	MMFAS MMFAL MMFAX
②	圆线螺旋弹簧	SWP-A	—	WWL
③	螺塞	SCM435(M10) S45C(M12、14) 34～43HRC	发蓝 (Fe_3O_4)	MMSW
④	传动杆	SUJ2	发蓝 (Fe_3O_4)	RRB-N
⑤	圆线螺旋弹簧	SWP-A	—	WWF
⑥	传动杆用螺塞	S45C 34～43HRC	—	NNB
⑦	微动开关	—(欧姆龙制造)	—	ZZ-15GD55-B
⑧	外罩	—(欧姆龙制造)	—	AAP-Z

⑦微动开关
ZZ-15GD55-B

- 动作时所需力 OF　5.30N
- 最小恢复力 RF　1.12N
- 动作前最大行程 PT　1.8mm
- 动作后最小行程 OT　1.6mm
- 最大差动行程 MD　0.06mm
- 动作位置 OP　21.5mm±0.5mm

❗使用环境温度　−15～80℃

①误送料检测销	②圆线螺旋弹簧														③螺塞		
D	类型	D_1	线径	FL_1(自由长度)										弹簧刚度/(N/mm)	类型	M	P
			最大压缩量	25	30	35	40	45	50	55	60	65	70				
5	WWL	6	d	0.65	0.7	0.7	0.7	0.75	0.75	0.75	0.8	0.8	0.85	10	MMSW	10	1.5
			F_{max}	10	12	14	16	18	20	22	24	26	28				
6		8	d	0.75	0.8	0.8	0.8	0.85	0.85	0.85	0.9	0.9	1.0				
			F_{max}	10	12	14	16	18	20	22	24	26	28				
8		10	d	0.9	0.9	0.9	0.9	1.0	1.0	1.0	1.0	1.1	1.1			12	
			F_{max}	10	12	14	16	18	20	22	24	26	28				
10		10	d	0.9	0.9	0.9	0.9	1.0	1.0	1.0	1.0	1.1	1.1			14	
			F_{max}	10	12	14	16	18	20	22	24	26	28				

④传动杆	②圆线螺旋弹簧													
先端外径 ϕ	类型	D_2	线径	FL_2(自由长度)										弹簧刚度/(N/mm)
			最大压缩量	10	15	20	25	30	35	40	45	50	60	
5	WWF	4	d	0.35	0.4	0.4	0.45	0.45	0.5	0.5	0.5	0.5	0.5	0.5
			F_{max}	4.5	6.7	9	11.2	13.5	15.7	18	20	22.5	27	

❗WWF10～30 两端面不磨削

注：载荷（kgf）＝载荷 N×0.101972。

3.6.10　防止废料或制件上浮的对策

(1) 废料上浮的原因

高速冲压时冲下的废料或制件有时没有从凹模漏料孔下落，而是附着在凸模上，在凸模回升时带了上去，称之为废料的上浮或回升。这是高速冲压中的一个特殊问题。

废料上浮会影响冲压工作的正常进行，为了防止废料上浮，在考虑模具结构时，要采取必要措施，保证冲下的废料能自动落下并及时离开摸具，不能被堵在模具里出不来。

废料上浮的原因主要与下列因素有关。

① 冲裁件形状　轮廓形状简单的冲裁件比复杂的冲裁件易上浮，其中圆形、方形、三角形和侧刃冲下的废料最易上浮。形状复杂，凸凹部较多，凸部收缩，凹部扩大，角部在凹模壁内有较大的阻力。

② 冲裁料厚情况　薄料、软料比厚料易上浮，因为料厚，冲下的废料或制件自身重，不易上浮。

③ 冲裁速度高低　同样大小、质量的废料或制件，冲裁速度高的极易上浮，这是由于真空吸附作用，使凸模与制件或废料之间的吸跗越牢。人们曾作过试验，当冲速在 150 次/min 以下时，废料上浮现象不常见；当冲速在 200 次/min 以上时，就会出现此现象；冲速在 500 次/min 以上时，最为明显。

④ 冲裁间隙大小　冲裁间隙大，易使废料或制件上浮，这是由于冲裁间隙大，冲裁件光亮带小，废料或制件在凹模内摩擦阻力小，废料易上浮；另外，冲裁间隙大，由于冲裁过程中材料的拉应力，冲裁后废料或制件的外形尺寸会变小（即冲下的件小于凹模尺寸），这也是使废料上浮的原因。带斜刃的凹模，当刃磨次数增加以后，冲裁间隙越来越大。

⑤ 凸、凹模刃口的锋利情况　刃口不锋利或者说使用已变钝的刃口进行冲裁时，由于冲裁阻力大，冲下的废料或制件变形较大，便不易跟着凸模上浮；反之，锋利的刃口，尤其是新磨的刃口，由于冲裁阻力小，冲下的废料或制件很平整，就很容易贴在凸模端面被带上。

⑥ 被冲材料的润滑情况　没有润滑的料在冲压后，由于废料或制件在凹模内阻力比有润滑的大，所以不易使废料上浮。润滑的料由于冲压后在凹模内阻力小，易上浮。如果把润滑油涂在材料的表面，冲压后易使废料或制件黏附在凸模端面被带着上浮。

⑦ 凸、凹模刃口形状　平刃易使废料上浮，斜刃不会使废料上浮。

⑧ 磁性问题　凸、凹模刃磨后没有及时去磁或凸模上磁性很大，消磁不净，极易使得废料上浮。

（2）防止废料上浮的对策

根据废料上浮的各种情况，可以采取相应的解决方法和如下一些对策。

① 利用凸模防止废料上浮

比较实用的方法是在凸模工作端面设置附加零件或制成不同形状，能有效地防止废料上浮. 常用的形式许多，常见的有如下几种。

a. 如图 3-171 所示，在凸模内装有小顶杆，顶杆直径按凸模外形大小和冲件料厚不同而定，一般为 $d=1\sim3$mm，顶杆伸出高度 h 为料厚的 3～5 倍。在凸模靠近顶杆凸台处适当位置钻一个工艺孔，供重磨刃口时用小棒插入将顶杆缩进以便刃磨。

b. 如图 3-172 所示，在凸模内加厂通气孔，利用压缩空气把废料吹下。此结构主要用于凸模直径较小无法装顶杆时采用，气孔 d 应尽量小，最好是 1mm 以下。

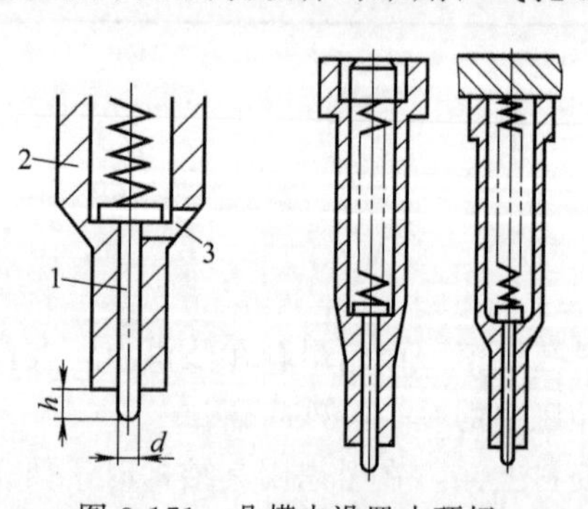

图 3-171　凸模内设置小顶杆
1—顶杆；2—凸模；3—工艺孔

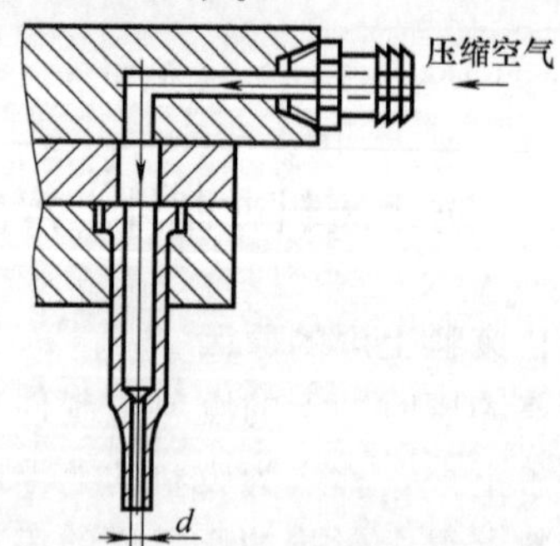

图 3-172　凸模内设有通气孔

c. 如图 3-173 所示，当凸模直径细小时采用此结构。其中图 3-173（a）为凸模顶端做有一小顶尖，而图 3-173（b）为凸模顶端做有一小凹坑，它比图 3-173（a）刃磨方便，但图 3-173（a）工作时首先定位再冲裁，这样就破坏了凸模与制件或废料间的真空，废料或制件不能粘在凸模刃口上，而且延长了凸模寿命。

d. 如图 3-174 所示，当凸模直径较大时，端面可制成凹坑并设有通气孔。

e. 如图 3-175 所示，将凸模的端面制成斜槽，h 与材料厚度一致，其角度在 15°～30°之间。

f. 如图 3-176 所示是在大型凸模端面制成凹坑，坑内装弹簧片，利用弹簧片的作用力防止废料上浮。

g. 如图 3-177 所示是在大凸模偏离中心处装顶料销，顶料销直径和伸出高度参照图11-177中有关参数。

h. 如图 3-178 所示是将凸模做成斜刃，其斜角 α 为 10°左右，冲裁时使废料变形并留在凹模内，不会使它上浮。此法在冲制料厚 0.5mm 08 钢，长、宽为 2mm× 25mm 时，解决了废料上浮问题，而且压力和冲压噪声明显减小。

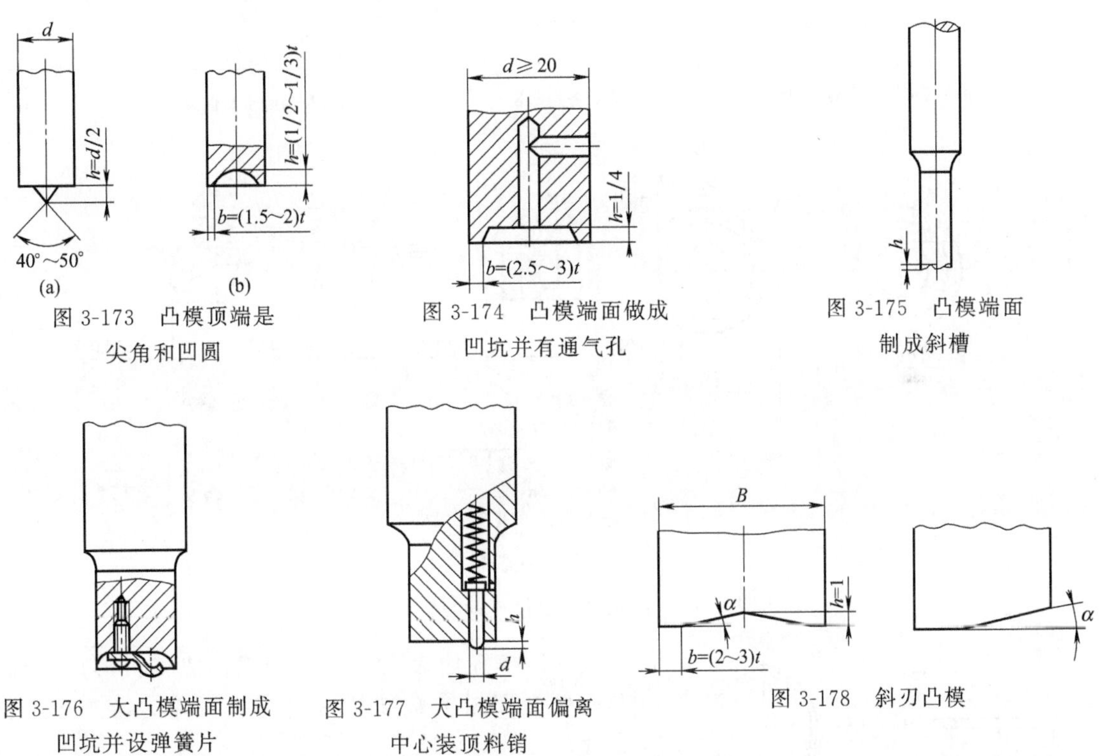

图 3-173　凸模顶端是尖角和凹圆

图 3-174　凸模端面做成凹坑并有通气孔

图 3-175　凸模端面制成斜槽

图 3-176　大凸模端面制成凹坑并设弹簧片

图 3-177　大凸模端面偏离中心装顶料销

图 3-178　斜刃凸模

i. 如图 3-179 所示为凸模上开槽。其中图 3-179（a）的 h<1mm（小于凸模进入凹模内深度）；图 3-179（b）也是在凸模上开槽，常用金刚石锉刀在凸模刃口上开 2～3 处不规则的斜槽，且都是使废料变形，因而在凹模孔内受挤压而防止反跳，槽深不能超过料厚的 1/3。例如冲厚 0.5mm 的硅钢片，斜槽深为 0.05～0.1mm，斜度为 45°，然后用油石油光。

以上各种方法具有不同特点，在设计时应按不同情况合理选用。

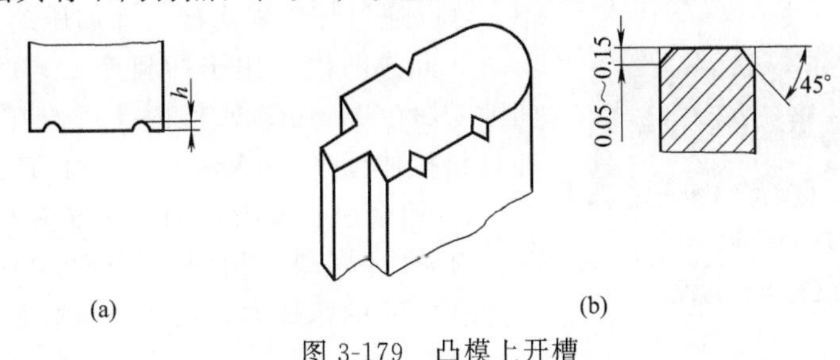

图 3-179　凸模上开槽

② 利用凹模防止废料上浮

a. 直接选用防废料上浮的冲裁凹模。它有带肩、无肩和带落料锥孔等之分，如图 3-180 所示。盘起工业（大连）有限公司有标准规格可咨询选用。图示 A、E、R、D、G 表示不同形孔，形孔中小而浅的半圆形斜沟槽用于防止废料上浮而设。其工作原理与特点如下。

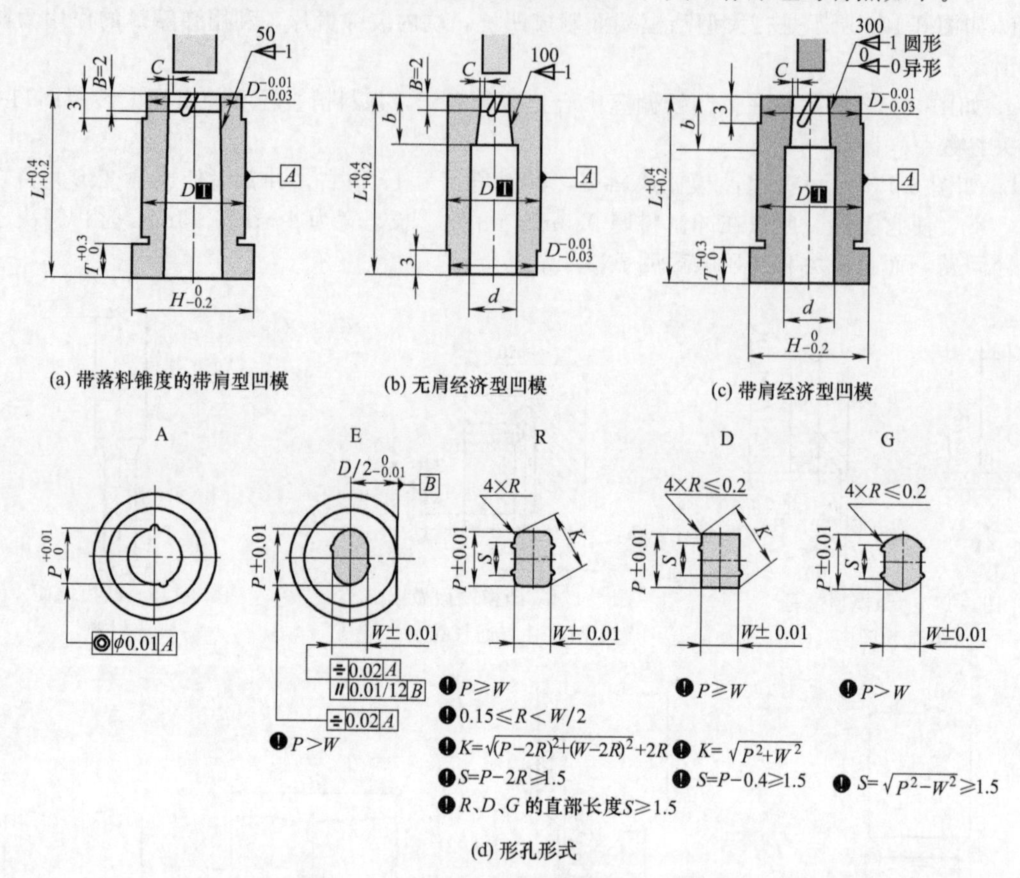

(a) 带落料锥度的带肩型凹模　(b) 无肩经济型凹模　(c) 带肩经济型凹模

(d) 形孔形式

图 3-180　防止废料上浮冲裁凹模（部分）

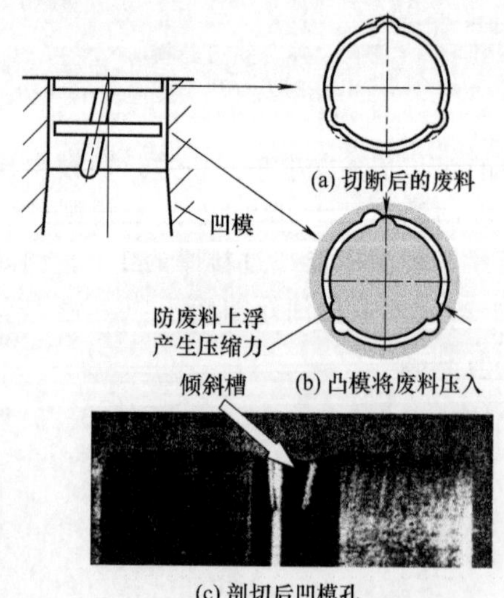

(a) 切断后的废料

(b) 凸模将废料压入

(c) 剖切后凹模孔

图 3-181　防止废料上浮的原理

• 凹模孔内表面加工斜沟槽，使废料形成凸起，凸起处在凹模内被破坏时会产生压缩力，防止废料上浮。

• 斜沟槽有多个，但槽的倾斜方向不是同一方向，因此废料不会旋转，凸起处脱离斜沟槽产生压缩力，见图 3-181。

• 防废料上浮的加工（斜沟槽的数量、深度、宽度按图 3-182 基准），若在防废料上浮效果不好的情况下，可以通过加工斜沟槽、增加压缩力来提高效果。

• 此类凹模适用于冲料厚 $t\geqslant 0.1$mm；冲裁单面间隙 $C\geqslant 0.01$mm；凹模内孔可以在 $\phi 1$mm 以上；被冲材料拉伸强度 120kgf/mm^2（1177N/mm^2）。

b. 用金刚石锉刀或油石在非标准凹模工作孔侧壁斜拉 2～4 条浅槽，槽深一般<0.05mm，以增加废料与形孔之间的摩擦力，从而防止废料上浮。

c. 珩磨凹模刃口成一很小的倒锥，一般取 10′～20′，如图 3-183 所示。冲裁时废料或制件外周受到压缩应力并同凹模壁的摩擦增加，废料不易上浮。但这种方法的缺点是倒锥不易加工，而且做不好易使小凸模折断。

d. 采用斜刃凹模。

e. 采用短直壁后面有台阶孔的凹模，如图 3-184 所示。直壁（直刃口）长图示＜3mm，对冲薄料而言，此值较合适。冲压时，冲裁间隙较小，一般凸模进入凹模较深，废料进入台阶孔内后因有一定膨胀不易上浮。

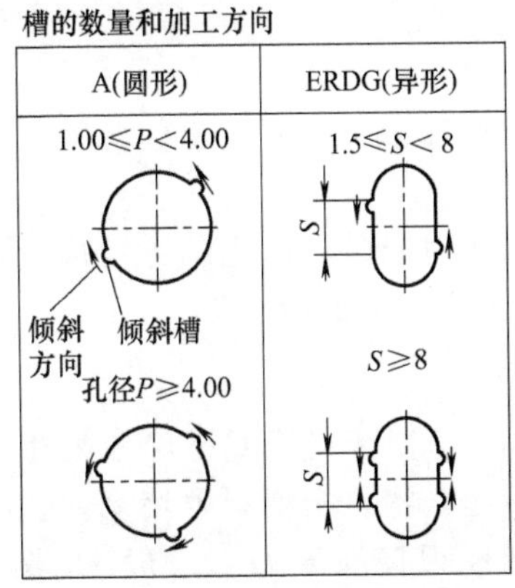

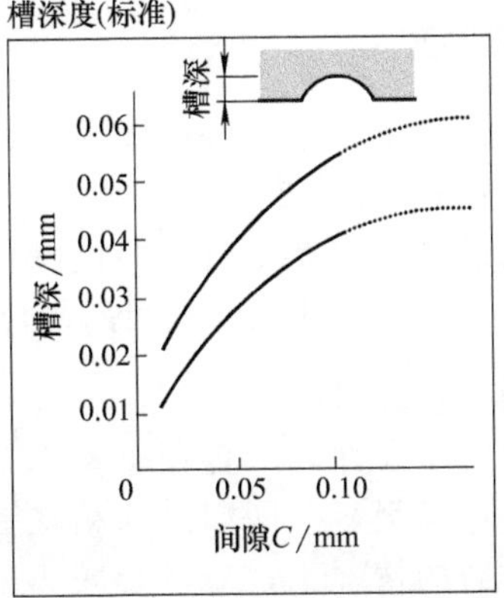

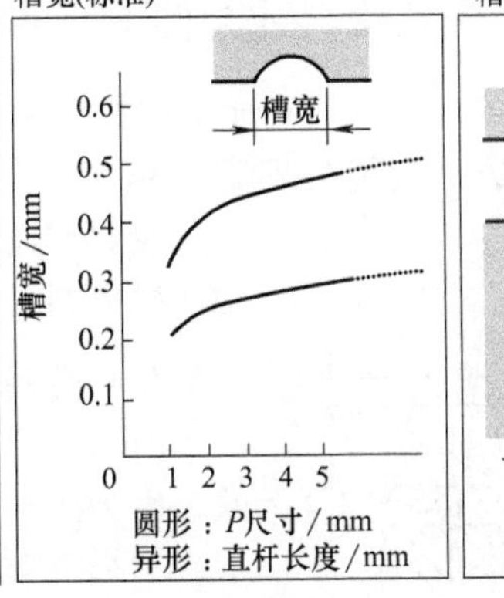

图 3-182　斜沟槽加工基准

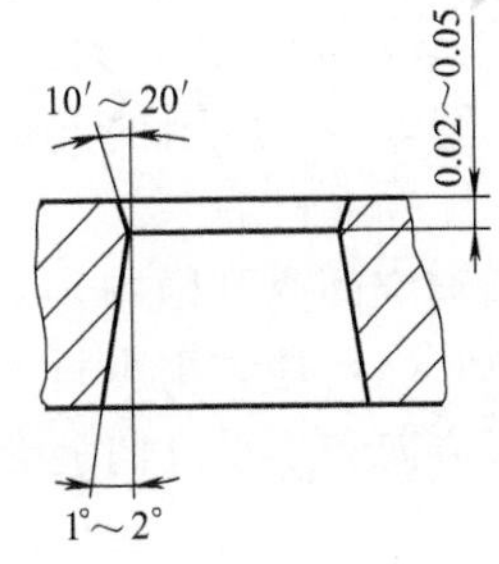

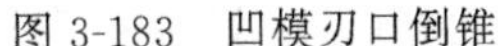

图 3-183　凹模刃口倒锥

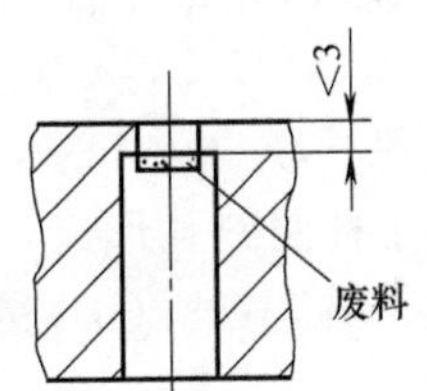

图 3-184　带台阶孔的凹模

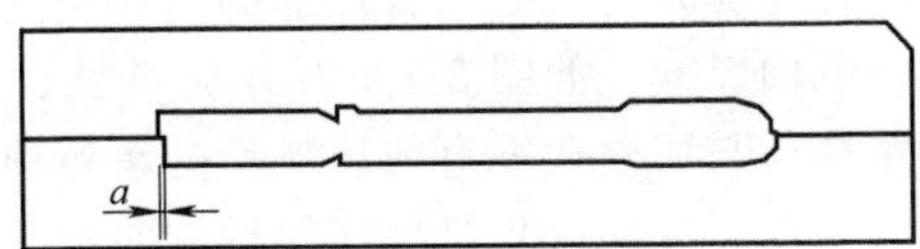

图 3-185　分体错位组合式凹模

f. 将整体式凹模加工成分体错位组合式，如图 3-185 所示。相互间错开 $a=0.002\sim0.005$mm，变简单形状成“复杂”形状的孔，可防止废料上浮。

g. 改变凹模孔壁粗糙度，使加工表面不是很光，相对而言表面粗糙，增大了它与废料之间摩擦力。各种加工工艺的表面粗糙度效果为：线切割加工要比磨削加工粗糙，电火花加工要比线切割加工粗糙，为防止废料上浮，可以尽量选择粗糙度大的加工工艺手段。

采用超硬合金的放电涂层工艺，使凹模刃口壁增加一层具有一定摩擦因数的耐磨涂层麻点，能有效防止冲孔废料向上回跳。

③ 利用负压防止废料上浮　在模具的漏孔下端接软管及盛料器，盛料器中有接压缩空气的进气口和出气口，如图 3-186（a）所示。当进气口的压缩空气进入盛料器后，使凹模漏料孔产生负压，废料或制件在吸力的作用下，通过软管被吸在承料器中，废料既不能回升也不能堵塞漏料孔。图 3-186

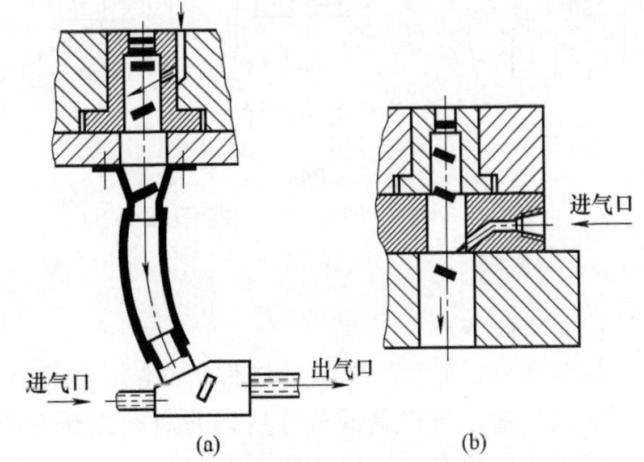

图 3-186　利用压缩空气防止废料上浮和堵塞

(b) 是凹模垫板中的气管接压缩空气，使凹模内产生负压作用，强迫废料或制件漏出凹模。

某厂在 250kN 高速压力机上冲制晶体管引线框架，其废料排除及防止上浮，就是采用类似这种装置，效果很好。

④ 利用凸、凹模之间的合理间隙防止废料上浮　实践证明，当间隙太大时，容易使废料上浮，间隙合理并适当取值偏小，废料一般不会上浮。新模具间隙合理，没有废料上浮现象，当模具用过一段时间，凸、凹模磨损后间隙大了会出现废料上浮。因此选用高耐磨料，保证凸、凹模间合理间隙，也是防止废料上浮的一种措施。

3.6.11　防止废料或制件下堵的方法

废料或制件应顺利地从凹模漏料孔中落下，如果在凹模内积存过多，一方面会使凸模损坏，另一方面废料在凹模内的涨力会引起凹模涨裂。

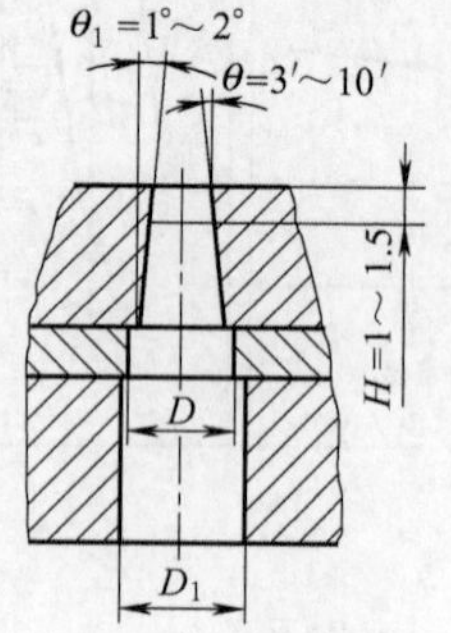

图 3-187　凹模漏料孔

废料堵塞的原因主要是由于凹模漏料孔引起的。防止的方法应围绕凹模漏料孔的设计与相关件之间的结合关系上采取措施。

(1) 合理设计漏料孔

对于薄料的小孔冲裁（直径小于 1.5mm），废料堵塞是经常发生的，因为废料质量轻，又同润滑油粘在一起，容易把漏料孔堵塞。在不影响刃口重磨的情况下，应尽量减小凹模刃口高度 H，一般 H 取 1～1.5mm，对于精密制件在刃口部制成 $\theta=3'\sim10'$ 的锥角，漏料孔壁锥角 $\theta_1=1°\sim2°$，ϕD 比漏料孔锥角大端大 1.5～2mm，D_1 比 D 大2～3mm，而且各孔中心要同轴，孔壁不能错位，如图 3-187 所示的漏料孔位置比较正确。

在冲侧孔时，必须有足够的漏料空间，废料靠自重自由下落，如果横向空间受到限制，必须把方向转换。如图 3-188 所示是冲侧孔常用的几种漏料孔形式，图 3-188 (a) 是利用废料方向转换后与凹模孔垂直的顶料销把废料顶出凹模，图 3-188 (b) 是由垂直方向和水平方向混合漏料，图 3-188 (c) 是把转换后的漏料孔制成锥度。

当凹模孔与孔比较集中，可在下模座上开出集中斜漏料孔，如图 3-189 所示。斜漏料孔与底面夹角应大于 45°。斜滑面应光滑，以免影响废料排出。

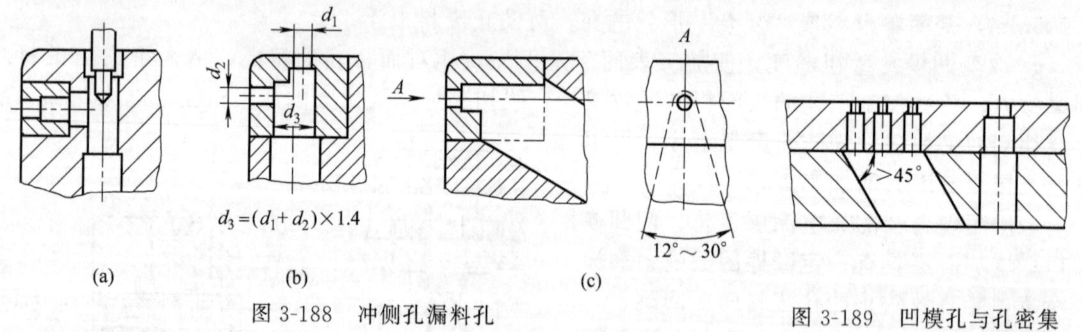

图 3-188　冲侧孔漏料孔

图 3-189　凹模孔与孔密集时可在下模座上开斜漏料孔

(2) 气吹废料

如图 3-190 所示为气吹废料防堵系统。在拼块固定板的侧面有进气口，安装模具时，接上压缩空气气嘴，当模具调整好后，开启气源开关后，下模内即形成较强的气流通道，这时凹模型孔处于负压状态，迫使废料下落，也不会被凸模带出凹模。如图 3-191 所示也是气吹废料防堵的一种结构。

(3) 凹模刃口以下的漏料孔中心保持同轴

凹模以下的漏料孔依次有凹模固定板、垫板、下模座等，不但要求漏料孔制成阶梯孔，由上到下，由小变大，最重要的阶梯孔中心要保持同轴，绝对不允许错位现象的存在。许多堵料原因就在于漏料孔不通畅造成的，而漏料不通畅的原因往往就是漏料孔有错位。这一点尤其在加工、漏料孔和装配模具时要特别重视。

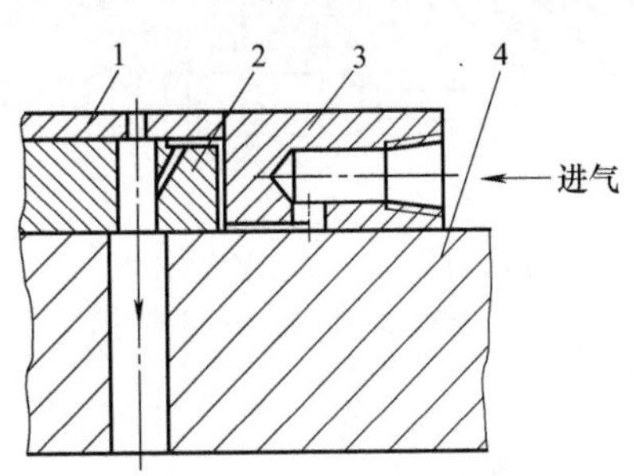

图 3-190 气吹废料防堵系统
1—凹模；2—拼块；3—凹模固定板；4—下模座

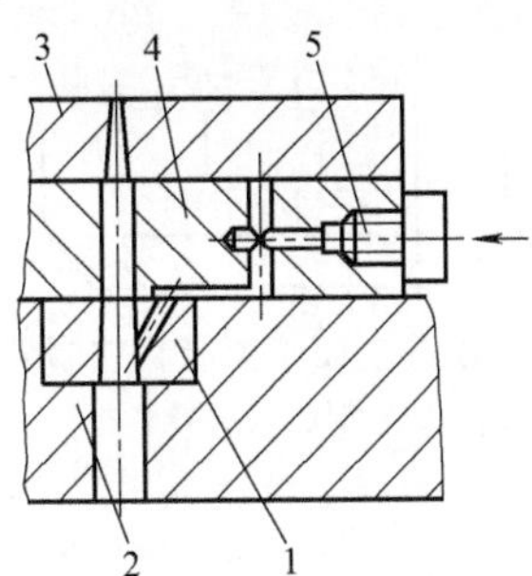

图 3-191 漏料通气槽结构
1—通气块；2—下模座；3—凹模；4—衬板；5—气阀

3.6.12 凹模表面废料或制件的清理方法

任何模具在冲压过程中，决不允许有废料或制件留在卸料板与凹模上平面之间，高速自动多工位级进模冲压更不例外，否则会影响模具的正常工作。

一般模具冲下的制件或废料都是从凹模的漏料孔落下，但在级进模中，有些制件或废料不能全部从凹模漏料孔中下落，如带有弯曲成形件等，最后工序和条料分离后若制件或废料仍留在凹模表面，应采取措施让其迅速离开。这样才能保证自动化安全生产。

常用的清理方法是利用压缩空气，在压力机滑块的每一行程后把需要清除的废料或制件吹离模具表面。常用的形式有如下几种。

(1) 利用凸模气孔吹离

如图 3-192 所示，在凸模中钻气孔，气孔位置及大小按清理制件的不同而不同，一般情况下以 $\phi0.8\sim1.2$mm 为宜。图中中间孔主要防止废料回升，两侧斜孔就把被切离的制件在压力机的每一行程向模具两边吹离。

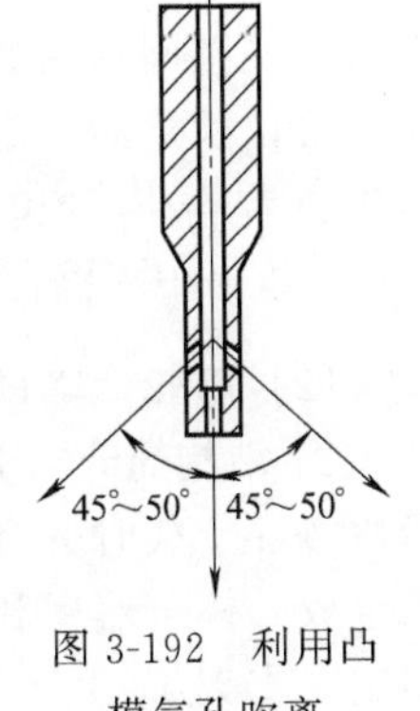

图 3-192 利用凸模气孔吹离

(2) 从模具端面吹离

要在最后工位切离条料的制件，可在下模的有关零件中增设气孔，如图 3-193 所示。压缩空气经下模座 1 和凹模 2 进入导料板 3 中的斜气孔，当制件由切断凸模切离条料后，压缩空气从导料板中的气孔把制件从模具端面吹离。

如图 3-194 所示凹模面除尘装置。工作原理是当上模开启时，压缩空气将浮钉顶出后，便可将凹模面上的毛刺、屑末等垃圾吹去，达到除尘作用。上模下行时，上模顶杆将浮钉压下，气孔被堵在凹模内，压缩空气呈间歇工作。

(3) 模具外装气嘴吹

有些在模具内未能设置气吹装置时，可把气嘴装在模具外，如图 3-195 所示。其结构简单，固定和调整方便，广泛用于各种类型的模具。

利用压缩空气清理应注意以下事项。

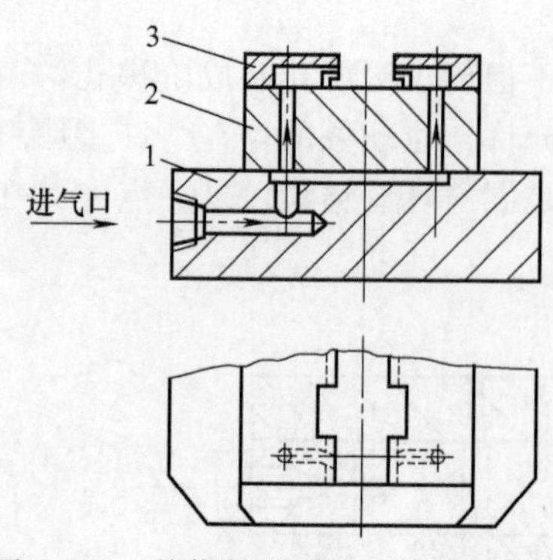

图 3-193　从模具端面吹离废料或制件

1—下模座；2—凹模；3—导料板

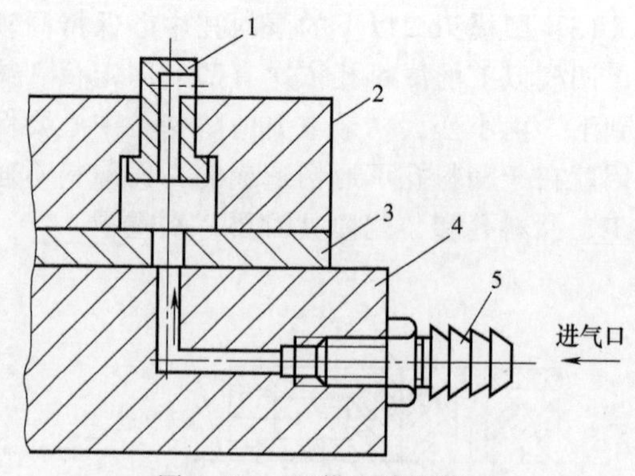

图 3-194　凹模面除尘装置

1—浮钉；2—凹模；3—垫板；4—下模座；5—气嘴

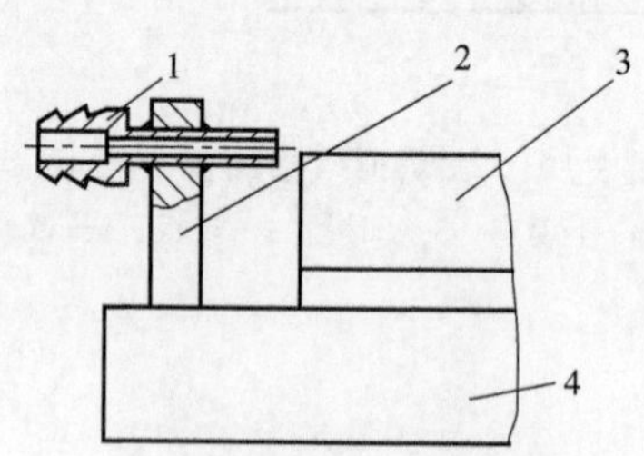

图 3-195　模具外装气嘴吹

1—气嘴；2—气嘴架；3—凹模；4—下模座

① 正确设计气嘴（孔）的位置、方向和所用气压的大小。

② 承接制件必须使用橡胶或塑料等软质袋，以免制件损伤。

3.6.13　间歇切断机构

(1) 间歇切断机构的应用

在多工位级进模中，有些切断动作是在压力机冲了一定的次数后才要求作用一下（例如每冲 3 次、5 次、8 次、10 次……有个切断动作），此时切下的制件要求一定长度，因此有定距切断、间歇切断和跳切等称呼。其结构与动力来源有纯机械的（如棘轮机构、槽轮机构、凸轮机构）、机电一体化、气压和液压及其组合、还有电磁阀驱动等。

传统的纯机械间歇机构如棘轮凸轮机构，虽然结构有些繁琐，但在一般冲压速度不高的情况下因比较可靠仍被采用，而在高速工作的环境下，结构件如果磨损很大，会影响正常使用，当需要调整间歇次数（或时间间隔）时，纯机械间歇机构一般存在不可调的缺陷，因此，在高速多工位长寿命级进模中，采用机电一体化的可编程控制器间歇机构，它可提取自动压力机工作次数为信号，控制推动气缸及间歇凸模工作，实现规定范围内间歇运动，即间歇次数可以在 1 的整数倍中根据需要任意设定，克服了传统间歇机构中间歇次数不可调或调整困难的问题。

(2) 棘轮凸轮间歇切断机构

① 结构简介　如图 3-196 所示为用于某定尺寸载体上有 10 个制件的切断装置，即压力机滑块每冲十次时就有一个切断动作。凸轮 16 与棘轮 15 两个零件合在一起用螺钉 17 和销钉 25 固定成一体，然后利用中心圆孔穿过小轴 24（保持转动配合），小轴的一端有螺纹，再用螺母固定在支架 13 上，支架 13 再固定到上模的衬板 11 上；拉杆棘爪 18 固定在下模座上附加的支架 20 上，它在拉簧 19 的作用下，总是接触棘轮的齿面；滑块 9 的左端有一斜面与切断凸模 4 固定端的斜面吻合，图示为切断凸模缩进（即处于最高）位置，此时凸模不起切断条料的作用。滑块的左端顶头设有弹簧推板 7，在压缩弹簧 8 的作用下，有一弹压力总是推动滑块向右运动，这样做到滑块右端始终保持和凸轮圆周面的接触，同时当凸轮的最高点离开滑块右端后，滑块能迅速复位。

为了防止棘轮反方向转动，采用止动块 14 和压簧 12。

上模开启后，不允许拉杆棘爪在拉簧的作用下离开棘轮而倒向左方，这样上模下行时，棘

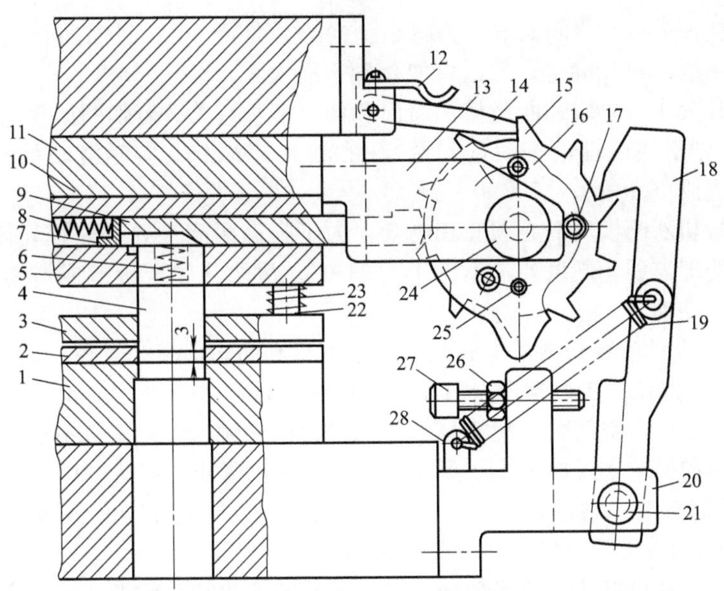

图 3-196　棘轮凸轮间歇切断装置

1—凹模；2—导料板；3—卸料板；4—切断凸模；5—固定板；6,8,23—弹簧；7—推板；9—滑块；10—垫板；11—衬板；12—压簧；13,20—支架；14—止动块；15—棘轮；16—凸轮；17—螺钉；18—拉杆棘爪；19—拉簧；21,24—小轴；22—卸料螺钉；25—销钉；26—螺母；27—限位装置；28—支钉

轮会撞在拉杆棘爪上将损坏装置，为了安全，设置限位装置 27，控制拉杆棘爪合理的活动范围。

② 动作过程　按如图 3-196 所示位置，凸轮的圆周面和滑块右端面在接触中，此时切断凸模处于最高位置（图示设定凸模向下移动量为 3mm，滑块与凸模接触处的斜面为 30°斜角，这是设计时确定的，根据三角关系，滑块须向左滑动量为 5.2mm 才能满足设计要求）。拉杆棘爪处于棘轮轮齿的根部旁。

上模继续下行至下死点，图示的棘轮跟着向下，而拉杆棘爪的爪尖离开轮齿根部，爪尖相对于齿根稍高了一点。

上模回升时，棘轮的轮齿在拉杆棘爪的钩动下转过一个齿，并且保证行程开始到终了只钩动一个齿，如此循环往复，直到凸轮的凸出部分接触滑块并将其往左推动至最左，此时切断凸模在滑块斜面的作用下往下推动 3mm，使切断凸模与模具中的其他冲裁凸模齐平，从而可以实现带料的切断动作。上模回升，滑块右移，由于切断凸模凸台下面装有两个弹簧 6，在滑块右移时，切断凸模会得到迅速复位（向上 3mm）。这样在切断凸模伸出固定板长度短于其他冲裁凸模的情况下，切断凸模是处于不冲裁的位置。从图示棘轮轮齿数的情况可知，压力机在往复 9 次中是不会产生切断动作的，因为凸轮没有推动滑块，只有在拉杆棘爪钩到第十个齿，即压力机每往复十次时，在拉杆棘爪钩动棘轮轮齿的同时带动凸轮凸起部分将滑块推动一次，使切断凸模向下移动，达到应有长度，完成切断功能。

③ 设计要点　拉杆棘爪在两个拉簧的作用下保持和棘轮接触，同时当下模（棘轮）上下运动时，靠拉杆棘爪钩动棘轮凸轮一起转动，凸轮的最高部分接触滑块后，切断凸模起作用，从而实现间歇切断动作。由此可见，间歇切断装置中的棘轮、凸轮、拉杆棘爪和滑块是设计重点。

根据工作经验，棘轮大小与安装位置应按模具闭合时的空间容量来设计比较直观和方便。下面对滑块、凸轮、棘轮、拉杆棘爪的设计要点作些说明。

a. 滑块　主要设计参数是滑块的斜面和滑动量。

•斜度，可在30°～45°之间取值。为减小侧向力，常用30°。斜面的长度决定于切断凸模伸缩量的大小，一般由设计确定，但凸模伸缩量不能太大。

•滑动量，其大小与要求切断凸模的缩回和伸出多长有关。若切断凸模的伸长量为3mm，滑块斜度为30°，则滑块的理论滑动量 $C=3/\tan30°=5.2$mm。实际滑动量都要大于理论值，可取1.5倍理论值或更大些。

滑块的斜面与切断凸模斜面必须互相吻合，为了提高耐磨性并有兼作切断凸模垫板作用，要求滑块必须热处理淬硬，硬度要求不低于55HRC。滑块与固定板槽成滑动配合，间隙不能太大，以免滑动中晃动。

b. 凸轮　主要设计参数是圆周上有几个凸起部分和凸轮的最小直径。

ⅰ. 凸轮的最小直径，从力学观点出发，力臂越大越省力。因此凸轮的最小直径大一些比较好；但大直径凸轮所占空间大，使模具的结构变得很庞大，不紧凑也不经济。如何合理选用应从整个模具大小和要求来考虑。中小型模具常用凸轮的最小直径为60～100mm。

ⅱ. 凸轮的凸起部分，它包含圆周上有几个凸起部分、凸起部分的高度和凸起部分所占的弧长（按最小直径计）。

•凸轮圆周上究竟设有几个凸起部分，它与棘轮的齿数联系起来一起考虑。棘轮齿数与凸轮凸起数和单元载体的制件组成的个数有关。例如单元载体是由三个形状尺寸相同的制件组成，理论上棘轮应有三个齿，凸轮上有一个凸起够了，但三个齿的棘轮是无法工作的，棘爪是拨不着三个齿中的一个齿，当齿数达到一定数（一般齿数 $z\geqslant9$）后才有实用价值。因此在齿数很少的情况下齿数应增加，齿数应按 n 倍增加，设 $n=3$，则棘轮的齿数 $z=3n=3\times3=9$（齿），此时凸轮的凸起数就是 $n=3$。

如图3-197所示件30的齿数是件18的凸起数的三倍。如图3-197所示是用于对如图3-198（a）所示制件和图3-198（b）所示排样进行间歇切断的装置。图3-198（b）中箭头 B 所指为切断处。

设 $z=10$，$n=10$，则凸轮的凸起部分为1。

•凸起部分的高度，它决定于滑块实际的滑动量大小。

•凸起部分所占周长，这是指凸轮曲线从开始上升到下降结束所占用的圆周长，它等于凸轮基圆的圆周长除棘轮齿数。

凸轮的凸起部分升降和顶点都应用圆弧曲线圆滑过渡相连，保持曲面光顺。

c. 棘轮　棘轮的主要参数是棘轮的根圆直径、外径、棘齿数、齿形和棘轮的厚度等。

•根圆直径，根据经验尽量取和凸轮的基圆直径相等或略大于根圆直径。

•外径，棘轮外径＝棘轮根圆直径＋2倍齿高。齿高常在5～10mm之间。

•齿数，上面已有介绍，齿数一般不少于10个。

•齿形，必须有足够强度，常设计成梯形，齿顶须留有一定的平面，齿根留有小圆角。

•厚度常取6～10mm。

为了保持棘轮有足够的强度和耐用度，棘轮常用40Cr制造，并经淬硬处理，硬度40～45HRC。

d. 拉杆棘爪　拉杆棘爪和棘轮为配对使用。拉杆棘爪是主动件，棘轮是被动件。在工作时，棘轮随上模上下往复运动的同时，被拉杆棘爪钩动棘齿，使整个棘轮（凸轮）处于绕小轴回转。因此对于拉杆棘爪头部的形状尺寸要求不能太小。除了有足够的强度之外，还要有好的耐磨性。

当压力机滑块行程较小时，原则上要求拉杆棘爪的头部高度等于或略小于所用的压力机滑块行程，例如滑块行程为24.6mm时，则取拉杆棘爪头部高度为23mm。这样拉杆棘爪与棘轮总是成接触状态。拉杆棘爪不用限位装置。

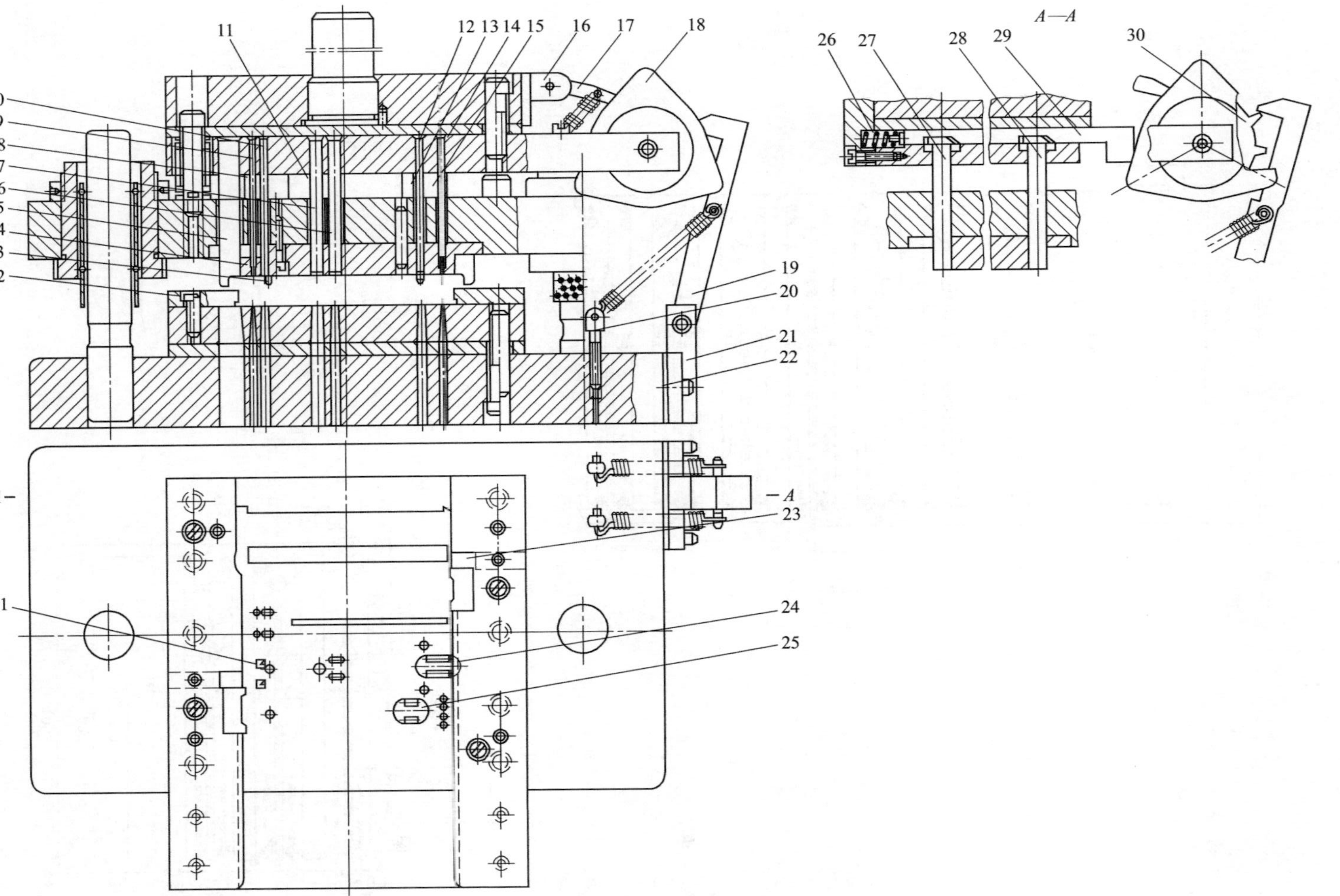

图 3-197 间歇切断装置在级进模中应用

1,24,25—镶块；2—导料板；3—导头；4—压板；5～15—凸模；16—支座；17—止动块；18—凸轮；19—拉杆棘爪；20—支钉；21—支座；22—垫板；23—侧刃挡块；26—弹簧；27,28—切断凸模；29—滑块；30—棘轮

工作图
18×φ14
6 0 −0.16
3.5±0.05
9
0.1
6 +0.16 0
1±0.12
1.5 +0.12 0
R1.5
φ6
12
3×φ15.5 +0.08 0
109
102
92±0.2
2.5
24±0.1
36.5±0.1
73.5±0.1
80±0.1
90±0.1
0.2
4.4
A
23±0.1
11±0.1
46±0.1
A放大
R0.6
3
0.9
1.5
1.2
2.5
φ1.4
材料：锡磷青铜
料厚0.35
(a)
排样图
B
113
(b)

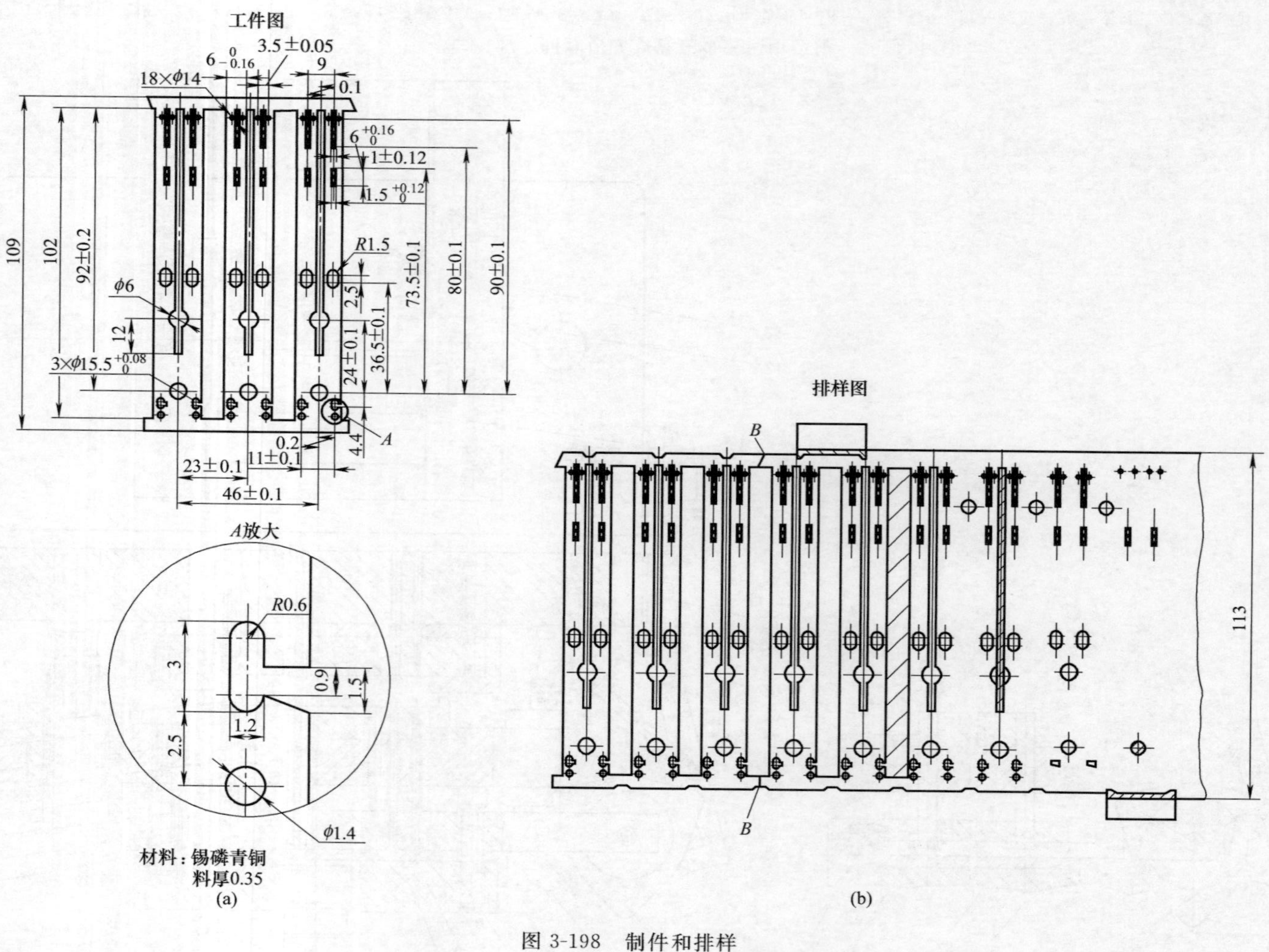

图 3-198 制件和排样

(3) 可编程控制器间歇切断机构

如图 3-199 所示为可编程控制器间歇切断机构，其工作过程为：当可编程控制器接收到自动压力机的第 n（n 为自然整数）次工作行程开始的信号后，通过传感器使气缸 6 工作，推动间歇推块 5 导入间歇切断凸模 1 工作槽内，使间歇凸模处于与其他冲裁凸模一样的待工作位置［见图 3-199（b）所示］，从而使间歇凸模参与模具的第 n 次冲裁工作，完成对制件 n 组一片的冲制。在该次冲裁的回程时，可编程控制器则使气缸控制间歇推块迅速回退，同时，由于弹簧 3 的作用，将间歇凸模迅速回位到如图 3-199（a）所示的位置，使其不参与下次的冲裁工作，可编程控制器重新计数。如此循环，实现对制件 n 组一片的连续高速生产。

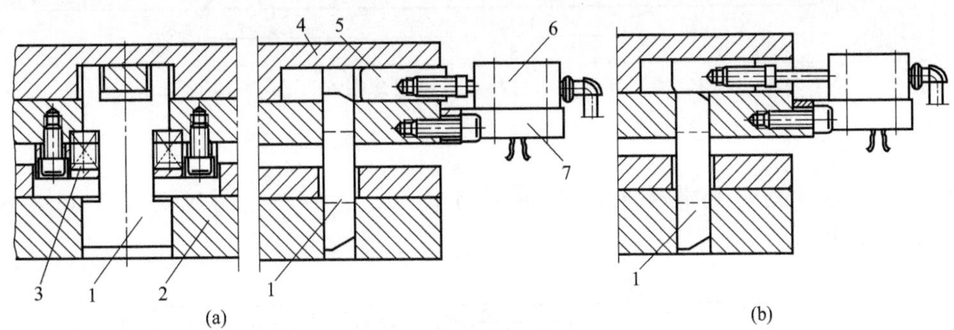

图 3-199 间歇切断机构

1—间歇切断凸模；2—卸料板；3—弹簧；4—上垫板；5—间歇推块；6—气缸；7—安装板

如图 3-200 所示为用在铁芯叠装多工位级进模上的跳切机构。图中表示凸模 1 可工作状态。气缸活塞前进时，连杆 5 推动间歇推拉滑块 4 使其上的缺口前移，压杆 3 下压，叠压点凸模 1 伸出或伸长，完成分组冲压。当控制机构指令解除后，活塞后退，间歇推拉滑块 4 的缺口部分又移至压杆 3 的上部，叠压点凸模 1 复位。

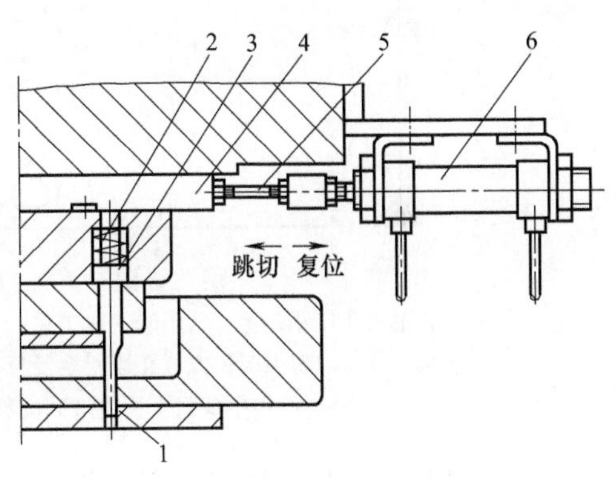

图 3-200 跳切机构

1—叠压点凸模；2—弹簧；3—压杆；4—间歇推拉滑块；5—连杆；6—气缸

3.7 多工位级进模典型结构

3.7.1 模内带自动送料装置的卡片冲孔、落料级进模

(1) 制件与工艺分析

如图 3-201 所示为家用电器安装卡片。该制件为一中间带长孔的片状件，形状简单，尺寸要求不高（经济级），外形长 198mm、宽 19.6mm，长宽比为 10.1，属于狭长件。对冲压如何保证制件平直要求较高。

旧工艺采用一副复合模，并用条料进行冲压，制件平直、模具结构简单、制造成本低是最大的优点，但凸凹模刃口壁厚较单薄、容易崩裂，导致维修频率高；冲压时坯料用手工送料，生产效率低，随着产量增加，采用复合模冲压满足不了大批量生产；采用多工位级进模可满足大批量生产，而且模具的使用维修均方便。

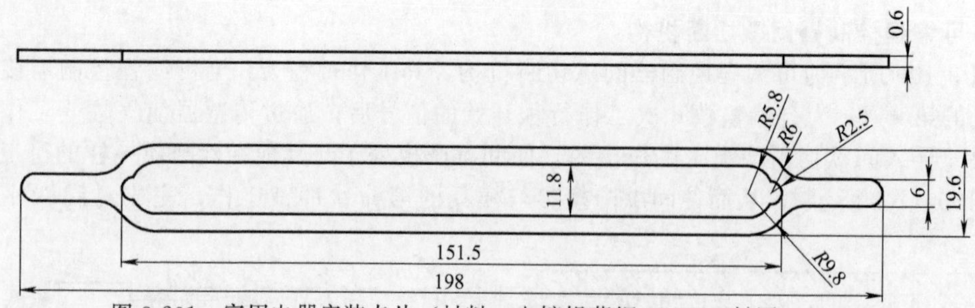

图 3-201 家用电器安装卡片（材料：电镀锡薄钢 SPTE，料厚 0.6mm）

(2) 排样设计

方案 1：采用等宽双侧载体的单排排列方式（图 3-202），料宽为 202mm，步距为 23.5mm。共 16 个工位。

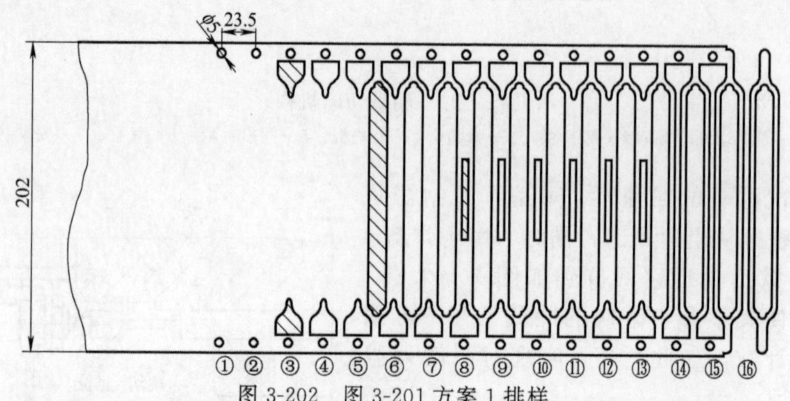

图 3-202 图 3-201 方案 1 排样

①—冲导正销孔；②，④，⑦，⑮—空工位；③—冲切两端异形废料；⑤，⑥—冲切中部异形孔废料；⑧—冲切中部长方形孔废料及设置模内送料机构；⑨～⑬—设置模内送料机构；⑭—冲切中部两个长方形孔废料；⑯—冲切两端载体（制件与载体分离）

此排样制件与制件之间采用分段切除废料的方式，把复杂的形孔分解成若干个简单的形孔。冲压出的制件平直、毛刺方向统一，但模具制造相对复杂，加工成本高，材料利用率低（材料利用率为 32.11%）。

方案 2：制件与制件之间采用无废料搭边的单排排列方式（见图 3-203）。此方案大大缩小了步距，还由于采用制件的本体作为带料的载体来传递各工位之间的冲裁、切断工作，有利于带料的稳定送进。料宽为 200mm，步距为 19.6mm（步距同制件宽度相等），共 16 个工位。

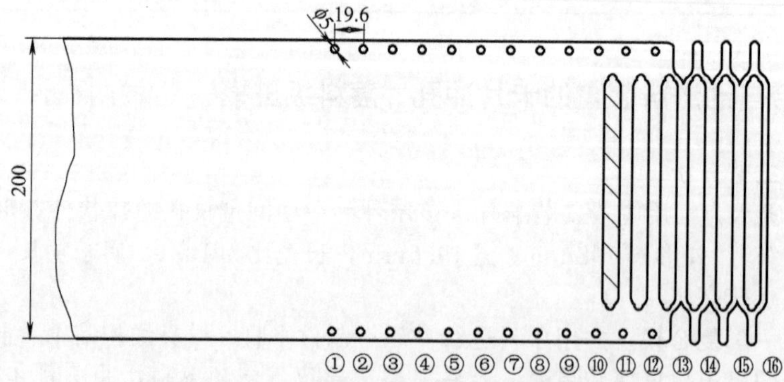

图 3-203 图 3-201 方案 2 排样

①—冲导正销孔；②，⑨，⑫，⑭，⑮—空工位；③～⑧—设置模内送料机构；⑩，⑪—冲切中部异形孔废料；⑬—冲切两边废料；⑯—切断（制件与载体分离）

最后工位⑯用切断刀将制件与制件之间切断分离，使分离后的制件出件顺畅，但制件飞边方向不统一。此模具制造简单化，加工成本低，材料利用率高（材料利用率为38.88%）。

对以上两个方案的分析，考虑到该制件形状简单，尺寸要求不高，制件装配时对飞边方向没有特殊的要求。结合模具制造成本及材料利用率等方面，最终选用方案2较为合理。

(3) 模具结构与总装图设计

模具结构如图3-204所示，在JZ21-45（450kN）开式压力机上使用。此模具在模具内部

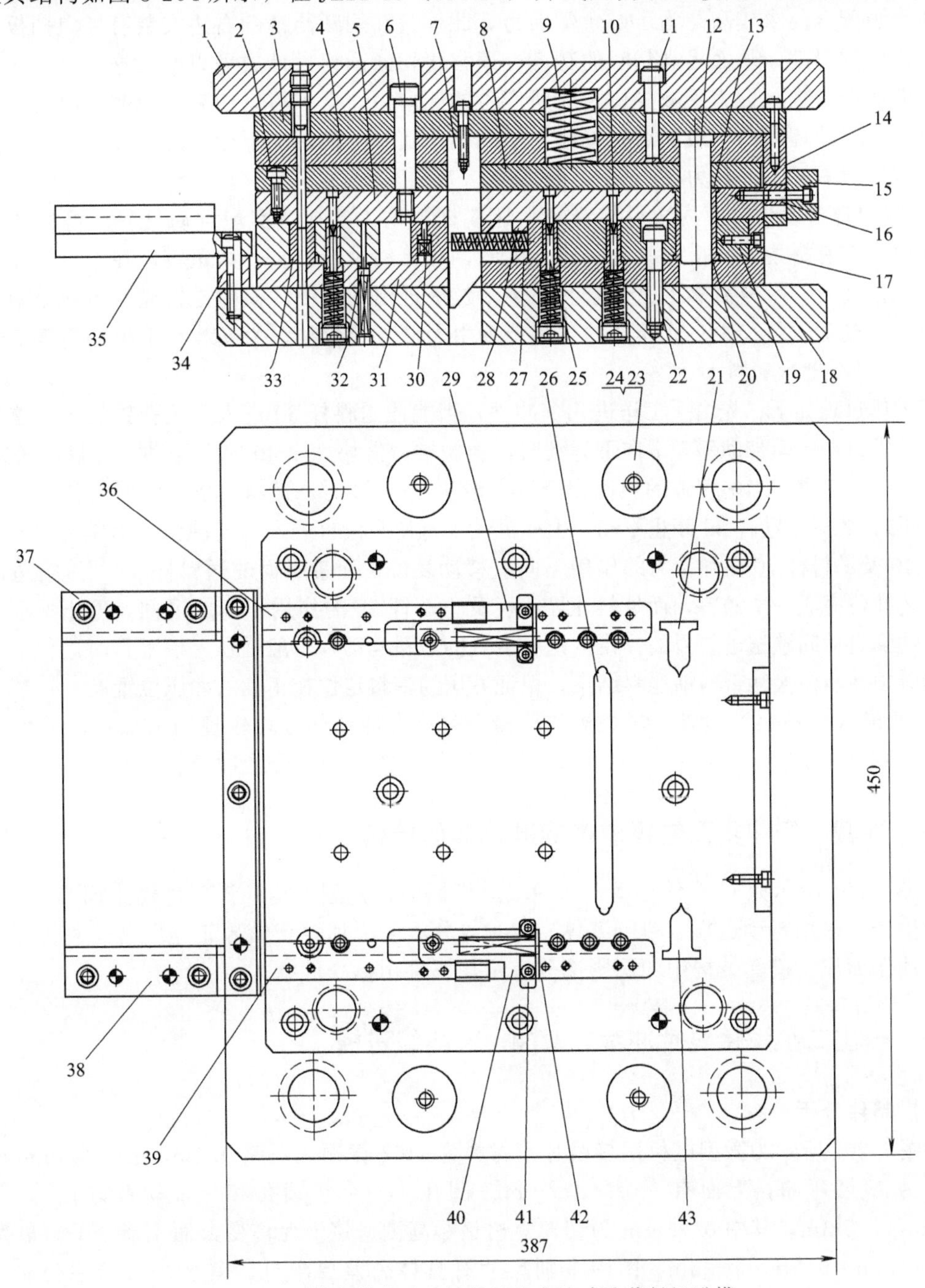

图3-204　模内带自动送料装置的卡片冲孔落料级进模

1—上模座；2,11,22—螺钉；3,8,31,34—垫板；4—凸模固定板；5—卸料板；6—卸料螺钉；7—斜楔；9—弹簧；10　导正销；12—小导柱；13,20—小导套；14—切断凸模；15—挡板；16—垫圈；17—切断凹模；18—下模座；19—凹模；21,26,43—异形凸模；23,24—上、下限位柱；25—套式顶料杆；27,28,41,42—弹簧安装座；29,40—滑块；30—送料杆；32—止动杆；33—导正销孔凹模；35—承料板；36,39—内导料板；37,38—外导料板

配有对称的模内送料机构来实现自动化生产。这样既能够获得较高的生产效率，又能够减小设备投资，降低产品成本。模具结构主要特点如下。

① 空工位设计　此模具空工位较多，共有 11 个：工位②空工位为带料导正定位用；工位③～⑧空工位是为了模内送料机构而留；工位⑨、⑫、⑭、⑮空工位是为了增加模具的强度。

② 切断凸模（件号 14）设计　在级进模中，最后一工位切断凸模一般是用来切断载体的废料，但此模具的切断凸模是用于制件与制件之间的分离切断。这样对切断凸模与卸料板及凹模板的间隙配合要求较高。为了防止侧向力，此模具在切断凸模的右边安装有导向挡板，使切断凸模在中间滑动，从而提高切断的精度。通常将切断凸模设计成平刃口，这样会对切断凸模所产生的侧向力较大。为了减少切断时所产生的侧向力，把平刃口切断凸模改为斜刃口。开始冲压时，可以让切断凸模最高点先接触切断凹模；随着上模继续下行，再慢慢地进行全部切断工作，这样就减轻了冲裁力。

③ 模内送料设计　模内送料装置是靠送料杆拉动工艺孔，实现自动送料。这种送料装置大部分使用在有搭边，且搭边具有一定强度的冲压自动生产中。开始送料，在送料杆没有拉住搭边的工艺孔时，带料需靠手工送进。在多工位级进模冲压中，模内送料通常与导正销配合使用才能保证准确送料步距。此模具的送料装置由上模直接带动，为安装在上模的斜楔 7 带动下模滑块 29、40 进行送料。

其工作过程如下：先由手工送进几个冲件，当能使送料杆 30 进入工艺孔钩住搭边位置时才可自动送进；在上模带动斜楔 7 向下运动时，斜楔推动滑块 29、40 向右移动，带料在送料杆 30 的带动下向右送进，当斜楔 7 的斜面完全进入滑块 29、40 时，送料完毕（此时材料被向右移动一个步距）；此后止动杆 32 停止不动，上模继续下行使凸模再进入凹模冲压。当模具回程时，滑块 29、40 及送料杆 30 在弹簧力的作用下向左移动复位，使带斜面的送料杆 30 跳过搭边进入下一个工艺孔位完成一次送料，而带料在导料板及止动杆 32 的作用下不能退回，静止不动。如此循环，达到自动间歇送进的目的。模内送料装置的送料运动，一般是在上模下行时进行，因此送料过程必须在凸模接触带料前送料结束，保证冲压的带料定位在正确的冲压位置上。

④ 凹模（件号 19）设计　考虑到该凹模上的所有冲裁部分均较规则易加工，采用了整体结构，如图 3-205 所示。其中 A 放大采用镶套结构、镶入的部分为冲导正销孔凹模。

3.7.2　冲裁、弯曲多工位级进模标准化典型结构

如图 3-206 所示为 U 形件冲裁、弯曲级进模标准化典型结构。该制件图上面有 3 个圆孔，大批量生产，采用自动送料、单侧载体、浮顶导料、侧刃加导正销导正定距的送料方式。经 7 个工位冲压而成。模具结构中的阴影部分表示均可采用标准件结构。

3.7.3　一出二小型接线片冲裁、弯曲、落料级进模

（1）制件分析

如图 3-207 所示为微型电机用接线片，材料为 H62 黄铜，料厚 0.4mm±0.025mm。该制件外形为 L 形弯曲，上面有一个 $\phi 3^{+0.1}_{0}$ mm 圆孔，一个腰圆孔和一个切弯方孔 1.5mm×1.5mm×0.75mm，其中 0.75mm 为切弯立边最小高度，该值允许变大而不能小了。最大外形尺寸为14mm×5.5mm×5mm。图中个别尺寸有具体公差要求外，其余均按未注公差 GB/T 1804—2000 中等级验证。要求外形无刮伤、压痕，弯曲角不能有裂纹，毛刺高度小于 0.03mm，总体情况：该制件除了小之外，精度要求不高，适合采用冲压方法加工满足大批量的要求。

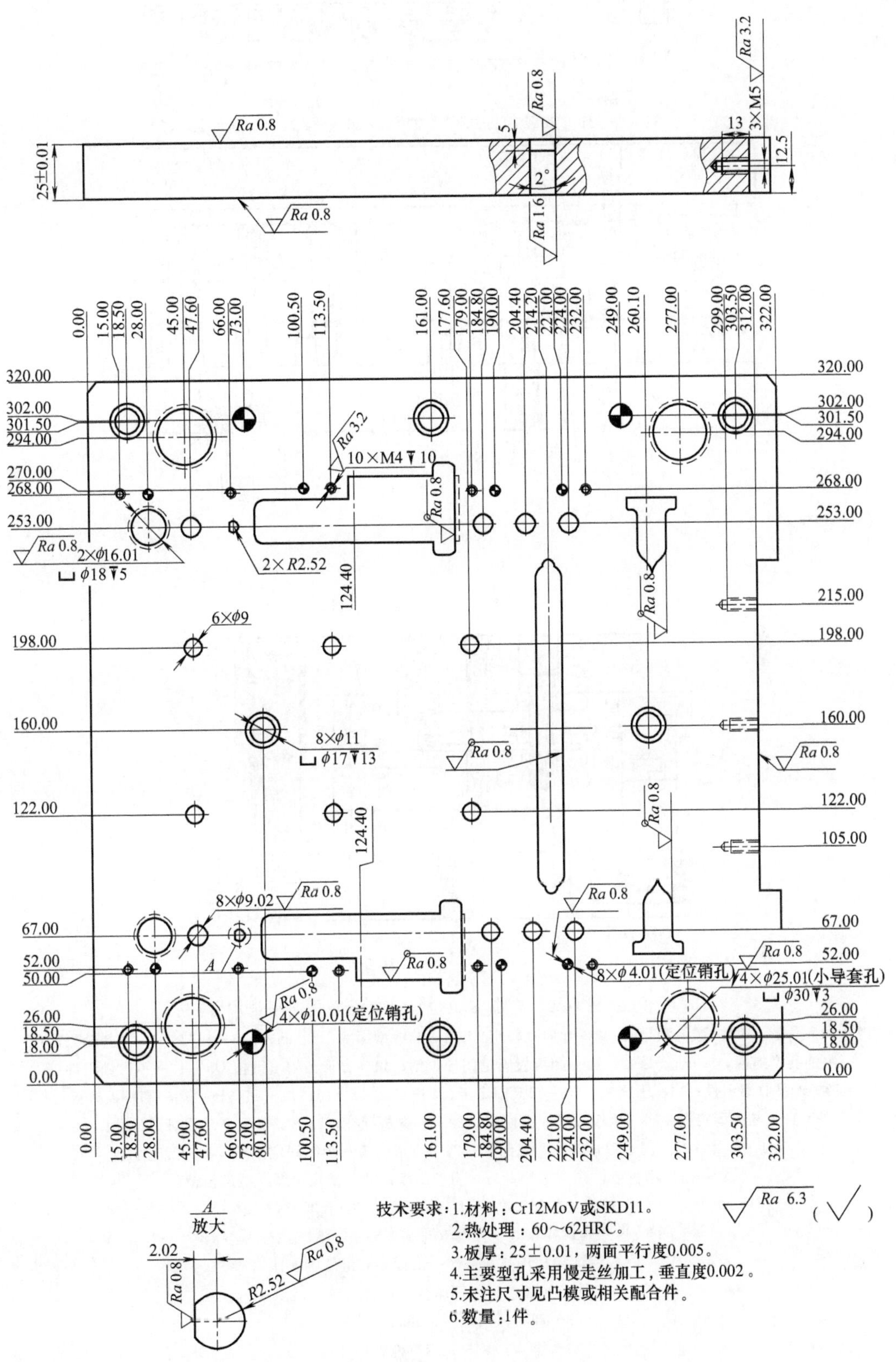

图 3-205　凹模板（图 3-204 的件号 19）

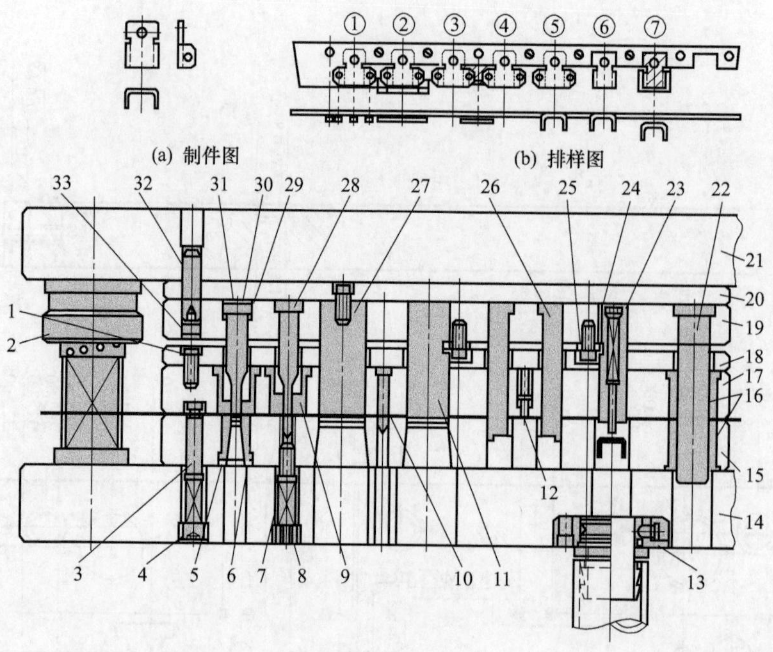

(a) 制件图　　(b) 排样图

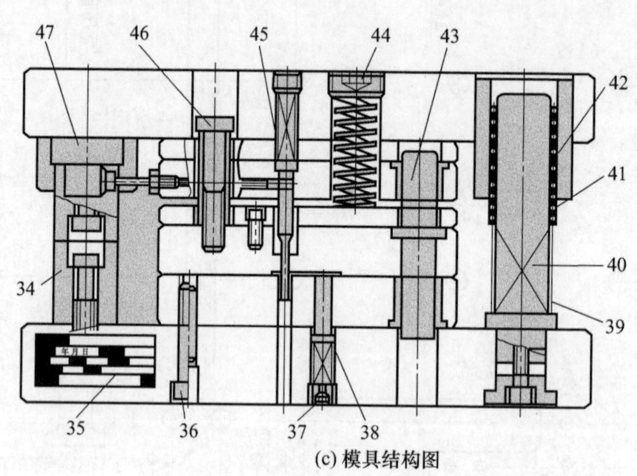

(c) 模具结构图

图 3-206　冲裁、弯曲多工位级进模标准化典型结构

1—内六角螺栓；2—装卸型导套；3—导向顶杆组件；4—凸缘型螺塞；5—凹模；6—衬垫；7—浮料销组件；8—通孔型螺塞；9—凸模导套；10—卸料板固定用导正销；11—方形凸模（键槽型）；12—顶出销组件；13—产品收集组件；14—下模座；15—凹模固定板；16—卸料板导套；17—卸料板；18—卸料板垫板；19—凸模固定板；20—垫板；21—上模座；22—卸料板导柱；23—键槽型方形顶料型凸模；24—垫片；25—固定键；26—弯曲凸模；27—方形凸模（螺纹固定型）；28—导正销；29—凸模用衬垫；30—垫片；31—肩型凸模；32—带拉拔螺纹型定位销；33—定位销防松脱弹簧塞；34—限位块；35—模具铭牌标签；36—内六角螺栓；37—螺塞（孔型）；38—浮料销组件；39—钢球导柱用弹簧；40—滚针导柱组件、导柱组件、导柱；41—钢球衬套；42—导套；43—卸料板固定型、卸料板导柱；44—螺塞；45—误送料检测部件；46—卸料螺栓；47—微动开关装配板

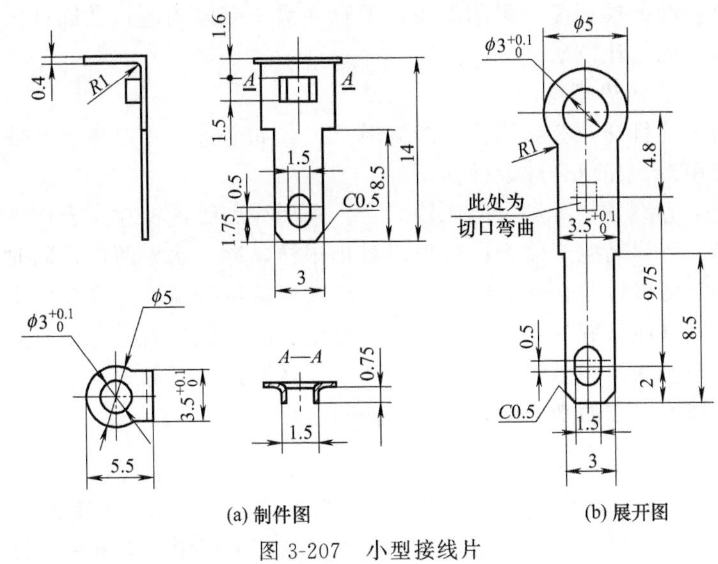

(a) 制件图　　(b) 展开图

图 3-207　小型接线片

(2) 制件成形工艺分析和冲压工艺的确定

① 制件成形工艺性分析

a. 弯曲圆角半径应大于该制件材料允许的最小弯曲半径（图 3-207 中 $R_{制}>R_{min}$，合理）。如图 3-207 所示制件的弯曲半径为 $R1$mm，从相关资料得知，弯曲线平行材料轧纹，H62 半硬状态最小弯曲半径 $R_{min}=0.2t$（即 $R_{min}=0.08$mm），显然制件弯曲圆角半径比允许最小弯曲半径大得多（$R_{制}>R_{min}$，即 1>0.08），弯曲角大小合理，对弯曲有利。

b. 弯曲件直边高度 $H>2t$（符合要求）。弯曲件直边高度不宜过小，一般为 $H>2t$（t 为料厚），该制件直边高度为（5.5－1.4）>2×0.4mm，即弯曲件直边高度 $H(4.1)>2t$（0.8），合理。

c. 弯曲件的孔边距 S 应大于料厚（图 3-207 中 $S\ngtr t$，不利于冲压，影响质量）。弯曲件孔边距不能太小，为避免孔变形，弯曲线到孔边距离应有一定大小。设 S 为孔边至弯曲线之间距离，该制件为（$S=1.6-1.4=0.2$mm，$t=0.4$mm）$S\ngtr t$，弯曲时对已切弯的方孔有一定影响，但考虑到该处变形不大，即使有些变形，也是允许的。

d. 制件尺寸精度（可控）。制件的尺寸精度要求不高，完全在可控范围内。

e. 加工难点。该制件外形尺寸小，不利于定位。上面的腰圆孔和切弯孔都很小，对凸模强度是个考验，此外凹模孔小而比较难加工，弯边离切弯孔边距太近，容易引起切弯孔边变形并对模具的压弯工位结构带来不利影响。还有弯曲 L 形时，有侧向力存在，易使制件偏移，制件质量的稳定性也难以保证。这些都是加工难点和对冲压不利的地方，需在工艺方案确定和模具结构设计中认真考虑并设法解决。

② 冲压工艺的确定　根据以上分析，在该制件的形状、尺寸、精度、材料均符合冲压工艺要求的前提下，有 3 种冲压工艺方案可供选择：

a. 采用 3 道工序 3 副单工序模进行生产。

工序分别为：①落料（根据制件展开落外形）→②外孔（外形定位，冲圆孔和腰圆孔并切弯）→③弯曲（弯成 90°L 形）。

难点：①制件如何正确定位；②压弯时坏件定位有方向要求；③弯曲时模具对切弯处的让位；④生产效率无法提高。

b. 采用 2 道工序 2 副模具即一副复合模（冲孔、切弯并落料复合）和一副弯曲模进行生产。

难点：①复合模凸凹模强度、耐用度差，即存在最小壁厚问题；②卸件困难；③压弯时坯件如何正确定位（方向、让位）。

c. 采用一副多工位级进模生产。

难点：①如何优化排样；②如何便于维修模具；③如何进一步提高生产效率；④压弯、切弯、模具强度、使用寿命如何合理设计。

综上所述，几个方案各有难点，但比较而言，采用一副级进模在一台压力机上生产，比较容易解决这些难点。为提高生产效率，可采用对排排样，冲一次出两件，同时克服压弯时侧向受力偏载问题，而且可以进行自动送料，不仅生产效率成倍提高，并且克服了单工序模小制件不好定位的问题，制件质量有保障，同时，劳动强度、制件成本大大降低，此外，模具结构方面可采用镶拼式，便于制造和维修、更换，有利于提高模具使用寿命，因此，采用级进模生产该制件，从经济和技术各方面来分析，都是最佳的选择。

(3) 排样设计

如图 3-208 所示为小型接线片的排样图。该排料料宽为 46mm，步距为 8mm 的对排排样，冲一次获得两个制件，采用自动送料初定位，导正销精定位定距，导料板＋浮动导料销、双侧载体＋中间载体合用的送料方式，生产效率高，冲压精度有保证。

该排样图的主要冲压顺序为冲孔→冲去制件外多余废料→切口弯曲→弯曲→切除分离制件间多余废料，冲一次获得两个制件。考虑到凹模采用镶拼结构，故空工位数较多。全部工位数为 17，一半多为空工位。这在步距不大，制件精度允许的情况下，有利于模具结构的设计。

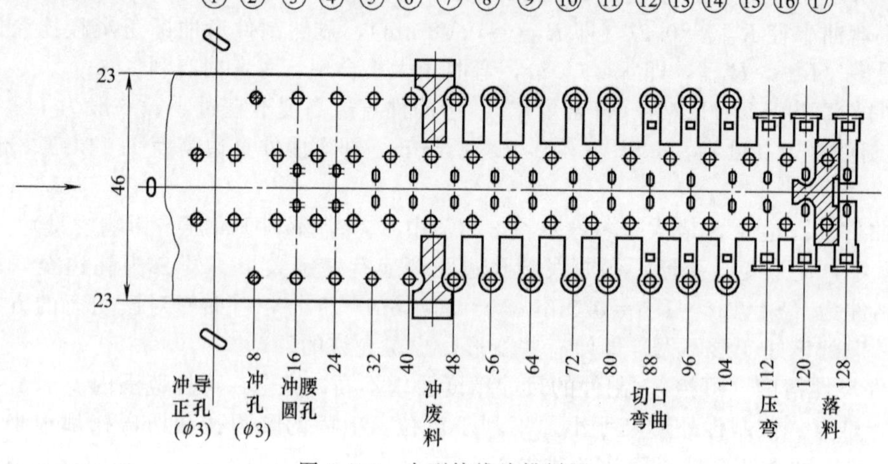

图 3-208　小型接线片排样图

(4) 模具结构设计

如图 3-209 所示为模具总装配图，这是一副由钢模架组成镶拼结构式的冲裁弯曲多工位级进模。其主要结构设计特点与要点介绍如下。

a. 整个模具采用 4 导柱滚动导向钢模架结构，上、下模座采用 45 钢并经调质处理，卸料板、固定板、凹模之间设有 4 对滑动小导柱导向，从而提高了模具的总体导向精度，保证凸、凹模之间相对位置和配合间隙均匀。

b. 为了提高模具加工质量，便于维修更换，变复杂内形加工为外形加工，凹模和卸料板的工作部分全部（凹模）或局部（卸料板）采用镶拼结构，所有镶件采用 Cr12MoV（早期批量不多时，可用 CrWMn 料，这样便于加工，成本也可以低些）。

c. 为配合冲裁弯曲级进模的正常工作，冲压过程中附在带料上的工序件必须浮离凹模平面一定高度才能实现自动送料，为此，根据排样图的设计，模具中的导料方式采用了导料板

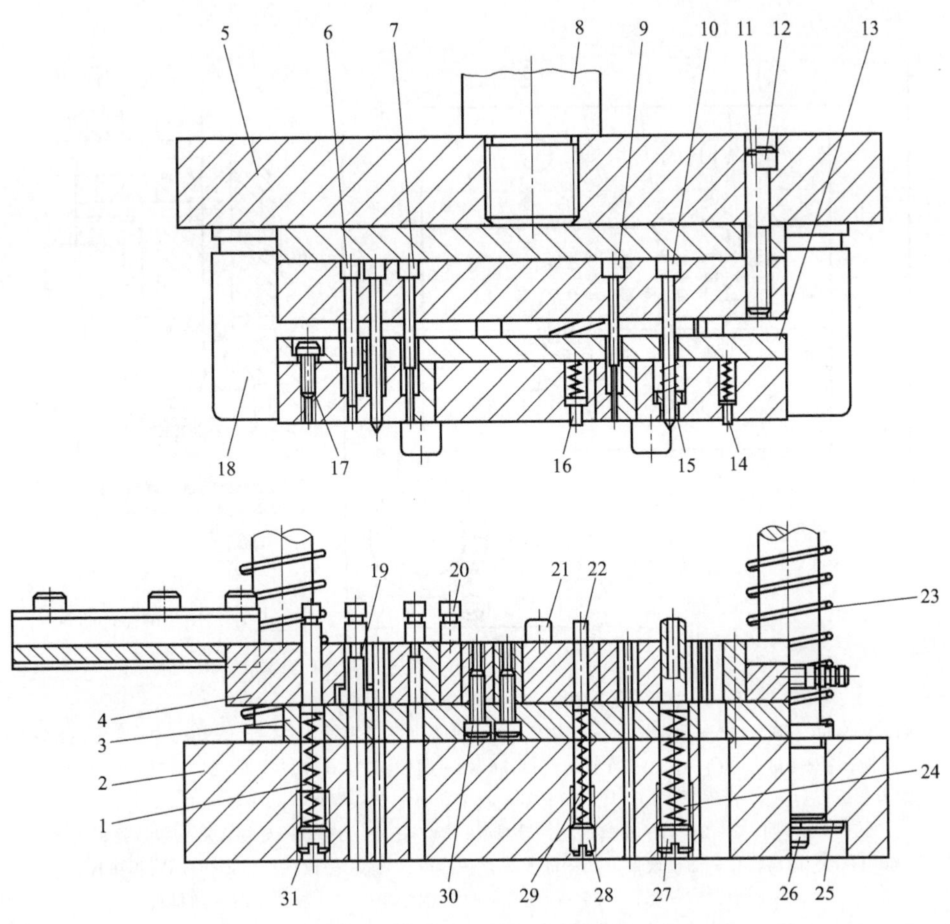

(a) 主视图(上模为开启状态)

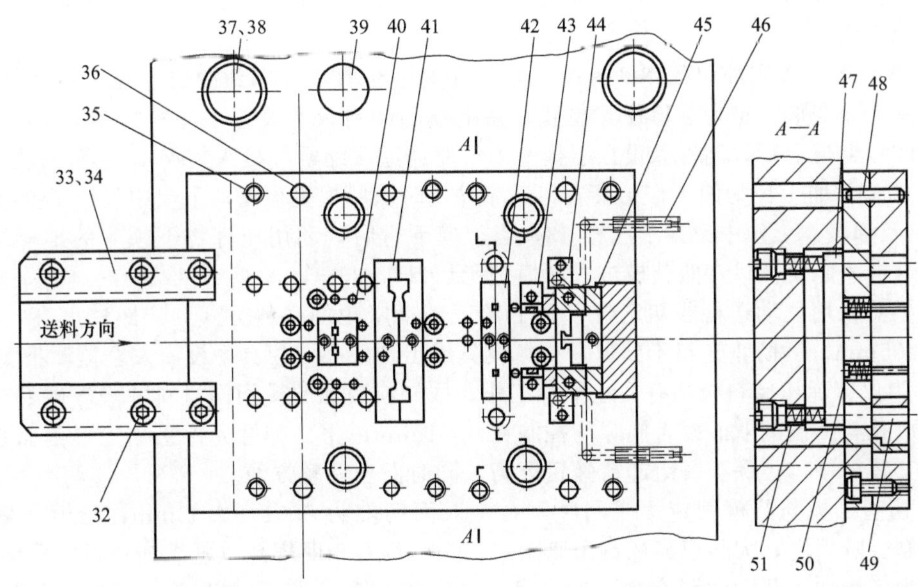

(b) 俯视图(下模座局部表示)

图 3-209

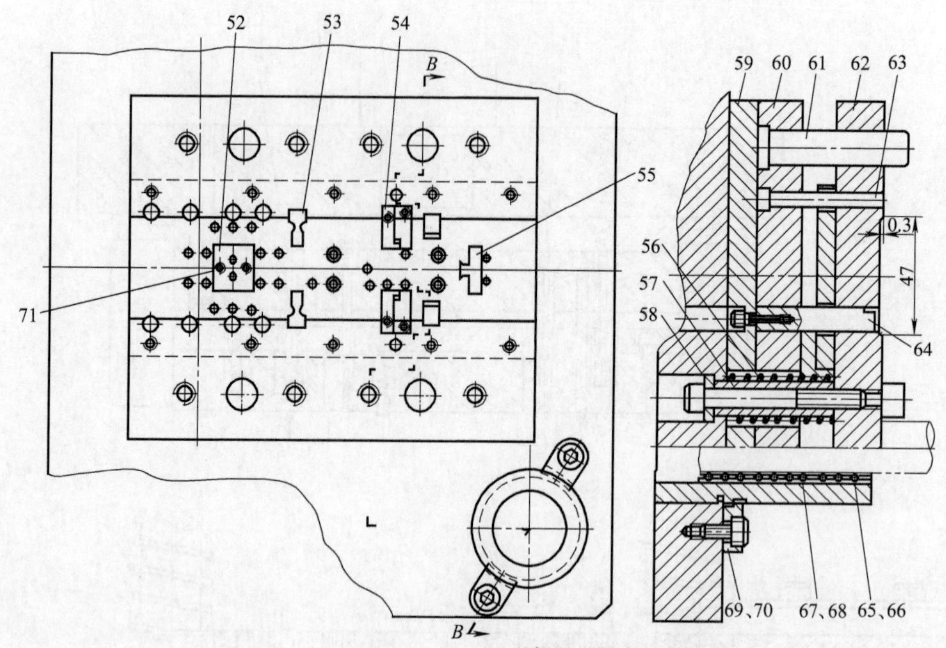

(c) 仰视图(上模座局部表示)

图 3-209 接线片模具总装图

1,23,24,29,51,56—弹簧；2—下模座；3—下垫板；4—凹模；5—上模座；6—冲孔凸模；7—冲腰圆孔凸模；8—模柄；9—切口弯曲凸模；10—导正销；11,36,48—圆柱销；12,17,26,30,32,35,70,71—螺钉；13—卸料垫板；14,16—压料杆；15—导销套；18—导套；19—凹模镶件；20—导料销；21,22—托料杆；25,58—垫圈；27,28,31—螺塞；33—导料板；34—托板；37,38—导柱；39—限位柱；40,41,42,43,44,45—凹模镶件；46—气嘴；47—推板；49,50—顶杆；52,54—卸料板镶板；53,55—凸模；57—套管；59—上垫板；60—固定板；61—导柱；62—卸料板；63—压杆；64—压弯凸模；65,66—钢球；67,68—保持圈；69—压块

33＋浮动导料销 20（分布在凹模送料中心线两侧共 8 件）＋托料杆 21、22 的结构形式。所有导料销与托料杆的导料线应在同一水平状态，导料槽大小深浅尺寸加工成一致，否则会阻碍送料，影响工作。

d. 落料工位采用冲切载体（搭边）兼制件侧边获取，考虑到冲切过程中不使落下的制件因单边受力而变形，也为了稳住其位置，在上模的卸料板上设置了压料杆 14、16。落料工位结束工作，上模上行，制件靠设在下模中的气路通道压缩空气接入气嘴 46 后定向吹走。

e. 切口弯曲工位为使工作结束后，工序件及时从凹模里顶出，下模中设计了推杆 50、49、推板 47 及弹簧。上模中设计了压杆 63，当上模下行时，利用压杆将下模中的推杆 49、50 先压下，这样才能使切口弯曲凸模进入凹模进行切口弯曲工作。

f. 模具采用气动送料器初定位，多个导正销精定距的送料方式，定距精度高，步距精度为±0.005mm。为防止送料不到位，损坏模具或出现废品，模具中设有安全监测报警装置。

g. 为保持弹压卸料板强有力地平稳工作，取卸料板和凹模相同材料并经淬硬处理制造外，其工作形孔与凸模的双面配合间隙均控制在 0.01mm 以下。弹性元件采用矩形截面强力弹簧，套管式安装结构，可保证每组卸料弹簧等高，同时安全调整方便。

h. 所有凸模与凸模固定板成间隙配合，双面间隙为 0.01～0.02mm，凸模在固定板里，小凸模靠台阶固定，大凸模靠螺钉吊紧固定。凸模相对于凹模孔位置靠卸料板形孔保证。

i. 为了增加小凸模的刚度和强度，尽量减小工作部分断面尺寸，故所有小凸模均采用阶梯状结构，台阶部分用圆弧合理过渡。

j. 凸、凹模之间双面冲裁间取 0.02mm。凹模采用高 3mm 直壁刃口，出料部分为斜度，这种凹模刃口强度好，尺寸不会改变。

k. 卸料板的压料面设有深 0.3mm、宽 47mm 的容料槽［见图 3-209 (c)］。这是为了防止带料首尾处于凹模一端时，会引起卸料板的倾斜而设计的。

l. 压力中心经计算，$Y_0=0$，$X_0=75$mm（距坐标 0-0 距离）。使用中，模柄中心应通过 X_0 为宜，否则模具将承受偏心载荷，会加快模具刃口磨损，严重时还会损坏压力机。

m. 本模具是在工厂现有的 350kN 精密压力机上进行生产的，模具闭合高度 165mm。

3.7.4 25 工位导电片冲裁、压包、多向弯曲级进模

(1) 制件成形工艺分析

导电片由料厚 0.1mm 铍青铜制成，它是一个有多向弯曲成形，又有冲孔、切弯、压包的小零件，如图 3-210 所示，月需量 100 多万件，毛刺高度<0.03mm。

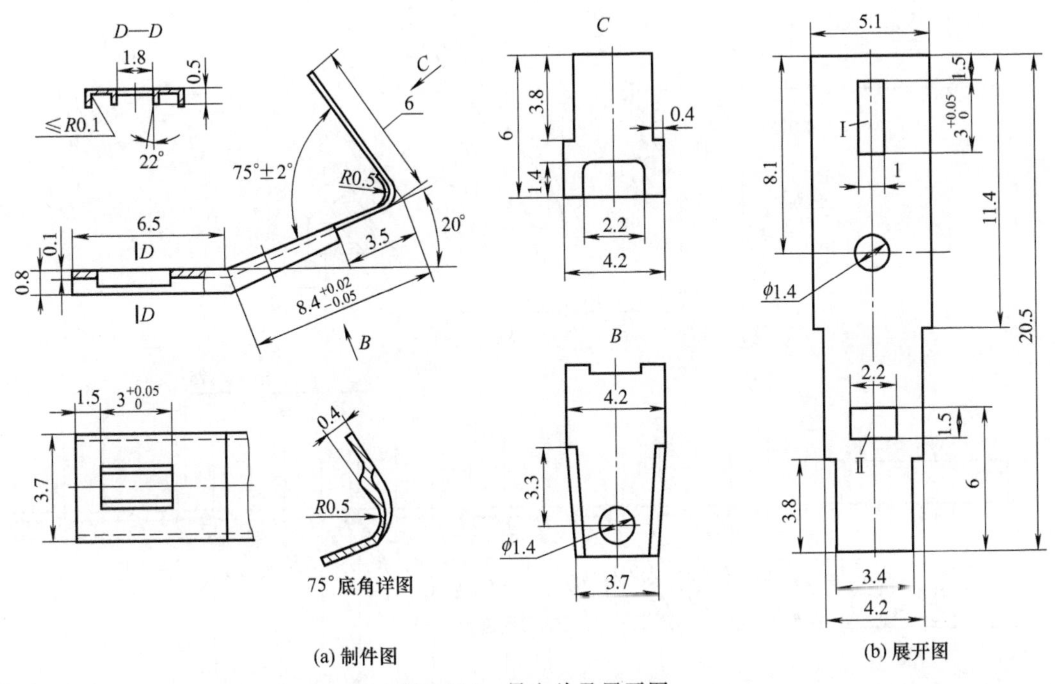

图 3-210 导电片及展开图

材料特别薄，形状小而复杂，产量大是该零件的特点，它给模具结构设计与冲压生产提出了特殊要求。若采用单工序多副模具生产比较麻烦，质量很难保证，很不经济，所以不可取。采用级进模生产具有一定的可行性，产量也可以上去，但弯曲 R 处易出现裂纹，回弹大，模具结构和制作都较困难。

在结构方面，主要解决薄料的送进（尤其是单侧送进）、定距方法及精度保证，还有多向弯曲成形的完成方式等。经过试制，最后确定了采用复式导向模架、浮动式自动送料、侧刃加导正销双重定距，冲裁、弯曲成形、切断多工位级进模成形该零件，在进口的 350kN 压力机上进行冲压。

(2) 排样

本制件的排样（见图 3-211）设有 25 个工位，考虑到制件的结构特点，采用斜排、侧刃初定位，多个导正销精定位。各工位的安排如下：

工位①为侧刃冲裁（作初定位，步距为 10mm）；工位②、③、⑦、⑨、⑩、⑫、⑭、⑯、

⑰、⑲、㉑为空工位（考虑到凹模有镶件不能影响强度和为压弯工位留出必要的空间而设置）；工位④为冲两个 ϕ1.52mm 孔（此为导正孔，分布在带料的两边载件上）；工位⑤为冲 ϕ1.4mm 小孔；工位⑥冲长方孔 3mm×1mm［见图 3-210（b）中Ⅰ］和压包 1.5mm×2.2mm×0.3mm（见图 3-210 中 75°角度底部的预成形）；工位⑧冲异形孔（制件展开后的外形废料，为后面成形作准备）；工位⑪切弯中心孔（在第⑥工位预冲孔 3mm×1mm 的基础上切弯成图3-210中 D—D 剖面所示形状及尺寸）；工位⑬压弯两边（保证 0.8mm 两边一致）；工位⑮单边切断（将制件长度方向一头切断分开，从此开始送料由双侧导向变成单侧导向）；工位⑱弯成 90°（制件长度方向一端 6mm 长先弯成 90°）；工位⑳弯成 20°（除去已弯成 90°的一段，将制件长度方向 8.4mm 一段弯成 20°）；工位㉒为整形（通过整形使制件符合 75°和 20°角的要求）；工位㉓、㉔为空工位；工位㉕落料（通过单侧切断，使制件从凹模孔中落下）。

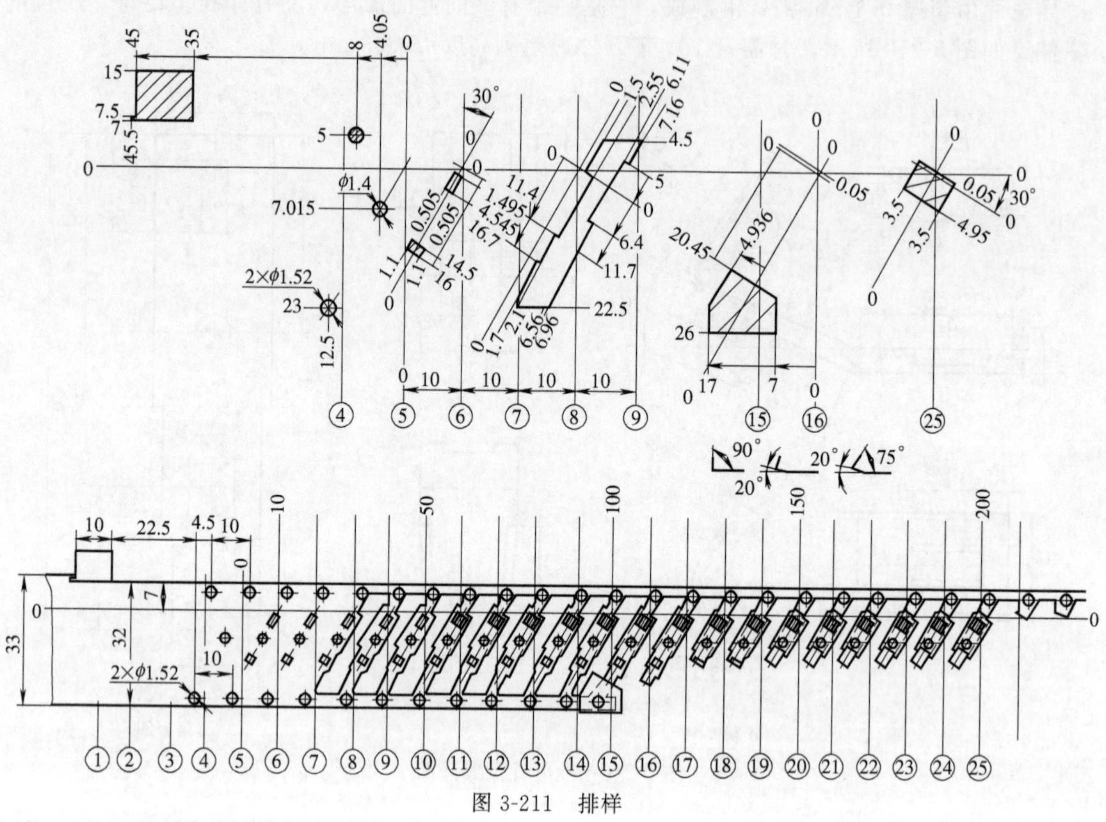

图 3-211　排样

(3) 模具结构与主要特点

图 3-212 为模具结构。主要设计特点如下。

① 模具采用四导柱滚动导向精密模架，上下模座采用加厚的 45 钢板经调质处理，平行度<0.02mm，四导柱的中心距误差<5μm。

② 固定板采用 CrWMn 钢制作，卸料板和凹模采用 Cr12MoV 钢制作，经热处理淬硬，垫板加厚并淬硬。

③ 送料由压力机上装有气动送料器自动送进，步距由模具上的侧刃作初定位，多个导正销作精定位，保证最终的定位精度，导正销间中心距为 10mm±0.002mm。

④ 侧刃 9 的形状看似简单，但与常规的不同。其主要特点是保证冲裁后带料的侧面不会因侧刃的 90°角磨损而使带料的侧面出现尖角毛刺等缺陷，不会影响正常的浮动送料。

⑤ 考虑到和载体连在一起的成形部分连同带料的正常送进，必须将带料浮离凹模表面，

本模具采用了多个浮动抬料杆（图 3-212 中件 4）和多个导料杆（图 3-212 中件 3），其结构详见图 3-213。导料杆的下部有弹簧，自由状态下导料杆总是被弹顶露出凹模平面，顶出高度 A 见图 3-213（a），对整副模具来说，所有导料杆要求做到高度一致。顶出力大小通过螺塞调节。利用导料杆的槽使被冲的料获得导向和顶出两个作用。图 3-213（c）卸料板的沉孔 h_1 太浅，由于导料杆 k 处的作用将边料向下弯曲，严重时会将边料切断；图 3-213（d）卸料板的沉孔太深，由于导料杆 j 处的作用将边料向上顶而变形。合理的卸料板沉孔深如图 3-213（b）所示，$h_1 < C + h + t$（t 为被冲料厚）。

由于带料太薄，特别是在单侧导向送料过程中，很容易出现挠度变形，影响送料通畅［条料宽 B，导料槽宽 B_1，见图 3-213（a）］，所以导料杆的导料槽槽宽 C 不能设计得太宽（本模具最初时取 C=1mm，后改成 0.5mm），而且要求槽宽、槽深形状尺寸加工后一致性要非常好，槽底做到清角或 $R \leqslant 0.05$mm。

⑥ 模具的所有冲裁与成形部分均采用镶拼结构，当刃口磨损或需更换时，只需拆下镶块局部而不用拆整副模具，对模具的调整维修较方便。

⑦ 凹模刃口及漏料孔采用双斜度结构，如图 3-214 所示。这种结构的凹模强度好，又便于废料下落。

⑧ 凸模与固定板采用间隙约 0.05～0.15mm 配合，并用螺钉与垫板 10 固定。凸模与凹模的相对位置主要靠卸料板的精确位置保证。凸模与卸料板之间双面间隙≤0.01mm。

⑨ 除模架有导向装置外，凸模固定板、卸料板和凹模之间又设置 4 个导柱滑动导向，使模具处在复式导向下工作，总体上提高了模具的导向精度和相对位置精度。

⑩ 模具设有安全检测装置，防止因误送等意外故障而损坏模具。

3.7.5 带自动攻螺纹连接支架多工位级进模

(1) 制件工艺分析与排样

如图 3-215 所示为某电视机固定连接支架，材料 08F，料厚 1.6mm，外形近似“Z”形弯曲件，长宽高为 31mm×21mm×13.6mm，平面部分有 2 个 ϕ4mm 小孔，另一侧有一个 M6×0.75 深 8.4mm 螺纹盲孔，外形周边有缺口，所有尺寸精度要求不高，均为未注公差，可按 GB/T 1505—1994 C 级精度验收，但要求弯曲后上下两平面应保持平行，平行度在尺寸公差允许范围内。

螺纹盲孔的加工是个难点。根据制件特点可以将该部分先冲压拉深成不带螺纹的圆筒坯，再用单独工序将螺纹加工成；另一个方案是攻螺纹工序在同一副模具上完成，这样模具结构要复杂一些。

根据对制件的形状和冲压工艺分析，要加工成该制件需要进行冲裁、拉深、攻螺纹和弯曲等工序，为提高生产效率，采用多工位级进模，所有冲压工序经合理分解与组合集中在一副模具上实现自动化生产的可行性是存在的。其中 M6 螺孔在模具中实现自动冲压是重点要解决的加工难点，在工艺上应安排该处先拉深成一定直径和高度的空心圆筒，然后进行自动攻螺纹；拉深部分需拉几次，内径应加工成多大才合适，自动攻螺纹机构怎么设计，这些都需要合理设计。

根据实践经验与摸索，得知要满足该制件 M6 的螺牙，需采用挤压攻螺纹技术，则在攻螺纹前螺纹底孔拉深成的内径应控制在 ϕ5.65mm±0.02mm（钢件上正常的 M6×0.75 螺孔的钻孔底孔直径为 ϕ5.2mm）之内，才能达到和适应自动化生产要求。如果挤压攻螺纹前拉深内径偏大，会造成螺牙不饱满；反之内径偏小，则容易造成挤压丝锥折断，无法正常生产。此外，螺孔坯体部分的拉深工艺要设计合理，在不被拉破的情况下，保持每次材料变形量分配恰当。首次拉深凸模端部可做成球形，以后逐步变化，圆角慢慢变小，同时引入整形工序，以求外形符合形状要求。

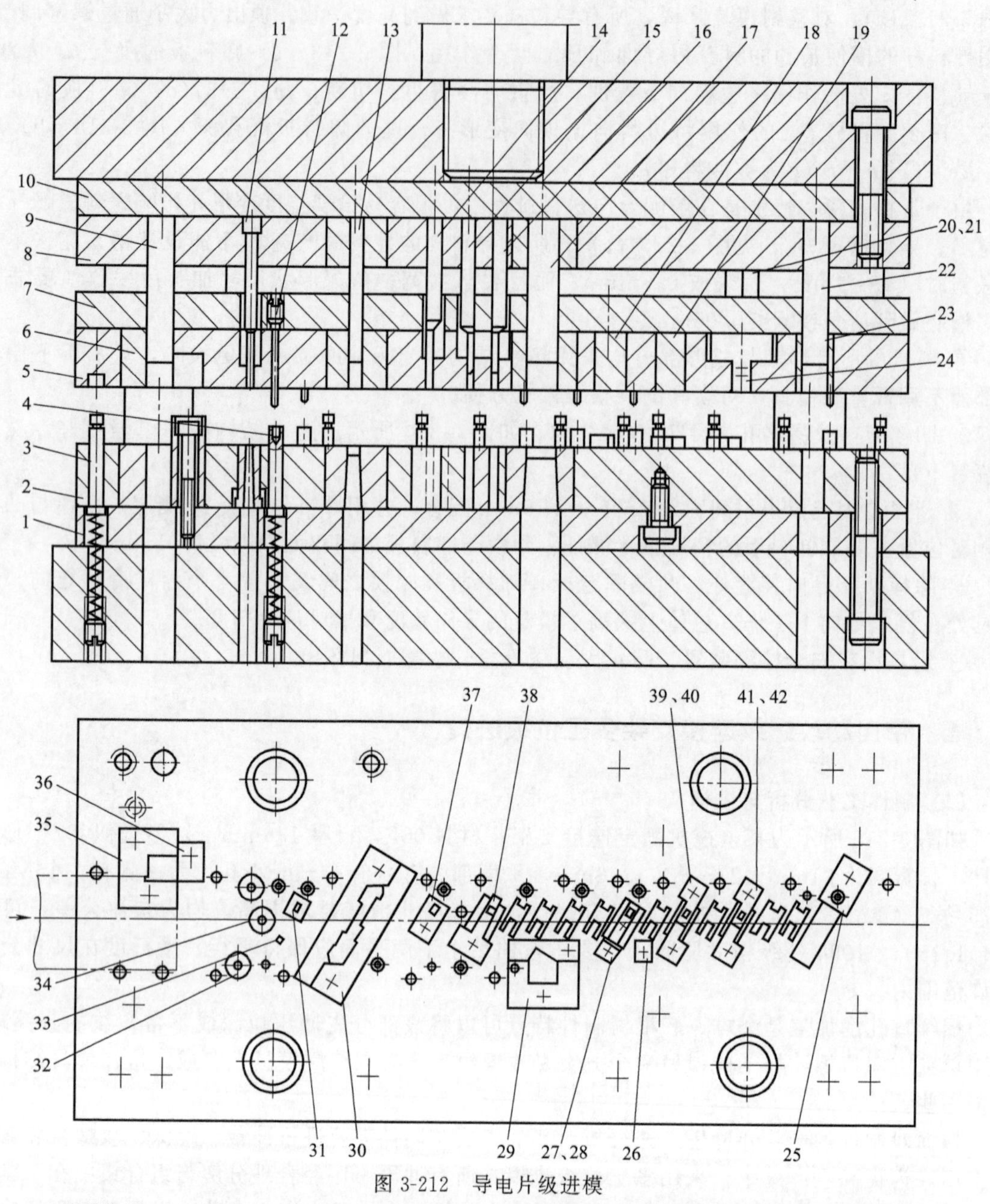

图 3-212 导电片级进模

1—凹模垫板；2—凹模；3—导料杆；4—浮动抬料杆；5—卸料板；6—卸料板侧刃孔镶块；7—卸料板垫板；8—凸模固定板；9—侧刃；10—垫板；11—凸模；12—导正销；13～17—凸模；18,19—压弯凸模；20—斜楔；21—终成形凸模；22—切断落料凸模；23—镶块；24—成形滑块；25—落料凹模镶块；26—限位镶块；27,28—压弯凹模镶件；29—单边切断凹模镶块；30～34,37～39—凹模镶件；35—凹模侧刃孔镶件；36—侧刃挡板；40～42—弯曲镶块

实现模具内自动攻螺纹技术方案，目前国内已有模内攻牙机专业生产厂或代理商。如广东东莞市森川机械工具有限公司引进德国技术，生产的科尔诺森牌模内攻牙机有：单/多孔机型系列、水平机型系列、组合机型系列、NC 机型系列等，可满足上下水平攻牙方向的生产要求。模内自动攻螺纹技术方案的出现，为多工位级进模实现模内自动攻螺纹提供了技术支撑和

保证。有关模内攻牙机型号、规格见附录。

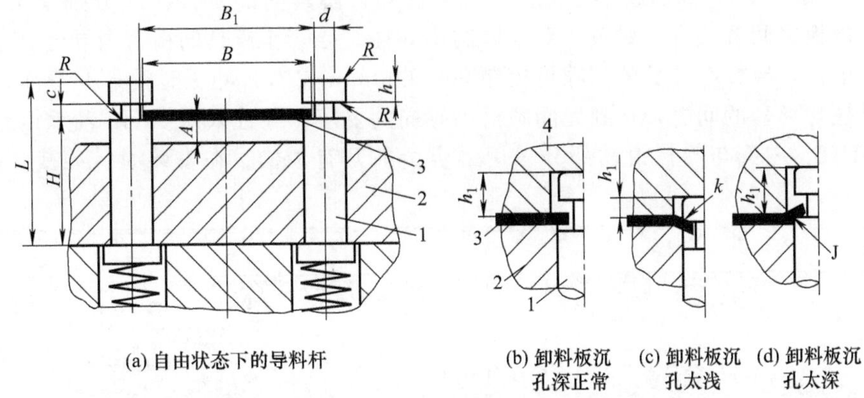

图 3-213 导料杆及其头部与卸料板沉孔深度之间关系

1—导料杆；2—凹模；3—带料；4—卸料板

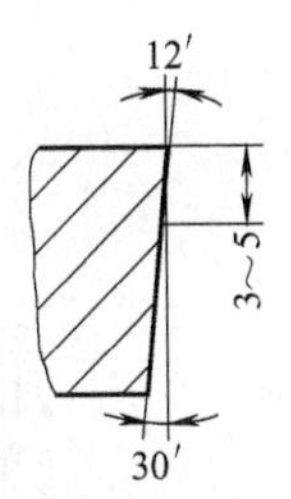

图 3-214 凹模刃口

连接支架排样如图 3-216 所示，采用双侧载体，自动送料初定距，导正销精定位，拉深、弯曲部位外侧切口、切除废料留制件一出二的方式送料冲压，冲压力较平衡，生产率较高。排样图料宽 121mm，步距 43mm，设 22 个工位。其中大部分是螺孔坯体的拉深。各工位具体内容为：工位①冲两侧导正销孔和冲切废料；工位②、③为冲切废料；工位④为螺孔部位首次拉深；工位⑤空位；工位⑥～⑩再拉深；工位⑪整形；工位⑫、⑭空位；工位⑬攻螺纹；工位⑮冲切废料；工位⑯冲孔；工位⑰、⑳、㉑冲切废料；工位⑱ 45°弯曲；工位⑲90°弯曲；工位㉒冲切载体分离制件。

(2) 模具结构与特点

连接支架多工位级进模结构如图 3-217 所示，其特点如下。

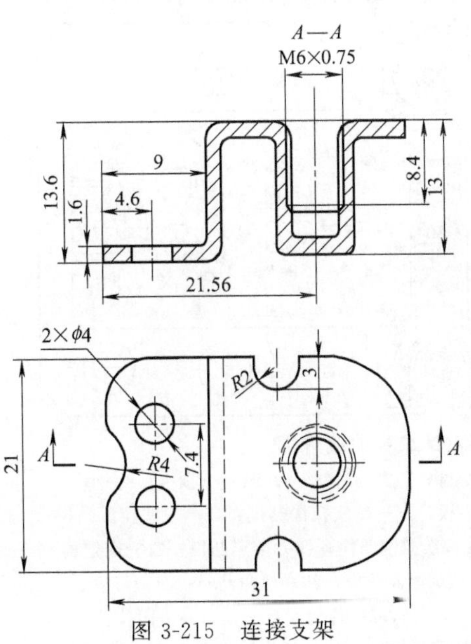

图 3-215 连接支架

① 采用滚动式自动送料机构传送各工位之间的冲裁、拉深、攻螺纹及弯曲等工作，用浮动顶料销导料、顶杆及顶块抬料，利用切断凸模将已成形好的零件从条料上切断，使分离后的制件左侧尾部下装有弹力小的浮料块向上顶，制件沿着下模板铣出的斜坡滑下。

② 采用刚性好、精度高的级进模通用模架。以确保上下模对准精度，该模具采用 4 个精密滚珠钢球导柱；为保证卸料板与各凸模之间的间隙，在卸料板及下模板上设计了小导套，从而大大增加模具的使用寿命。该模具由 4 大模块组成，即冲裁、拉深模块Ⅰ，单独拉深模块Ⅱ，攻螺纹模块Ⅲ，弯曲及载体与制件分离模块Ⅳ。

③ 攻螺纹模块工作过程是在压力机滑块下行时，通过装在上模座的蜗杆带动攻螺纹模块中的蜗轮旋转，使模具的上、下运动转换为攻螺纹模块中丝锥夹头的旋转运动，从而实现攻螺纹功能。当模具碰到异常时，蜗轮旋转部分自动分离，攻螺纹模块中丝锥夹头停止旋转运动，这样能很好的

起到保护丝锥作用。如图 3-218 所示为工作原理示意图。

④ 该模具除了上、下模座采用滚动导向装置外，模具内部 4 大模块分别在上模固定板、卸料板、凹模板之间各装有 4 对及 2 对不同的小导柱、导套作模具的精密内导向。小导柱与小导套采用标准件，导柱与导套的间隙可控制在 0.005mm 左右，冲压时输入润滑油，产生的油膜填充了导柱与导套的间隙，达到无间隙滑动导向的要求。导柱采用 SUJ2 轴承钢制造。导套外层采用 SUJ2，内部与导柱滑动部分采用铜合金并开有油槽。在安装时，冲裁、拉深模块、

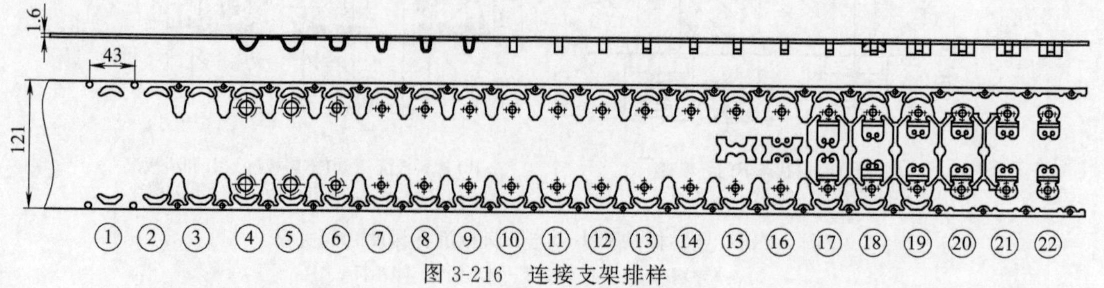

图 3-216　连接支架排样

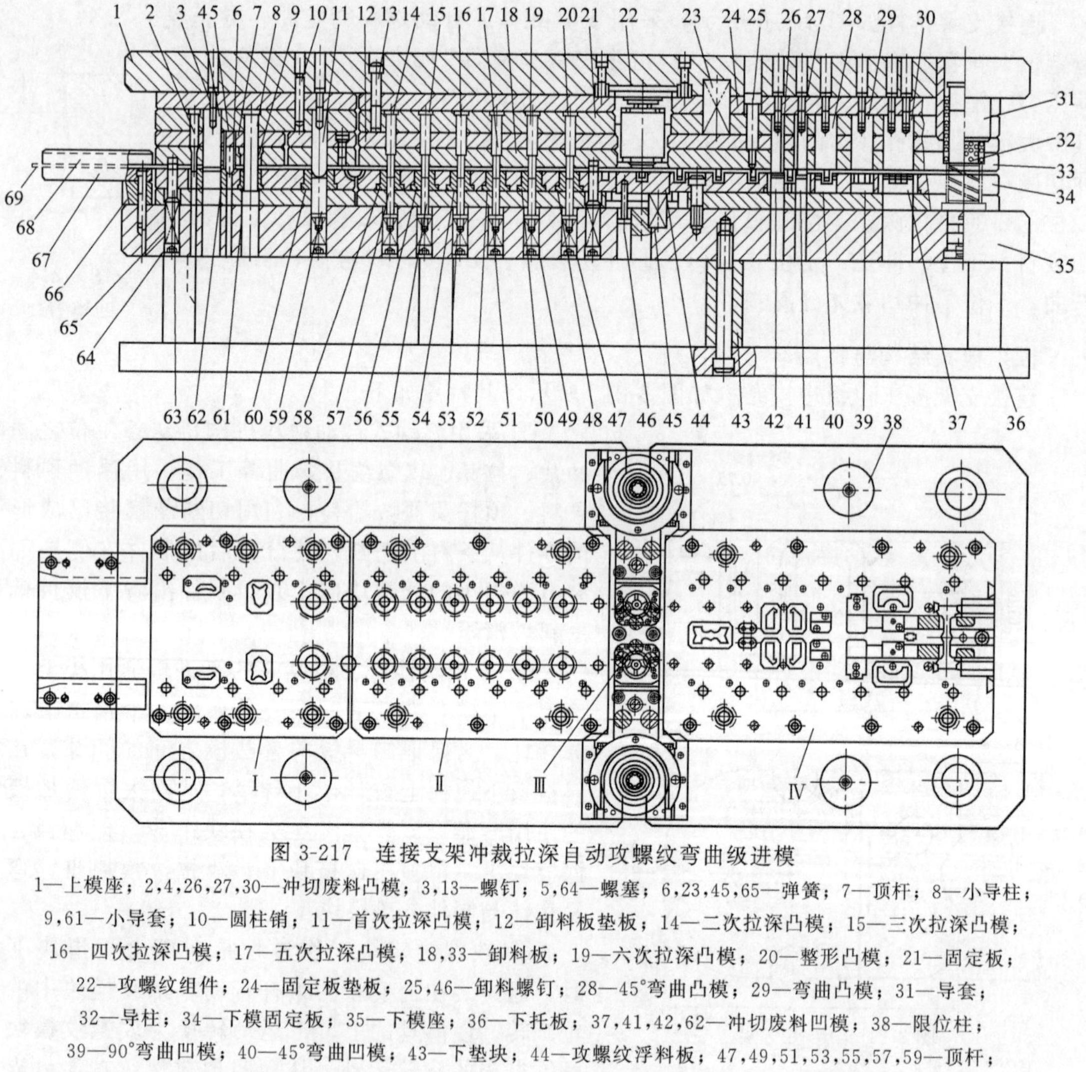

图 3-217　连接支架冲裁拉深自动攻螺纹弯曲级进模

1—上模座；2,4,26,27,30—冲切废料凸模；3,13—螺钉；5,64—螺塞；6,23,45,65—弹簧；7—顶杆；8—小导柱；9,61—小导套；10—圆柱销；11—首次拉深凸模；12—卸料板垫板；14—二次拉深凸模；15—三次拉深凸模；16—四次拉深凸模；17—五次拉深凸模；18,33—卸料板；19—六次拉深凸模；20—整形凸模；21—固定板；22—攻螺纹组件；24—固定板垫板；25,46—卸料螺钉；28—45°弯曲凸模；29—弯曲凸模；31—导套；32—导柱；34—下模固定板；35—下模座；36—下托板；37,41,42,62—冲切废料凹模；38—限位柱；39—90°弯曲凹模；40—45°弯曲凹模；43—下垫块；44—攻螺纹浮料板；47,49,51,53,55,57,59—顶杆；48—整形凹模；50—六次拉深凹模；52—五次拉深凹模；54—四次拉深凹模；56—三次拉深凹模；58—二次拉深凹模；60—首次拉深凹模；63—浮动顶料销；66—承料板垫板；67—承料板；68—导料板；69—条料

单独拉深模块，弯曲及载体与制件分离模块的小导柱固定于上模固定板上，攻螺纹模块的小导柱固定于凹模垫板上。

⑤ 合理安排导正销位置与数量十分重要。条料在攻螺纹模块攻螺纹时窜动尤为厉害，因而在政螺纹模块前后两端各设两个导正销，且该导正销一定要在攻螺纹丝锥接触条料之前进入导正孔，这样才能保证攻螺纹顺利进行。考虑到制件弯曲后送料容易造成变形，在弯曲区及切断前各增加了两个导正销。

⑥ 固定按板、卸料垫板及下模垫板在冲压过程中直接与凸模、卸料板镶件及凹模接触，不断受到冲击载荷的作用，对其变形程度要严格限制，否则工作时就会造成凸、凹模等不稳定。故选用Cr12钢，热处理硬度为53～55HRC，这种材料退有很高的抗冲击韧性，符合使用要求。

⑦ 卸料装置采用弹压卸料，它具有压紧、导向、成形保护及卸料的作用。材料选用冷作模具钢SKD11，热处理硬度为58～60HRC。卸料板与凸模单边间隙为0.01～0.02mm。因级进模卸料力较大，冲压力不平衡，故采用矩形重载荷弹簧，弹簧放置对称、均衡。

⑧ 该模具下模固定板采用镶拼式结构，既保证了各型孔加工精度，也保证了模具的强度要求，采用模具钢SKD11制作，热处理硬度为58～60HRC。

⑨ 凹模镶件设计。冲裁、弯曲凹模镶件材料采用冷作模具钢SKH-9，其热处理硬度为60～62HRC，拉深凹模采用硬质合金（YG15）来制造。

⑩ 凸模设计。首先考虑其工艺性要好，制造容易，磨刃修整方便。冲裁圆孔及拉深所使用的凸模按整体式设计，为改善其强度，在中间增加过渡阶梯，大端部分台阶用于固定。对于截面较大但形状复杂的凸模，采用直通式设计，以便于线切割加工。此模具凸模与固定板的配合采用小间隙浮动配合，凸模与固定板单面间隙为0.015mm，而其工作部分与卸料板精密配合，单面间隙小于0.01mm，凸模通过卸料板后，能顺利进入凹模，且间隙均匀。这种结构反而提高了凸模的垂直精度，同时卸料板对凸模还起到了保护作用，并使凸模装配简易，维修和调换易损备件更加方便。

3.7.6 小型管壳整带料自动送料连续拉深模

(1) 制件与工序安排

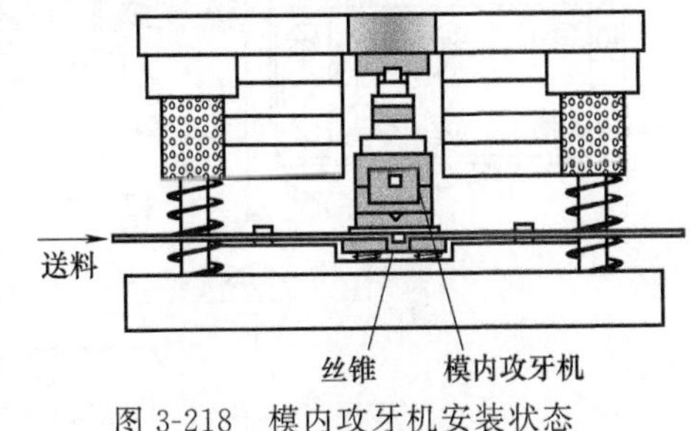

图3-218 模内攻牙机安装状态与工作原理示意图

如图3-219（a）所示为半导体器件中的管壳，外形为一带凸缘的空心小型件，形如带边帽子，底部有一个$\phi 3.2_{-0.05}^{\ 0}$mm孔，内外形尺寸精度要求较高。材料为铁镍钴合金（4J29），料厚0.4mm，生产批量大，采用整带料级进模连续自动冲压生产。根据面积相等法公式计算后的毛坯直径取$D=10.5$mm，步距$A=10$mm，料宽$B=12$mm。制件从料送入模具到出成品，经过7个工位连续拉深、2次整形、1个工位为冲孔、3个空工位、最后为落料，共14个工位，详见排样与工序图3-219（b），相关参数见表3-50。

(2) 模具结构与主要特点［图3-219（c）］

① 拉深凹模全部采用YG20硬质合金材料做成圆形件，嵌入到凹模固定板24中成H7/r6配合。每个凹模孔内装有顶杆21，顶料力通过弹簧27调节螺塞26获得大小。

② 拉深凸模9、10做成活动的。带料经第①步拉深后，在第②步拉深前利用第②步活动凸模对材料定位，使其在拉深过程中不会移动。活动凸模在第④步拉深前主要也是起定位作用。整形凸模8与凸模固定板7采用H7/h6配合，并用螺钉22顶住，当凸模磨损后修理时，

能迅速拆下。

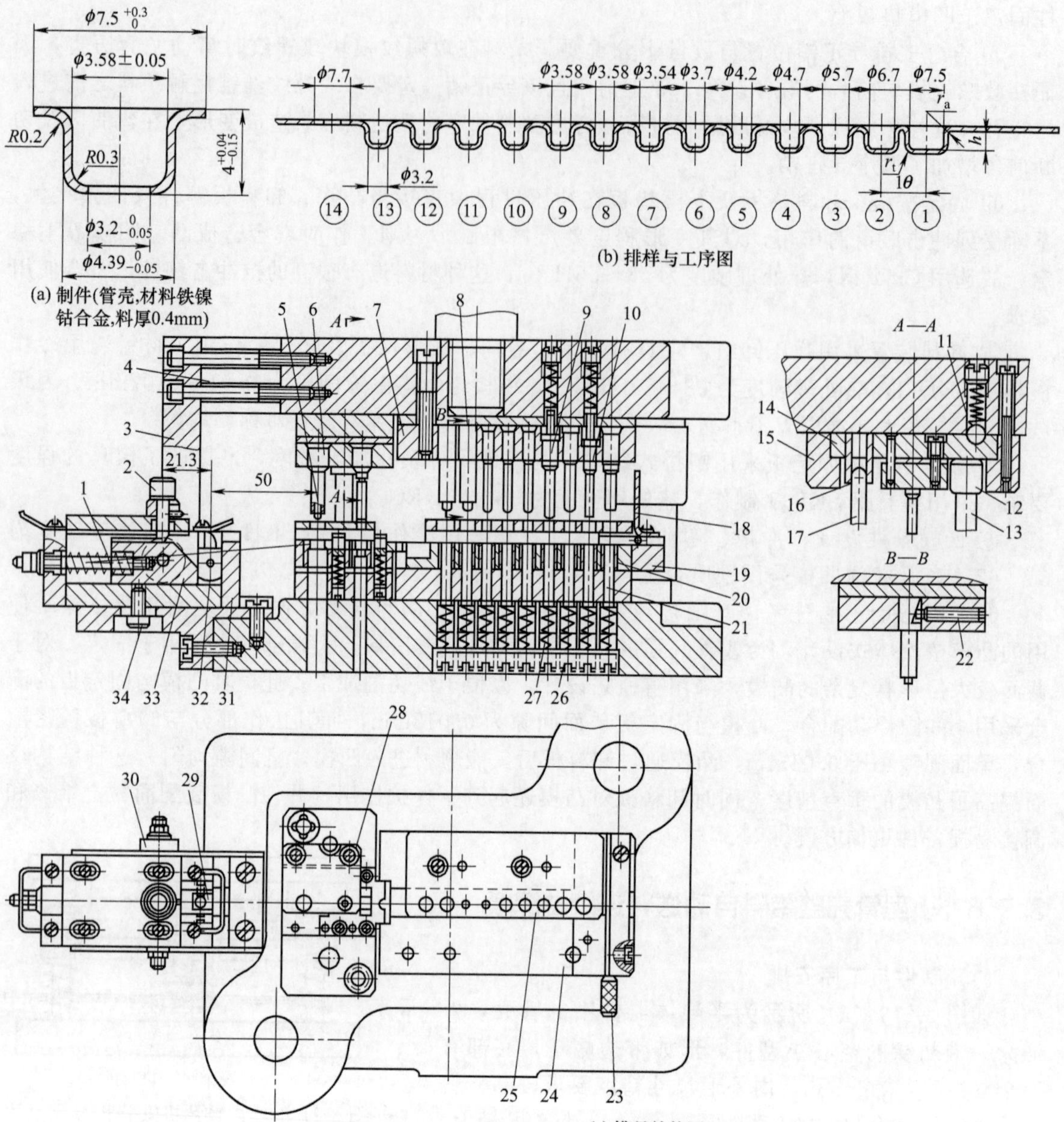

(a) 制件(管壳,材料铁镍钴合金,料厚0.4mm)

(b) 排样与工序图

(c) 模具结构图

图 3-219　管壳整带料自动送料连续拉深模

1,27—弹簧；2,29—挡料钉；3—斜楔；4—垫块；5—导正销；6,8～10—凸模；7—凸模固定板；11—钢球；12,16—导套；13,17—导柱；14—上模座；15—支持块；18—安全板；19—导料板；20—凹模；21—顶杆；22,34—螺钉；23—定位轴；24—固定板；25,28—卸料板；26—螺塞；30—滚轮（轴承）；31—前挡板；32—轴；33—滑块

表 3-50　管壳连续拉深各工位工序性质及有关参数

mm

工位	①	②	③	④	⑤	⑥	⑦	⑧	⑨	⑩	⑪	⑫	⑬	⑭
工序性质	拉深	拉深	拉深	拉深	拉深	拉深	拉深	整形	整形	空位	空位	冲孔	空位	落料
拉深内径 d	7.5	6.7	5.7	4.7	4.2	3.7	3.54	3.58	3.58					
拉深系数 m	0.71	0.89	0.85	0.82	0.89	0.88	0.96							
拉深度度 h	3.3	3.8	4.2	4.4	4.6	4.8	4.9	4.2	4.2					
凸模圆角半径 r_t	2	1.5	1.2	1	0.8	0.6	0.4	0.3	0.3					
凹模圆角半径 r_a	1.5	1.2	1	0.8	0.6	0.4	0.4	0.2	0.2					

注：工位②原为空工位，后改为拉深工位，因此出现拉深系数的变化不是很有规律。

③ 由于冲孔、落料工步修模次数比拉深多，因此单独做成一副小模具（子模具），分别固定在上、下模部分，并且通过导柱 13、17 和导套 12、16 导向。为了使上模部分拆卸后安装位置保证正确，采用了两个钢球 11 定位。装配时只要将上模部分往对应的两块支持块 15 内推入，钢球卡入上模座 14 的凹圆坑内即能固定。

④ 为了保证孔与制件外形同轴，落料凸模 6 上装有导正销 5。

⑤ 模具采用固定卸料板 25、28，并装有安全板 18。

⑥ 送料时，带料通过导料板 19 并沿着定位轴 23 的底部自右往左送进。一开始由人工慢慢对准，一步一步地往前冲，冲完第⑨步空跳两步，第⑫步冲底孔，第⑬步空位，第⑭步即最后一步为落料。由人工将带料继续往前送，并且再一步一步冲几次后，当带料上的废料孔（ϕ7.7mm）能够进入自动送料装置上的挡料钉 2、29 时，即可通过斜楔 3 的斜面作用在滚轮 30 上，推动滑块 33 往左滑动一定距离，此时与滑块连在一起的挡料钉 29 带着带料一起往左拉，而活动挡料钉 2 在废料（指已落完件尚带有搭边的载体）上忽上（挡料钉 2 的顶端在废料搭边上）、忽下（挡料钉 2 的下端落在滑块 33 平面上）。当滑块 33 停止运动时，活动挡料钉 2 正好落入带料的废料孔中，此时上模回升，斜楔 3 跟着上行，滑块 33 即在弹簧 1 的作用下退回原处。与此同时，挡料钉 29 绕轴 32 回转让开废料，直到挡料钉与前挡板 31 接触恢复原位为止，这时的挡料钉 2、29 又都进入后面的废料孔内。如此循环往复，实现自动送料。

与斜楔接触的滚轮 30，可选用普通滚动轴承。滑块与斜楔之间相对位置可以通过螺钉 34 调节，必要时也可以改变垫块 4 的厚度。

3.7.7　端盖冲裁、拉深、成形多工位级进模

如图 3-220 所示为端盖冲裁、拉深、冲孔、翻边、压印、落料多工位级进模。

(1) 制件与排样图

制件端盖［图 3-220 (a)］为微电动机中的一个零件，材料为 SECC-SV，塑性相当于 10 钢板。实践证明，其塑性条件完全适合于连续拉深而中间工序不用退火处理。

如图 3-220 (b) 所示，排样采用以自动送料机构送进为粗定位，以拉深凸模为各拉深工序间的定距尺寸。

排样图中共 8 个工位，工位①冲工艺切口；工位②第一次拉深；工位③第二次拉深；工位④整形；工位⑤冲 4 个小孔及冲翻边预孔；工位⑥翻边；工位⑦标记压印；工位⑧冲件外形落料。

(2) 模具结构

模具总装结构如图 3-220 (c) 所示，该模具的冲压工序主要由冲裁和拉深两大部分组成。各凸模的导向精度由卸料板的导向精度来保证，为此除模架导柱外，卸料板与凸模固定板之间还必须设置辅助内导柱，并分别在卸料板与凹模内都设置了内导套 14、15，以保证导向精度和连续平稳的冲压。拉深级进冲模中，凸模兼具了对带料导向定位的作用，因而一般情况下，不再设置导正钉，因卸料力适宜，故采用了 12 个圆形截面弹簧 18 对称设置在上模部分。

因端盖冲件为浅拉深件，卸料板 44 采用了整体的结构形式，冲孔工位单独采用了兼具保护凸模作用的活动导向卸料套 43，在上模的翻边凹模 10 内设置了卸料弹顶杆 11 以防止翻边后黏附在翻边凹模内。

各冲裁、冲孔、翻边、拉深等工序的小凹模均以独立凹模的形式植入大凹模 41 内。

送料的进料口，初始工位段两侧对称设置了一小段侧面导板，以保证材料的初始导向，在其后的拉深、整形及其他冲压区中，带料两侧各设置了一排带导向槽的浮顶导料柱 23，带料由导料柱导向送进。在上、下模座的对应位置安装了限位柱，保证了对模的方便。

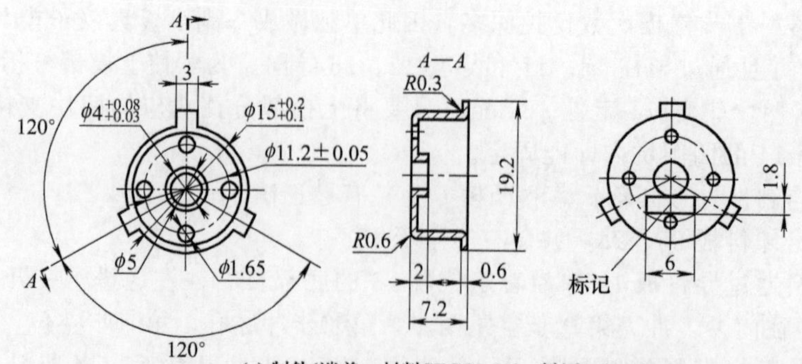

(a) 制件(端盖，材料SECC-SV，料厚0.6mm)

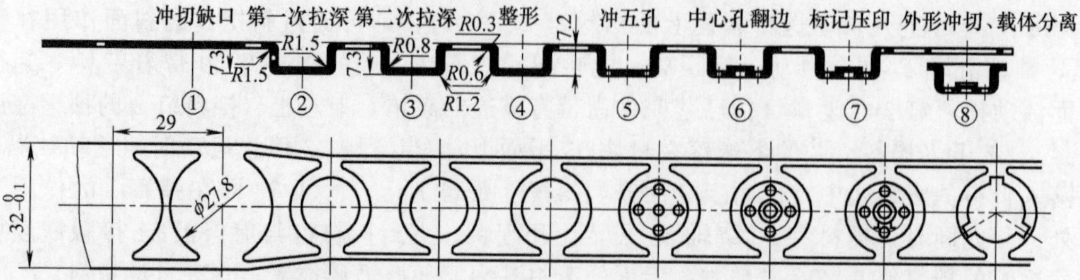

冲切缺口 第一次拉深 第二次拉深 整形 冲五孔 中心孔翻边 标记压印 外形冲切、载体分离

(b) 排样图

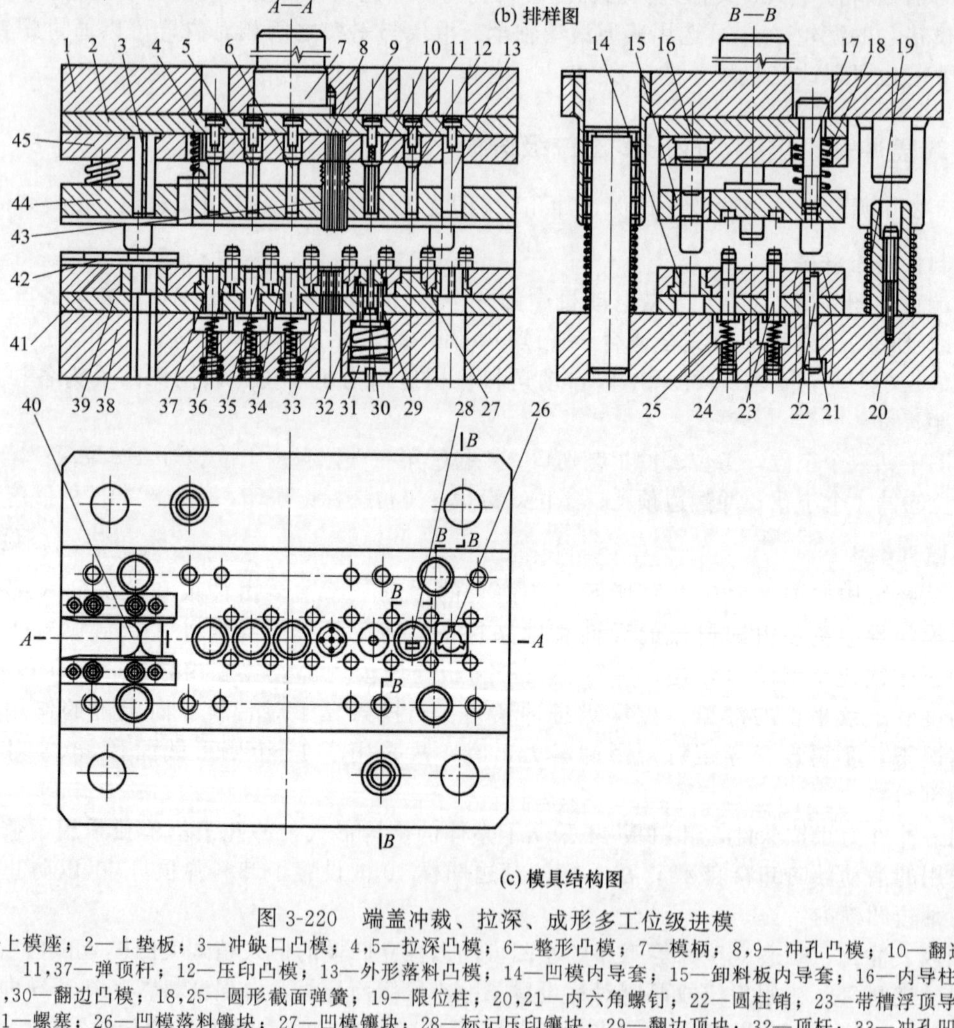

(c) 模具结构图

图 3-220 端盖冲裁、拉深、成形多工位级进模

1—上模座；2—上垫板；3—冲缺口凸模；4,5—拉深凸模；6—整形凸模；7—模柄；8,9—冲孔凸模；10—翻边凹模；11,37—弹顶杆；12—压印凸模；13—外形落料凸模；14—凹模内导套；15—卸料板内导套；16—内导柱；17,30—翻边凸模；18,25—圆形截面弹簧；19—限位柱；20,21—内六角螺钉；22—圆柱销；23—带槽浮顶导料柱；24,31—螺塞；26—凹模落料镶块；27—凹模镶块；28—标记压印镶块；29—翻边顶块；32—顶杆；33—冲孔凹模镶套；34—整形凹模；35,36—拉深凹模；38—下模座；39—下垫板；40—冲缺口凹模镶件；41—凹模；42—侧面导板；43—冲孔导向卸料套；44—卸料板；45—凸模固定板

为保证模具在高速、连续冲压下的导向精度，该模具模架采用了滚动导向结构的滚珠四导柱钢结构模架。

3.7.8 硬质合金多工位级进模（定、转子铁芯自动叠装硬质合金级进模）

(1) 硬质合金模具在设计和选材时应考虑的几个问题

① 模具的寿命和价格　硬质合金模具的寿命是比较长的，一般比钢模具长20～30倍，如果模具的结构合理、加工精密，硬质合金的品种牌号选择又合适，寿命长时比钢模具提高100倍以上，因此只有需要长寿命模具时，才考虑应用硬质合金。当然长寿命对大批量生产才有实际意义，因此，在常规的情况下，需要大批量（>35万）生产冲压件时，优先考虑应用硬质合金材料制造模具。

硬质合金料的价格比普通模具钢要贵许多，又因为硬质合金是难加工料，采用硬质合金制作的模具，加工费比用普通钢亦要高出许多，一般硬质合金模具成本约为钢模具的3倍，因此是否采用硬质合金要进行必要的经济核算，最后才确定。

② 冲压件和排样　硬质合金虽然有十分可贵的高硬度，高耐磨性等优点，但质脆和抗冲击韧性差是它最大缺点，因此在设计和制造模具时，对冲压件的结构和排样图的设计要注意如下要点：

a. 冲压件应力求形状规则，避免尖角、窄长悬臂和特不规则的奇形怪状，因为这种形状极不利于使用硬质合金模具冲裁。

b. 制件的材料是否太厚，常用 $t \leqslant 2.5$mm；制件的尖角应有圆角，圆角半径不应小于0.3mm；窄槽或悬臂宽度尽量大些，最小宽度也应大于料宽。

c. 由于硬质合金凸、凹模刃口较脆，在排样图设计时，侧刃位置和冲压工序的安排，应特别注意避免凸、凹模的单边冲裁。

d. 要保证正常的搭边值（一般此值大于料厚），以防止搭边被拉入凹模，使凹模刃口崩裂。

e. 若采用多排时，应考虑模具制造的难度，一般形状的制件，每副模具的出件数不可太多（两件/副较合适）。

③ 合理选用硬质合金牌号　硬质合金的选用与冲压性质、制件形状、制件材料、要求模具使用寿命等因素有关，但最重要的因素，还是决定于冲压性质。

合理选用硬质合金是保证模具使用寿命和保证制件质量的前提。模具中常用的硬质合金以碳化钨（WC）—钴(Co)类为主体，根据用途的不同Co的含量在5%～25%之间，按WC粒度的大小，有耐冲击硬质合金（粗粒硬质合金）、常用硬质合金（中细粒硬质合金）、耐磨硬质合金（微细粒硬质合金）之别。

耐冲击硬质合金，WC的粒度最大，平均颗粒为5～8μm，由于WC的粒度大，黏结剂Co层变厚，所以具有吸收冲击能量的作用。但是与Co含量相同的中细粒度的硬质合金相比，硬度低、耐磨性差，因此，此类硬质合金适用于有较大冲击的场合，如重载冲裁、下料、冷镦、冷挤凹模，常用牌号有YG20、YG25等。

常用硬质合金，应用最为广泛的是WC的颗粒平均为2～5μm，Co的含量在4%～25%之间。此类硬质合金具有较好的耐磨性和抗冲击韧性，适用范围广，冲裁、弯曲、拉深模等均可使用，常用牌号有YG15、YG20等。

耐磨硬质合金，其硬度最高，但冲击韧性最低。WC颗粒在2μm以下，此类硬质合金主要用于重点要求耐磨性好的场合，如粉末成形模、拉深模等，常用牌号有YG8、YG11、YG15等。

另外，根据不同的加工条件、加工精度，对硬质合金的选择应有所区别，对于采用精密曲线磨、精密成形磨、坐标磨、慢走丝线切割、精密电火花机床加工的，实践中常用的以YG20、YG25和钢结合金为主。

④ 凸、凹模结构　由于硬质合金硬度高，无法进行切削加工，其主要加工方法为线切割、电火花、成形磨、曲线磨、研磨等，加工余量一般也都比较少；又由于为了节约使用价高的硬质合金和便于安装固定，形状简单的小型件，主要是小凸模，整体结构用得较多，形状复杂的凹模，主要采用拼镶结构。拼镶结构也便于维修和保养。

(2) 硬质合金模具结构的一些特点

① 模架　模架是整副模具的基础，所有模具上的零件都装在上面，并通过它实现上下模的冲压运动，因此要求模架必须具有足够的强度和刚度，绝对不允许模架在工作中有任何变形，更不允许因模架的质量问题而影响到模具的使用效果。硬质合金模具的模架，在精度和制造质量方面比普通模具模架只能提高而不能降低，组成模架的各主要零部件的特点分别是：

a. 模柄　当使用普通压力机时一般都采用浮动式模柄结构，以消除冲压时由于压力机精度差而对冲压质量带来的影响。

b. 上、下模座　厚度比普通模具加厚5～10mm，平行度高于GB/T 1184　5级精度要求，常常以100mm内平行度误差不大于0.01mm要求来加工。材料选用45钢制造，并经调质处理，硬度为25～30HRC，硬度过高会使加工困难。对于一般冲压，也可以用Q235材料。

c. 导向装置　导向精度要高，导向动作平稳可靠。对于要求较高的模具，应采用滚珠式导柱模架。小型模具一般采用两个导柱，中型模具一般采用四个导柱。钢球直径一般为3～5mm，直径与形状误差＜2μm。导柱导套与钢球为过盈配合，过盈量为0.015～0.02mm。

多工位级进模中除模架必须设有导向装置之外，模具中的三板（凹模、卸料板、固定板）之间还常常加设导向装置，被称为采用复式导向装置，以进一步提高整副模具的导向性和保证凸、凹模之间相对位置准确。

② 垫板　防止硬质合金在冲压时碎裂，在凸、凹模的支撑面上都应加厚垫板，垫板常用T8、T10A钢制造，淬硬56～60HRC，两平面必须平整，加工时两面反复磨，做到绝对平行。

③ 卸料与顶出装置　卸料与顶出装置的精度要高，应尽量采用固定卸料结构，防止冲压时对凹模的冲击作用。当采用弹压卸料板时，要防止模具闭合状态时卸料板对硬质合金的撞击作用。卸料板与凹模两者之间应有 $t+0.05$mm 间隙，见图3-221。

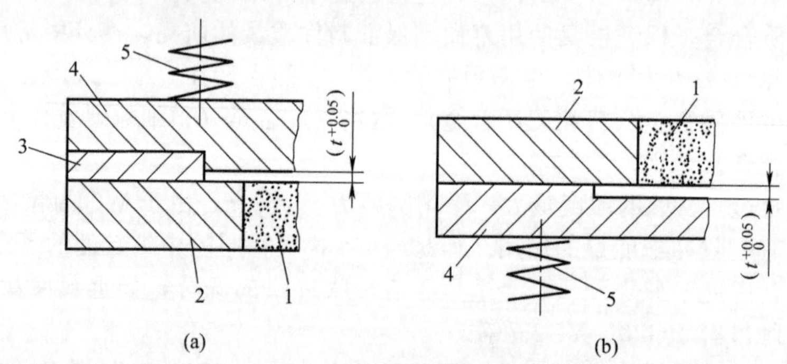

图 3-221　闭合状态弹压卸料板与凹模之间关系

1—硬质合金凹模；2—模框；3—导料板；4—卸料板；5—弹簧

④ 导料板、定位销、导正销等　采用工具钢或合金工具钢制造，要进行热处理淬硬处理，以提高耐磨性、提高使用寿命。导料板的导向部分也可以采用镶嵌结构，镶嵌件用好材料并经热处理淬硬，导料板主体可用普通钢材，这样一旦镶嵌件磨损，维修更换也方便。长寿命模具

导正销也有采用硬质合金制造的。

⑤ 模具间隙　凸、凹模间冲裁间隙要比普通冲模大，一般为普通冲模的 1.5 倍以上或取料厚的 12%～15%。有时更大些仍然可以用，例如在冲制材料为 0.5mm 硅钢片，初始间隙为 0.05mm，冲到 100 万次以后发现硬质合金圆凸模刃口部分磨损，间隙值增至 0.15mm，而冲裁表面仍很光，毛刺不超过 0.04mm，由此可见，硬质合金冲裁模的使用间隙还可增大。

⑥ 硬质合金的固定方法　硬质合金的固定方法有焊接法、机械固定和压配合固定。焊接法由于热膨胀系数和钢材的不同，焊接后会产生内应力，引起裂缝，在反复冲击情况下，焊层容易破坏而影响使用，故此法原则上不采用。通常采用机械固定和压配合固定。

机械固定如图 3-222 所示。主要通过螺钉或压块固定，也有的在硬质合金的适当部位加工出凹槽，然后利用固定板与之相配部分材料的塑性变形，挤压固定，这虽是又一种固定方法，但不便于拆卸。形状大一点的硬质合金件，硬质合金上直接加工螺纹孔（可以在电火花机床上获得），然后通过螺钉旋入固定，使固定方法较为简单，但在硬质合金上电加工螺纹孔，还是没有在钢上攻螺纹快。

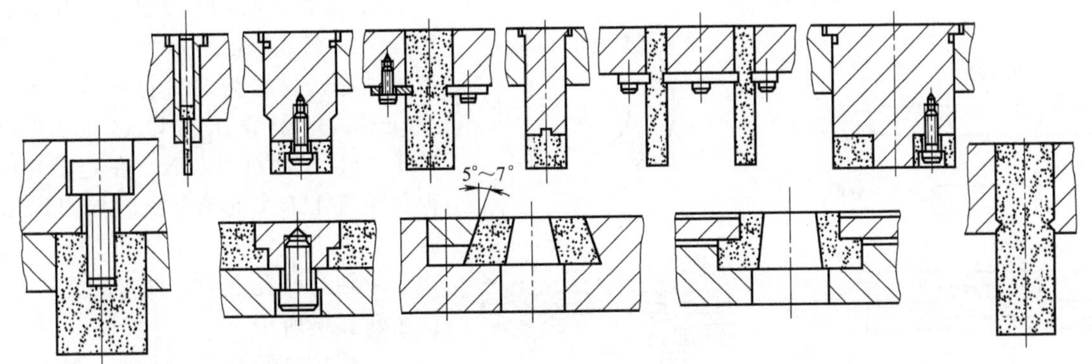

图 3-222　硬质合金机械固定法

压配合固定是利用钢材的弹性变形应力对硬质合金块固定，它分冷压和热压两种方法。冷压法多用于冲裁较薄料或具有互换性的冲模中；热压（又称热套）法多用于冲裁较厚料或紧固力要求较大的模具中，热压过盈量一般取硬质合金块外径的 0.2%～0.3%。直径小的过盈量比值可取大一些；直径大的过盈量比值可取小一些，红套加热温度为 300～400℃。也有用粘结固定的，如采用环氧树脂、低熔点合金浇注固定，其方法同钢模固定。

(3) 定转子铁芯自动叠装硬质合金级进模

① 自动叠装技术的结构形式与优点　自动叠装的结构形式有两种，一种是全密叠式，叠压成组的铁芯不需要模外再加压，即可装机使用；另一种是半密叠式，出模时已叠合的铁芯冲片间存在间隙，还需要再加压才能达到所需要的结合力。

自动叠装的优点：

a. 提高了铁芯精度，外形一致性好，端面平整，质量有保证，密叠式的铁芯外径偏差≤0.03mm，半密叠式的铁芯外径偏差能保证≤0.02mm。

b. 铁芯的叠装结合强度高，甚至超过焊接铁芯。定子外径≤250mm 均可采用。

c. 自动叠装技术在级进模上采用后，不降低实际冲裁速度和使用寿命。例如这种模具一般在高速压力机上使用，冲速有 120～300 次/min、160～400 次/min 等，实际使用在 200～250 次/min，刃磨寿命可达 120 万次以上。经济技术效益比较高。

② 自动叠装机理与冲压特点

a. 叠装机理　众所周知，冲裁分离时，制件（或废料）的断面形状因冲裁间隙大小的不同而不同。如果将同一基本尺寸的外形制件（被包容件）从模具中落下重新复入到原来的废料孔（包容件）内，由于弹性变形的原因，必须有一点力才能进入，即存在“过盈”；而叠装是利用被包容件的底部大端通过包容件（内孔）口部小端，使其自然形成一定过盈而达到紧固连接的目的。所以，只要在定转子适当部位冲出一定几何形状的叠装点（即形成包容面），就能将硅钢片叠装成成组铁芯，这就是铁芯自动叠装的冲压机理。

b. 冲压特点　主要是在定转子冲片上增加了冲叠压点的工位，将落料工位改变成带叠片计数功能的叠装工位，对转子铁芯还附有自动扭角功能，这是由叠压点在冲片上不断改变位置而形成。叠装点沿落料方向的上部是凹形孔，下部为凸起，凹形孔可视为包容面，凸起可视为被包容面，如图 3-223 所示。自动冲压时，通过精确送料，在模具落料工位使上面一片硅钢片的凸起部分准确地与下面一片的凹形孔重合在一起，当上面一片受到落料凸模压力作用时，下面一片借助其外形与凹模壁的摩擦所产生的反作用力使两片产生叠装，由于材料的弹性变形和适当选择过盈量，达到片与片之间紧密连接。这样上面冲片一片片的和下面的冲片紧紧地叠装在一起，使落料孔积存若干冲片，由落料凹模洞口中落下的已不再是单个冲片，而是按冲压顺序一片挨一片整齐排列、冲裁断面相同、毛刺方向一致、有一定叠装厚度的铁芯。

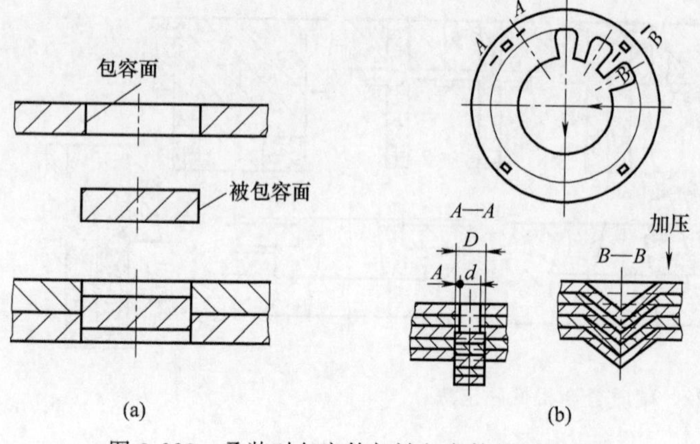

图 3-223　叠装时包容件与被包容件的过盈连接

③ 定转子铁芯与级进模冲压条料排样　如图 3-224 所示为电扇电机定转子铁芯，材料为 D23 硅钢片，料厚 0.5mm。定子叠压力为 80～100N。转子叠压力为 60～80N。在定子片的轭部设置 4 个 V 形叠压点，如图3-225 所示，其尺寸为 6mm×1.5mm，在转子片轴与槽孔之间设置 3 个叠压点，供扭转斜槽所用。

排样如图 3-226 所示，料宽为 $89.5_{-0.05}^{\ 0}$ mm，步距为 87.5mm±0.005mm，共设有 8 个工位。工位①，冲轴孔及 2×ϕ8mm 导正销孔；工位②，冲转子槽，共 22 个；工位③，冲转子叠压点，兼记数及扭斜槽；工位④，转子落料叠装；

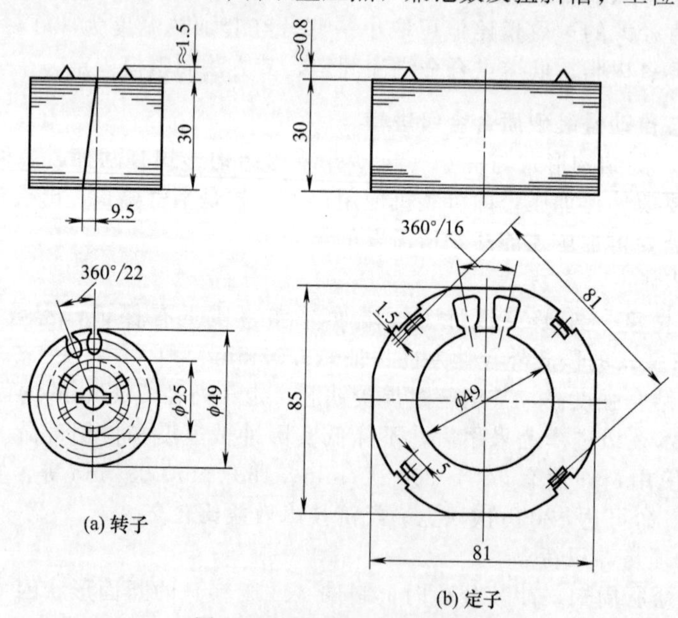

图 3-224　电动机定转子铁芯

工位⑤，冲定子槽，共 16 个；工位⑥，冲定子叠压点兼记数；工位⑦，定子落料叠装；工位⑧，切断废料。

④ 模具　模具结构如图 3-227 所示，本模具在 1250kN 高速压力机上使用。一般情况下，组成完整的生产线，需附有开卷机、自动校平机、自动送料装置、自动加油润滑装置和废料切断等辅助设备。压力机实用冲次在 160～400 次/min 之间。模具采用精密滚动导向模架，精密导向、定位卸料装置和安全保护等装置。具体要求与特点简要说明如下。

a. 模架与导向装置。本模具模架的精度、刚度比普通级进模要高，模架的结构采用 6 对（一般采用 4～6 对）滚动导柱、导套。导柱、导套垂直度要求为 100∶0.005。装入级进模的每对导柱、导套，装配前经过选择，配合过盈量为 0.02～0.025mm。钢球直径选用 ϕ4～ϕ6mm。上下模座的厚度为一般模座的 2.5～3 倍，材料采用 45 钢或 40Cr 钢，经调质处理，平行度 100∶0.003，粗糙度 $Ra \leqslant 0.8\mu m$。导柱、导套材料采用 GCr15 轴承钢，硬度 62～64HRC。

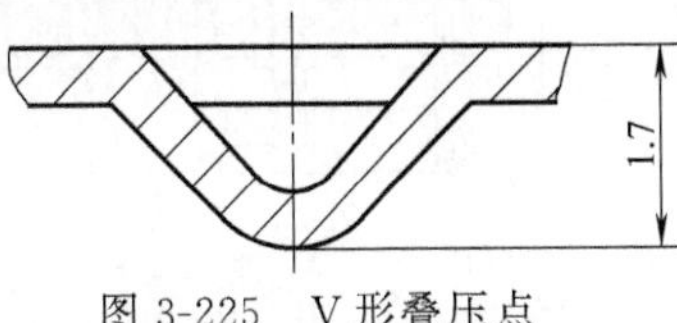

图 3-225　V 形叠压点

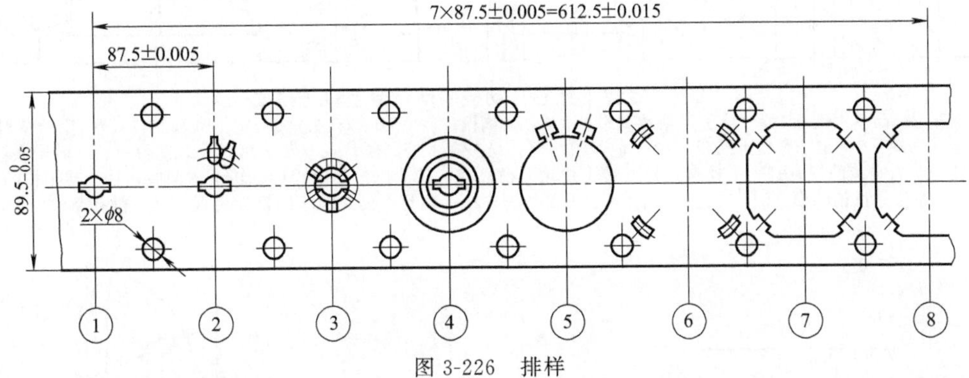

图 3-226　排样

b. 凸、凹模材料采用 YG20 硬质合金，为保证使用寿命，使其特性更适宜于高速冲裁硅钢片，在使用前进行了高温等静压处理，细化晶粒，强度得到提高。

凸、凹模包括卸料板，采用拼块结构，既便于加工，又能保证加工精度，其加工精度达 0.002mm。拼块凸模采用压板固定。

凹模由四个拼块组成，各拼块采用合金工具钢制成，镶件采用硬质合金，由线切割粗加工后再用光学曲线磨削，以保证型孔尺寸精度和互换性。

各凹模孔的间距精度要求控制在 0.002～0.005mm 范围内。拼块用螺钉、销钉固定在下模座上。

转子铁芯叠压点凹模部分除总装图示结构外，还可设计成如图 3-228 所示。

c. 卸料板采用弹压式结构，要求在长期工作状态下始终保持运动平稳，尺寸精度高、耐磨、刚性好、永不变形。卸料板用 Cr12MoV 并经热处理淬硬和精密加工而成。基本结构如图 3-229 所示，工作部分采用拼块或镶件式结构。卸料板不仅具有压料、卸料作用，更重要的是具有保护凸模、叠压点凸模的精密导向作用。故卸料板的制造精度高于凹模，与凸模配合的单边间隙最大为 0.005mm。

为了保证模具结构的动态精度和力点的平衡，合模时卸料板并不压紧条料，而留有 0.1～0.2mm 间隙。卸料板工作时，弹簧的压缩量为 2.7～3mm。卸料板采用如图 3-230 所示弹压结构。由于多个套管长度容易控制在同一尺寸范围内，所以装配后的卸料板与下模处于理想的平行状态。

d. 转子扭角机构（图 3-227 中件 3 所指）采用机械传动，有上模驱动的转子扭角机构与下

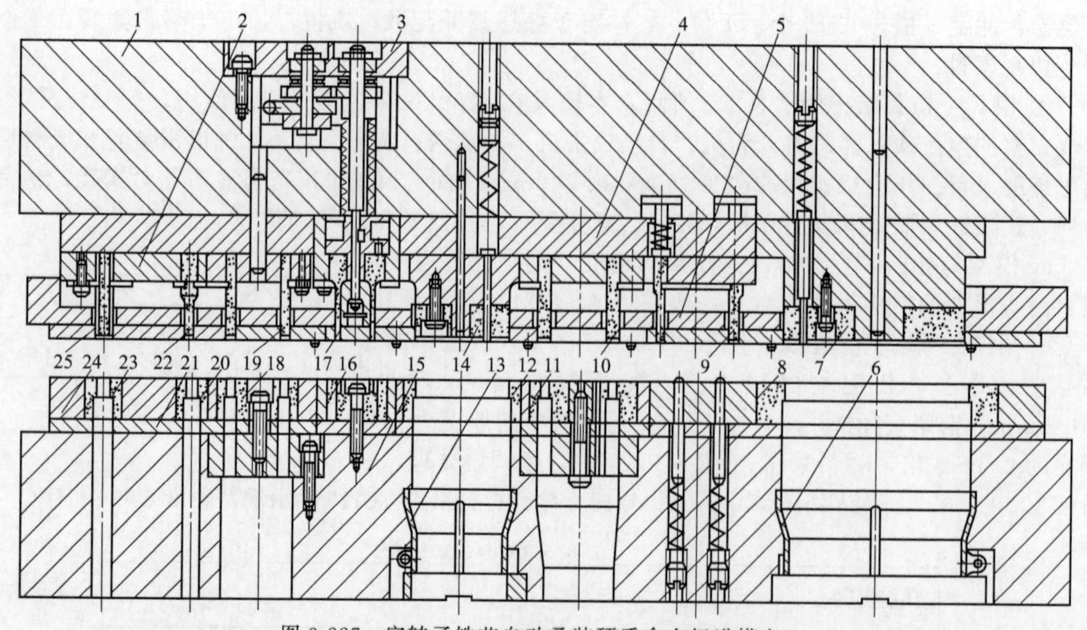

图 3-227 定转子铁芯自动叠装硬质合金级进模之一

1—上模座；2—凸模固定板；3—转子扭角转动系统；4—上垫板；5—弹压卸料板；6—定子喉箍结构；7—定子落料凸模；8—定子落料凹模；9—定子叠压点凸模；10—定子槽凸模；11—定子槽凹模；12—转子落料叠装凹模；13—转子喉箍结构；14—转子落料叠装凸模；15—下模座；16—转子扭角凹模；17—转子扭角凸模；18—转子槽凹模；19—转子槽凸模；20—导正销凹模；21—下垫板；22—导正销凸模；23—轴孔凹模；24—凹模固定板；25—轴孔凸模

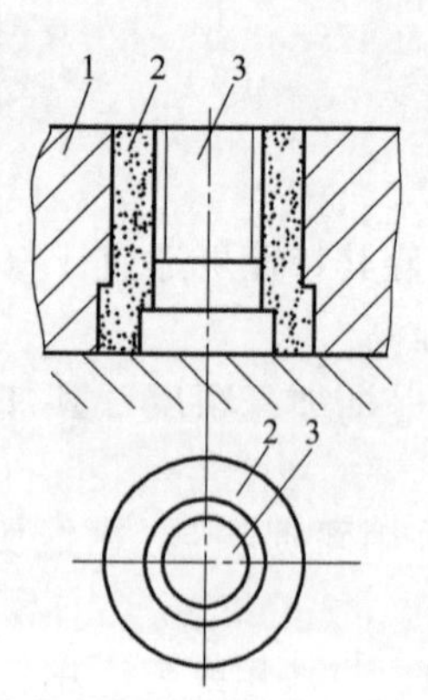

图 3-228 转子叠压点凹模

1—转子扭角固定板；2—转子扭角凹模；3—固定轴

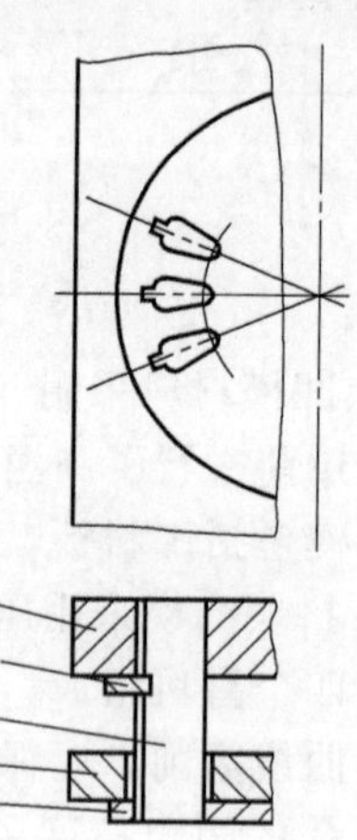

图 3-229 卸料板结构

1—卸料板镶件；2—卸料板；3—转子槽凸模；4—压板；5—凸模固定板

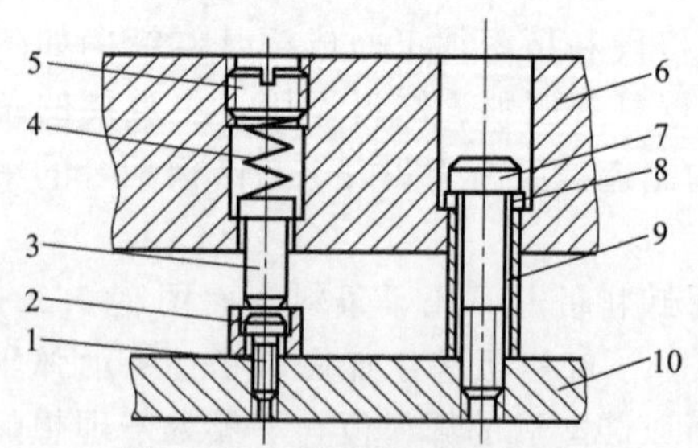

图 3-230 卸料板的弹压结构

1,7—内六角螺钉；2—垫块；3—顶杆；4—弹簧；5—螺塞；6—上模座；8—垫圈；9—套管；10—卸料板

模驱动的转子扭角机构，本模具采用上模驱动的转子扭角机构。利用该机构，驱动上模部分的凸模使转子铁芯片 V 形等叠压点凸起成形，同时扭转一定角度。其扭角斜度靠每片冲片上改变 V 形等叠压点的上模是间歇旋转的，如图 3-231 所示为转子扭角传动机构。上模旋转的速比分别由三联齿轮经变速为 H、M、L 三档（H 为高档速比，$i=15.8$；M 为中档速比，$i=31.6$；L 为低档速比，$i=63.2$）。

转子扭角机构由杠杆和传动机构组成。各自的作用是：杠杆使上模的上下运动转变为机构主动轴正反转动。传动机构将主轴的正反转变换为单向间歇回转，使机构按设定的回转角度输出，以控制叠装凸模。

e. 冲压设备选用高精度、高速压力机，其公称压力大于模具所需冲裁力的 1.5 倍。自动送料精度保证在±0.03～0.04mm 之内。

f. 使用无硫化物的优质润滑剂对硬质合金叠装模进行良好的润滑。

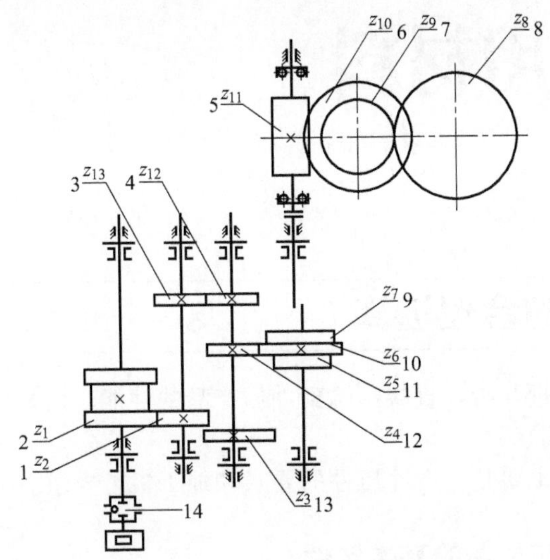

图 3-231　转子扭角传动机构

1～4,7,8,12,13—齿轮；5—蜗杆；6—蜗轮；
9～11—三联齿轮；14—超越离合器

第4章 冲压用材料

4.1 冲压用料的合理选择

冲压用材料选择的合理与否，直接影响到冲压产品的性能、质量和制造成本，并且还决定冲压工艺过程的复杂程度。

合理选用材料的依据主要是生产冲压件的要求和加工工艺要求。

4.1.1 选择冲压材料应具备的基本条件

冲压材料实际上就是制件材料，该材料的选用，一般是由产品结构设计师确定的。模具设计师只是面对“既定”材料，了解它的性能，确定合理的冲压工艺，通过合理设计模具结构，将合格的制件加工出来。模具设计师较少参与冲压材料选择工作。实际工作中由于冲压材料选用不当，造成做不出合格件的情况时有发生。为保证选好料、用好料，顺利完成冲压过程，选择冲压材料时应具备如下基本条件。

① 材料应具备使用性能，以保证冲压后制件的功能。

② 材料应具备良好的冲压加工性能，如弯曲、拉深等变形工序，对材料塑性要求很好，才能易于接受冲压加工。

③ 材料应便于加工，成形稳定，容易得到高质量、高精度的制件，不易出现废品。

④ 材料应有良好的力学性能，并在冲压过程中对模具磨损要小，保证模具的使用寿命。

⑤ 材料的变形程度要足够大，尽量减少冲压过程工序次数，以便提高生产效率。

⑥ 材料的价格要低廉，在不影响制件使用性能的情况下，应尽量选用价格较低的材料，以降低冲压件成本。在大量冲压生产中，制件的材料费占冲件成本构成要素70%～80%的情况下，合理用料尤为重要。

4.1.2 冲压用材料的质量要求

在选择冲压材料时，一要满足材料的使用性能，保证制件的功能；二要保证适于冲压加工的工艺性能，以便于制件的加工成形；还要注意材料本身的质量（材质、外形和表面等）状况。对冲压用料的质量要求，主要有以下几方面。

① 材料应具有良好的塑性，即要有较高的伸长率和断面收缩率，较低的屈服强度，较高的抗拉强度，这样，会在变形工序中，允许变形的程度就大一些，施加的变形力小，可以减少工序。有利于冲压工艺的稳定性和变形的均匀性，提高制件的成形尺寸精度，提高模具的使用寿命，提高成品率，降低制件的成本。

② 材料应具有光洁、平整、无擦伤、无锈斑的表面状态。表面状态好的材料，加工时不容易擦伤模具，制作也不易出废品，表面状态好。

③ 材料厚度公差应符合国家规定的标准。因为一定的模具间隙，适合一定厚度的材料，材料厚度公差太大，会影响制件质量，容易产生废品，还导致模具损坏。材料厚度公差的变化，对弯曲、拉深工序的质量影响尤为明显。

④ 材料宽度尺寸与直线度（镰刀弯）应严格控制其精度要求。保证带料自动送料正常进行，不因料宽不合格而受阻。料宽常由高精度圆片切带刀和分条机切割提供。

⑤ 对于多工位级进模用冲压材料均为长而薄的带料，其长度应越长越好，且中间不允许有接头，保证自动送料连续不断。

⑥ 材料应对后续加工有适应性，如抛光、电镀、焊接等。

此外，材料的化学成分、内部金相组织等均应符合标准规定。

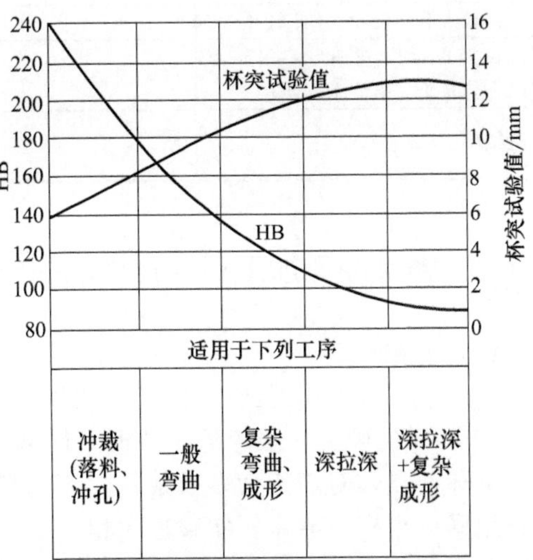

图 4-1　不同冲压性质适用的材料力学性能范围

常用冲压材料的力学性能指标名称代号及说明见表 4-1。不同冲压工艺与材料力学性能的适应性见表 4-2 和图 4-1，可供参考。

表 4-1　力学性能指标名称代号及说明

名　称		代号	单位	说　明
拉伸强度		$R_m(\sigma_b)$	MPa	材料抵抗外力(拉力)作用不致破坏的最大能力(或材料试样拉断前所承受的最大应力)
剪切强度		τ	MPa	材料在受剪切状态的力作用下不致破坏的最大能力(或材料剪切断裂前的最大应力)
(屈服点)		(σ_s)	MPa	材料在受外力作用到一定程度的时候,变形程度和受力大小不再呈正比例,此时材料的能力称屈服点[或材料试样在拉伸过程中,负荷(外力)不再增加而变形继续增加时的最小应力]
伸长率(伸长度、延伸率)		(δ)	%	材料在受拉力作用断裂时,伸长的长度与原有长度的百分比 $\delta=\frac{l-l_0}{l_0}\times100\%$ 试样标距长度等于 5 倍直径时,用 δ_5 表示 试样标距长度等于 10 倍直径时,用 δ_{10} 表示
断面收缩率		Z (ψ)	%	材料在受拉力作用断裂时,断面缩小的面积同原有断面积的百分比 $\psi=\frac{F-F_0}{F_0}\times100\%$
硬度	①布氏硬度	HB (HBS 或 HBW)	MPa	材料低抗硬物体压入自身表面的能力。不同硬度名称是根据不同测试方法决定的。可分为如下几种 ①布氏硬度压头为钢球时,用 HBS 表示,适用于布氏硬度值在 450 以下的材料;压头为硬质合金球时,用 HBW 表示,适用于布氏硬度值在 650 以下的材料 ②洛氏硬度:用一定压力,把淬硬钢球或 120°圆锥形金刚石压入材料表面,以压印深度计算硬度大小。冲压用金属材料一般不用洛氏硬度表述。模具制造中 HRC 洛氏硬度比较常用,其测定硬度范围为 20～70HRC ③维氏硬度适用于测定厚度为 0.3～0.5mm 的薄料,或厚度为 0.03～0.05mm 的表面硬化层(如渗碳、渗氮、碳氮共渗层)的硬度 ④邵氏硬度旧称肖氏硬度,用 HS 表示,度数 0～100,表示橡胶硬度时使用
	②洛氏硬度	HR	无量纲	
	③维氏硬度	HV	MPa	
	④邵氏硬度	HS		

表 4-2　不同冲压性质与材料力学性能的适应性

冲 压 性 质	拉伸强度 R_m (σ_b)/MPa ≤	伸长率 A (δ)/% ≥	硬度 HRB (HBS) ≤	杯突试验深度/mm ≥
平板类零件一般冲裁	650	1～5	96(166～212)	6～7
冲裁较大圆角($r\geqslant 2t$)及 90°弯曲	500	4～14	85(134～166)	7～8
浅拉深和成形，弯曲($r\geqslant 0.5t$ 弯曲线不垂直于材料纤维方向)	420	13～27	64～74(114～134)	8～9
深拉深、复杂成形	370	24～36	(52～64)(95～114)	9～10

4.1.3　各类冲压加工对板材性能的要求

(1) 冲裁

① 应具有足够的塑性，在进行冲裁时板料不能开裂。

② 材料的硬度一般应低于冲模工作部分硬度。

上述两点，对于绝大多数板料，均能满足要求，但各种材料冲裁后所得制件的质量状况，尽管用同一副模具冲压，实践证明相差很大。软材料（如黄铜）具有良好的冲裁性能，冲裁后可以获得断面光滑和倾斜度很小的制件。硬材料（如高碳钢、不锈钢）冲裁后断面质量不好，厚板冲裁尤为严重，断面不平度很大。对于脆性材料，在冲裁后易产生撕裂现象。塑性太好的板料在冲裁后，会形成很大毛刺，常常需要通过整修去除。塑性差的材料或厚板料进行冲裁时，为了提高材料的塑性，可采取加热方法，如冲裁有机玻璃材料时，一般都需加热到 60℃左右方可进行。

(2) 弯曲

进行弯曲成形的板材，应具有良好的塑性、较低的屈服极限（σ_s）和较高的弹性模量（E）。塑性高的板料，在弯曲时不易产生开裂，板料具有较低的屈服极限和较高的弹性模量，则$\frac{\sigma_s}{E}$小，弯曲成形后产生回弹变形小，容易得到尺寸准确的弯曲形状。在金属板料中，含碳量<0.2%的软钢、黄铜和铝等塑性好的材料，容易弯曲成形；脆性较大的材料，如磷青铜（QSn6.5～2.5）、弹簧钢（65Mn）等，弯曲时必须具有较大的相对弯曲半径（r/t），否则在弯曲过程中易发生开裂。对于非金属材料，只有塑性较大的纸板、有机玻璃才能进行弯曲加工，而且为了提高塑性，在弯曲前需要加热，在弯曲成形中还应适当加大相对弯曲半径[$r/t>(3\sim5)$]。

(3) 拉深

进行拉深成形的板料，要求具高塑性、屈服极限低和板厚方向性系数大，而硬度高的材料则难于拉深加工。板料的屈强比（σ_s/σ_b）越小，冲压性能越好，一次变形的极限程度越大。板厚方向性系数❶ $r>1$ 时，板料宽度方向上的变形比厚度方向上变形容易。r 值越大，在拉深过程中越不容易产生变薄和发生拉裂，拉深性能越好。拉深性能好的材料有含碳量<0.14%的软钢、软黄铜（含铜量 68%～72%）、纯铝和铝合金及奥氏体不锈钢等。

(4) 冷挤压

冷挤压与体积成形对材料的要求是：具有高塑性和低的屈服极限。常用材料如纯铝、纯铜和软钢等。

---

❶ 板厚方向性系数 r 是指板料试样拉伸试验伸长达 20%时，试样的宽向和厚向应变的比值。$r=1$ 是各向同性材料。

4.2 冲压常用材料的种类与钢产品标记代号

4.2.1 冲压常用材料的种类

冲压常用材料是多种多样的，大多数是板料、带料和块料，也有型材（丝料、棒料、管料）进行冲压加工。材料类别包括黑色金属、有色金属和非金属三大类。常用的板料种类见表 4-3。

表 4-3　冲压用板料的常用种类

冲压用板料
- 黑色金属（钢铁金属）
  - 碳素结构钢板，如Q235
  - 优质碳素结构钢板，如08F、10
  - 低合金结构钢板，如Q345(16Mn)、Q295(09Mn2)
  - 电工硅钢板，如D12、D41
  - 不锈钢板，如1Cr18Ni9Ti、1Cr13
  - 其他，如镀锌钢板
- 有色金属（非铁金属）
  - 纯铜板，如T1、T2
  - 黄铜板，如H62、H68
  - 铝板，如1050A(L3)、1035(L4)、3A21(LF21)
  - 钛合金板
  - 镍铜合金板
  - 其他
- 非金属
  - 绝缘胶木板
  - 纸板
  - 纤维板
  - 塑料板
  - 橡胶板
  - 有机玻璃层压板
  - 毛毡
  - 其他，如云母板

4.2.2 钢产品标记代号

钢产品标记代号（GB/T 15575—2008）见表 4-4。

表 4-4　钢产品标记代号

序号	类别	标记代号
1	加工方法(状态)： ①热加工 ②热轧 ③热扩 ④热挤 ⑤热锻 ⑥冷加工 ⑦冷轧 ⑧冷挤压 ⑨冷拉(拔) ⑩焊接	W WH WHR(或 AR) WHE WHEX WHF WC WCR WCE WCD WW

续表

<table>
<tr><th>序号</th><th>类别</th><th>标记代号</th></tr>
<tr><td>2</td><td colspan="2">截面形状和型号:用表示产品截面形状特征的英文字母作为标记代号。例如:圆钢 R、方钢 S、扁钢 F、六角型钢 HE、八角型钢 O、角钢 A、H 型钢 H、U 型钢 U、方型空心型钢 QHS
如果产品有型号(或规格),应在表示产品形状特征的标记代号后加上型号(或规格)。如 15×50 规格的 C 型钢的标记代号为 C15×50</td></tr>
<tr><td>3</td><td colspan="2">尺寸(外形)精度:
P
—表示精度等级:普通精度 A、较高精度 B、高级精度 C
—分隔符
—尺寸(外形):长度 L、宽度 W、厚度 T 等
—尺寸精度代号
例如:表示长度普通精度的代号为 PL. A,表示宽度较高精度的代号为 PW. B,表示厚度高级精度的代号为 PT. C,表示不平度普通精度的代号为 PF. A</td></tr>
<tr><td>4</td><td>边缘状态:
① 切边
② 不切边
③ 磨边</td><td>E
EC
EM
ER</td></tr>
<tr><td>5</td><td>表面质量:
① 普通级
② 较高级
③ 高级</td><td>F
FA
FB
FC</td></tr>
<tr><td rowspan="2">6</td><td>表面种类:
①压力加工表面
②酸洗
③喷丸(砂)
④剥皮
⑤磨光
⑥抛光
⑦发蓝
⑧镀层
⑨涂层</td><td>S
SPP
SA
SS
SF
SP
SB
SBL
S_ _(见示例 1)
SC_(见示例 2)</td></tr>
<tr><td colspan="2">示例 1:S
—镀层方式:热镀 H、电镀 E
—镀层种类:镀锌/锌铁合金 Z/ZF、镀锡 S、铝锌合金 AZ 等
例如,热镀锌的代号为 SZH,电镀铝锌合金的代号为 SAZE
示例 2:S C
—基板类型
例如,热镀锌基板 DC51D 涂层板的代号为 SCDC51D+Z</td></tr>
<tr><td>7</td><td>表面化学处理:
①钝化(铬酸)
②磷化
③涂油
④耐指纹处理</td><td>ST
STC
STP
STO
STS</td></tr>
<tr><td>8</td><td>软化程度:
①1/4 软
②半软
③软
④特软</td><td>S
S1/4
S1/2
S
S2</td></tr>
</table>

续表

序号	类别	标记代号
9	硬化程度： ①低冷硬 ②半冷硬 ③冷硬 ④特硬	H H1/4 H1/2 H H2
10	热处理类型： ①退火 ②软化退火 ③球化退火 ④光亮退火 ⑤正火 ⑥回火 ⑦淬火＋回火 ⑧正火＋回火 ⑨固溶 ⑩时效	A SA G L N T QT NT S AG
11	冲压性能： ①普通级 ②冲压级 ③深冲级 ④特深冲级 ⑤超深冲级 ⑥特超深冲	Q CQ DQ DDQ EDDQ SDDQ ESDDQ
12	使用加工方法： ①压力加工用 热加工用 冷加工用 ②顶锻用 热顶锻用 冷加锻用 ③切削加工用	U UP UHP UCP UF UHF UCF UC

注：1. 本表适用于条钢、扁平材、钢管、盘条等产品的标记代号。
2. 钢材标记代号采用与类别名称相应的英文名称首位字母（大写）和阿拉伯数字组合表示。

4.2.3　冷轧钢板和钢带的分类和代号

冷轧钢板和钢带的分类和代号，如表 4-5 所示。

表 4-5　冷轧钢板和钢带的分类和代号

分类方法	类别	代号	分类方法	类别	代号
按边缘状态分	切边 不切边	EC EM	按尺寸精度分	较高宽度精度 普通长度精度 较高长度精度	PW. B PL. A PL. B
按尺寸精度分	普通厚度精度 较高厚度精度 普通宽度精度	PT. A PT. B PW. A	按不平度精度分	普通不平度精度 较高不平度精度	PF. A PF. B

4.3 冲压常用金属材料（板料、条料、带料）品种、用途与性能

冲压中应用最多的是黑色与有色金属材料。其主要品种和用途见表 4-6 说明，供参考。

表 4-6 冲压常用黑色和有色金属材料（板料、条料、带料）品种与用途

类别	序号	名称	常用牌号	简要说明与用途举例
黑色金属	1	普通碳素结构钢	Q235A、Q235B、Q235C、Q235D、Q195、Q255A、Q255B 等	普通碳素结构钢用 Q 表示，数字表示材料的屈服强度(σ_s)值，用 A、B、C、D 表示四个质量等级。表 4-7 为常用普通碳素结构钢的主要成分及性能 普通碳素结构钢为使用最为广泛的冲压材料，适用于制造电机、电器、仪表、汽车中的各种结构件。如 Q235，它具有一定的伸长率和强度，韧性较好，很适于冲压成形
	2	优质碳素结构钢	08F、08、08Al、10、10F、15、15F、20、40Mn、65Mn 等	牌号后面的 F 表示沸腾钢，而镇静钢钢号后面不标注任何符号。如 08F，表示含碳量为 0.08% 的沸腾钢。08Al 为铝镇静钢 优质碳素结构钢的性能见表 4-8 优质碳素钢是冲压生产中大量使用的一种原材料。特别适合复杂变形零件如弯曲件、拉深件的加工。如 08、08Al、08F、10、10F 因含碳量低，塑性和韧性很高，被广泛用来制作深拉深件、盖罩件、管壳、搪瓷件、汽车车身、驾驶室、发动机罩、灯罩等。08F、08、08Al、10、10F 等因有良好的深拉深冲压性能又被称为“深拉深钢” 为了满足不同冲压工艺的要求，将主要用于深拉深用冷轧薄钢板(带)按冲压性能高低分为：ZF 级、HF 级、F 级、Z 级、S 级、P 级等，其中 ZF 级性能最高，ZF 级、HF 级和 F 级钢带(板)适合于深冲压，冲制拉延最复杂的零件；P 级性能最低，Z 级、S 级、P 级钢带(板)适合于冲制一般复杂的拉深件。优质碳素钢拉延级别供货的性能指标见表 4-9。交货状态的钢板和钢带，进行杯突试验，每个测量点的杯突值应符合表 4-10 不同拉延级别深冲压用 08Al 冷轧薄钢板和钢带力学性能见表 4-11，杯突试验值见表 4-12 65Mn 用于制造弹性好的簧片类零件
		冷轧薄钢板和钢带	SPCC、SPCD SPCE、SPCEN	上海宝钢生产的冷轧薄钢板和钢带(BQB)、日本进口的薄钢板(JIS-C3141)SPCC 相当于 10 钢，作一般冲压用；SPCD 相当于 08F 具有优良的拉延性能，作深冲用；SPCE 相当于 08Al，具有优良的拉延性能，从冶金方面控制了晶粒度，可使零件具有较好的表面质量，作超深冲用。其中牌号为 SPCE 的钢板和钢带按拉延级别分为三级：ZF，用于冲制拉延最复杂的零件；HF，用于冲制拉延很复杂的零件；F，用于冲制拉延复杂的零件 SPCEN 为非时效性深度拉延用钢板，具有优良的深拉延性能，可用于要求非时效性零件，如汽车覆盖件、车灯壳体，浅度冲压外护板等零件 SPCC、SPCD、SPCE 钢带化学成分、力学性能、硬度和杯突试验值分别见表 4-13～表 4-16
		镀锌钢板	SECC、SECD、SECE、SECCN2、SECCN4	电镀锌钢板 SECC、SECD、SECE 化学成分、力学性能和 SPCC、SPCD、SPCE 基本一样，见表 4-13、表 4-14

续表

类别	序号	名称	常用牌号	简要说明与用途举例
黑色金属	2	冷轧低碳钢板和钢带	st12、Ust13、RRst13、st14	上海宝钢生产的冷轧低碳钢板和钢带(BQB)st12、Ust13、RRst13、st14的化学成分、力学性能、杯突试验值分别见表4-17～表4-19。牌号为st14的钢板和钢带按拉延级别分为三级：ZF——用于冲制拉延最复杂的零件；HF——用于冲制拉延很复杂的零件；F——用于冲制拉延复杂的零件
	3	电工用纯铁 (电磁纯铁)	DT1、DT1A、DT2、DT3	电工用纯铁是一种软磁性材料，含碳量＜0.25%，主要用于制造电信、电气、电工仪表中软磁性导磁零件，如继电器中的衔铁、耳机中的极靴等 电工用纯铁用字母"DT"和阿拉伯数字表示，阿拉伯数字表示不同牌号的顺序号，如"DT3"；电磁性能不同，在牌号尾部加注质量等级符号"A"、"C"、"E"。如电磁性能较好的纯铁在牌号后面再加上"A"如"DT1A"，电磁性能特别好的纯铁，在牌号后面则加"E"，如DT1E
	4	电工用硅钢	D44、D41、DG41、DR42、DH42	硅钢牌号采用规定的字母"D"和阿拉伯数字表示 牌号"D"后第二个字母"G"、"R"、"H"分别表示检验钢板时的磁场条件"高"、"低"、"中"。没有第二个字母的表示在频率为50Hz的磁场下检验的钢板 牌号的第一位数字"1、2、3、4"表示钢板含硅量等级为"低、中、较高、高"。牌号的第二位数字表示钢板保证的电磁性能，数字大表示电磁性能好 电工用硅钢，含硅2%～4%的硅钢片，具有很好的电磁性能，是重要的电工材料，在电气、电信和仪表的磁路中，广泛用来制作变压器、电机定转子、铁芯，并且为了提高生产效率，大多采用多工位级进模生产
	5	铁镍软磁合金 (坡莫合金)	1J50、1J79、1J85	铁镍软磁合金是具有最高饱和磁感应和较高磁导率的高级软磁性材料，是一种强磁性铁镍合金。常用于高磁感下无励磁或低励磁的小型电力变压器、扼流圈、音频变压器微型电机转子片等电磁性能要求高的导磁零件 铁镍软磁合金的牌号是"1J"，后面的数字表示含镍量，如1J50，表示含Ni50%、含Fe50%
	6	膨胀合金 (可伐合金)	4J29 (铁镍钴玻璃封接合金) 4J32、4J36 (低膨胀合金) 4J34、4J31、4J33 (铁镍钴瓷封合金)	膨胀合金是铁镍或铁镍钴合金，它在一定的温度范围内具有特殊的线胀系数(线胀系数极小或一定值)。膨胀合金分为低膨胀合金和定膨胀合金。低膨胀合金用来制造尺寸近似恒定的零件；定膨胀合金根据膨胀系数不同，分别作与玻璃、陶瓷等进行封接的零件的材料，如电真空、半导体器件中的管壳与玻璃或陶瓷封接零件，常用可伐合金制成 膨胀合金的牌号是"4J"，后面的数字表示牌号的序号。个别序号相当于含镍量的质量分数，如4J29为铁镍钴玻璃封接合金，Ni的含量为28.5%～29.5%；4J33为铁镍钴瓷封合金，Ni的含量为32.5%～34%。各种牌号的封接性能可在材料手册中查阅得到
	7	不锈钢	1Cr18Ni9 1Cr18Ni9Ti 1Cr13 2Cr13 0Cr18Ni9	不锈钢由于含有大量的铬元素，因此具有很高的抗蚀性。当含有镍元素后成镍铬不锈钢更具有在酸性气体中较高的耐蚀能力，可作抗蚀零件。不锈钢是优良的耐腐蚀材料，当含碳量不高时具有较高的伸长率，便于加工变形，在仪表、化工、日用五金、电子产品中越来越广泛使用

续表

类别	序号	名称	常用牌号	简要说明与用途举例
黑色金属	7	不锈钢	1Cr18Ni9 1Cr18Ni9Ti 1Cr13 2Cr13 0Cr18Ni9	不锈钢有多种类型，按其铬和镍铬元素含量可分为铬基不锈钢和镍铬基不锈钢两类。按其金相组织不同可分为奥氏体钢、铁素体钢、马氏体钢、奥氏体-铁素体钢和析出硬化型钢 冲压生产中应用的主要是铁素体不锈钢(有磁性)和奥氏体不锈钢(无磁性，如 1Cr18Ni9Ti 比较常用)。由于两种材料的组织成分不同，冲压性能也不一样。铁素体不锈钢板的冲压性能近似于冷轧钢板，该不锈钢具有良好的拉深性能，但它的伸长类冲压成形性能较差，其胀形性能低于奥氏体不锈钢板。奥氏体不锈钢板的拉深性能稍差，但它的应变硬化指数值 η 远大于铁素体不锈钢板，它的胀形性能较好，它具有良好的伸长类冲压性能，如胀形变形、翻边、扩口等 不锈钢的强度、硬度比普通碳素钢高，因此，铬钢不锈钢冲压力比软钢要高出 1.4～1.6 倍；镍铬不锈钢冲压力比软钢要高出 1.8 倍左右。冲压常用不锈钢的力学性能见表 4-20 不锈钢的牌号第一位数字表示含碳量，第一位数“0”表示含碳量≤0.08%，“1”表示 0.1%左右，“2”表示 0.2%左右，其余类推。Cr、Ni、Ti 表示合金元素。Cr、Ni、Ti 后面数字表示铬、镍、钛的百分数
有色金属	8	黄铜	H68、H62、HPb59-1	黄铜是铜锌合金，它具有很好的塑性和较好的强度及抗蚀性，焊接性能、导电性能优良。当黄铜中含锌 30%～32%时，塑性最好。当含锌 45%～50%时，强度最好。按供货状态来分又有硬性(Y)、半硬性(Y_2)、软性(M)。半硬性黄铜用于变形量不大的弯曲，软性的用于复杂形状的弯曲和拉深。黄铜是冲压用有色金属材料中应用最为广泛的一种 黄铜牌号用字母“H”来表示，其中 H68 塑性最好，可用于深拉深冲压成管壳等各种零件
	9	纯铜(紫铜)	T1、T2、T3	工业纯铜外观呈紫红色，故称紫铜。它又是用电解方法生产而成，故又称电解铜。纯铜有良好的导电性、导热性、耐蚀性，塑性也比较好，易于冷加工，一般用于制作仪器仪表和电子产品导电零件、电气开关、垫圈、垫片等 纯铜的牌号有 T1、T2、T3、T4 四种，T1 纯度最高，含铜量>99.95%，其余依次递减，T4 的纯度为 99.5%。纯铜中杂质成分越多，导电性、塑性均降低
		无氧铜	TU1、TU2	纯度高，导电导热性极好，无“氢病”或极少“氢病”，加工和焊接、耐蚀、耐寒性能好，主要用作电真空仪器仪表、半导体器件，如高频管、引线框
	10	青铜 (压力加工用青铜带)	QSn4-3 QSn4-4-4 QSn6.5-0.1 QSn6.5-0.4 QBe2 QBe1.7 QBe0.6-2.5	青铜原指铜锡合金，称为锡青铜。但通常对铜铝合金、铜硅合金、铜铅合金和铜铍合金等统称为青铜，又分别称为铝青铜、硅青铜、铅青铜和铍青铜。青铜又分为压力加工用和铸造用两大类。压力加工用青铜简称加工青铜，具有良好的弹性和耐磨性，导电、导热、抗蚀性能也很好。故常用来制造电器产品中接插件、弹性件、接触片、簧片等。铍青铜还能热处理强化(又称淬火并时效处理)，可用于制造精密仪器仪表中的弹性元件，导电片等 冲压常用的青铜是锡青铜和铍青铜，还有含磷、锌等。锡磷青铜应用最广，它有软、硬、特硬三种状态之分

续表

类别	序号	名称	常用牌号	简要说明与用途举例
有色金属	10	青铜 (压力加工用青铜带)	QSn4-3 QSn4-4-4 QSn6.5-0.1 QSn6.5-0.4 QBe2 QBe1.7 QBe0.6-2.5	青铜的牌号用字母"Q"加第一个主添加元素符号及除基元素铜外的成分数表示,如常用的锡磷青铜有QSn6.5-0.1,锡锌青铜QSn4-3,铍青铜QBe2、QBe1.7等
	11	铝和铝合金 (纯铝和硬铝)	纯铝的牌号有 1070A(L1) 1060(L2) 1050A(L3) 1035(L4) 1200(L5) 8A06(L6) 硬铝的牌号有 2A11(LY11) 2A12(LY12) 3A21(LF21) 4A11(LD11)	铝密度小,有良好的导电性、导热性能和很好的塑性,可进行冷加工,工业用纯铝退火状态适宜冷挤压加工,用于制造仪表面板及各种罩壳、支架等。多工位级进模冲压加工用铝料的较少 硬铝是铝铜合金,又称杜拉铝,是可以热处理强化的铝材。在退火状态有较好塑性,宜于冷加工,而淬火并时效处理后可以获得较高的强度、硬度和耐蚀性 硬铝在其淬火后要有一个较长的时效时间。刚淬火后的硬铝仍保持良好的塑性,可以进行压力加工,随着时间的增长,金属内部过饱和的强化相不断析出,材料的强度和硬度等性能随之提高。硬铝用来制造仪表板及机械零件。常用的有2A11(LY11)、2A12(LY12)等
	12	镍和镍合金	N6、N7 NSi0.19 NSi0.20 NMg0.1 NCu40-2-1	镍是电子真空元件中用材料,用来制造电子管、半导体中的零件,如阴极等。镍有良好的导电和焊接性能,镍的塑性很好,加工成的镍带料可以进行复杂形状的冲压加工 镍板(带)牌号用"N"表示。常用冷轧镍板(带)有N6、N7等 蒙乃尔合金是由镍和铜(约占30%)所组成,根据不同用途,还可以加铝、铍、硅等合金元素,从而获得强度高、塑性好能铸能轧的各种牌号铜镍合金,如NCu28-2.5-1.5、NMg0.1等
	13	覆锡铜带	DSnH65 BSnH80 DSnH68 DSnH62 DSnQSn6.5-0.1 DSnQSn6.5-0.4 DSnQSn4-3 DSnQSn4-0.3	高精度覆锡铈合金黄铜带和高精度覆锡铈合金青铜带,广泛应用在计算机、彩电、汽车、电子电信、仪器、仪表和机械制造弹性元件。该材料在光亮度、可焊性、防盐雾、防硫和防潮性能方面都比覆锡、铅、银、镍具有明显优点,特别是有良好的润湿率,可焊性好。被广泛用于制造端子等接插件
	14	其他材料 (复合板、涂层板等)		除上述介绍的各种材料外,银铜合金(TAg0.1)带、单面覆铝镀镍铁带、镀镍铁带在电真空器件、半导体器件中被使用 氯化乙烯涂层薄钢板是在0.2～1.2mm厚的基体钢板上涂覆0.1～0.45mm厚的树脂,这种涂层板能大大提高冲压成形性能且有抗腐蚀能力,在汽车工业、农用机械和电器工业中得到很好应用

表 4-7 普通碳素结构钢的主要成分及性能特性（GB/T 700—2006）

材料牌号	等级	主要化学成分		力学性能				特性
		C/%	Mn/%	剪切强度 τ_0/MPa ≥	拉伸强度 $R_m(\sigma_b)$/MPa ≥	屈服点 σ_s/MPa ≥	伸长率 $A(\delta_5)$/% ≥	
Q195	—	0.06～0.12	0.25～0.5	260～380	315～390	195	33	伸长率较高，具有良好的焊接性能和韧性
Q215	A	0.09～0.15	0.25～0.55	270～340	335～410	215	31	
	B							
Q235	A	0.14～0.22	0.30～0.65	310～380	375～460	235	26	有一定的伸长率和强度，韧性及铸造性均好，适于冲压和焊接
	B	0.12～0.20	0.30～0.70					
	C	≤0.18	0.35～0.80					
	D	≤0.17						
Q255	A	0.18～0.28	0.40～0.70	340～420	410～510	255	24	焊接性尚好，可制造强度不高的机械零件
	B							
Q275	—	0.28～0.38	0.50～0.80	275	490～610	275	20	有较高的强度、一定的焊接性能，切削加工及塑性均较好，完全淬火后硬度可达270～400HB

表 4-8 优质碳素结构钢性能指标（GB/T 699—1999）

材料牌号	$R_m(\sigma_b)$/MPa	σ_s/MPa	$A(\delta_5)$/%	$Z(\psi)$/%	交货状态硬度(HBS)≤	材料牌号	$R_m(\sigma_b)$/MPa	σ_s/MPa	$A(\delta_5)$/%	$Z(\psi)$/%	交货状态硬度(HBS)≤
08F	295	175	35	60	131	30	490	295	21	50	179
10F	315	185	33	55	137	45	600	355	16	40	229
15F	355	205	29	55	143	50	630	375	14	40	241
08	325	195	33	60	131	65	695	410	10	30	255
10	335	205	31	55	137	15Mn	410	245	26	55	163
20	410	245	25	55	156	65Mn	735	430	9	30	285

表 4-9 优质碳素结构钢按拉延级别供货的性能指标

材料牌号	Z	S、P	Z	S	P
	$R_m(\sigma_b)$/MPa		$A_{11.3}(\delta_{10})$/% ≥		
08F	275～365	275～380	34	32	10
08,08Al,10F	275～390	275～410	32	30	28
10	295～410	295～430	30	29	28
15F	315～430	315～450	29	28	27
15	335～450	335～470	27	26	25
20	355～490	355～500	26	25	24

注：08Al 化学成分符合 08 钢要求，含酸溶铝质量分数为 0.015%～0.065%。

表 4-10 不同优质碳素钢材料和拉延级别杯突试验值

材料厚度/mm	Z	S	P	Z	S
	08F、08、08Al、10F	08F、08、08Al、10F	08F、08、08Al、10F	10、15F、15、20	10、15F、15、20
	冲压深度/mm ≥				
0.5	9.0	8.4	8.0	8.0	7.6
0.6	9.4	8.9	8.5	8.4	7.8
0.7	9.7	9.2	8.9	8.6	8.0
0.8	10.0	9.5	9.3	8.8	8.2
0.9	10.3	9.9	9.6	9	8.4
1.0	10.5	10.1	9.9	9.2	8.2
1.2	11	10.6	10.4	不做试验	
1.5	11.5	11.2	11.0		
1.8	11.9	11.7	11.5		
2.0	12.1	11.9	11.8		

表 4-11　不同拉延级别深冲压用 08Al 冷轧薄钢板和钢带（GB/T 5213—2001）力学性能（$t \leqslant 2$mm）

拉延级别	公称厚度/mm	σ_s/MPa ≤	$R_m(\sigma_b)$/MPa	$A_{11.3}(\delta_{10})$/% ≥
ZF	全部	196	255～324	44
HF	全部	206	255～334	42
F	＞1.2	216	255～344	39
	1.2	216		42
	＜1.2	235		42

表 4-12　深冲压用钢杯突试验值（$t \leqslant 2$mm）　mm

冲压深度 ≥							
公称厚度	ZF	HF	F	公称厚度	ZF	HF	F
0.5	9.5	9.3	9.1	1.2	11.5	11.2	11.1
0.6	9.8	9.6	9.4	1.5	12	11.6	11.5
0.8	10.6	10.5	10.3	1.8	—	12.1	12
1.0	11.2	10.8	10.7	2.0	—	12.3	12.2

表 4-13　SPCC、SPCD、SPCE 冷轧薄钢板和钢带的化学成分

牌号	脱氧方式	化学成分(质量分数)/% ≤				
		C	Si	Mn	P	S
SPCC(SECC)	沸腾	0.12	0.05	0.50	0.035	0.035
SPCD(SECD)	沸腾	0.10	0.03	0.45	0.030	0.035
SPCE(SECE)	铝镇静	0.08	0.03	0.40	0.025	0.030

注：SECC、SECD、SECE 为镀锌薄钢板牌号，基体化学成分分别等同于 SPCC、SPCD、SPCE。

表 4-14　SPCC、SPCD、SPCE 冷轧钢板和钢带力学性能指标

牌　号	力学性能					
	抗拉强度/MPa ≥	下列厚度(mm)的伸长率/% ≥				
		＜0.40	0.40～＜0.60	0.60～＜1.0	1.0～＜1.6	≥1.6
SPCC(SECC)	275	32	34	36	37	38
SPCD(SECD)	275	34	36	38	39	40
SPCE(SECE)	275	36	38	40	41	42

注：SECC、SECD、SECE 为镀锌薄钢板牌号，基体力学性能指标等同于 SPCC、SPCD、SPCE。

表 4-15　SPCC、SPCD、SPCE 不同硬质钢板和钢带的硬度

热处理区分	处理代号	硬　度	
		HRB	HV
1/8 硬质	8	50～71	95～130
1/4 硬质	4	65～80	115～150
1/2 硬质	2	74～89	135～185
硬质	1	≥85	≥170

表 4-16　SPCC、SPCD、SPCE 冷轧薄钢板和钢带杯突试验值　mm

牌号		SPCC	SPCD	SPCE			牌号		SPCC	SPCD	SPCE		
				F	HF	ZF					F	HF	ZF
下列厚度的杯突值 ≥	0.4	7.2	7.6	8.0	—	—	下列厚度的杯突值 ≥	0.9	9.6	9.9	10.5	10.7	10.8
	0.5	8.0	8.4	9.1	9.3	9.5		1.0	9.8	10.1	10.7	10.8	11.2
	0.6	8.5	8.9	9.4	9.6	9.8		1.2	10.1	10.6	11.1	11.2	11.5
	0.7	8.9	9.2	9.9	10.1	10.3		1.4	10.4	11.0	11.4	11.4	11.8
	0.8	9.3	9.5	10.3	10.5	10.6		1.6	10.6	11.3	11.7	11.8	—

表 4-17 上海宝钢生产的冷轧低碳钢板和钢带（BQB）的化学成分

牌 号	脱氧方式	化学成分(质量分数)/% ≤			
		C	P	S	N
st12	—	0.10	0.035	0.035	0.007
Ust13	U	0.10	0.035	0.035	0.007
RRst13	RR	0.10	0.030	0.035	—
st14	RR	0.08	0.020	0.030	—

注：U 为沸腾钢，RR 为特殊镇静钢。

表 4-18 上海宝钢生产的冷轧低碳钢板和钢带（BQB）的力学性能

牌号	σ_s 或 $\sigma_{0.2}$/MPa ≤	$R_m(\delta_b)$/MPa	$A(\delta)$/% ≥	硬度 HRB≤100		
				厚度 t/mm		
				>1.1	>0.6～1.1	≤0.6
st12	280	270～410	28	65	94	60
Ust13	250	270～370	32	57	90	55
RRst13	240	270～370	34	55	88	53
st14	210	270～350	38	50	86	50

表 4-19 上海宝钢生产的冷轧低碳钢板和钢带（BQB）的杯突冲压深度试验值 mm

公称厚度	材料牌号					公称厚度	材料牌号				
	st12	Ust13	st14				st12	Ust13	st14		
		RRst13	ZF	HF	F			RRst13	ZF	HF	F
0.5	8.8	9.5	9.8	9.7	9.6	1.0	9.8	10.5	11.2	10.8	10.7
0.6	9.0	9.8	10.0	9.9	9.8	1.1	9.9	10.7	11.3	11.0	10.9
0.7	9.2	10.0	10.3	10.2	10.1	1.2	10.1	10.8	11.5	11.2	11.1
0.8	9.4	10.2	10.6	10.5	10.3	1.3	10.2	11.0	11.7	11.3	11.2
0.9	9.6	10.3	10.8	10.7	10.5	1.4	10.4	11.1	11.8	11.4	11.4
1.5	10.5	11.2	12.0	11.6	11.5	1.8	10.8	11.6	—	12.1	11.8
1.6	10.6	11.3	—	11.8	11.6	1.9	11.0	11.7	—	12.2	11.9
1.7	10.7	11.5	—	12.0	11.7	2.0	11.1	11.8	—	12.3	12.1

表 4-20 冲压常用不锈钢的力学性能（GB/T 3280—2007）

牌 号	$R_m(\sigma_b)$/MPa ≥	σ_s/MPa ≥	$A(\delta_5)$/% ≥	HBS ≤	类型
1Cr18Ni9 1Cr18Ni9Ti	520	205	40	187	奥氏体型
1Cr13 2Cr13	440 520	205 225	20 18	183 223	马氏体型
1Cr15 1Cr17	450	205	22	183	铁素体型

4.4 冲压用材料的规格

4.4.1 冲压用料的一般规格

冲压用材料大部分是各种规格的板料、带料、条料和块料。

板料的尺寸较大，用于大型零件的冲压。主要规格有：500mm×1500mm、900mm×1800mm、1000mm×2000mm 等。

条料是根据冲压件的需要，由板料剪裁而成，大多用于中小型零件的冲压。手工送料时，条料的长度不宜超过1～1.5m。

带料（又称卷料）有各种不同的宽度和长度，成卷状供应的主要是薄料（大多数厚度$t<3$mm），适用于大批量生产的自动送料，如多工位级进模、自动弯曲机模具几乎全是用成卷的带料来进行冲压生产的。

块料一般用于单件小批量生产和价格昂贵的有色金属的冲压，并广泛用于冷挤压。

除此之外，还有一些特殊规格的料，如电真空器件中广泛采用的天然云母板，它是从矿山中开采而得，因具有“可剥性”，根据需要，厚度通过“撕剥”可控制到一定范围，但外形很不规则。冲压时，由人工选择性控制送料。

4.4.2 钢板钢带常用规格与料厚偏差

钢板钢带是冲压生产中应用最广的材料，这里选编了一些常用材料及常用规格，见表4-21～表4-38，供读者使用参考。没有编入的材料规格可查阅相关标准，必要时通过实测材料获取有关数据（如料厚、料宽的实际尺寸）。

(1) 钢板、钢带品种和常用规格

① 钢板品种及常用规格（表4-21）。

表4-21 钢板品种及常用规格

类别	品种	常用产品及规格举例	
		钢板名称	厚度/mm
普通钢板(包括普通钢钢板和低合金钢钢板)	热轧普通厚钢板(厚度>4mm) 热轧普通薄钢板(厚度≤4mm) 冷轧普通薄钢板(厚度≤4mm)	桥梁用钢板 造船用钢板 汽车大梁用钢板 压力容器用钢板 锅炉用钢板 碳素结构钢钢板 低合金钢钢板 花纹钢板 镀锌薄钢板 镀锡薄钢板 镀铅薄钢板 彩色涂层钢板(带)	4.5～50 1.0～120 2.5～12 6～120 6～120 0.3～200 1.0～200 2.5～8.0 0.25～2.5 0.1～0.5 0.9～1.2 0.3～2.0
优质钢板	热轧优质钢厚钢板(厚度>4mm) 热轧优质钢薄钢板(厚度≤4mm) 冷轧优质钢薄钢板(厚度≤4mm)	碳素结构钢钢板 合金结构钢钢板 碳素钢和合金工具钢钢板 高速工具钢钢板 弹簧钢钢板 滚动轴承钢钢板 不锈钢钢板 耐热钢钢板	0.5～60 0.5～30 0.7～20 1.0～10 0.7～20 1.0～8 0.4～25 4.5～35
复合钢板		不锈复合厚钢板 塑料复合薄钢板 犁铧用三层钢板	4～60 0.35～2 5～10

② 钢带品种及常用规格（表 4-22）。

表 4-22　钢带品种及常用规格

<table>
<tr><th rowspan="2">类别</th><th rowspan="2">品种</th><th colspan="3">常用产品及规格举例</th></tr>
<tr><th>钢带名称</th><th>厚度/mm</th><th>宽度/mm</th></tr>
<tr><td rowspan="4">普通钢带</td><td rowspan="4">热轧普通钢钢带
冷轧普通钢钢带</td><td rowspan="2">普通碳素钢钢带</td><td>2.5～6.0(热轧)</td><td>50～600</td></tr>
<tr><td>0.1～3.0(冷轧)</td><td>10～250</td></tr>
<tr><td>镀锡钢带</td><td>0.08～0.6(冷轧)</td><td></td></tr>
<tr><td>软管用钢带</td><td>0.25～0.7(冷轧)</td><td>4～25</td></tr>
<tr><td rowspan="11">优质钢带</td><td rowspan="11">热轧优质钢钢带
冷轧优质钢钢带</td><td rowspan="2">碳素结构钢钢带</td><td>2.0～5.0(热轧)</td><td>100～250</td></tr>
<tr><td>0.1～4.0(冷轧)</td><td>4～200</td></tr>
<tr><td>合金结构钢钢带</td><td>0.25～3.0(冷轧)</td><td>10～120</td></tr>
<tr><td rowspan="2">碳素和合金工具钢钢带</td><td>2.75～7.0(热轧)</td><td>15～300</td></tr>
<tr><td>0.05～3.0(冷轧)</td><td>4～200</td></tr>
<tr><td>高速工具钢钢带</td><td>1～1.5(冷轧)</td><td>50～100</td></tr>
<tr><td rowspan="2">弹簧钢钢带</td><td>2.5～6.0(热轧)</td><td>60～180</td></tr>
<tr><td>0.1～3.0(冷轧)</td><td>4～200</td></tr>
<tr><td>热处理弹簧钢钢带</td><td>0.08～1.5(冷轧)</td><td>1.5～100</td></tr>
<tr><td rowspan="2">不锈钢钢带</td><td>2.0～8.0(热轧)</td><td>15～1600</td></tr>
<tr><td>0.05～2.5(冷轧)</td><td>20～600</td></tr>
</table>

③ 冷轧钢板钢带的规格（表 4-23）。

表 4-23　冷轧钢板和钢带的规格　　mm

<table>
<tr><th rowspan="2">公称厚度</th><th colspan="7">按下列宽度的最小和最大长度</th></tr>
<tr><th>600</th><th>800</th><th>1000</th><th>1250</th><th>1500</th><th>1800</th><th>2000</th></tr>
<tr><td>0.2</td><td rowspan="4">1200
2500</td><td rowspan="4">1500
2500</td><td rowspan="7">1500
3500</td><td>—</td><td>—</td><td>—</td><td>—</td></tr>
<tr><td>0.3</td><td>—</td><td>—</td><td>—</td><td>—</td></tr>
<tr><td>0.4</td><td>—</td><td>—</td><td>—</td><td>—</td></tr>
<tr><td>0.6</td><td>1500
3000</td><td>—</td><td>—</td><td>—</td></tr>
<tr><td>0.8</td><td rowspan="7">1200
3000</td><td rowspan="7">1500
3000</td><td rowspan="3">1500
4000</td><td rowspan="3">2000
4000</td><td>—</td><td>—</td></tr>
<tr><td>1.0</td><td>—</td><td>—</td></tr>
<tr><td>1.2</td><td>2000
4000</td><td>—</td></tr>
<tr><td>1.5</td><td rowspan="4">1500
4000</td><td rowspan="2">1500
6000</td><td rowspan="4">2000
6000</td><td rowspan="3">2500
6000</td><td>—</td></tr>
<tr><td>2.0</td><td>—</td></tr>
<tr><td>2.5</td><td rowspan="2">2000
6000</td><td>2500
6000</td></tr>
<tr><td>3.0</td><td>2500
2700</td><td>2500
7000</td></tr>
<tr><td>3.5</td><td>—</td><td>—</td><td>—</td><td rowspan="4">2000
4500</td><td>2000
4750</td><td>2500
2700</td><td>2500
2700</td></tr>
<tr><td>4.0</td><td>—</td><td>—</td><td>—</td><td rowspan="3">2000
4500</td><td rowspan="2">1500
2500</td><td rowspan="2">1500
2500</td></tr>
<tr><td>4.5</td><td>—</td><td>—</td><td>—</td></tr>
<tr><td>5.0</td><td>—</td><td>—</td><td>—</td><td>1500
2300</td><td>1500
2300</td></tr>
</table>

(2) 冷轧钢板、钢带尺寸及允许偏差

① 普通碳素结构钢冷轧钢带的厚度与宽度允许偏差（表 4-24）。

表 4-24　普通碳素结构钢冷轧钢带的厚度与宽度允许偏差　mm

<table>
<tr><th rowspan="3">材料厚度</th><th colspan="2">材料厚度下偏差
（上偏差为 0）</th><th rowspan="3">钢带宽度</th><th colspan="4">宽度允许偏差</th><th rowspan="3">钢带长度</th></tr>
<tr><th rowspan="2">普通</th><th rowspan="2">较高</th><th colspan="2">切边钢带</th><th colspan="2">不切边钢带</th></tr>
<tr><th>普通</th><th>较高</th><th>普通</th><th>较高</th></tr>
<tr><td>0.05,0.06
0.08,0.10</td><td>−0.015</td><td>−0.01</td><td>5,10,…,100
（间隔 5）</td><td rowspan="6">宽度≤
100 时为
0
−0.4
宽度＞
100 时为
0
−0.5</td><td rowspan="6">宽度≤
100 时为
0
−0.2
宽度＞
100 时为
0
−0.3</td><td rowspan="11">宽度≤
50 时为
±2.5
宽度＞
50 时为
±3.5</td><td rowspan="11">宽度≤
50 时为
0
−1.5
宽度＞
50 时为
0
−2.5</td><td rowspan="11">一般不短于 10m
最短允许在 5m 以上</td></tr>
<tr><td>0.15</td><td>−0.02</td><td>−0.015</td><td rowspan="3">30,35,…,100
（间隔 5）</td></tr>
<tr><td>0.20,0.25</td><td>−0.03</td><td>−0.02</td></tr>
<tr><td>0.30</td><td>−0.04</td><td>−0.03</td></tr>
<tr><td>0.35,0.40</td><td>−0.04</td><td>−0.03</td><td rowspan="4">30,35,…,200
（间隔 5）</td></tr>
<tr><td>0.45,0.50</td><td>−0.05</td><td>−0.04</td></tr>
<tr><td>0.55,0.60
0.65,0.70</td><td>−0.05</td><td>−0.04</td><td rowspan="2">宽度≤
100 时为
0
−0.5
宽度＞
100 时为
0
−0.6</td><td rowspan="2">宽度≤
100 时为
0
−0.3
宽度＞
100 时为
0
−0.4</td></tr>
<tr><td>0.75,0.80
0.85,0.90
0.95,1.00</td><td>−0.07</td><td>−0.05</td></tr>
<tr><td>1.05,1.10
1.15,1.20
1.25,1.30
1.35,1.40
1.45,1.50</td><td>−0.09</td><td>−0.06</td><td rowspan="3">50,55,…,200
（间隔 5）</td><td rowspan="3"></td><td rowspan="3"></td></tr>
<tr><td>1.60,1.70
1.75,1.80
1.90,2.00
2.10,2.20
2.30,2.40
2.50</td><td>−0.13</td><td>−0.10</td></tr>
<tr><td>2.60,2.70
2.80,2.90
3.00</td><td>−0.16</td><td>0.12</td></tr>
</table>

② 优质碳素结构钢冷轧钢带的尺寸及允许偏差（表 4-25）。

表 4-25　优质碳素结构钢冷轧钢带的尺寸及允许偏差　mm

<table>
<tr><th colspan="4">厚　度</th><th colspan="5">宽　度</th></tr>
<tr><th rowspan="3">公称(基本)尺寸</th><th colspan="3">下偏差(上偏差为 0)</th><th colspan="3">切边钢带</th><th colspan="2">不切边钢带</th></tr>
<tr><th rowspan="2">普通精度</th><th rowspan="2">较高精度</th><th rowspan="2">高精度</th><th rowspan="2">公称(基本)
尺寸</th><th colspan="2">允许偏差</th><th rowspan="2">公称(基本)
尺寸</th><th rowspan="2">允许偏差</th></tr>
<tr><th>普通精度</th><th>较高精度</th></tr>
<tr><td>0.10～0.15</td><td>−0.020</td><td>−0.010</td><td>−0.010</td><td rowspan="2">4～120</td><td rowspan="4">0
−0.3</td><td rowspan="4">0
−0.2</td><td rowspan="6">≤50</td><td rowspan="6">+2
−1</td></tr>
<tr><td>>0.15～0.25</td><td>−0.030</td><td>−0.020</td><td>−0.015</td></tr>
<tr><td>>0.25～0.40</td><td>−0.040</td><td>−0.030</td><td>−0.020</td><td rowspan="2">6～200</td></tr>
<tr><td>>0.40～0.50</td><td>−0.050</td><td>−0.040</td><td>−0.025</td></tr>
<tr><td>>0.50～0.70</td><td>−0.050</td><td>−0.040</td><td>−0.025</td><td rowspan="3">10～200</td><td rowspan="3">0
−0.4</td><td rowspan="3">0
−0.3</td></tr>
<tr><td>>0.70～0.95</td><td>−0.070</td><td>−0.050</td><td>−0.030</td></tr>
<tr><td>>0.95～1.00</td><td>−0.090</td><td>−0.060</td><td>−0.040</td><td>>50</td><td>+3
−2</td></tr>
</table>

续表

<table>
<tr><th colspan="4">厚　度</th><th colspan="5">宽　度</th></tr>
<tr><th rowspan="2">公称(基本)尺寸</th><th colspan="3">下偏差(上偏差为 0)</th><th colspan="3">切边钢带</th><th colspan="2">不切边钢带</th></tr>
<tr><th>普通精度</th><th>较高精度</th><th>高精度</th><th>公称(基本)尺寸</th><th>允许偏差 普通精度</th><th>允许偏差 较高精度</th><th>公称(基本)尺寸</th><th>允许偏差</th></tr>
<tr><td>>1.00～1.35</td><td>−0.090</td><td>−0.060</td><td>−0.040</td><td rowspan="5">18～200</td><td rowspan="5">0
−0.6</td><td rowspan="5">0
−0.4</td><td rowspan="5">>50</td><td rowspan="5">+3
−2</td></tr>
<tr><td>>1.35～1.75</td><td>−0.110</td><td>−0.080</td><td>−0.050</td></tr>
<tr><td>>1.75～2.30</td><td>−0.120</td><td>−0.100</td><td>−0.060</td></tr>
<tr><td>>2.30～3.00</td><td>−0.160</td><td>−0.120</td><td>−0.080</td></tr>
<tr><td>>3.00～4.00</td><td>−0.200</td><td>−0.160</td><td>−0.100</td></tr>
</table>

③ 冷轧钢板的厚度偏差（表 4-26）。

表 4-26　冷轧钢板的厚度偏差　　mm

<table>
<tr><th rowspan="4">公称厚度</th><th colspan="6">厚度允许偏差[①]</th></tr>
<tr><th colspan="3">普通精度 PT. A</th><th colspan="3">较高精度 PT. B</th></tr>
<tr><th colspan="3">公称宽度</th><th colspan="3">公称宽度</th></tr>
<tr><th>≤1200</th><th>>1200～1500</th><th>>1500</th><th>≤1200</th><th>>1200～1500</th><th>>1500</th></tr>
<tr><td>≤0.40</td><td>±0.04</td><td>±0.05</td><td>±0.06</td><td>±0.025</td><td>±0.035</td><td>±0.045</td></tr>
<tr><td>>0.40～0.60</td><td>±0.05</td><td>±0.06</td><td>±0.07</td><td>±0.035</td><td>±0.045</td><td>±0.050</td></tr>
<tr><td>>0.60～0.80</td><td>±0.06</td><td>±0.07</td><td>±0.08</td><td>±0.040</td><td>±0.050</td><td>±0.050</td></tr>
<tr><td>>0.80～1.00</td><td>±0.07</td><td>±0.08</td><td>±0.09</td><td>±0.045</td><td>±0.060</td><td>±0.060</td></tr>
<tr><td>>1.00～1.20</td><td>±0.08</td><td>±0.09</td><td>±0.10</td><td>±0.055</td><td>±0.070</td><td>±0.070</td></tr>
<tr><td>>1.20～1.60</td><td>±0.10</td><td>±0.11</td><td>±0.11</td><td>±0.070</td><td>±0.080</td><td>±0.080</td></tr>
<tr><td>>1.60～2.00</td><td>±0.12</td><td>±0.13</td><td>±0.13</td><td>±0.080</td><td>±0.090</td><td>±0.090</td></tr>
<tr><td>>2.00～2.50</td><td>±0.14</td><td>±0.15</td><td>±0.15</td><td>±0.100</td><td>±0.110</td><td>±0.110</td></tr>
<tr><td>>2.50～3.00</td><td>±0.16</td><td>±0.17</td><td>±0.17</td><td>±0.110</td><td>±0.120</td><td>±0.120</td></tr>
<tr><td>>3.00～4.00</td><td>±0.17</td><td>±0.19</td><td>±0.19</td><td>±0.140</td><td>±0.150</td><td>±0.150</td></tr>
</table>

① 距钢带焊缝处 15m 内的厚度允许偏差比表 4-26 规定值增加 60%，距钢带两端各 15m 内的厚度允许偏差比表 4-26 规定值增加 60%。

注：本表数据来源于 GB/T 708—2006。

④ 镀锌钢板的尺寸规格与偏差（表 4-27）。

表 4-27　镀锌钢板的尺寸规格与偏差　　mm

钢板厚度	厚度偏差	常用钢板的宽度×长度
0.25,0.30,0.35,0.40,0.45	±0.05	510×710　850×1700 710×1420　900×1800 750×1500　900×2000
0.50,0.55 0.60,0.65 0.70,0.75 0.80,0.90	±0.05 ±0.06 ±0.07 ±0.08	710×1420　900×1800 750×1500　900×2000 750×1800　1000×2000 850×1700
1.00,1.10 1.20,1.25,1.30 1.40,1.50 1.60,1.80 2.00	±0.09 ±0.11 ±0.12 ±0.14 ±0.16	710×1420　750×1800 750×1500　850×1700 900×1800　1000×2000

注：本表数据来源于 GB 710—1991。

⑤ 深冲压用冷轧薄钢板和钢带（08Al）厚度允许偏差（表 4-28）。

表 4-28 深冲压用冷轧薄钢板和钢带厚度允许偏差（宽度≤2000mm） mm

厚度	A级精度	B级精度	厚度	A级精度	B级精度
0.5	±0.03	±0.04	1.4	±0.08	±0.10
0.55～0.6	±0.04	±0.05	1.5	±0.09	±0.11
0.70～0.75	±0.05	±0.06	1.6～1.8	±0.09	±0.12
0.8～0.90	±0.05	±0.06	2.0	±0.10	±0.13
1.0～1.10	±0.06	±0.07	2.2	±0.11	±0.14
1.2	±0.07	±0.09	2.5	±0.12	±0.15
1.3	±0.08	±0.10	2.8～3.0	±0.14	±0.16

(3) 硅钢板、带规格及尺寸允许偏差

① 电信用冷轧硅钢带的规格（表 4-29）。

表 4-29 电信用冷轧硅钢带的规格 mm

<table>
<tr><th rowspan="2">牌号</th><th rowspan="2">厚度</th><th colspan="2">厚度允许偏差</th><th rowspan="2">宽度</th><th colspan="4">宽度允许偏差</th></tr>
<tr><th>宽度<200</th><th>宽度≥200</th><th>宽5～10时</th><th>宽12.5～40时</th><th>宽50～80时</th><th>宽>80时</th></tr>
<tr><td rowspan="3">DG1、DG2
DG3、DG4</td><td>0.5</td><td>±0.005</td><td></td><td>5、6.5、8、10、12.5、15、16、20、25、32、40、50、64、80、100</td><td>0
−0.20</td><td>0
−0.25</td><td>0
−0.30</td><td rowspan="4">0
−1</td></tr>
<tr><td>0.8
1.0</td><td>±0.010</td><td></td><td>5、6.5、8、10、12.5、15、16、20、25、32、40、50、64、80、100、110</td><td>0
−0.20</td><td>0
−0.25</td><td>0
−0.30</td></tr>
<tr><td>0.20</td><td>±0.015</td><td>±0.02</td><td>80～300</td><td></td><td></td><td>0
−0.30</td></tr>
<tr><td>DQ1、DQ2
DQ3、DQ4
DQ5、DQ6</td><td>0.35</td><td>±0.020</td><td>±0.03</td><td>80～600</td><td></td><td></td><td>0
−0.30</td></tr>
</table>

② 硅钢薄钢板尺寸规格（表 4-30）。

表 4-30 硅钢薄钢板尺寸规格 mm

钢板厚度	宽度×长度	备注
0.35 0.5	600×1200 670×1340 750×1500 810×1620 860×1720 900×1800 1000×2000	厚度为0.2、0.1的薄钢板宽度及长度可由供需双方协议

(4) 不锈钢

① 不锈钢热轧钢带的类别与牌号（表 4-31）。

表 4-31 不锈钢热轧钢带的类别与牌号

类别	序号	牌号	类别	序号	牌号
奥氏体型	1	1Cr17Mn6Ni5N	奥氏体型	10	0Cr19Ni10NbN
	2	1Cr18Mn8Ni5N		11	00Cr18Ni10N
	3	1Cr17Ni7		12	1Cr18Ni12
	4	1Cr17Ni8		13	0Cr23Ni13
	5	1Cr18Ni9		14	0Cr25Ni20
	6	1Cr18Ni9Si3		15	0Cr17Ni12Mo2
	7	0Cr19Ni9		16	00Cr17Ni14Mo2
	8	00Cr19Ni11		17	0Cr17Ni12Mo2N
	9	0Cr19Ni9N		18	00Cr17Ni13Mo2N

续表

类别	序号	牌　　号	类别	序号	牌　　号
奥氏体型	19	(1Cr18Ni12Mo2Ti)	铁素体型	37	1Cr17
	20	(0Cr18Ni12Mo2Ti)		38	00Cr17
	21	(1Cr18Ni12Mo3Ti)		39	1Cr17Mo
	22	(0Cr18Ni12Mo3Ti)		40	00Cr17Mo
	23	0Cr18Ni12Mo2Cu2		41	00Cr18Mo2
	24	00Cr18Ni14Mo2Cu2		42	00Cr30Mo2
	25	0Cr19Ni13Mo3		43	00Cr27Mo
	26	00Cr19Ni13Mo3	马氏体型	44	1Cr12
	27	0Cr18Ni16Mo5		45	1Cr13
	28	(1Cr18Ni9Ti)		46	0Cr13
	29	0Cr18Ni11Ti		47	2Cr13
	30	0Cr18Ni11Nb		48	3Cr13
	31	0Cr18Ni13Si4		49	3Cr16
奥氏体-铁素体型	32	0Cr26Ni5Mo2		50	7Cr17
	33	00Cr18Ni5Mo3Si2	沉淀硬化型	51	0Cr17Ni7Al
铁素体型	34	0Cr13Al			
	35	00Cr12			
	36	1Cr15			

注：加括号的牌号不推荐使用。

② 不锈钢和耐热钢冷轧钢带（GB/T 4239—1991）。

a. 钢带厚度尺寸规格（表 4-32）。

表 4-32　钢带厚度尺寸规格

mm

厚度	0.30、0.40、0.50、0.60、0.70、0.80、0.90、1.00、1.20、1.50、2.00、2.50、3.50

b. 宽度不大于 600mm 钢带的厚度允许偏差（表 4-33）。

表 4-33　宽度不大于 600mm 钢带的厚度允许偏差

mm

厚度	宽度				厚度	宽度			
	20～150	>150～250	>250～400	>400～600		20～150	>150～250	>250～400	>400～600
0.05～0.10	±0.01	±0.01	±0.01	—	>0.90～1.20	+0.03 −0.04	±0.04	±0.04	+0.04 −0.05
>0.10～0.15	±0.01	±0.01	±0.01	—	>1.20～1.50	+0.04 −0.05	±0.05	±0.05	+0.05 −0.06
>0.15～0.25	+0.01 −0.02	+0.01 −0.02	+0.01 −0.02	±0.02	>1.50～1.80	±0.06	+0.06 −0.07	+0.06 −0.07	±0.07
>0.25～0.45	±0.02	±0.02	±0.02	+0.02 −0.03	>1.80～2.0	±0.06	±0.07	+0.07 −0.08	±0.08
>0.45～0.65	+0.02 −0.03	+0.02 −0.03	+0.02 −0.03	±0.03	>2.0～2.5	±0.07	±0.08	+0.08 −0.09	±0.09
>0.65～0.90	±0.03	±0.03	+0.03 −0.04	±0.04					

c. 普通精度（P）钢带宽度允许偏差（表 4-34）

表 4-34　普通精度（P）钢带宽度允许偏差

mm

边缘状态	宽　度				
	20～50	>50～150	>150～250	>250～400	>400～600
切边钢带	+1.0 0	+2.0 0	+3.0 0	+4.0 0	+5.0 0
不切边钢带	+2 −1	+3 −2	+6 −2	+7 −3	+20 0

d. 高级精度（K）切边钢带宽度允许偏差（表 4-35）。

表 4-35　高级精度（K）切边钢带宽度允许偏差　mm

厚　度	宽　度			
	20～150	>150～250	>250～400	>400～600
0.05～0.50	±0.15	±0.20	±0.25	±0.30
>0.5～1.0	±0.20	±0.25	±0.25	±0.30
>1.0～1.5	±0.20	±0.30	±0.30	±0.40
>1.5～2.5	±0.25	±0.35	±0.35	±0.50
>2.5～4.0	±0.30	±0.40	±0.40	±0.50

③ 弹簧用不锈钢冷轧钢带（YB/T 5310—2006）。

a. 弹簧用不锈钢冷轧钢带尺寸规格（表 4-36）。

表 4-36　弹簧用不锈钢冷轧钢带尺寸规格　mm

名称	尺寸规格
厚度	0.10、0.12、0.15、0.20、0.25、0.28、0.30、0.35、0.40、0.45、0.50、0.55、0.60、0.70、0.80、0.90、1.00、1.10、1.20、1.40、1.60
宽度	10、13、16、20、25、32、40、50、63、80、100、125、160、200、250

b. 弹簧用不锈钢冷轧钢带的厚度与宽度允许偏差（表 4-37、表 4-38）。

表 4-37　弹簧用不锈钢冷轧钢带的厚度允许偏差　mm

厚度 \ 允许偏差 \ 宽度	普通精度		高级精度	
	<150	≥150～<250	<80	≥80～<250
0.10～0.15	+0.01 −0.02	±0.02	±0.01	±0.01
>0.15～0.25	±0.02	+0.02 +0.03	±0.01	+0.01 −0.02
>0.25～0.45	+0.02 −0.03	±0.03	+0.01 −0.02	±0.02
>0.45～0.65	±0.03	±0.04	±0.02	+0.02 −0.03
>0.65～0.90	±0.04	±0.04	+0.02 −0.03	±0.03
>0.90～1.20	±0.04	±0.05	±0.03	+0.03 −0.04
>1.20～1.50	±0.05	±0.05	+0.03 −0.04	±0.04
>1.50～1.60	±0.06	±0.07	±0.04	+0.04 −0.05

表 4-38　弹簧用不锈钢冷轧钢带的宽度允许偏差　mm

厚度	钢带宽度		
	10～<80	80～<160	160～<250
	宽度允许偏差		
≤0.50	±0.10	±0.15	±0.20
>0.50～1.00	±0.15	±0.20	±0.25
>1.00～1.60	±0.20	±0.20	±0.30

4.4.3　有色金属材料常用规格

有色金属材料也是冲压生产中应用最广的一种材料，其中铝及铝合金、铜和铜合金材料应用最多，这里选编了部分常用材料及规格，见表 4-39～表 4-46，供参考。

(1) 铝及铝合金板、带

① 铝及铝合金轧制板材尺寸规格（表 4-39）。

表 4-39　铝及铝合金轧制板材尺寸规格　mm

板材厚度	>0.2～0.8	>0.8～1.2	>1.2～4.5	>4.5～8
宽度尺寸	1000～1500	1000～2000	1000～2400	1000～4800
长度尺寸	1000～10000			

② 铝及铝合金冷轧带材厚度允许偏差（表 4-40）。

表 4-40　铝及铝合金冷轧带材厚度允许偏差　mm

厚度	宽度尺寸				
	≤450	>450～900	>900～1400	>1400～1800	>1800～2300
>0.2～0.25	±0.03	±0.04	±0.05	—	—
>0.25～0.45	±0.04	±0.04	±0.05	—	—
>0.45～0.7	±0.04	±0.05	±0.05	±0.08	—
>0.7～0.9	±0.05	±0.05	±0.06	±0.09	±0.13
>0.9～1.1	±0.05	±0.06	±0.08	±0.10	±0.13
>1.1～1.7	±0.06	±0.08	±0.10	±0.13	±0.15
>1.7～1.9	±0.06	±0.08	±0.10	±0.15	±0.20
>1.9～2.4	±0.08	±0.08	±0.10	±0.15	±0.20
>2.4～2.7	±0.09	±0.10	±0.13	±0.18	±0.23
>2.7～3.6	±0.11	±0.11	±0.13	±0.18	±0.23
>3.6～4.5	±0.15	±0.15	±0.20	±0.23	±0.28
>4.5～5	±0.18	±0.18	±0.23	±0.28	±0.33
>5～6	±0.23	±0.23	±0.28	±0.33	±0.38

注：铝及铝合金冷轧带材宽度为 60～2000mm。

(2) 空调器散热片用铝箔（YS/T 95—2009）

① 牌号和规格（表 4-41）。

表 4-41　空调器散热片用铝箔的牌号和规格

牌号	状态	宽度/mm	厚度/mm
1060、1050A 1145、1235 1100 1200	O	50～1300	0.10～0.20
	H24		0.10～0.20
	O		0.10～0.20
	H22		0.10～0.15
	H24		0.10～0.15
	H26		0.10～0.15
	H18		0.10

注：铝箔成卷供应，内径分别为 75mm、75.2mm、76.2mm、80mm、150mm、200mm；内径要求其他规格时，和外径一样，供需双方协商。

② 允许偏差（表 4-42）。

表 4-42　空调器散热片用铝箔的尺寸允许偏差　mm

厚度	厚度允许偏差	宽度	宽度允许偏差
0.100～0.115	±0.005	≤500	±0.5
>0.115～0.130	±0.008	>500	±1.0
>0.130～0.160	±0.010		
>0.160～0.200	±0.012		

(3) 铜及铜合金板、带

① 铜及铜合金板、带材规格尺寸（表 4-43）。

表 4-43　铜及铜合金板、带材规格尺寸　mm

材料名称		状态	厚度	宽度	长度	
纯铜带	T2、T3	M Y_2 Y	0.05～2.0	≤600	—	
黄铜板	H62、H68	M Y Y_2 T	0.2～10.0	200～3000	宽度＞1100 时最大长度 3000	
黄铜带	H62、H68	M、Y、Y_2	0.05～0.2	200～600	厚度	长度
	HPb59-1、HMn58-2			200～300	0.05～0.5	≥20000
					＞0.5～1.0	≥10000
	H62、H68	T	0.05～1.0	200～600	＞1.0～2.0	≥7000
铝青铜带	QAl15 QAl17 QAl19-2 QAl19-4	M Y_2 Y T	0.05～1.2	20～300	2000	
锡青铜带	QSn6.5-0.1	M Y_2 Y T	0.05～0.4	25～280	—	
	QSn6.5-0.4		＞0.4～2.0	100～600		
锰青铜带	QMn1.5	M	0.1～1.2	20～300	≥2000	
	QMn5	M Y	0.1～1.2	20～300	≥2000	

注：状态 M（软）、Y_2（半硬）、Y（硬）、T（特硬）。

② 纯铜、黄铜带材的厚度允许偏差（表 4-44）。

表 4-44　纯铜、黄铜带材的厚度允许偏差　mm

厚　度	宽　度							
	≤200		＞200～300		＞300～600		＞600～1000	
	普通级	较高级	普通级	较高级	普通级	较高级	普通级	较高级
	厚度允许偏差　±							
0.05～0.1	0.007	0.005	0.010	0.007	—	—	—	—
＞0.1～0.2	0.012	0.007	0.015	0.010	0.020	0.015	—	—
＞0.2～0.3	0.015	0.010	0.020	0.015	0.025	0.020	—	—
＞0.3～0.4	0.020	0.015	0.025	0.020	0.030	0.025	—	—
＞0.4～0.5	0.025	0.020	0.030	0.025	0.035	0.030	0.050	0.040
＞0.5～0.8	0.030	0.025	0.040	0.035	0.045	0.040	0.070	0.060
＞0.8～1.0	0.040	0.030	0.045	0.040	0.050	0.045	0.080	0.070
＞1.0～1.2	0.045	0.035	0.050	0.045	0.060	0.050	0.100	0.080
＞1.2～2.0	0.050	0.045	0.060	0.050	0.080	0.070	0.120	0.100
＞2.0～3.0	0.060	0.050	0.070	0.060	0.100	0.080	0.140	0.120

注：需方只要求单向偏差时，其值为表中数值的 2 倍。

③ 青铜、白铜带材的厚度允许偏差（表 4-45）。

表 4-45　青铜、白铜带材的厚度允许偏差　mm

厚　度	宽　度					
	≤200		＞200～300		＞300～600	
	普通级	较高级	普通级	较高级	普通级	较高级
	厚度允许偏差　±					
0.05～0.1	0.005	—	0.010	—	—	—
＞0.1～0.2	0.010	0.005	0.015	0.007	0.020	0.010
＞0.2～0.3	0.015	0.008	0.020	0.010	0.035	0.015

续表

厚度	宽度					
	≤200		>200～300		>300～600	
	普通级	较高级	普通级	较高级	普通级	较高级
	厚度允许偏差 ±					
>0.3～0.4	0.020	0.010	0.025	0.015	0.040	0.025
>0.4～0.5	0.025	0.015	0.035	0.020	0.050	0.035
>0.5～0.8	0.030	0.020	0.045	0.025	0.060	0.040
>0.8～1.0	0.040	0.025	0.050	0.030	0.070	0.050
>1.0～1.2	0.050	0.030	0.060	0.035	0.080	0.060
>1.2～2.0	0.065	0.045	0.070	0.050	0.090	0.070
>2.0～3.0	0.080	0.060	0.085	0.060	0.100	0.090

注：需方只要求单向偏差时，其值为表中数值的2倍。

④ 集成电路引线框架用4J42K合金冷轧带材尺寸及其允许偏差（YB/T 100—1997）（表4-46、表4-47）。

表 4-46　4J42K 合金带材尺寸及其允许偏差　mm

厚度	允许偏差	宽度	允许偏差
0.10～0.30	±0.008	≤65	±0.05

表 4-47　4J42K 合金带材的翘曲和扭曲

材料厚度/mm	翘曲/(mm/m)	扭曲/[(°)/m]	侧弯/(mm/m)	横向弯曲/mm	毛刺/mm
0.10～0.30	≤50	≤10	≤1	≤0.05	≤0.01

注：合金带材应成卷交货，卷内直径应不小于300mm。

4.4.4 常见冲压用非金属材料规格

常见冲压用非金属材料的规格与公差，见表4-48。

表 4-48　常见冲压用非金属材料的规格与公差　mm

名称	厚度	厚度允差	卷纸带宽度	
电缆纸	0.08	±0.005	500和750	
	0.12	±0.007		
	0.17	±0.01		
毛毡	厚度		厚度	
	(1.5～2.5)±18%		(5.1～13)±9%	
	(2.6～5)±12%		(13～25)±8%	
软钢纸板	长度×宽度		厚度	
	920×650		0.5～0.8	
	650×490		0.9～1.0	
	650×400		1.1～2.0	
	400×300		2.1～3.0	
硅橡胶板	厚度	厚度允差	厚度	厚度允差
	0.5	±0.15	5.0,6.0	±0.7
	1.0	±0.2	8.0,10.0	±1.0
	1.5,2.0	±0.3	12.0	±1.2
	3.0,4.0	±0.5		
玻璃布板	厚度	厚度允差	厚度	厚度允差
	0.5,0.8	±0.20	2.5,3.0,3.5	±0.33
	1.0,1.2,1.5	±0.25	4.0,4.5	±0.38
	1.8,2.0	±0.30	5.0,5.5	±0.48

名称	厚度	厚度允差	厚度	厚度允差
电工用纸板	0.2	±0.06	1.0	±0.13
	0.3		1.2	±0.15
	0.4	±0.07	1.5	
	0.5		2.0	±0.23
	0.6	±0.11	2.5	±0.28
	0.7		3.0	
	0.8	±0.13		
电工用布胶板	0.5	±0.15	1.5	±0.18
	0.8		2.0	±0.23
	1.0		2.5	±0.23
	1.2	±0.18	3.0	±0.23
航空胶板	0.5	±0.1	4.0	±0.4
	1.0,1.5	±0.15	5.0,6.0	±0.5
	2.0,2.5	±0.2	8.0	±0.7
	3.0	±0.25	10.0	±1.0
绝缘纸板	0.10	+0.02 −0.01	1.0	±0.07
	0.15	±0.20	1.5	±0.10
	0.20		2.0	
	0.30	+0.03 −0.02	2.5	±0.25

续表

名称	厚度	厚度允差	卷纸带宽度
有机玻璃板	厚度	允许偏差(一级)	允许偏差(二级)
	1.0	±0.20	±0.40
	2.0～3.0	±0.25	±0.60
	4.0～5.0	±0.50	±0.80
	6.0～7.0	±0.60	±0.90
	8.0～9.0	±0.70	±1.00
云母板	厚度	允差(平均值)	允差(个别值)
	0.15	±0.04	±0.08
	0.20,0.25	±0.05	±0.12
	0.30,0.40,0.50	±0.07	±0.15

名称	厚度	厚度允差	厚度	厚度允差
绝缘纸板	0.40	+0.04 −0.02	3.0	±0.30
	0.50	±0.05		
绝缘纸板	卷筒		平板	
	厚度	厚度允差	厚度	厚度允差
	0.5	±0.05	0.5	±0.05
			1.0	±0.10
			1.5	±0.15
			2.0	+0.20 −0.15
			2.5	±0.20
			3.0	

注：本表数据来源于 YB/T —93。

4.5　冲压用料的质量计算

4.5.1　材料理论质量的通用计算式

常用型材（含板料、带料、棒料等）理论质量的通用计算公式如下

$$W=FL\rho\frac{1}{1000}$$

式中　W——材料质量，习惯叫重量，kg，钢材理论质量计算简式见表 4-49；

F——断面积，mm^2，钢材断面面积的计算公式见表 4-50；

L——料的长度，m；

ρ——密度，kg/cm^3，常用材料密度见表 4-51，其中冲压用碳钢钢板，计算时取 $\rho=7.85kg/cm^3$。

表 4-49　钢材理论质量计算简式

序号	钢材类别	理论质量 $W/(kg/m)$	备注
1	圆钢、线材、钢丝	$W=0.00617\times$直径^2	①角钢、工字钢和槽钢的准确计算公式很繁，表列简式用于计算近似值 ②f 值：一般型号及带 a 的为 3.34，带 b 的为 2.65，带 c 的为 2.26 ③e 值：一般型号及带 a 的为 3.26，带 b 的为 2.44，带 c 的为 2.24 ④各长度单位均为 mm
2	方钢	$W=0.00785\times$边长^2	
3	六角钢	$W=0.0068\times$对边距离^2	
4	八角钢	$W=0.0065\times$对边距离^2	
5	等边角钢	$W=0.00785\times$边厚(边宽$\times$2－边厚)	
6	不等边角钢	$W=0.00785\times$边厚(长边宽＋短边宽－边厚)	
7	工字钢	$W=0.00785\times$腰厚[高＋f(腿宽－腰厚)]	
8	槽钢	$W=0.00785\times$腰厚[高＋e(腿宽－腰厚)]	
9	扁钢、钢板、钢带	$W=0.00785\times$宽$\times$厚	
10	钢管	$W=0.02466\times$壁厚(外径－壁厚)	

表 4-50　钢材断面面积的计算公式

序号	钢材类别	断面面积计算公式	代号说明
1	圆钢、圆盘条、钢丝	$F=0.7854d^2$	d—外径
2	方钢	$F=a^2$	a—边宽
3	圆角方钢	$F=a^2-0.8584r^2$	a—边宽；r—圆角半径

续表

序号	钢材类别	断面面积计算公式	代号说明
4	六角钢	$F=0.866a^2$ $=2.598s^2$	a—对边距离；s—边宽
5	八角钢	$F=0.8284a^2$ $=4.8284s^2$	
6	等边角钢	$F=d(2b-d)+0.2146(r^2-2r_1^2)$	d—边厚；b—边宽；r—内面圆角半径；r_1—端边圆角半径
7	不等边角钢	$F=d(B+b-d)+0.2146(r^2-2r_1^2)$	d—边厚；B—长边宽；b—短边宽；r—内面圆角半径；r_1—端边圆角半径
8	工字钢	$F=hd+2t(b-d)+0.58(r^2-r_1^2)$	h—高度；b—腿宽；d—腰厚；t—平均腿厚；r—内面圆角半径；r_1—边端圆角半径
9	槽钢	$F=hd+2t(b-d)+0.34(r^2+r_1^2)$	
10	钢板、扁钢、带钢	$F=at$	a—边宽；t—厚度
11	圆角扁钢	$F=at-0.8584r^2$	a—边宽；t—厚度；r—圆角半径
12	钢管	$F=3.1416t(D-t)$	D—外径；t—壁厚

表 4-51　常用材料密度（供参考）

材料名称	密度/(kg/cm³)	材料名称	密度/(kg/cm³)	材料名称	密度/(kg/cm³)	材料名称	密度/(kg/cm³)
碳素钢	7.8～7.85	H68	8.6	铝青铜	8.2	铅	11.3～11.4
高合金钢	7.5～8.1	康铜(锰白铜)	8.9	铝镁青铜	8.2	锡	7.3～7.5
铸钢	7.8	无氧铜	8.94	硬铝	2.8	镍	8.9
灰口铸铁	6.6～7.4	铅黄铜	8.6	纯铝	2.7	钨	19.3
球墨铸铁	7.0～7.4	镍铝黄铜	8.4～8.5	高强度铝镁铝合金(退火状态)	2.8	钼	10.2～10.3
电工纯铁	7.87	锡磷青铜	8.65～8.9	铝锰合金	2.73	布胶板	1.3～1.4
T10、T10A	7.83	可伐合金	8.4	铝镁合金	2.65～2.67	纸胶板	1.3～1.4
40Cr	7.83	硬质合金		钛	4.54	云母	2.8～3.2
CCr15、9CrSi	7.8	YG8	14.5～14.9	钛合金	4.4	赛璐珞	1.35～1.4
W18Cr4V	8.69	YG15	13～14.2	黄金	19.361	有机玻璃	1.16～1.2
0Cr18Ni9、1Cr18Ni9Ti	7.92	YG20	13.4～13.5	银	10.5	桦木胶合板	0.77～0.85
		钢结硬质合金		白金	21.56	松木胶合板	0.54
纯铜	8.94	GT35	6.4～6.6	德银(BZn15-20)	8.89	硬橡胶	1.25
H62	8.5	GW50	10.3～10.6	锌	7.13	石棉	2.5

4.5.2 板（带）料尺寸计算速查

① 钢板（钢带）理论质量（表 4-52）。

表 4-52　钢板（钢带）理论质量

厚度/mm	理论质量/(kg/m²)	厚度/mm	理论质量/(kg/m²)	厚度/mm	理论质量/(kg/m²)	厚度/mm	理论质量/(kg/m²)	厚度/mm	理论质量/(kg/m²)	厚度/mm	理论质量/(kg/m²)
0.20	1.570	0.56	4.396	1.1	8.635	1.9	14.92	3.8	29.83	6.0	47.10
0.25	1.963	0.60	4.710	1.2	9.420	2.0	15.70	3.9	30.62	6.5	51.03
0.30	2.355	0.65	5.103	1.3	10.21	2.2	17.27	4.0	31.40	7.0	54.95
0.35	2.748	0.70	5.495	1.4	10.99	2.5	19.63	4.2	32.97	8.0	62.80
0.40	3.140	0.75	5.888	1.5	11.78	2.8	21.98	4.5	35.33	9.0	70.65
0.45	3.533	0.80	6.280	1.6	12.56	3.0	23.55	4.8	37.68	10	78.50
0.50	3.925	0.90	7.065	1.7	13.35	3.2	25.12	5.0	39.25		
0.55	4.318	1.0	7.850	1.8	14.1	3.5	27.48	5.5	43.18		

注：钢板（钢带）理论质量的密度按 7.85g/cm³ 计算。高合金钢（如不锈钢）的密度不同，不能使用本表。

② 钢板尺寸计算速查（表 4-53）。

表 4-53 钢板尺寸计算速查表

钢板(长×宽)/mm	厚/mm	单张钢板质量/kg	每吨钢板张数	钢板(长×宽)/mm	厚/mm	单张钢板质量/kg	每吨钢板张数
2000×1000	0.5	7.85	127.4	2500×1250	2.2	54	18.5
	0.6	9.42	106.2		2.5	61.3	16.3
	0.8	12.56	79.6		2.8	68.7	14.6
	1.0	15.7	63.7		3.0	73.6	13.6
	1.2	18.8	53.2	6000×18000	0.3	254	3.94
	1.5	23.6	42.4		3.5	296.7	3.37
	1.8	28.3	35.3		4.0	339.1	2.95
	2.0	31.4	31.8		5.0	423.9	2.4
	2.2	34.5	29		6.0	509	1.96
	2.5	39.3	25.4		8.0	678	1.47
	2.8	44	22.7		10.0	848	1.18
	3.0	47.1	21.2	6000×2000	6.0	565	1.77
2500×1250	0.5	12.27	81.5		8.0	754	1.33
	0.6	14.72	68		10.0	942	1.06
	0.8	19.63	50.9		12.0	1130	0.85
	1.0	24.54	40.8		15.0	1413	0.71
	1.2	29.4	34				
	1.5	36.8	27.2				
	1.8	44.2	22.6				
	2.0	49	20.4				

③ 钢带尺寸计算速查见表 4-54。

表 4-54 钢带尺寸计算速查表

厚度/mm	宽度/mm	每米长质量/(kg/m)	厚度/mm	宽度/mm	每米长质量/(kg/m)	厚度/mm	宽度/mm	每米长质量/(kg/m)	厚度/mm	宽度/mm	每米长质量/(kg/m)
0.05	125	0.049	0.60	250	1.176	2.2	350	6.05	1.0	500	3.93
0.08		0.079	0.80		1.57	2.5		6.875	1.2		4.72
0.10		0.098	1.00		1.96	2.8		7.7	1.5		5.9
0.15		0.147	0.1	300	0.236	3.0		8.25	1.8		7.07
0.20		0.196	0.2		0.472	0.1	400	0.314	2.0		7.86
0.25		0.245	0.3		0.708	0.2		0.628	2.2		8.65
0.30		0.294	0.4		0.944	0.3		0.942	2.5		9.83
0.40		0.393	0.5		1.18	0.4		1.256	2.8		11
0.50		0.49	0.6		1.416	0.5		1.57	3.0		11.8
0.05	200	0.079	0.8		1.888	0.6		1.884	0.1	600	0.471
0.08		0.126	1.0		2.36	0.8		2.512	0.2		0.942
0.10		0.157	1.2		2.832	1.0		3.14	0.3		1.413
0.15		0.236	1.5		3.54	1.2		3.77	0.4		1.884
0.20		0.314	1.8		4.25	1.5		4.71	0.5		2.355
0.25		0.393	2.0		4.72	1.8		5.65	0.6		2.826
0.30		0.471	0.1	350	0.275	2.0		6.28	0.8		3.768
0.40		0.628	0.2		0.55	2.2		6.91	1.0		4.71
0.50		0.785	0.3		0.825	2.5		7.85	1.2		5.65
0.05	250	0.098	0.4		1.1	2.8		8.79	1.5		7.07
0.08		0.157	0.5		1.375	3.0		9.42	1.8		8.48
0.10		0.196	0.6		1.65	0.1	500	0.393	2.0		9.42
0.15		0.294	0.8		2.2	0.2		0.786	2.2		10.36
0.20		0.392	1.0		2.75	0.3		1.18	2.5		11.78
0.25		0.49	1.2		3.3	0.4		1.57	2.8		13.19
0.30		0.588	1.5		4.125	0.5		1.97	3.0		14.13
0.40		0.785	1.8		4.95	0.6		2.36			
0.50		0.98	2.0		5.5	0.8		3.14			

④ 有色金属带材每米长度质量见表 4-55～表 4-58。

表 4-55 锡青铜带每米长度质量

厚度/mm	宽度/mm						
	100	150	200	250	300	450	600
	每米长度质量/(kg/m)						
0.4	0.35	0.53	0.70	0.88	1.06	1.58	2.11
0.6	0.53	0.8	1.06	1.32	1.58	2.38	3.17
0.8	0.70	1.06	1.41	1.76	2.11	3.16	4.22
1.0	0.88	1.32	1.76	2.2	2.64	3.96	5.28
1.2	1.06	1.58	2.11	2.64	3.13	4.75	6.34
1.5	1.32	1.98	2.64	3.3	3.96	5.94	7.92
1.8	1.58	2.38	3.17	3.96	4.75	7.13	9.5
2.0	1.76	2.64	3.52	4.4	5.28	7.92	10.56

表 4-56 黄铜带每米长度质量

厚度/mm	宽度/mm						
	100	150	200	250	300	450	600
	每米长度质量/(kg/m)						
0.4	0.34	0.52	0.69	0.86	1.03	1.55	2.06
0.6	0.52	0.77	1.03	1.29	1.55	2.32	3.10
0.8	0.69	1.03	1.38	1.72	2.06	3.10	4.13
1.0	0.86	1.29	1.72	2.15	2.58	3.87	5.16
1.2	1.03	1.55	2.06	2.58	3.10	4.64	6.19
1.5	1.29	1.94	2.6	3.23	3.87	5.81	7.74
1.8	1.55	2.32	3.10	3.87	4.64	7.00	9.30
2.0	1.72	2.58	3.44	4.3	5.16	7.74	10.32

表 4-57 纯铜带每米长度质量

厚度/mm	宽度/mm						
	100	150	200	250	300	450	600
	每米长度质量/(kg/m)						
0.2	0.18	0.27	0.36	0.45	0.53	—	—
0.4	0.36	0.54	0.72	0.90	1.06	1.6	2.14
0.6	0.53	0.80	1.07	1.34	1.60	2.41	3.2
0.8	0.72	1.08	1.44	1.80	2.14	3.2	4.28
1.0	0.89	1.34	1.78	2.23	2.67	4.01	5.34
1.2	1.07	1.61	2.14	2.68	3.2	4.81	6.41
1.5	1.34	2.01	2.67	3.35	4.0	6.02	8.01
1.8	1.60	2.41	3.2	4.01	4.81	7.22	9.61
2.0	1.78	2.68	3.56	4.46	5.34	8.02	10.68

表 4-58 铝及铝合金带每米长度质量

厚度/mm	宽度/mm						
	100	200	300	400	500	600	800
	每米长度质量/(kg/m)						
0.5	0.14	0.28	0.42	0.55	0.69	0.83	1.1
0.8	0.22	0.44	0.66	0.88	1.10	1.32	1.76
1.0	0.28	0.55	0.83	1.1	1.38	1.65	2.2
1.2	0.34	0.66	1.03	1.32	1.66	1.98	2.64
1.5	0.42	0.83	1.25	1.65	2.07	2.48	3.3
1.8	0.5	0.99	1.49	1.98	2.48	2.97	3.96
2.0	0.56	1.10	1.66	2.2	2.76	3.3	4.4
2.5	0.7	1.38	2.08	2.75	3.45	4.13	5.5
2.8	0.78	1.54	2.32	3.08	3.86	4.62	6.16
3.0	0.84	1.65	2.49	3.3	4.14	4.95	6.6

4.6 冲压材料的备料

冲压加工前，需要将大张的板料或卷料裁切成条料、带料等，以适应用于模具的冲压要求，这种裁切工作是由剪切设备来完成的，这一工序在冲压工艺中称为下料工序，也有称备料工序，是冲压生产过程中重要而不可缺少的一个环节。

冲压用料以带料和条料为主。带料主要采用具有单个或多个圆盘滚刀滚切而成，或由原材料生产企业直接按用户要求，宽度经卷材开卷校平纵向剪切生产线（简称分条机）加工而成；条料则主要采用剪板机裁切而成。

4.6.1 条料的剪板机裁切备料

当冲压用料有一定厚度且采用大张板料裁切成条料时，一般选用龙门式剪板机加工备料。

剪板机裁切板件的方法有纵裁、横裁和混合裁三种形式，如图 4-2 所示。使用哪一种裁法，应首先考虑材料的利用率应最高，其次考虑材料的轧制纹向对冲件变形有何影响等去选择。

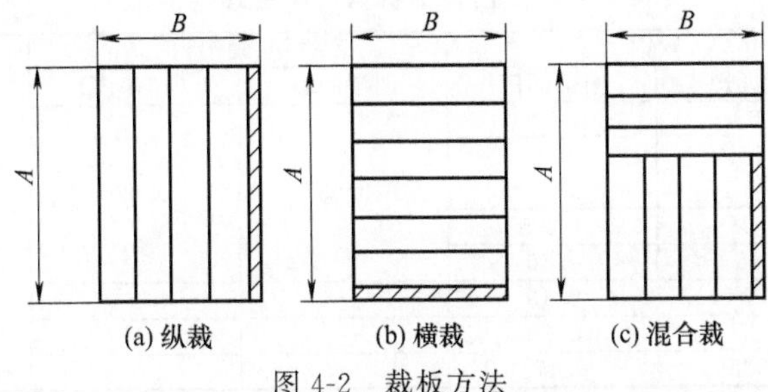

(a) 纵裁　(b) 横裁　(c) 混合裁

图 4-2 裁板方法

在使用剪板机剪切条料时，其精度和表面质量与许多因素有关，其中主要是剪切方法、刃口形式、条料的宽度和厚度、刃口状态、刃口间冲裁间隙大小及润滑等。

采用剪板机剪切的条料宽度、毛刺高度、直线度允许值的公差见表 4-59～表 4-61。剪切垂直度公差见表 4-62。龙门剪板机剪刃间合理间隙值见表 4-63。

表 4-59 剪切宽度的公差　mm

剪切宽度	材料厚度							
	≤2		>2～4		>4～7		>7～12	
	A	B	A	B	A	B	A	B
≤120	±0.4	±0.8	±0.5	±1.0	±0.8	±1.5	±1.2	±2.0
>120～315	±0.6		±0.7		±1.0		±1.5	
>315～500	±0.8	±1.2	±1.0	±1.5	±1.2	±2.0	±1.8	±2.5
>500～1000	±1.0		±1.2		±1.5		±2.0	
>1000～2000	±1.2	±1.8	±1.5	±2.0	±1.7	±2.5	±2.2	±3.0
>2000～3150	±1.5		±1.7		±2.0		±2.5	

注：剪切宽度精度等级分 A、B 级，根据要求选用。

表 4-60 剪切毛刺高度允许值　mm

公差等级	材料厚度								
	≤0.3	>0.3～0.5	>0.5～1.0	>1.0～1.5	>1.5～2.5	>2.5～4.0	>4.0～6.0	>6.0～8.0	>8.0～12.0
E	≤0.03	≤0.04	≤0.05	≤0.06	≤0.08	≤0.10	≤0.12	≤0.14	≤0.16
F	≤0.05	≤0.06	≤0.08	≤0.12	≤0.16	≤0.20	≤0.25	≤0.30	≤0.35
G	≤0.07	≤0.08	≤0.12	≤0.18	≤0.32	≤0.35	≤0.40	≤0.60	≤0.70

注：剪切毛刺高度的精度等级分为 E、F、G 三级。

表 4-61　剪切直线度的公差

mm

剪切长度	材料厚度							
	≤2		>2～4		>4～7		>7～12	
	A	B	A	B	A	B	A	B
<120	0.2	0.3	0.2	0.3	0.4	0.5	0.5	0.8
>120～315	0.3	0.5	0.3	0.5	0.8	1.0	1.0	1.6
>315～500	0.4	0.8	0.5	0.8	1.0	1.2	1.2	2.0
>500～1000	0.5	0.9	0.6	1.0	1.5	1.8	1.8	2.5
>1000～2000	0.6	1.0	0.8	1.6	2.0	2.4	2.4	3.0
>2000～3150	0.9	1.6	1.0	2.0	2.4	2.8	3.0	3.6

注：本表适于剪切宽度为板厚 2.5 倍以上及宽度为 30mm 以上的金属剪切料。

表 4-62　剪切垂直度公差

mm

剪切短边长度	材料厚度							
	≤2		>2～4		>4～7		>7～12	
	A	B	A	B	A	B	A	B
≤120	0.3	0.4	0.5	0.7	0.7	1.0	1.2	1.4
>120～315	0.5	1.0	1.0	1.2	1.5	1.8	2.0	2.2
>315～500	0.8	1.4	1.4	1.6	1.8	2.0	2.2	2.4
>500～1000	1.2	1.8	1.8	2.0	2.2	2.4	2.6	3.0
>1000～2000	2.0	2.6	3.0	4.0	4.0	5.5	—	—

表 4-63　龙门剪板机剪刃间合理间隙值

mm

<table>
<tr><th rowspan="2">材料厚度</th><th colspan="2">软钢</th><th colspan="2">不锈钢、硬铝、黄铜</th><th colspan="2">铝</th></tr>
<tr><th>两端间隙</th><th>中部间隙</th><th>两端间隙</th><th>中部间隙</th><th>两端间隙</th><th>中部间隙</th></tr>
<tr><td>0.25</td><td>0.05</td><td>0.025</td><td rowspan="5">0.05</td><td rowspan="5">0.025</td><td rowspan="3">0.05</td><td rowspan="3">0.025</td></tr>
<tr><td>0.50</td><td rowspan="2">0.075</td><td rowspan="2">0.05</td></tr>
<tr><td>1.0</td></tr>
<tr><td>1.5</td><td>0.125</td><td>0.075</td><td>0.125</td><td>0.075</td></tr>
<tr><td>2.5</td><td>0.15</td><td>0.10</td><td rowspan="4">0.20</td><td rowspan="4">0.15</td></tr>
<tr><td>3.0</td><td>0.2</td><td>0.15</td><td>—</td><td>—</td></tr>
<tr><td>5.0</td><td>0.35</td><td>0.30</td><td>—</td><td>—</td></tr>
<tr><td>8.0</td><td>0.525</td><td>0.475</td><td>—</td><td>—</td></tr>
</table>

4.6.2　带料的圆盘滚剪机滚切备料

圆盘滚剪机滚切备料，主要用于薄料（$t<1$mm，更多为 $t<0.5$mm）的裁切。一般应用多盘滚剪机将薄的板料同时剪裁成宽度一致的数条带料，如图 4-3（a）所示为圆盘滚剪机剪切示意图。这种多盘滚剪机的结构是在主轴上安装有多种组合成对滚刀［又称切带刀，见图 4-3（b）］，每对滚刀圆盘的厚度相当于所裁切带料宽度。调整圆盘的厚度就能满足不同料宽的剪切。

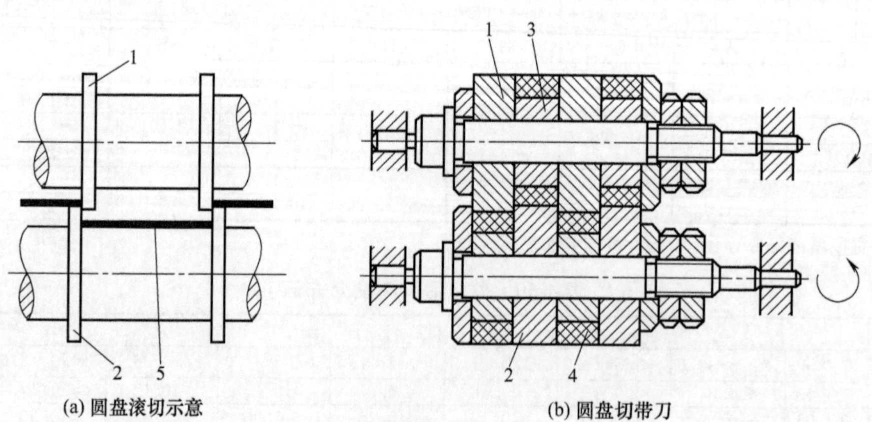

(a) 圆盘滚切示意　　(b) 圆盘切带刀

图 4-3　圆盘滚剪机滚切与切带刀

1—上圆盘刀；2—下圆盘刀；3—垫片；4—橡胶；5—裁切后的带料

滚剪滚切带料的最小宽度偏差见表 4-64。

表 4-64　滚剪滚切带料的最小宽度偏差　mm

带料宽度	材料厚度		
	≤0.5	>0.5～1	>1～2
<20	0 −0.05	0 −0.08	0 −0.10
>20～30	0 −0.08	0 −0.10	0 −0.15
>30～50	0 −0.1	0 −0.15	0 −0.20

4.6.3　卷材的开卷校平纵向剪切备料

卷材的种类很多，包括各种碳素钢板、不锈钢和有色金属板材等，据有关资料介绍，其厚度可达 10mm，宽度可>2000mm，质量达 40t，所有这些卷材都可以在开卷校平纵向剪切线、横向剪切线或冲压生产线上进行改制加工或者冲裁出坯料。

对于自动送料冲压用料备料，如多工位级进模高速冲压用料，主要采用卷材开卷校平纵向剪切线（俗称分条机）完成。它可以获得宽度尺寸一致性较好的长带料，满足多工位级进模实现高速、自动化连续生产需要。

纵切钢带宽度允许偏差见表 4-65。

表 4-65　纵切钢带宽度允许偏差（GB/T 708—1988）　mm

料　厚	料　宽				料　厚	料　宽			
	≤125	>125～250	>250～400	>400～600		≤125	>125～250	>250～400	>400～600
0.2～0.4	+0.3 0	+0.6 0	+1.0 0	+1.5 0	>1.0～1.8	+0.7 0	+1.0 0	+1.5 0	+2.0 0
>0.4～1.0	+0.5 0	+0.8 0	+1.2 0	+1.5 0	>1.8～3.0	+1.0 0	+1.3 0	+1.7 0	+2.0 0

注：纵切钢带的镰刀弯每 2m 内不大于 4mm。

4.7　冲压用新材料

随着汽车、电子、家用电器及日用五金等行业的迅速发展，对与其相关的金属薄板的生产及成形技术提出了更高的要求，极大地刺激并推动了现代金属薄板技术的发展，出现了很多新型的冲压用板材，如高强度钢板、双相钢板、耐腐蚀钢板、复合板材及涂层板等。新型冲压用板材的发展趋势见表 4-66。

表 4-66　新型冲压用板材的发展趋势

内容	发展趋势	效果与目的
厚度	厚→薄	产品轻型化、节能和降低成本
强度	低→高	
组织	单相↗双相 单相↘加磷、加钛	提高薄板强度、伸长率和冲压性能
板层	单层↗涂层、叠合 单层↘复合层、夹层	提高耐蚀性、外表外观和冲压性能 抗振动，减噪声
功能	单一→多个 一般→特殊	实现新功能

4.7.1 高强度钢板

高强度钢板是指用普通钢板加以强化处理而得到的钢板。通常采用的强化方法有：固溶强化、析出强化、细晶强化、组织强化（相态强化及复合组织强化）、时效强化和形迹强化等。其中，前 5 种强化方式是通过添加合金元素和（或）热处理工艺来控制板材性质的。

高强度钢板的屈服强度和抗拉强度均很高，屈服强度一般为 260～420MPa，比一般铝镇静钢的屈服强度要高 50%～100%，抗拉强度＞400MPa。以日本研制的用于汽车零件的高强度钢板为例，其抗拉强度已达 600～800MPa，而普通冷轧软钢板的抗拉强度只有 300MPa 左右。

因此高强度钢板具有使产品料厚减薄、重量减轻、节省能源、降低成本等优点。例如美国和日本从 1980～1985 年间广泛使用低合金高强度钢板，使汽车车身零件板厚由原来的 1.0～1.2mm 减薄到 0.7～0.8mm，车身重量减轻 20%～40%，节约汽油 20%以上。

由于高强度钢板的强化机制常会引起其他成形性能变差，如屈服强度和抗拉强度比低碳钢板高得多，而 n 值和 r 值却比较低。

高强度钢板的伸长率降低，弹复大，成形力增大，厚度减薄后抗凹陷能力降低，同时由于屈服强度和抗拉强度高，硬化指数 n 值和板厚各向异性指数 r 值低，影响贴模性的面畸变，形状冻结性问题更加突出，因此要保证高强度钢板的冲压件质量，不仅要防止开裂和起皱，更主要的是保证冲压件的尺寸与形状精度。

目前各国广泛采用固溶强化型含磷钢板作为汽车车身等覆盖零件用材料，如日本的 SAFC35 等系列含磷钢板，美国内陆钢铁公司的 40P，以及德国的 275 含磷薄钢板等。

中国研制的屈服强度为 340MPa、390MPa 和 440MPa 的三种高强度钢板，已能满足汽车板件的使用要求。

加磷钢板中的 P1 钢板与各种级别的 08Al 钢板相比，在屈服强度和抗拉强度上提高很多，各向异性系数则居于它们中间。低温硬化钢板又叫烘烤钢板，在冲压变形之后，由于冲压件在涂漆与烘烤过程中得到强化，使冲压件在使用时具有较高的强度和抗凹陷能力，称为低温硬化性能或叫 BH 性。

BH 性能在板的不同方向上存在差异，可使板的各向异性增强，利用钢板的这个特点对生产有较大的实际意义。

部分高强度钢板的冲压问题及解决方法见表 4-67。

4.7.2 双相钢板

双相钢板也称复合组织钢板，抗拉强度与伸长率基本上成负相关关系，而抗拉强度与屈服强度基本上成正相关关系。

日本生产的两种双相钢板：铁素体＋马氏体系双相钢板与铁素体＋微小珠光体系双相钢板的力学性能指标见表 4-68。

表 4-67 高强度钢板成形时产生的问题及解决措施

产生的问题	典型零件	解决措施	
		材料方面	工艺方面
破裂和起皱	深覆盖件	①降低屈服强度(防皱) ②提高 $\bar{r}$ 值(避免破裂)	降低成形深度
表面几何缺陷	外覆盖件	①降低屈服强度 ②提高 $\bar{r}$ 值 ③提高硬化指数 n①	①凹模面光滑 ②缩短贴模时间差 ③减少拉深成分 ④采用阶梯拉深
定形性差 (冻结性差)	外覆盖件	降低屈服强度	①增大压边力 ②增大拉深肋的作用

续表

产生的问题	典型零件	解决措施	
		材料方面	工艺方面
回弹	型钢梁(保险杠件)	降低$\frac{R_{p0.2}+R_m}{2}$	①用辊压代替冲压 ②凸模下面加反压弹性块 ③调整压边力和反压力
曲度(中凸反翘)	型钢梁	降低材料强度	①采用自由成形 ②加预变形 ③优化设计凹模相对圆角半径 r_d/t 和相对间隙 c/t
磨损	所有零件	降低材料强度	①改善凹模材料和润滑 ②降低压边力 ③浅成形

① n 为小变形程度测定的应变硬化指数。

表 4-68　热轧双相钢板的化学成分与力学性能

钢　种	化学成分(质量分数/%)				板厚/mm	力学性能			
	C	Si	Mn	Nb		$R_{p0.2}$/MPa	R_m/MPa	A/%	$A_{11.3}$/%
铁素体+马氏体系	0.05	0.68	1.37	—	2.3	390	620	31	63
铁素体+微小珠光体系	0.13	0.10	1.20	—	3.0	410	550	32	74

已开始用于汽车零件生产的国产冷轧 07SiMn 双相钢板（$\omega_C=0.08\%$，$\omega_{Si}=0.39\%$，$\omega_{Mn}=1.19\%$，$\omega_P<0.03\%$），厚度为 1mm，其材料特性值与 08Al（ZF）钢的对比见表 4-69。

表 4-69　07SiMn 双相钢与 08Al（ZF）钢的性能比较

钢种	$R_{p0.2}$/MPa	R_m/MPa	$R_{p0.2}/R_m$	A/%	杯突值/mm	n	r
07SiMn	335	540	0.626	33.5	10.35	0.23	0.96
08Al	180	330	0.454	43	11.8	0.234	1.7～1.8

4.7.3　耐腐蚀钢板

耐腐蚀钢板现有两类：一类是加入合金元素的耐腐蚀钢板，如耐大气腐蚀钢板等。国内研制的耐大气腐蚀钢板有 10CuPCrNi（冷轧）和 9CuPCrNi（热轧）等；与普通碳素钢板相比，耐蚀性可提高 3～5 倍。厚度为 2.5mm 的 10CuPCrNi 钢板与 Q235A 钢板的材料特性值比较见表 4-70。另一类耐腐蚀钢板是各种镀层钢板，如镀铝钢板、镀锌钢板、镀锌铝钢板以及镀锡钢板等。

表 4-70　10CuPCrNi 钢板与 Q235A 钢板的材料特性值比较

指标 材料	$R_{p0.2}$/MPa	R_m/MPa	$R_{p0.2}/R_m$	A/%	n	r	Δr	CCV/mm	杯突值/mm
10CuPCrNi	378	507	0.74	20.7	0.211	0.548	0.376	128.57	5.6
Q235A	240	363	0.66	21.4	0.237	0.727	−0.343	127.44	7.0

4.7.4　涂层板

传统的镀锡板、镀锌板等已不能适应汽车工业、电气工业、农业机械及建筑工业的需要，因此需要开发一些新品种的镀层钢板。在耐腐蚀钢板中所述的各种镀层钢板也属于一种涂层板。

电镀锌板比热镀锌板耐蚀性高很多，其镀层与基体钢的结合性能及加工性能均属优良。

锌铬镀层板可用作汽车车身材料，由于这种板材有良好的焊接性、成形性和耐蚀性，不但有利于加工，而且使用寿命长。

在基体钢的两面分别镀上不同的金属层（如锡-钢-铅）的板材，已用于制造汽车零件。

与镀锡钢板相对应的一种无锡钢板的出现，可节约稀少昂贵的锡。用于制造食品罐头盒，还可延长食品储存期，改善罐头的使用性能，具有与铝制食品罐相互竞争之势。

在涂层板中，各种涂覆有机膜层的板材有更好的防腐蚀、防表面损伤的性能。因此，正被大量用作各类结构零件。美国在20世纪60年代初就生产出了这类涂层钢板。日本在20世纪70年代就开发了生产涂覆氯化乙烯树脂的钢板：在0.2～1.2mm厚的基体钢板上涂覆0.1～0.45mm厚的树脂，其结构如图4-4所示。

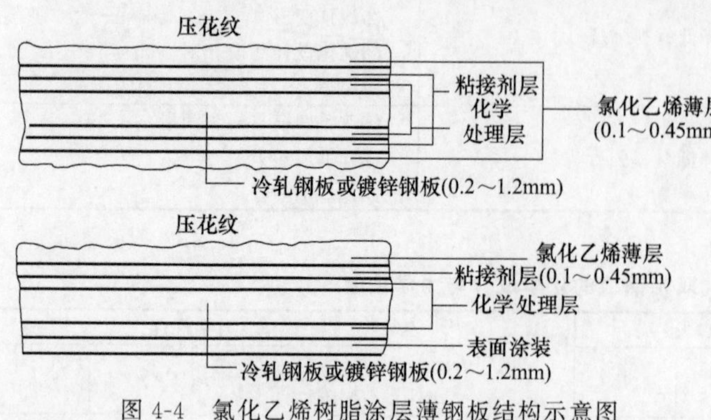

图 4-4　氯化乙烯树脂涂层薄钢板结构示意图

涂覆塑料薄钢板可提高冲压成形性能。例如采用双面涂覆0.04mm聚氯乙烯薄膜的08F钢板拉深，其极限拉深系“m”比08F钢板减小12%，拉深的相对高度提高29%。为了更有效地提高塑料涂层板的冲压成形性能，塑料涂层在基体钢上应有单双面之分，以适应不同成形工艺与变形特征的要求。

4.7.5　复合板材

涂覆塑料的钢板是一种复合板。不同金属板叠合在一起（如冷轧叠合）的板材也是一种复合板，或叫叠合复合板。这类复合板破裂时的变形比单体材料破裂时的变形大，它的某些材料特性值（比如n值）也大。

以钢为基体、多孔性青铜为中间层、塑料为表层的三层复合板材，特别适用于汽车、飞机及核反应堆氦循环器中的轴承零件等。因为这类复合板材的冲压性能取决于基体钢，摩擦磨损性能取决于塑料，钢与塑料间通过多孔性青铜层为媒介，获得可靠的结合力，所以性能大大优于一般涂层板材。塑料-铜-钢三层复合板材的结构组成如图4-5所示。

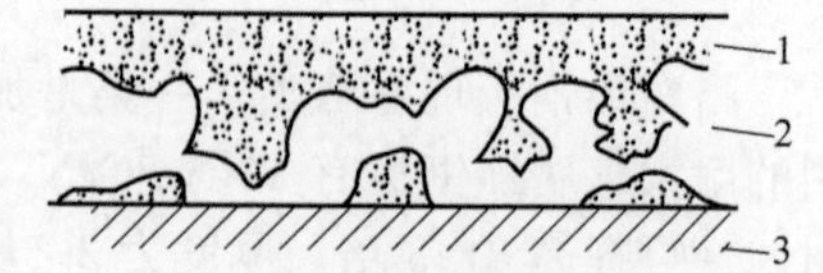

图 4-5　三层复合板材的结构组成

1—塑料；2—铜；3—钢

当今，为适应汽车实现振动小、噪声低、舒适性高的需要而重点开发研究的新型汽车用减振复合钢板，是在两层薄钢板之间有粘弹性材料（树脂）为夹层，形成所谓的“三明治”型夹层复合板材。它秉承了钢板强度高、塑性好及树脂阻尼性好的双重优良性能。

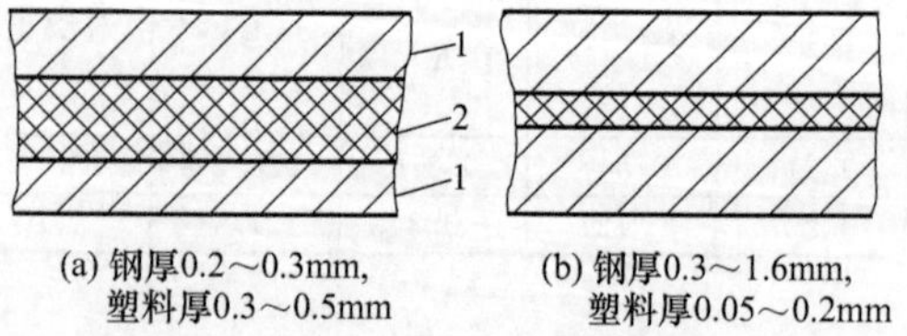

(a) 钢厚0.2～0.3mm，塑料厚0.3～0.5mm　　(b) 钢厚0.3～1.6mm，塑料厚0.05～0.2mm

图 4-6　防振复合板材组成示意图

1—钢；2—塑料

选择不同性质的中间夹层材料可实现不同的目的要求。以抗振为目的的夹层复合板材树脂层的厚度一般为0.05mm左右，由于树脂具有较好的粘弹特性，能吸收机械振动，使之转换成热能，并释放出去，从而可达到减少振动、降低噪声的效果。以减轻重量为目的的夹层复合板材中间夹层厚度较大，所用材料是具有高强度的尼龙等。如图4-6所示为两种防振复合板材的结构组成示意图。

20 世纪 80 年代初期，国际上对复合板材进行的研究结果表明：温度和板间粘接强度对复合板材的成形性能影响较大。提高粘接强度可以明显地改善复合板材的成形性能。当粘接强度达到 15MPa 以上时，复合板材的 n 值、r 值及均匀伸长率等均与塑料夹层的关系不大，取决于表层钢板性能，大体上接近表层钢板性能水平。此外，复合板材的极限拉深比随夹层厚度的增加而减少，抗起皱能力随厚度的增加而下降，而胀形高度和扩孔率 λ 几乎不受塑料夹层性能的影响，而主要取决于表层钢板的冲压性能。

4.8 国内外常用冲压金属材料对照

(1) 常用的黑色金属冲压材料牌号对照（表 4-71）

表 4-71 黑色金属冲压材料牌号对照（仅供参考）

分类	中国	美国		英国	日本	法国	德国	俄罗斯	韩国
	GB(YB)	AISI	SAE	BS	JIS	NF	DIN	(ГОСТ)	KS
碳素结构钢	08	1008		EN2A/1	S9CK			08	
	08F	1006		EN2A/1	SPCH1			08КП	
	10	C1012	1010	EN2A	S10C	C10,XC10	C10,CK10	10	SM10C
	10F	C1010	1010	EN2A	SPH2			10КП	
	15	C1015	1015	EN2E	S15C	C12,XC15	C15,CK15	15	SM15C
	15F			EN2B				15КП	
	20	C1020	1020	EN3A	S20C	C22E,XC18	C20,C22E	20	SM20C
	20F	C1020	1020	EN2C	SPH3			20КП	
	30	C1030	1030	C30E,EN4	S30C	XC32	C30E,CK30	30	SM30C
	45	C1045	1045	EN8	S45C	XC45	C45,CK45	45	SM45C
合金结构钢	15Mn	C1115	1115	En14A	SB46	12M5	15Mn3	15Г	—
	20Mn	C1022	1022	En3C,4S21	—	20M5	21Mn4	20Г	—
	30Mn	C1033	1033	En5D,En5K	—	32M5	30Mn4	30Г	—
	20Mn2	1320,1321		En41A,S92,S514,150M19	SMn420	20M5	20Mn5	20Г2	SMn420
	30Mn2	1330		S92,S514,3T35,3T45,150M28	—	32M5	30Mn5	30Г2	—
	40Mn2	1340		~En15A	SMn438	40M5	—	40Г2	SMn438
	20MnV			—		—	20MnV6	—	—
	15Cr			~En206,533A4	SCr21,SCr415	12C3	15Cr3	15X	SCr415
	20Cr			En207,527A20	SCr22,SCr420	18C3	20Cr4	20X	SCr420
不锈钢	1Cr17Ni7	301,S30100		301S21	SUS301	Z12CN17. 07	X12CrNi17 7		STS301
	1Cr17Ni8	—		—	SUS301J1				—
	1Cr18Ni9	302,S30200		302S25	SUS302	Z10CN18. 09	X12CrNi18-8	12X18H9	STS302
	1Cr18Ni9Ti	321,S32100		321S20	SUS321	26CNT18. 12	X12CrNiTi18-9	12X18H10T	STS321
	0Cr19Ni9	304,S30400		304S15	SUS304N1	Z6CN18. 09	X5CrNi189	08X18H10	STS304N1
	1Cr12	403,S40300		403S17	SUS403			08X13	STS403
	1Cr13	410,S41000		410S21	SUS410	Z12C13	X10Cr13	12X13	STS410
	0Cr13	405,S40500			SUS405	Z6C13	X6Cr13	—	STS405
	2Cr13	420,S42000		420S37	SUS420J1	Z20C13	X20Cr13	20X13	STS420J1
	3Cr13			420S45	SYS420J2			30X13	STS420J2

(2) 有色金属材料牌号对照（表 4-72）

表 4-72 有色金属材料牌号对照（仅供参考）

分类	中国	美国	英国	日本	法国	德国	俄罗斯
	GB(YB)	ASTM(SAE)	BS	JIS	NF	DIN	ГОСТ
工业纯铝	1070A	1080	1A	A1080	1070A		A00
	1060	1070,1060		A1070		(A199. 6)	A0
	1050A	EC1050	1B	A105	A5	A199. 5	A1
	1200	1100	1C	A1200	A4	A199	A2
防锈铝	5A02	5052	N4	A-5052	A-G2	AlMg2	АМГ3
	5A03	5154	N5	A-5154	A-G3	AlMg3	АМГ5
	5A05	5056	N6	A-5056	A-G5	AlMg5	АМГ6
		5056	N6	A-5056	A-G5	AlMg5	П
	3A21	3003	N3	A-3003	A-M1	AlMn	АМГ

续表

分类	中国	美国	英国	日本	法国	德国	俄罗斯
	GB(YB)	ASTM(SAE)	BS	JIS	NF	DIN	ГОСТ
硬铝	2A01	2117	L86	A2117	A-U2G	AlCuMg0.5	Д18П
	2A02						ВД17
	2B11	2017		A2017	A-U4G		Д1П
	2B12	2024	H14	A2024	A-U4G1	AlCuMg1	Д16П
	2A10					AlCuMg2	В65
	2A11	2017	DTD	A2017	A-U4G		Д1
	2A12	2024		A2024	A-U4G1	AlCuMg1	Д16
变形镁合金	MB1	AIMIA	DTD737,142				МА1
	MB2	AZ31C	118	M1		MgAl3Zn	МА2
	MB3		MAG111				МА2-1
	MB4	AZ61A		M2		MgAl6Zn	МА3
工业纯钛	TA1	Ti-35A	IMI115	KS50			ВТ1-0
	TA2	Ti-50A	IMI125	KS60			ВТ1-1
	TA3	Ti-65A	IMI135	KS85			ВТ1-2
钛合金	TA4	Ti-2Al					48-Т2
	TA5						48-ОТ3
	TA6						ВТ5
	TA7	Ti-5Al-2Sn	IMIB6	KS1			ВТ5-1
铜	T3	C12700	C104				М2
	TU1	C10100		EOFCuP,C1011	Cu-C2	—	МВ1,М0Б
	TU2	C10200	C103	OF-CuP,C1020	Cu-C1	OF-Cu	МВ2,М1Б
黄铜	H90	C22000	DTD713,CZ101	RBs2,C2200	CuZn10	Ms90	Л90
	H80	C24000	DTD711,CZ103	RBs4,C2400		Ms80	Л80
	H70	C26000	CZ106	BsP1	CuZn30	Ms70	Л70
	H62	C28000	CZ119	Bs3	CuZn40		Л62
	HPb59-1	—	CZ111	PbBs13,C3771		Ms58,CuZn40Pb2	ЛС59-1
	HSn70-1	443	CZ112	BsTF1		SoMs71	ЛО70-1
青铜	QSn4-4-4	B139BZ		BC6		MSnBZ4Pb	БРОЦС4-4-4
	QSn6.5-0.1	B139,B159	407-3			SnBZ6	БРОФ6.5-0.15
	QSn6.5-0.4	519		PBB2			БРОФ6.5-0.4
	QAl9-4			AB1			БРАЖ9-4
	QAl10-4-4	AMS4640	2033	AB5		NiAlBZ	БРАЖН10-4-4
	QBe2	172		BeCu2			БРБ2
	QBe1.7	170		BeCuP1			БРБНТ1.7

(3) 日本板(带)材表示方法(表4-73)

表4-73 日本板(带)材表示方法

序号	板材类别	日本标准牌号	备注
1	冷轧薄钢板	SPC SPCC(相当于GB 10钢)	普通用途冷轧板或带,作一般冲压用
		SPCD(相当于GB 08F)	拉深用,具有优良的拉延性能
		SPCE(相当于GB 08Al)	深拉深用,有优良的拉延性能,可用于深拉深
		SPCEN	深拉深用(无时效),具有优良的深拉延性能,可用于要求非时效性零件,如汽车外覆盖件、车灯壳体、浅度冲压外护板等
2	热轧薄钢板(带)	SPH SPHC	普通用途热轧钢板(带)
		SPHD	拉深用
		SPHE	深拉深用
3	冷轧不锈钢板(带) 热轧不锈钢板(带)	SUS××CP(SUS××CS) SUS××HP(SUS××HS)	××为具体钢种代号数字(下同)
4	镀锌薄钢板	SPG SPG1	一般用途
		SPG2	弯曲加工用
		SPG3	拉深用
		SPG4	结构件用
5	镀锡薄钢板	SPT SPTE	电镀锡板
		SPTE-D	电镀锡板
		SPTH	热电镀锡板

续表

序号	板 材 类 别	日本标准牌号	备　　注
6	冷轧电工钢板 热轧电工钢板	S×× S××F	
7	铝板 铝带	A××P A××R	4(—0 材),软质 (—H1/4 材),1/4 硬 (—H3/4 材),3/4 硬
8	纯铜板(带) 黄铜板(带) 磷青铜板(带) 锌白铜板(带) 白铜板(带)	RBSP(RBSR) BSP(BSR) PBP(PBR) NSP(NSR) CNP(CNR)	
9	钛板	TP	

附　录

附录 A　标准公差数值与基孔制、基轴制优先、常用配合

附表 A1　标准公差数值（GB/T 1800.4—2009）

基本尺寸/mm		公差等级																			
		IT01	IT0	IT1	IT2	IT3	IT4	IT5	IT6	IT7	IT8	IT9	IT10	IT11	IT12	IT13	IT14	IT15	IT16	IT17	IT18
大于	至	/μm													/mm						
—	3	0.3	0.5	0.8	1.2	2	3	4	6	10	14	25	40	60	0.10	0.4	0.25	0.40	0.60	1.0	1.4
3	6	0.4	0.6	1	1.5	2.5	4	5	8	12	18	30	48	75	0.12	0.18	0.30	0.48	0.75	1.2	1.8
6	10	0.4	0.6	1	1.5	2.5	4	6	9	15	22	36	58	90	0.15	0.22	0.36	0.58	0.90	1.5	2.2
10	18	0.5	0.8	1.2	2	3	5	8	11	18	27	43	70	110	0.18	0.27	0.43	0.70	1.10	1.8	2.7
18	30	0.6	1	1.5	2.5	4	6	9	13												
30	50	0.6	1	1.5	2.5	4	7	11	16	25	39	62	100	160	0.25	0.39	0.62	1.00	1.60	2.5	3.9
50	80	0.8	1.2	2	3	5	8	13	19	30	46	74	120	190	0.30	0.46	0.74	1.20	1.90	3.0	4.6
80	120	1	1.5	2.5	4	6	10	15	22	35	54	87	140	220	0.35	0.54	0.87	1.40	2.20	3.5	5.4
120	180	1.2	2	3.5	5	8	12	18	25	40	63	100	160	250	0.40	0.63	1.00	1.60	2.50	4.0	6.3
180	250	2	3	4.5	7	10	14	20	29	46	72	115	185	290	0.46	0.72	1.15	1.85	2.90	4.6	7.2
250	315	2.5	4	6	8	12	16	23	32	52	81	130	210	320	0.52	0.81	1.30	2.10	3.20	5.2	8.1
315	400	3	5	7	9	13	18	25	36	57	89	140	230	360	0.57	0.89	1.40	2.30	3.60	5.7	8.9
400	500	4	6	8	10	15	20	27	40	63	97	155	250	400	0.63	0.97	1.55	2.50	4.00	6.3	9.7
500	630			9	11	16	22	32	44	70	110	170	280	440	0.70	1.10	1.75	2.8	4.4	7.0	11.0
630	800			10	13	18	25	36	50	80	125	200	320	500	0.80	1.25	2.00	3.2	5.0	8.0	12.5
80	1000			11	15	21	28	40	56	90	140	230	360	560	0.90	1.40	2.30	3.6	5.6	9.0	14.0
1000	1250			13	18	24	33	47	66	105	165	260	420	660	1.05	1.65	2.60	4.2	6.6	10.5	16.5
1250	1600			15	21	29	39	55	78	125	195	310	500	780	1.25	1.95	3.10	5.0	7.8	12.5	19.5
1600	2000			18	25	35	46	63	92	150	230	370	600	920	1.50	2.30	3.70	6.0	9.2	15.0	23.0
2000	2500			222	30	41	55	78	110	175	280	440	700	1100	1.75	2.80	4.40	7.0	11.0	17.5	28.0
2500	3150			26	36	50	68	96	135	210	330	540	860	1350	2.10	3.30	5.40	8.6	13.5	21.0	33.0

注：1. 基本尺寸小于 1mm 时，无 IT14 至 IT18。

2. 公称尺寸大于 500mm 的 IT1～IT5 的标准公差为试行的。

附录 A2 基孔制优先、常用配合（摘自 GB/T 1801—2009）

基准孔	轴																				
	a	b	c	d	e	f	g	h	js	k	m	n	p	r	s	t	u	v	x	y	z
	间隙配合								过渡配合			过盈配合									
H6						H6/f5	H6/g5	H6/h5	H6/js5	H6/k5	H6/m5	H6/n5	H6/p5	H6/r5	H6/s5	H6/t5					
H7						H7/f6	◤H7/g6	◤H7/h6	H7/js6	◤H7/k6	H7/m6	◤H7/n6	◤H7/p6	H7/r6	◤H7/s6	H7/t6	◤H7/u6	H7/v6	H7/x6	H7/y6	H7/z6
H8					H8/e7	◤H8/f7	H8/g7	◤H8/h7	H8/js7	H8/k7	H8/m7	H8/n7	H8/p7	H8/r7	H8/s7	H8/t7	H8/u7				
				H8/d8	H8/e8	H8/f8		H8/h8													
H9			H9/c9	◤H9/d9	H9/e9	H9/f9		◤H9/h9													
H10			H10/c10	H10/d10				H10/h10													
H11	H11/a11	H11/b11	◤H11/c11	H11/d11				◤H11/h11													
H12		H12/b12						H12/h12													

注：1. $\frac{H6}{n5}$、$\frac{H7}{p6}$在公称尺寸小于或等于 3mm 和$\frac{H8}{r7}$在小于或等于 100mm 时，为过渡配合。

2. 标注◤的配合为优先配合。

附表 A3 基轴制优先、常用配合（摘自 GB/T 1801—2009）

基准轴	孔																				
	A	B	C	D	E	F	G	H	JS	K	M	N	P	R	S	T	U	V	X	Y	Z
	间隙配合								过渡配合			过盈配合									
h5						F6/h5	G6/h5	H6/h5	JS6/h5	K6/h5	M6/h5	N6/h5	P6/h5	R6/h5	S6/h5	T6/h5					
h6						F7/h6	◤G7/h6	◤H7/h6	JS7/h6	◤K7/h6	M7/h6	◤N7/h6	◤P7/h6	R7/h6	◤S7/h6	T7/h6	◤U7/h6				
h7					E8/h7	◤F8/h7		◤H8/h7	JS8/h7	K8/h7	M8/h7	N8/h7									
h8				D8/h8	E8/h8	F8/h8		H8/h8													
h9				◤D9/h9	E9/h9	F9/h9		◤H9/h9													
h10				D10/h10				H10/h10													
h11	A11/h11	B11/h11	◤C11/h11	D11/h11				◤H11/h11													
h12		B12/h12						H12/h12													

注：标注◤的配合为优先配合。

附表 A4 常用配合孔

孔的极

基本尺寸段/mm																		
大于	至	B10	C9	C10	D8	D9	D10	E7	E8	E9	F6	F7	F8	G6	G7	H6	H7	H8
—	3	+180 +140	+85 +60	+100 +60	+34 +20	+45 +20	+60 +20	+24 +14	+28 +14	+39 +14	+12 +6	+16 +6	+20 +6	+8 +2	+12 +2	+6 0	+10 0	+14 0
3	6	+188 +140	+100 +70	+118 +70	+48 +30	+60 +30	+78 +30	+32 +20	+38 +20	+50 +20	+18 +10	+22 +10	+28 +10	+12 +4	+16 +4	+8 0	+12 0	+18 0
6	10	+208 +150	+116 +80	+138 +80	+62 +40	+76 +40	+98 +40	+40 +25	+47 +25	+61 +25	+22 +13	+28 +13	+35 +13	+14 +5	+20 +5	+9 0	+15 0	+22 0
10	14	+220 +150	+138 +95	+165 +95	+77 +50	+93 +50	+120 +50	+50 +32	+59 +32	+75 +32	+27 +16	+34 +16	+43 +16	+17 +6	+24 +6	+11 0	+18 0	+27 0
14	18																	
18	24	+244 +160	+162 +110	+194 +110	+98 +65	+117 +65	+149 +65	+61 +40	+73 +40	+92 +40	+33 +20	+41 +20	+53 +20	+20 +7	+28 +7	+13 0	+21 0	+33 0
24	30																	
30	40	+270 +170	+182 +120	+220 +120	+119 +80	+142 +80	+180 +80	+75 +50	+89 +50	+112 +50	+41 +25	+50 +25	+64 +25	+25 +9	+34 +9	+16 0	+25 0	+39 0
40	50	+280 +180	+192 +130	+230 +130														
50	65	+310 +190	+214 +140	+260 +140	+146 +100	+174 +100	+220 +100	+90 +60	+106 +60	+134 +60	+49 +30	+60 +30	+76 +30	+29 +10	+40 +10	+19 0	+30 0	+46 0
65	80	+320 +200	+224 +150	+270 +150														
80	100	+360 +220	+257 +170	+310 +170	+174 +120	+207 +120	+260 +120	+107 +72	+126 +72	+159 +72	+58 +36	+71 +36	+90 +36	+34 +12	+47 +12	+22 0	+35 0	+54 0
100	120	+380 +240	+267 +180	+320 +180														
120	140	+420 +260	+300 +200	+360 +200	+208 +145	+245 +145	+305 +145	+125 +85	+148 +85	+185 +85	+68 +43	+83 +43	+106 +43	+39 +14	+54 +14	+25 0	+40 0	+63 0
140	160	+440 +210	+310 +210	+370 +210														
160	180	+470 +310	+330 +230	+390 +230														
180	200	+525 +340	+355 +240	+425 +240	+242 +170	+285 +170	+355 +170	+146 +100	+172 +100	+215 +100	+79 +50	+96 +50	+122 +50	+44 +15	+61 +15	+29 0	+46 0	+72 0
200	225	+565 +380	+375 +260	+445 +260														
225	250	+605 +420	+395 +280	+465 +280														
250	280	+690 +480	+430 −300	+510 +300	+271 +190	+320 +190	+400 +190	+162 +110	+191 +110	+240 +110	+88 +56	+108 +56	+137 +56	+49 +17	+69 +17	+32 0	+52 0	+81 0
280	315	+750 +540	+460 +330	+540 +330														
315	355	+830 +600	+500 +360	+590 +360	+299 +210	+350 +210	+440 +210	+182 +125	+214 +125	+265 +125	+98 +62	+119 +62	+151 +62	+54 +18	+75 +18	+36 0	+57 0	+89 0
355	400	+910 +680	+540 +400	+630 +400														
400	450	+1010 +760	+595 +440	+690 +440	+327 +230	+385 +230	+480 +230	+198 +135	+232 +135	+290 +135	+108 +68	+131 +68	+165 +68	+60 +20	+83 +20	+40 0	+63 0	+97 0
450	500	+1090 +840	+635 +840	+730 +480														

注：表中上方数值为上偏差，下方数值为下偏差。

限偏差 μm

限偏差

H9	H10	JS6	JS7	K6	K7	M6	M7	N6	N7	P6	P7	R7	S7	T7	U7	X7
+25 0	+40 0	±3	±5	0 −6	0 −10	−2 −8	−2 −12	−4 −10	−4 −10	−6 −12	−6 −16	−10 −20	−14 −24	—	−18 −28	−20 −30
+30 0	+48 0	±4	±6	+2 −6	+3 −9	−1 −9	0 −12	−5 −13	−4 −16	−9 −17	−8 −20	−11 −23	−15 −27	—	−19 −31	−24 −36
+36 0	+58 0	±4.5	±7.5	+2 −7	+5 −10	−3 −12	0 −15	−7 −16	−4 −19	−12 −21	−9 −24	−13 −28	−17 −32	—	−22 −37	−28 −43
+43 0	+70 0	±5.5	±9	+2 −9	+6 −12	−4 −15	0 −18	−9 −20	−5 −23	−15 −26	−11 −29	−16 −34	−21 −39	—	−26 −44	−33 −51
																−38 −56
+52 0	+84 0	±6.5	±10.5	+2 −11	+6 −15	−4 −17	0 −21	−11 −24	−7 −28	−18 −31	−14 −35	−20 −41	−27 −48	—	−33 −54	−46 −67
														−33 −54	−40 −61	−56 −77
+62 0	+100 0	±8	±12.5	+3 −13	+7 −18	−4 −20	0 −25	−12 −28	−8 −33	−21 −37	−17 −42	−25 −50	−34 −59	−39 −64	−51 −76	−71 −96
														−45 −70	−61 −86	−88 −113
+74 0	+120 0	±9.5	±15	+4 −15	+9 −21	−5 −24	0 −30	−14 −33	−9 −39	−26 −45	−21 −51	−30 −60	−42 −72	−55 −85	−76 −106	−111 −141
												−32 −62	−48 −78	−64 −94	−91 −121	−135 −165
+87 0	+140 0	±11	±17.5	+4 −18	+10 −25	−6 −28	0 −35	−16 −38	−10 −45	−30 −52	−24 −59	−38 −73	−58 −93	−78 −113	−111 −146	−16S −200
												−41 −76	−66 −101	−91 −126	−131 −166	−197 −232
+100 0	+160 0	±12.5	±20	+4 −21	+12 −28	−8 −33	0 −40	−20 −45	−12 −52	−36 −61	−28 −68	−48 −88	−77 −117	−107 −147	−155 −195	−233 −273
												−50 −90	−85 −125	−119 −159	−175 −215	−265 −305
												−53 −93	−93 −133	−131 −171	−195 −235	−295 −335
+115 0	+185 0	±14.5	±23	+5 −24	+13 −33	−8 −37	0 −46	−22 −51	−14 −60	−41 −70	−33 −79	−60 −106	−105 −151	−149 −195	−219 −265	−333 −379
												−63 −109	−113 −159	−163 −209	−241 −287	−368 −414
												−67 −113	−123 −169	−179 −225	−267 −313	−408 −454
+130 0	+210 0	±16	±26	+5 −27	+16 −36	−9 −41	0 −52	−25 −57	−14 −66	−47 −79	−36 −88	−74 −126	−138 −190	−198 −250	−295 −347	−455 −507
												−78 −130	−150 −202	−220 −272	−330 −382	−505 −557
+140 0	+230 0	±18	±28.5	+7 −29	+17 −40	−10 −46	0 −57	−26 −62	−16 −73	−51 −87	−41 −98	−87 −144	−169 −226	−247 −304	−369 −426	−569 −626
												−93 −150	−187 −244	−273 −330	−414 −471	−639 −696
+155 0	+250 0	±20	±31.5	+8 −32	+18 −45	−10 −50	0 −63	−27 −67	−17 −80	−55 −95	−45 −180	−103 −166	−209 −272	−307 −370	−467 −530	−717 −780
												−109 −172	−229 −292	−337 −400	−517 −580	−797 −860

附表 A5　常用配合轴

基本尺寸段/mm		轴的极														
大于	至	b9	c9	d8	d9	e7	e8	e9	f6	f7	f8	g5	g6	h5	h6	h7
—	3	-140 -165	-60 -85	-20 -34	-20 -45	-14 -24	-14 -28	-14 -39	-6 -12	-6 -16	-6 -20	-2 -6	-2 -8	0 -4	0 -6	0 -10
3	6	-140 -170	-70 -100	-30 -48	-30 -60	-20 -32	-20 -38	-20 -50	-10 -18	-10 -22	-10 -28	-4 -9	-4 -12	0 -5	0 -8	0 -12
6	10	-150 -186	-80 -116	-40 -62	-40 -76	-25 -40	-25 -47	-25 -61	-13 -22	-13 -28	-13 -35	-5 -11	-5 -14	0 -6	0 -9	0 -15
10	14	-150 -193	-95 -138	-50 -77	-50 -93	-32 -50	-32 -59	-32 -75	-16 -27	-16 -43	+16 -34	-6 -14	-6 -17	0 -8	0 -11	0 -18
14	18															
18	24	-160 -212	-110 -162	-65 -98	-65 -117	-40 61	-40 -73	-40 -92	-20 -33	-20 -41	-20 -53	-7 -16	-7 -20	0 -9	0 -13	0 -21
24	30															
30	40	-170 -232	-120 -182	-80 -119	-80 -142	-50 -75	-50 -89	-50 -112	-25 -41	-25 -50	-25 -64	-9 -20	-9 -25	0 -11	0 -16	0 -25
40	50	-180 -242	-130 -192													
50	65	-190 -264	-140 -214	-100 -146	-100 -174	-60 -90	-60 -106	-60 -134	-30 -49	-30 -60	-30 -76	-10 -23	-10 -29	0 -13	0 -19	0 -30
65	80	-200 -274	-150 -224													
80	100	-220 -307	-170 -257	-120 -174	-120 -207	-72 -107	-72 -126	-72 -159	-36 -58	-36 -71	-36 -90	-12 -27	-12 -34	0 -15	0 -22	0 -35
100	120	-240 -327	-180 -267													
120	140	-260 -360	-200 -300	-145 -208	-145 -245	-85 -125	-85 -148	-85 -185	-43 -68	-43 -83	-43 -106	-14 -32	-14 -39	0 -18	0 -25	0 -40
140	160	-280 -380	-210 -310													
160	180	-310 -410	-230 -330													
180	200	-340 -455	-240 -355	-170 -242	-170 -285	-100 -146	-100 -172	-100 -215	-50 -79	-50 -96	-50 -122	-15 -35	-15 -44	0 -20	0 -29	0 -46
200	225	-380 -495	-260 -375													
225	250	-420 -535	-280 -395													
250	280	-480 -610	-300 -430	-190 -271	-190 -320	-110 -162	-110 -191	-110 -240	-56 -88	-56 -108	-56 -137	-17 -40	-17 -49	0 -23	0 -32	0 -52
280	315	-540 -670	-330 -460													
315	355	-600 -740	-360 -500	-210 -299	-210 -350	-125 -182	-125 -214	-125 -265	-62 -98	-62 -119	-62 -151	-18 -43	-18 -54	0 -25	0 -36	0 -57
355	400	-680 -820	-400 -540													
450	500	-760 -915	-440 -595	-230 -327	-230 -385	-135 -198	-135 -232	-135 -290	-68 -108	-68 -131	-68 -165	-20 -47	-20 -60	0 -27	0 -40	0 -63
450	500	-840 -995	-480 -635													

注：表中上方数值为上偏差，下方数值为下偏差。

的极限偏差 μm

限偏差															
h8	h9	js5	js6	js7	k5	k6	m5	m6	n6	p6	r6	s6	t6	u6	x6
0 −14	0 −25	±2	±3	±5	+4 0	+6 0	+6 +2	+8 +2	+10 +4	+12 +6	+16 +10	+20 +14	—	+24 +18	+26 +20
0 −18	0 −30	±2.5	±4	±6	+6 +1	+9 +1	+9 +4	+12 +4	+16 +8	+20 +12	+23 +15	+27 +19	—	+31 +23	+36 +28
0 −22	0 −36	±3	±4.5	±7.5	+7 +1	+10 +1	+12 +6	+15 +6	+19 +10	+24 +15	+28 +19	+32 +23	—	+37 +28	+43 +34
0 −27	0 −43	±4	±5.5	±9	+9 +1	+12 +1	+15 +7	+18 +7	+23 +12	+29 +18	+34 +23	+39 +28	—	+44 +33	+51 +40
															+56 +45
0 −33	0 −52	±4.5	±6.5	±10.5	+11 +2	+15 +2	+17 +8	+21 +8	+28 +15	+35 +22	+41 +28	+48 +35	—	+54 +41	+67 +54
													+54 +41	+61 +48	+77 +64
0 −39	0 −62	±5.5	±8	±12.5	+13 +2	+18 +2	+20 +9	+25 +9	+33 +17	+42 +26	+50 +34	+59 43	+64 +48	+76 +60	+96 +80
													+70 +54	+86 +70	+113 +97
0 −46	0 −74	±6.5	±9.5	±15	+15 +2	+21 +2	+24 +11	+30 +11	+39 +20	+51 +32	+60 +41	+72 +53	+85 +66	+106 +87	+141 +122
											+62 +43	+78 +59	+94 +75	+121 +102	+165 +146
0 −54	0 −87	±7.5	±11	±17.5	+18 +3	+25 +3	+28 +13	+35 +13	+45 +23	+59 37	+73 +51	+93 +71	+113 +91	+146 +124	+200 +178
											+76 +54	+101 +79	+126 +104	+166 +144	+232 +210
0 −63	0 −100	±9	±12.5	±20	+21 +3	+28 +3	+33 +15	+40 +15	+52 +27	+68 +43	+88 +63	+117 +92	+147 +122	+195 +170	+273 +248
											+90 +65	+125 +100	+159 +134	+215 +190	+305 +280
											+93 +68	+133 +108	+171 +146	+235 +210	+335 +310
0 −72	0 −115	±10	±14.5	±23	+24 +4	+33 +4	+37 +17	+46 +17	+60 +31	+79 +50	+106 +77	+151 +122	+195 +166	+265 +236	+379 +350
											+109 +80	+159 +130	+209 +180	+287 +258	+414 +385
											+113 +84	+169 +140	+225 +196	+313 +284	+454 +425
0 −81	0 −130	±11.5	±16	±26	+27 +4	+36 +4	+43 +20	+52 +20	+66 +34	+88 +56	+126 +94	+190 +158	+250 +218	+347 +315	+507 +475
											+130 +98	+202 +170	+272 +240	+382 +350	+557 +525
0 −89	0 −140	±12.5	±18	±28.5	+29 +4	+40 +4	+46 +21	+57 21	+73 +37	+98 +62	+144 +108	+226 +190	+304 +268	+426 +390	+626 +590
											+150 +114	+244 +208	+330 +294	+471 +435	+696 +660
0 −97	0 −155	±13.5	±20	±31.5	+32 +5	+45 +5	+50 +23	+63 +23	+80 +40	+108 +68	+166 +126	+272 +232	+370 +330	+530 +490	+780 +740
											+172 +132	+292 +252	+400 +360	+580 +540	+860 +820

附录B　冲压常用材料的性能

附表 B1　黑色金属的力学性能

材料名称	材料牌号	材料状态	极限强度		伸长率 δ/%	屈服强度 σ_s/MPa	弹性模量 E/MPa
			剪切 τ/MPa	拉伸 σ_b/MPa			
电工用工业纯铁 C＜0.025	DT1 DT2 DT3	已退火的	180	230	26		
电工硅钢	DR530-50 DR510-50 DR450-50 DR315-50 DR290-50 DR280-35 DR255-35	已退火的	190	230	26		
普通碳素钢	Q195	未经退火的	260～320	320～400	28～33		
	Q215-A		270～340	340～420	26～31	220	
	Q235-A		310～380	440～470	21～25	240	
	Q255-A		340～420	490～520	19～23	260	
	Q275		400～500	580～620	15～19	280	
碳素结构钢	05	已退火的	200	230	28	—	
	05F		210～300	260～380	32	—	
	08F		220～310	280～390	32	180	
	08		260～360	330～450	32	200	190000
	10F		220～340	280～420	30	190	
	10		260～340	300～440	29	210	198000
	15F		250～370	320～460	28		
	15		270～380	340～480	26	230	202000
	20F		280～890	340～480	26	230	200000
	20		280～400	360～510	25	250	210000
	25		320～440	400～550	24	280	202000
	30		360～480	450～600	22	300	201000
	35		400～520	500～650	20	320	201000
	40		420～540	520～670	18	340	213500
	45		440～560	550～700	16	360	204000
	50		440～580	550～730	14	380	220000
	55		550	≥670	14	390	
	60		550	≥700	13	410	208000
	65		600	≥730	12	420	
	70		600	≥760	11	430	210000
碳素工具钢	T7～T12 T7A～T12A	已退火的	600	750	10		
	T8A	冷作硬化的	600～950	750～1200			
优质碳素钢	10Mn2	已退火的	320～460	400～580	22	230	211000
	65Mn		600	750	12	400	211000
合金结构钢	25CrMnSiA 25CrMnSi	已低温退火的	400～560	500～700	8	950	
	30CrMnSiA 30CrMnSi		440～600	550～750	16	1450 850	

续表

材料名称	材料牌号	材料状态	极限强度		伸长率 δ/%	屈服强度 σ_s/MPa	弹性模量 E/MPa
			剪切 τ/MPa	拉伸 σ_b/MPa			
优质弹簧钢	60Si2Mn 60Si2MnA 65Si2WA	已低温退火的	720	900	10	1200	200000
		冷作硬化的	640～960	800～1200	10	1400 1600	
不锈钢	1Cr13	已退火的	320～380	400～470	21	420	210000
	2Cr13		320～400	400～500	20	450	210000
	3Cr13		400～480	500～600	18	480	210000
	4Cr13		400～480	500～600	15	500	210000
	1Cr18Ni9 2Cr18Ni9	经热处理的	460～520	580～640	35	200	200000
		冷辗压的冷作硬化的	800～880	100～1100	38	220	200000
	1Cr18Ni9Ti	热处理退火的	430～550	540～700	40	200	200000

附表 B2 有色金属的力学性能

材料	牌号	材料状态	剪切强度 τ/MPa	拉伸强度 σ_b/MPa	伸长率 δ/%	屈服(点)强度 σ_s/MPa	弹性模量 $E/\times10^3$MPa
铝	1060、1050A、1200(L2)、(L3)、(L5)	已退火的	80	75～110	25	50～80	72
		冷作硬化的	100	120～150	4	120～240	
铝锰合金	3A21(LF21)	已退火的	70～100	110～145	19	50	71
		半冷作硬化	100～140	155～200	13	130	
铝镁合金 铝镁铜合金	5A02(LF2)	已退火的	130～160	180～230		100	70
		半冷作硬化	160～200	230～280		210	
高强度的铝镁铜合金	7A04(LC4)	已退火的	170	250			
		淬硬并经人工时效	350	500		460	70
镁锰合金	MB1	已退火的	120～140	170～190	3～5	100	44
	MB8	已退火的	170～190	220～230	12～24	140	40
		冷作硬化的	190～200	240～250	8～10	160	
硬铝	2A12(LY12)	已退火的	105～150	150～215	12		
		淬硬并经自然时效	280～310	400～440	15	370	72
		淬硬后冷作硬化	280～320	400～460	10	340	
纯铜	T1、T2、T3	软	160	200	30	70	108
		硬	260	300	3	380	130
黄铜	H62	软	260	300	35	380	100
		半硬	300	380	20	200	
		硬	360	420	10	480	
	H68	软	240	300	40	100	110
		半硬	280	350	25		
		硬	340	400	15	250	115
铅黄铜	HPb59-1	软	300	350	25	140	93
		硬	400	450	5	420	105
锰黄铜	HMn58-2	软	340	390	25	170	100
		半硬	400	450	15		
		硬	520	600	5		

续表

材料	牌号	材料状态	剪切强度 τ/MPa	拉伸强度 σ_b/MPa	伸长率 δ/%	屈服(点)强度 σ_s/MPa	弹性模量 $E/\times10^3$MPa
锡磷青铜 锡锌青铜	QSn6.5-2.5 QSn4-3	软	260	300	38	140	100
		硬	480	550	3~5		124
		特硬	500	650	1~2	550	
铝青铜	QAl7	已退火的	520	600	10	190	115~130
		未退火的	560	650	5	250	92
铝锰青铜	QAl9-2	软	360	450	18	300	92
		硬	480	600	5	500	
硅锰青铜	QSi3-1	软	280~300	350~380	40~45	240	120
		硬	480~520	600~650	3~5	540	
		特硬	560~600	700~750	1~2		
铍青铜	QBe2	软	240~480	300~600	30	250~350	117
		硬	520	660	2		132~141
白铜	B19	软	240	300	25		
		硬	360	450	25		
镍	Ni3-Ni5	软	350	400	35	70	
		硬	470	550	2	210	210~230
锌白铜（德银）	BZn15-20	软	300	350	25		
		硬	480	550	2		
		特硬	560	650	1		
锰白铜（康铜）	BMn40-1.5	软	340	400~500	34		
		硬	410	550~650	6		166
锌	Zn3-Zn5		120~200	140~230	40	75	80~130
铅	Pb3-Pb6		20~30	25~40	40~50	5~10	15~17
锡	Sn1-Sn4		30~40	40~50	10	12	41.5~55
钛合金	TA2	已退火	360~480	450~600	25~30		
	TA3	已退火	440~660	550~750	20~25		
	TC1	已退火	640~680	800~850	15	800~980	104
镁合金	MB1	冷态	120~140	170~190	3~5	120	40
	MB8		150~180	230~240	14~15	220	41
	MB1	预热300℃	30~50	30~50	50~52		40
	MB8		50~70	50~70	58~62		41
银				180	50	30	81
膨胀合金（可伐合金）	N29Co18		400~500	500~600			
钨		已退火的		720	0	700	312
		未退火的		1490	10~40	800	380
钼		已退火的	200~300	1400	20~25	385	280
		未退火的	320~400	1600	2~5	595	300
钽		已退火的	220~320	315~455			
			350~480				

附表 B3 非金属材料的剪切强度

材料名称	剪切强度 τ/MPa		材料名称	切剪强度 τ/MPa	
	用尖刃凸模冲裁	用平刃凸模冲裁		用尖刃凸模冲裁	用平刃凸模冲裁
低胶板	100～130	140～200	橡皮	1～6	20～80
布胶板	90～100	120～180	人造橡胶、硬橡胶	40～70	—
玻璃布胶板	120～140	160～190	柔软的皮革	6～8	30～50
金属箔的玻璃布胶板	130～150	160～220	硝过的及铬化的皮革	—	50～60
金属箔的纸胶板	110～130	140～200	未硝过的皮革	—	80～100
玻璃纤维丝胶板	100～110	140～160	云母	50～80	60～100
石棉纤维塑料	80～90	120～180	人造云母	120～150	140～180
有机玻璃	70～80	90～100	桦木胶合板	20	—
聚氯乙烯塑料、透明橡胶	60～80	100～130	硬马粪纸	70	60～100
赛璐珞	40～60	80～100	绝缘纸板	40～70	60～100
氯乙烯	30～40	50	红纸板	—	140～200
石棉橡胶	40		漆布、绝缘漆布	30～60	—
石棉板	40～50		绝缘板	150～160	180～240

附表 B4 加热时非金属材料的剪切强度

材料	温度/℃	孔的直径/mm			
		1～3	>3～5	>5～10	>10 和外形
		剪切强度 τ/MPa			
纸胶板	22 70～100 105～130	150～180 120～140 110～130	120～150 100～120 100～110	110～120 90～100 90～100	100～110 95 90
布胶板	22 80～100	130～150 100～120	120～130 80～110	105～120 90～100	90～100 70～80
玻璃布胶板	22 80～100	160～185 121～140	150～155 115～120	150 110	40～130 90～100
玻璃纤维丝胶板	22 80～100	140～160 100～120	130～140 90～110	120～130 90	70 40
有机玻璃	22 70～80	90～100 60～80	80～90 70	70～80 50	70 40
聚氯乙烯塑料	22 100	120～130 60～80	100～110 50～60	50～90 40～50	60～80 40
赛璐珞	22 70	80～100 50	70～80 40	60～65 35	60 30

附录C 模内攻牙（螺纹）机型号、规格与挤压螺纹底孔尺寸

附表 C1 6S 型模内攻牙机型号、规格

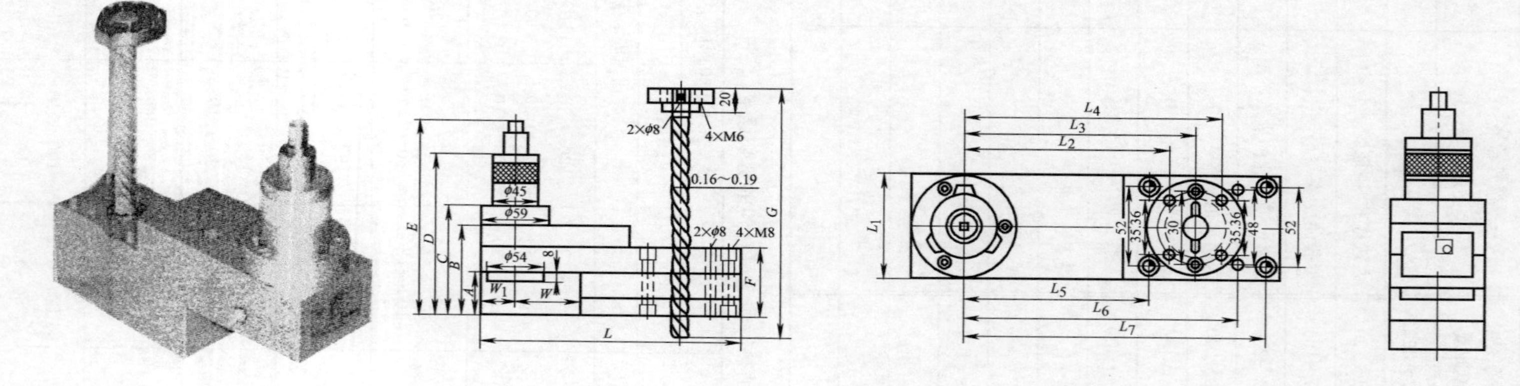

mm

机型	压力机行程	攻牙尺寸	外形尺寸																
			A	B	C	D	E	F	G	L	L_1	L_2	L_3	L_4	L_5	L_6	L_7	W	W_1
DZX-6S-203X	50～90	M3～M6	40	84	100	141	173	652	230	250	70	14. 022	157. 90	175. 58	127. 00	187. 00	205. 00	62. 7	35. 10
DZX-6S-204X	90～150	M3～M6	40	84	100	141	173	62	230	250	70	140. 22	157. 90	175. 58	127. 00	187. 00	205. 00	62. 7	35. 10
DZX-6S-205X	150～250	M3～M6	40	84	100	141	173	62	285	250	70	140. 22	157. 90	175. 58	127. 00	187. 00	205. 00	62. 7	35. 10
DZX-6S-206X	非标特别订制机型																		

附表 C2　6R 型模内攻牙机型号、规格

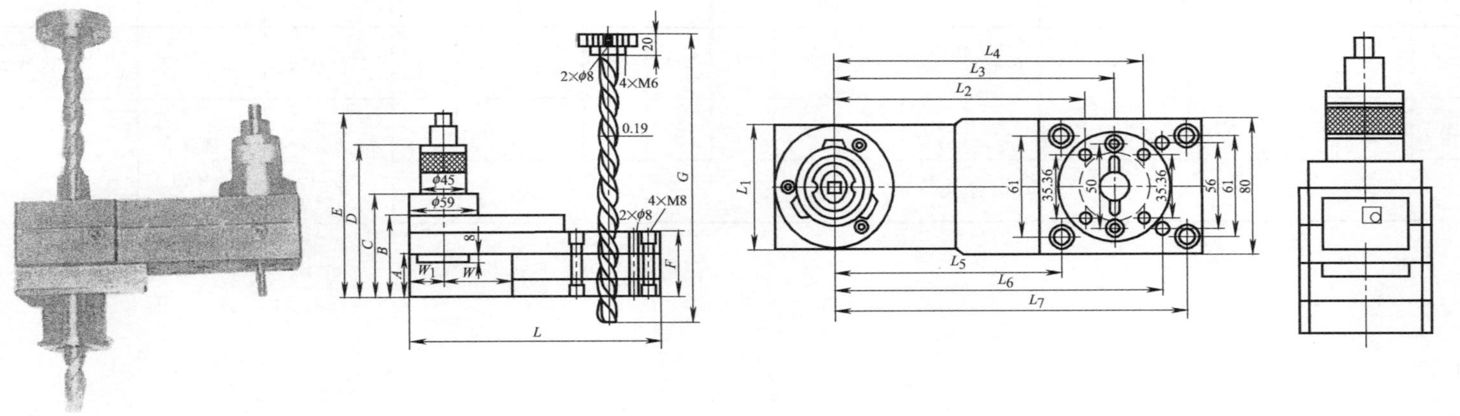

mm

机型	压力机行程	攻牙尺寸	外形尺寸																
			A	B	C	D	E	F	G	L	L_1	L_2	L_3	L_4	L_5	L_6	L_7	W	W_1
DZX-6R-303X	100～150	M7～M12	40	84	100	141	173	62	285	255	0	150.72	168.40	186.8	136.50	196.05	209.5	71.2	35.00
DZX-6R-304X	150～200	M7～M12	40	84	100	141	173	62	285	255	70	150.72	168.40	186.08	136.50	196.50	209.50	71.2	35.00
DZX-6R-305X	200～350	M7～M12	40	84	100	141	173	62	360	255	70	150.72	168.40	186.08	136.50	196.50	209.50	71.2	35.00
DZX-6R-306X	非标特别订制机型																		

附表 C3　6L 型模内攻牙机型号、规格

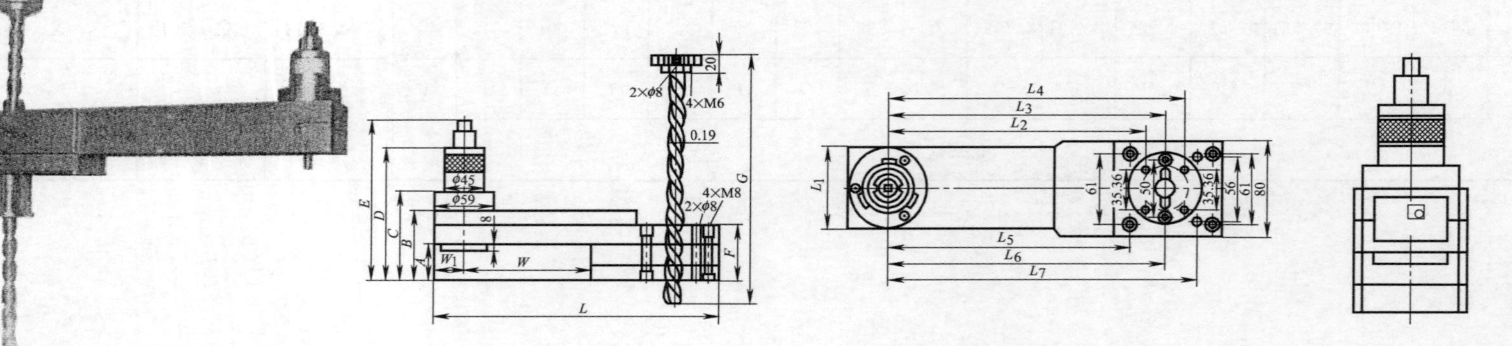

mm

机型	压力机行程	攻牙尺寸	外形尺寸																
			A	B	C	D	E	F	G	L	L_1	L_2	L_3	L_4	L_5	L_6	L_7	W	W_1
DZX-6R-404X	100～350	M3～M6	40	84	100	141	173	62	360	335	70	228.92	246.60	264.28	216.20	276.20	289.20	149.4	35.00
DZX-6L-405X	100～350	M7～M12	40	84	100	141	173	62	360	335	70	228.92	246.60	264.28	216.20	276.20	289.20	149.4	35.00
DZX-6R-406X	非标特别订制机型																		

注：以上资料摘自“科尔诺森”模内攻牙机样本介绍。

附表 C4 模内攻牙挤压公制粗牙螺纹底孔尺寸

公制粗牙 mm

规格	挤压底孔			规格	挤压底孔		
	建议值	上限	下限		建议值	上限	下限
M1.0×0.25	0.90	0.92	0.86	M4.0×0.70	3.65	3.77	3.62
M1.1×0.25	1.00	1.02	0.96	M4.5×0.75	4.15	4.26	4.09
M1.2×0.25	1.10	1.12	1.06	M5×0.80	4.60	4.74	4.54
M1.4×0.30	1.25	1.30	1.24	M6×1.00	5.50	5.68	5.46
M1.6×0.35	1.45	1.49	1.41	M7×1.00	6.50	6.68	6.64
M1.7×0.35	1.55	1.59	1.51	M8×1.25	7.35	7.59	7.32
M1.8×0.35	1.65	1.69	1.61	M9×1.25	8.40	8.59	8.32
M2.0×0.40	1.80	1.87	1.78	M10×1.50	9.25	9.51	9.19
M2.2×0.45	2.00	2.05	1.96	M12×1.75	11.10	11.43	11.05
M2.3×0.40	2.10	2.17	2.08	M14×2.00	13.10	13.25	12.90
M2.5×0.45	2.30	2.35	2.26	M16×2.00	15.10	15.26	14.90
M2.6×0.45	2.40	2.45	2.36	M18×2.50	16.90	17.06	16.62
M3.0×0.50	2.75	2.84	2.73	M20×2.50	18.90	19.07	18.62
M3.5×0.60	3.20	3.31	3.18				

附表 C5 模内攻牙挤压公制粗牙螺纹底孔尺寸

公制细牙 mm

规格	挤压底孔			规格	挤压底孔		
	建议值	上限	下限		建议值	上限	下限
M2.0×0.25	1.88	1.89	1.86	M8.0×1.00	7.50	7.55	7.43
M2.2×0.25	2.08	2.09	2.06	M8.0×0.75	7.63	7.67	7.57
M2.3×0.25	2.16	2.17	2.14	M9.0×1.00	8.50	8.55	8,43
M2.5×0.35	2.32	2.35	2.30	M9.0×0.75	8.63	8.67	8.57
M2.6×0.35	2.40	2.41	2.38	M10×1.25	9.38	9.43	9.29
M3.0×0.35	2.83	2.85	2.80	M10×1.00	9.50	9.55	9.43
M3.5×0.35	3.32	3.35	3.30	M10×0.75	9.63	9.67	9.57
M4.0×0.50	3.75	3.79	3.72	M11×1.00	10.50	10.55	10.43
M4.5.×0.50	4.25	4.29	4.22	M11×0.75	10.63	10.67	10.57
M5.0×0.50	4.75	4.79	4.72	M12×1.50	11.25	11.30	11.15
M5.5×0.50	5.25	5.29	5.22	M12×1.25	11.38	11.43	11.29
M6.0×0.75	5.63	5.67	5.57	M12×1.00	11.50	11.55	11.43
M7.0×0.75	6.63	6.67	6.57				

附录 D 金属材料力学性能符号对照表

新标准		旧标准	
性能名称	符号	性能名称	符号
断面收缩率	Z	断面收缩率	ψ
断后伸长率	A $A_{11.3}$ A_{xmm}	断后伸长率	δ_5 δ_{10} δ_{xmm}
断裂总伸长率	A_t		—
最大力总伸长率	A_{gt}	最大力下的总伸长率	δ_{gt}

续表

新标准		旧标准	
性能名称	符号	性能名称	符号
最大力非比例伸长率	A_g	最大力下的非比例伸长率	δ_g
屈服点延伸率	A_e	屈服点伸长率	δ_s
屈服强度	—	屈服点	σ_s
上屈服强度	R_{eH}	上屈服点	σ_{sU}
下屈服强度	R_{eL}	下屈服点	σ_{sL}
规定非比例延伸强度	R_p 例如 $R_{p0.2}$	规定非比例伸长应力	σ_p 例如 $\sigma_{p0.2}$
规定总延伸强度	R_t 例如 $R_{t0.2}$	规定总伸长应力	σ_t 例如 $\sigma_{t0.2}$
规定残余延伸强度	R_r 例如 $R_{r0.2}$	规定总残余应力	σ_r 例如 $\sigma_{r0.2}$
拉伸强度	R_m	拉伸强度	σ_b

注：新标准为 GB/T 228—2002，旧标准为 GB/T 1288—1987。

参考文献

[1] 陈炎嗣等. 冲压模具设计与制造技术. 北京：北京出版社，1991.
[2] 北京电子管厂. 冷冲压与弯曲机模具. 北京：国防工业出版社，1982.
[3] 第四机械工业部标准化研究所. 冷冲模设计. 第5版. 北京：第四机械工业部标准化研究所，1981.
[4] 郝滨海. 冲压模具简明设计手册. 第2版. 北京：化学工业出版社，2009.
[5] 陈孝康，陈炎嗣，周兴隆. 实用模具设计与制造技术. 北京：中国轻工业出版社，2001.
[6] 许发樾等. 实用模具设计与制造手册. 北京：机械工业出版社，2001.
[7] 陈炎嗣等. 多工位级进模设计与制造. 第2版. 北京：机械工业出版社，2014.
[8] 陈炎嗣等. 多工位级进模设计手册. 北京：化学工业出版社，2012.
[9] 陈炎嗣等. 冲压模具实用结构图册. 北京：机械工业出版社. 2009.
[10] 王鹏驹等. 冲压模具设计师手册. 北京：机械工业出版社，2009.
[11] 姜银方，袁国定等. 冲压模具工程师手册. 北京：机械工业出版社，2011.
[12] 薛启翔. 冷冲压实用技术. 北京：机械工业出版社，2006.
[13] 欧阳永红. 模具钳工速查手册. 北京：化学工业出版社，2009.
[14] 郝少祥. 模具钢选用速查手册. 北京：化学工业出版社，2009.
[15] 王新华等. 冲模结构图册. 北京：机械工业出版社，2003.
[16] 模具实用技术丛书编委会. 冲模设计应用实例. 北京：机械工业出版社，1999.
[17] 郑智受等. 氮气弹簧技术在模具中的应用. 北京：机械工业出版社，1998.
[18] 张镇修. 冲压技术实用数据速查手册. 北京：机械工业出版社，2009.
[19] 郑家贤. 冲压模具设计实用手册. 北京：机械工业出版社，2007.
[20] 张赞宏等. 电子工业生产技术手册（13）. 北京：国防工业出版社，1989.
[21] 张毅等. 现代冲压技术. 北京：国防工业出版社，1994.
[22] 姜伯军. 级进冲模设计与模具结构实例. 北京：机械工业出版社，2008.
[23] 张春水等. 高效精密冲模设计与制造. 西安：西安电子科技大学出版社，1989.
[24] 廖伟. 冲模设计技法典型实例解析. 北京：化学工业出版社，2011.
[25] 钟翔山等. 冲压模具设计技巧、经验及实例. 北京：化学工业出版社，2011.
[26] 金龙建. 多工位级进模实例图解. 北京：机械工业出版社. 2014.
[27] 洪慎章. 实用冲压工艺及模具设计. 北京：机械工业出版社，2008.
[28] 王孝培. 实用冲压技术手册. 北京：机械工业出版社，2004.
[29] 杨占尧. 现代模具工手册. 北京：化学工业出版社，2007.
[30] 陈炎嗣等. 模具工基础知识问答. 北京：机械工业出版社，2013.
[31] 模具制造月刊创刊10周年大奖赛. 论文集. 深圳：模具制造杂志社，2011.

化学工业出版社电气类图书推荐

书号	书　　名	开本	装订	定价/元
06669	电气图形符号文字符号便查手册	大32	平装	45
15249	实用电工技术问答(第二版)	大32	平装	49
10561	常用电机绕组检修手册	16	平装	98
10565	实用电工电子查算手册	大32	平装	59
07881	低压电气控制电路图册	大32	平装	29
12759	电机绕组接线图册(第二版)	横16	平装	68
20024	电机绕组布线接线彩色图册(第二版)	大32	平装	68
13422	电机绕组图的绘制与识读	16	平装	38
15058	看图学电动机维修	大32	平装	28
12806	工厂电气控制电路实例详解(第二版)	16	平装	38
09682	发电厂及变电站的二次回路与故障分析	B5	平装	29
05400	电力系统远动原理及应用	B5	平装	29
20628	电气设备故障诊断与维修手册	16	精装	88
08596	实用小型发电设备的使用与维修	大32	平装	29
10785	怎样查找和处理电气故障	大32	平装	28
11271	住宅装修电气安装要诀	大32	平装	29
11575	智能建筑综合布线设计及应用	16	平装	39
12034	实用电工电子控制电路图集	16	精装	148
12759	电力电缆头制作与故障测寻(第二版)	大32	平装	29.8
13862	电力电缆选型与敷设(第二版)	大32	平装	29
09381	电焊机维修技术	16	平装	38
14184	手把手教你修电焊机	16	平装	39.8
13555	电机检修速查手册(第二版)	B5	平装	88
19705	高压电工上岗应试读本	大32	平装	49
22417	低压电工上岗应试读本	大32	平装	49
12313	电厂实用技术读本系列—汽轮机运行及事故处理	16	平装	58
13552	电厂实用技术读本系列—电气运行及事故处理	16	平装	58
13781	电厂实用技术读本系列—化学运行及事故处理	16	平装	58
14428	电厂实用技术读本系列—热工仪表与及自动控制系统	16	平装	48
23556	怎样看懂电气图	16	平装	39
23123	电气二次回路识图(第二版)	B5	平装	48
14725	电气设备倒闸操作与事故处理700问	大32	平装	48
15374	柴油发电机组实用技术技能	16开	平装	78
15431	中小型变压器使用与维护手册	B5	精装	88
23469	电工控制电路图集(精华本)	16	平装	88

以上图书由**化学工业出版社　电气出版分社**出版。如要以上图书的内容简介和详细目录，或者更多的专业图书信息，请登录 www.cip.com.cn。